JN415876

DESIGN OF FOUNDATIONS FOR OFFSHORE WIND TURBINES

해상풍력 터빈 기초 설계

수바모이 바타차르야 저
조형래 역

with website

WILEY

도서출판 구미서관

DESIGN OF FOUNDATIONS FOR OFFSHORE WIND TURBINES
by Subhamoy Bhattacharya
Copyright © 2019 John Wiley & Sons Ltd.

All rights reserved.
This Korean edition was published by Goomiseogwan in 2025 by arrangement with John Wiley & Sons, Inc. through KCC(Korea Copyright Center Inc.), Seoul.

이 책은 (주)한국저작권센터(KCC)를 통한 저작권자와의 독점계약으로 구미서관에서 출간되었습니다. 저작권법에 의해 한국 내에서 보호를 받는 저작물이므로 무단전재와 복제를 금합니다.

머리말

해상풍력 발전 산업은 유럽과 아시아에서 빠른 속도로 확장되고 있으며 화석 연료가 부족한 국가(예: 일본, 인도)의 깨끗한 공기, 청정에너지, 에너지 안보 등 많은 문제를 해결할 수 있는 잠재력을 가지고 있습니다. 또한 해상풍력 발전 비용은 지난 5년 급격히 감소했으며, 이는 산업화된 세계에서 가장 저렴한 에너지 형태가 될 것으로 예상됩니다. 이러한 해상 구조물의 기초 선택은 해상풍력 발전 단지의 전반적인 개념 설계에서 중요한 역할을 하게 됩니다. 이는 선택에 따른 재정적 영향이 크기 때문입니다. 풍력 발전 단지의 위치와 규모에 따라 기초 공사 비용은 전체 비용의 16- 34%를 차지합니다. 이 책은 이러한 중요한 인프라 프로젝트의 토목 공학 측면에 대한 개요를 제공한 다음 기초 설계에 중점을 둡니다.

업계는 해양 석유 및 가스 (O&G) 구조물의 설계를 따르는 것으로 시작했습니다. 이 책은 두 가지 유형의 해양 구조물 기초 설계의 차이점을 보여줍니다: O&G와 해상풍력 터빈(OWT)입니다. OWT 구조물은 그 특징이 독특하다는 것은 이제 널리 알려진 사실입니다. O&G 설치 구조와 관련하여 가장 중요한 차이점은 동적 감도, 즉 이러한 구조의 고유 주파수가 파도, 로터 주파수(1P) 및 블레이드 주파수(2P/3P)의 강제 주파수에 매우 가깝다는 점입니다. 이 책은 이 분야에서 프로젝트를 수행하는 실무 엔지니어와 공대생에게 도움이 될 수 있도록 연구를 통해 얻은 지식을 전달하고 다양한 계산 방법을 설명하는 것을 목표로 합니다.

이 책은 재생 에너지 산업의 실무 엔지니어와 업계 진출을 고려하고 있는 해양 O&G 엔지니어로 구성된 전 세계 독자를 대상으로 합니다. 또한 공학도(학부 연구 및 설계 프로젝트 학생), 박사 및 공학박사 연구자, 프로젝트 관리자에게도 도움이 될 것입니다. 이 책은 이러한 구조의 기초 문제에 대한 더 깊은 이해를 제공하기 위한 것이며, 추가 읽기를 위해 참고 문헌이 제공됩니다. 이 책은 다른 교과서에서 쉽게 구할 수 있는 자료를 반복하는 것이 목적이 아니라 설계를 수행하는 데 필요한 이 분야의 점진적인 지식을 제공하는 것이 목표입니다. 해양 지반 공학 분야에는 훌륭한 교재가 있으며, 여기서는 이러한 교재를 반복하지 않습니다.

이 책은 지난 10년간 저자의 강의와 연구를 바탕으로 구체화되고 개발되었습니다. 이 교재 자료의 일부 또는 전부는 영국 옥스퍼드 대학교의 '공학 학생을 위한 해양 기초' 4학년 MEng 과정과 영국 브리스톨 토목,기계 및 항공 우주 공학 학생을 대상으로 한 '해상풍력 및 해양 발전을 위한 엔지니어링' 석사 과정 등 다양한 공학 학생 및 전문 엔지니어에게 제공되었습니다. 영국 서리 대학(University of Surrey)의 '에너지 지반 공학' 및 '재생 에너지 시스템 공학' 석사 과정, 중국 저장 대학교 와 칭다오 기술 대학의 '해상풍력 터빈 기초 설계' 특강 시리즈, 인도 공과대학(IIT, 부바네스와르)의 글로벌 학술 네트워크(GIAN) 과정, 인도 공과대학(IIT, 카라그푸르)의 국제 여름 및 겨울 학기 과정 등이 있습니다.

이 자료에 대한 업계의 피드백을 얻기 위해 '해상풍력 터빈의 기초 설계'라는 제목의 이틀 간의 CPD(Continuing Professional Development)과정을 개발하여 한 챕터가 하나의 강의로 구성되어 아시아의 여러 도시에서 유럽과 아시아의 다양한 참가자들에게 제공되었습니다. 저자는 CPD 과정의 많은 부분을 준비해 준 푸르넨두 다스 교수(ASRANET: 고급 구조 신뢰성 분석 네트워크)에게 감사를 표합니다. CPD 과정 중 일부는 CENER(스페인) 및 GH-GL(가라드 하산)과 함께 제공되었습니다. 이 책에 제시된 많은 논의는 과정 참가자들 과의 상호 작용을 기반으로 합니다. 저자는 이러한 기관에 아래와 같이 감사를 표합니다: Atkins, DNV, Motts MacDonald, Eon, GeoSea, 런던 오프쇼어 컨설턴트, 스코틀랜드 파워, 파크윈드, 테크날리아, CENER, 중국 에너지, 보레아 베리타스, RES 오프쇼어, EDF, Iberdrola, RWE Innogy 및 람볼.

필자는 또한 기술 개발의 최전선에 있는 FP7: INNWIND 프로젝트를 검토할 수 있도록 기술 전문가로 임명해준 유럽위원회에 감사의 뜻을 전합니다.

이 책에 소개된 많은 자료는 학부, 석사, 박사 과정 포함한 과거 및 현재 제자들의 연구 결과물입니다. 특히 박사 과정 학생들에게 특별한 감사를 표합니다: 조지오스 니키타스, 살레 잘비, 피유시 모한티, 프라딥 담말라, 알렘 모하마드, 제임스 콕스 박사, 라즐로 아라니 박사, 율리칭 유 박사, 도메니코 롬바르디 박사, 수레쉬 대쉬 박사, 메흐디 루홀라민 박사, 마수드 샤드루 박사입니다. 또한 제 전 석사 과정 학생인 Carlos Molina Messa(전 코펜하겐, 현 람볼)의 챕터 검토에도 감사를 표합니다.

다양한 논의를 도와준 협력자들과 동료들(현직 및 전직)에게 감사의 말씀을 전하고 싶습니다: Nathan Vimalan 씨, Julian Garnsey 씨, Chris Thomas 씨, Daniel Birtminn 씨, Liang Cui 박사, Ying Wang 박사, S. Szyniszewski 박사, Barnali Ghosh 박사, Nick Nikitas 박사, Nick Alexander 박사, John Macdonald 박사, Dr. Erdin Ibrahim, Marios Chryssanthapoulos 교수, 크리스 마틴 교수, 바이런 번 교수, 존 호건 교수, 데이비드 뮤어 우드 교수, 조지 밀로나키스 교수, 콜린 테일러 교수, 부지드 질라리 교수, 리종 왕 교수.

이 책은 제 교수님들, 멘토, 선후배들 과의 논의가 없었다면 불가능했을 것입니다: 말콤 볼튼 교수 와 고팔 마다부시 교수(캠브리지 대학교), 가이 홀스비 교수와 하비 버드 교수(옥스퍼드 대학교), 마크 랜돌프 교수(웨스턴 오스트레일리아 대학교), 톰 알드리지, 팻 파워, 팀 캐링턴(Fugro Geoconsulting) 등이 있습니다.

저는 옥스퍼드 대학교에서 학과 강사(2005년부터 시작)와 서머빌 칼리지(옥스퍼드 대학교)의 주니어 연구원으로 일하면서 이 주제에 처음 관심을 갖게 된 학자로서 (헐스비 교수의 지도 아래) 젠킨스 빌딩의 월리스 테이블에 둘러 앉아 티타임을 가지면서 얻은 감사와 경험을 기록하고자 합니다. 이러한 경험은 이 서브젝트에 대한 초기 이해를 제공했습니다. 옥스퍼드에서 박사 학위 실험을 할 때 크리스티앙 르블랑(DONG, 현 WoodThilsed)과의 토론을 통해 디자인에 대한 이해를 얻었습니다. Fugro Geoconsulting 에서 일하면서 ACG(아제리 치라그 구나슬리)의 흥미로운 해양 프로젝트, 알 브하임 FPSO의 앵커 파일, 주디 및 먼로 플랫폼의 기초 관련 문제에 대해 컨설팅하면서 얻은 전문 적인 경험은 이 책의 자료를 개발하는 데 큰 도움이 되었습니다.

저자는 자신의 모든 야망을 지지해준 가족들에게 감사의 말을 전하고 싶습니다. 마지막으로 저자는 이 책에 사용된 다양한 일러스트레이션을 제공해 준 복사/편집 팀과 Wiley 팀, 특히 셰릴 퍼거슨, 킹슬리 제미마, 사티시와란 패스바나반, 앤 헌트, 구스타바 산체스(Scottish Power), 라즐로 아라니 박사(Atkins) 마티즈 소데 박사(DG, RTD, 유럽위원회), 조지 니키터스(서리 대학), 폴 하 퍼 박사(브리스톨 대학)에게 감사의 인사를 전하고 싶습니다.

이 분야는 새로운 영역이며 기술이 매우 빠르게 발전하고 있습니다. 해양 터빈은 더 깊은 바다와 더 먼 바다 뿐만 아니라 지진 및 태풍 발생 지역에도 설치되고 있습니다. 이 책에 제시된 정보와 방법론의 대부분은 향후 몇 년 내에 구식이 될 것으로 예상되며 새로운 판이 필요할 것입니다. 또한 책에 오류나 누락이 있을 수 있으므로 대해 알려주시기 바랍니다. 이메일(Subhamoy.Bhattacharya@gmail.com)로 의견을 보내주세요. 의견은 다음 개정판에서 정식으로 반영될 것입니다.

런던, 2018년 9월 10일

역자 서문

처음 해상풍력을 접했을 때, 지반공학자로서 이해의 폭을 넓히고자 여러 참고 서적을 찾아 읽었던 경험이 있었습니다. 그 과정이 계기가 되어 본서를 번역하게 되었습니다. 이 책은 풍력 단지 개발 과정의 부지 레이아웃 선정부터 하중, 지반조사, 그리고 지반-구조물 상호작용에 이르기까지 해상풍력 지반 및 기초설계 분야에서 다루어야 할 대부분의 주제를 심도 있게 다루고 있습니다.

2019년에 첫 출간된 이후 약 6년이 지난 만큼 일부 내용은 현재와 차이가 있을 수 있습니다. 예를 들어, 현재는 70m 이상 규모의 재킷 파일 제작이 가능하고, 직경 8m 이상의 대구경 모노파일도 더 깊은 수심에서 항타가 가능합니다. 이러한 기초 설계 및 시공기술의 진보는 단순한 토목 및 해양공학을 넘어 구조역학, 재료공학, 그리고 지반공학의 기술적 성취라 생각합니다.

이 책은 해상풍력 하부구조물 설계를 담당하는 엔지니어뿐만 아니라, 해상풍력 개발사의 Foundation Package Manager, WTG (Wind Turbine Generator) Package Manager 등 다양한 실무자 책임자들에게도 유용한 지침이 될 것입니다. 지반 관련 부분은 대학원 수준의 내용을 다루고 있어 학부 과정에서는 일부 제한적으로만 활용될 수 있으나, FEED (Front End Engineering Design) 단계에서부터 통합 하중 해석(Integrated Load Analysis, ILA)을 포함한 실시설계(Detailed Design)까지 전체 설계 프로세스를 이해하는 데 큰 도움이 되리라 믿습니다. 특히 6장의 간소화된 수기 계산은 Pre-FEED 단계의 모노파일 설계에도 적용 가능하여 기초 타입 선정에 의미 있는 참고자료가 될 것입니다.

역자는 전문 번역가는 아니기에 일부 표현은 미흡하거나 부족할 수 있습니다. 이에 독자 여러분의 너그러운 이해를 부탁드립니다. 또한 초판 발행후 일정 시간이 지나 내용중 일부는 현재의 해상풍력 기술과 시공 방법과는 다소 거리가 있을 수 있습니다. 이에 대한 잘못된 부분이나 보완할

의견이 있다면 이메일(cncmf@hotmail.com)로 알려주시면, 독자 여러분들의 소중한 의견은 감사히 반영하도록 하겠습니다. 그럼에도 불구하고 이 책의 방향성이 해상풍력 터빈 기초설계의 원리를 종합적으로 정리하여, 앞으로 이 분야를 연구하고 현장에 적용할 이들에게 작은 길잡이가 되고자 함을 이해해 주시기 바라며, 제가 처음 이 책을 읽으며 느꼈던 뿌듯함을 독자 여러분도 함께 공감해 주셨으면 합니다.

마지막으로, 해상풍력에 대한 저의 생각을 이해해 주시고 흔쾌히 출판을 결심해 주신 구미서관 대표님께 이 지문을 빌어 심심한 감사의 말씀을 드립니다. 무엇보다도 지반공학자로서 해상풍력의 길을 걸어올 수 있도록 늘 곁에서 함께해 준 아내와, 언제나 힘과 기쁨이 되어 주는 사랑하는 딸, 그리고 항상 기도로 응원해주신 부모님과 장인, 장모님께 진심 어린 감사의 마음을 전합니다.

서울, 2025년 10월 1일

조형래

목차

컴패니언 웹사이트 정보

이 책에는 동반 웹 사이트가 함께 제공됩니다:

www.wiley.com/go/bhattacharya/offshorewindturbines

웹사이트에는 다음이 포함됩니다:

(1) 교육 자료:
   (a) 각 장의 요약과 핵심 학습 포인트를 보여주는 파워포인트 슬라이드
   (b) 각 장의 튜토리얼 질문을 통해 이해를 강화하세요.
   (c) 6장과 연계된 예제 문제 풀기
   (d) 몇 가지 개념에 대한 동영상
(2) 저자의 확장된 전기
(3) 일부 전문가들의 책 리뷰

이 QR 코드를 스캔하여 동반자 웹사이트를 방문하세요.

1.
풍력 발전 단지 및 풍력 터빈 구조 개요

DESIGN OF FOUNDATIONS FOR OFFSHORE WIND TURBINES

1.
풍력 발전 단지 및 풍력 터빈 구조 개요

학습 목표

이 장의 목적은 풍력 발전과 풍력 터빈 구조의 특징에 대한 개요를 제공하는 것입니다. 또한 이 주제의 다학제적(multidisciplinary) 특성을 이해하기 위해 풍력 발전 단지의 전반적인 레이아웃에 대해서도 논의합니다. 기초와 직접 관련이 없지만 기초 설계를 수행하는데 필요한 다른 학문 및 분야에 대한 기본 개념과 이해도 참고 문헌과 함께 설명하여 추후 학습에 도움이 되도록 하였습니다. 이 장에서는 현재 사용 중이거나 사용 예정인 다양한 유형의 기초에 대한 설명도 제공합니다.
이 장을 읽고 나면 다음을 수행할 수 있습니다: (i) 설계의 복잡성과 다학제적 특성을 이해하고, (ii) 주제에 대한 개요를 파악하고, (iii) 석유 및 가스(Oil & Gas) 구조와 해상풍력 터빈 구조의 차이점을 구분할 수 있습니다.
이 책은 다음과 같은 방식으로 배열 되어 있습니다: 시스템 수준의 이해 (전체풍력 발전 단지 - 1장)에서 시작하여 구성 요소 수준 (기초 설계 - 2장과 3장), 마지막으로 요소 수준 (토양 거동 - 4장)으로 이어집니다. 5장에서는 다양한 분석 방법에 대해 설명하고 6장에서는 몇 가지 적용 사례를 소개합니다.

1.1 풍력 에너지 수확하기

해상풍력 발전은 지속 가능성의 상징이 아닌 안정적인 에너지원으로 자리매김했습니다. 2014년 10월 19일, 영국 내셔널 그리드(National Grid)는 디콧(Dicot) 발전소에서 예기치 않은 화재가 발생하고 일부 원자력 발전소가 유지 보수 및 기술 문제로 가동이 중단된 상황에서 영국 내 전력 공급의 24%를 해상풍력발전소가 공급했다고 보고 했습니다. 또한, 내셔널 그리드는 2014년 10월 21일 영국 풍력 발전소가 24시간 동안 생산한 전력(14.2%)이 원자력 발전소에서 생산한 전력(13.2%)보다 많다고 보고했습니다.

이러한 시스템의 엔지니어링에 대한 세부 사항을 논의하기 전에, 바람이 항상 불지 않는다는 점에 주목하여 풍력 자원의 지속 가능성에 대해 논의하는 것이 유용할 것으로 생각됩니다. 바람은 본질적으로 움직이는 대기의 공기이며, 2차 에너지원으로 태양에 의존합니다. 태양의 전자기 복사는 지구 표면을 고르지 않게 가열하고 공기 중에 온도 구배를 만들어 밀도와 압력 차이를 발생시킵니다. 지구 표면의 차열 차이는 모래, 점토, 중간 및 혼합 토양, 암석, 물 및 기타 물질의 특정 열 및 흡수 능력의 결과이기도 합니다. 이로 인해 지역마다 다른 속도로 공기가 차등적으로 가열됩니다. 공기의 흐름을 지배하는 물리적 과정 또는 메커니즘은 대류입니다. 일반적인 예로는 해안 지역의 육지풍 및 해풍이 있습니다. 바람의 방향과 속도는 지구의 자전과 지구 지표면의 지형에 의해 부분적으로 영향을 받기 때문에 해안지역은 풍력 발전을 하기에 매력적인 장소입니다. 위의 논의는 태양과 지구의 운동과 관련된 풍력 자원의 지속 가능성을 보여줍니다. 2017년, 유럽은 해상풍력 에너지 글로벌 리더였으며, 특히 영국이 선도했습니다. 이는 부분적으로는 1990년 수준에서 2020년까지 온실가스 배출량을 20% 감축하고 2050년 까지 80~95%까지 더 줄이겠다는 유럽연합의 열망과 정책 덕분이기도 합니다. 또한 유럽에서는 에너지 시스템을 깨끗하고 안전하며 친환경적으로 만들기 위한 이니셔티브가 진행되고 있습니다.

해상풍력 발전은 다섯 가지 이유로 청정 친환경 에너지를 생산하는 가장 신뢰할 수 있는 방법 중 하나로 꼽힙니다.

1. 해상 풍속은 일반적으로 육상보다 평균 풍속이 높고 일정하기 때문에 해상풍력 발전이 더 효율적입니다.
2. 풍력 터빈의 소음과 진동은 육지로부터 멀리 떨어져 있기 때문에 인간에게 미치는 영향이 최소화됩니다.
3. 동급의 육상풍력 발전 단지에 해상에는 대용량을 설치할 수 있습니다. 그 이유는 더 무거운 풍력 터빈 발전기(WTG)나 타워를 해로를 이용해 쉽게 운반하고 설치할 수 있기 때문입니다. 반면, 건설 중 이러한 크고 무거운 구조물/부품을 운송하면 도로가 막혀 풍력 발전 단지 인근에 거주하는 주민들의 일상생활에 상당한 지장을 초래합니다.
4. 하이브리드 시스템을 사용하여 바람과 함께 파도 및 해류 하중을 수집할 수 있습니다.
5. 풍력 터빈 기술은 다른 형태의 재생 에너지보다 상대적으로 더 성숙합니다.

1.2 현재 시나리오

현재 영국은 해상풍력 발전 분야에서 선두를 달리고 있습니다(현재 약 3.6GW 발전). 그러나 덴마크는 덴마크 해안에서 2.5km 떨어진 빈더비(Vindeby)에 해상풍력 발전 단지를 건설한 최초의 국가입니다. 그림 1.1a는 2013년 국가별 누적 해상풍력 발전 용량을 보여주고, 그림 1.1b는 1993년부터 2013년까지 전 세계 해상풍력 발전 용량의 변화를 보여줍니다.

독일, 스페인, 포르투갈, 한국, 중국, 일본 등 많은 국가에서 대규모 해상풍력 발전 단지 건설이 증가하고 있습니다. 2011년 후쿠시마 원자력발전소 사고 이후 대중의 신뢰도가 떨어지면서 이러한 성장은 더욱 가속화될 것으로 보입니다. 그림 1.2a는 영국 해역의 해상풍력 발전소 개발 계획을 보여주고, 그림 1.2b는 유럽의 풍력 발전소 중 일부를 보여줍니다.

중국, 대만, 일본, 한국 등 아시아 국가들도 빠르게 발전하고 있습니다(그림 1.2c 참조).

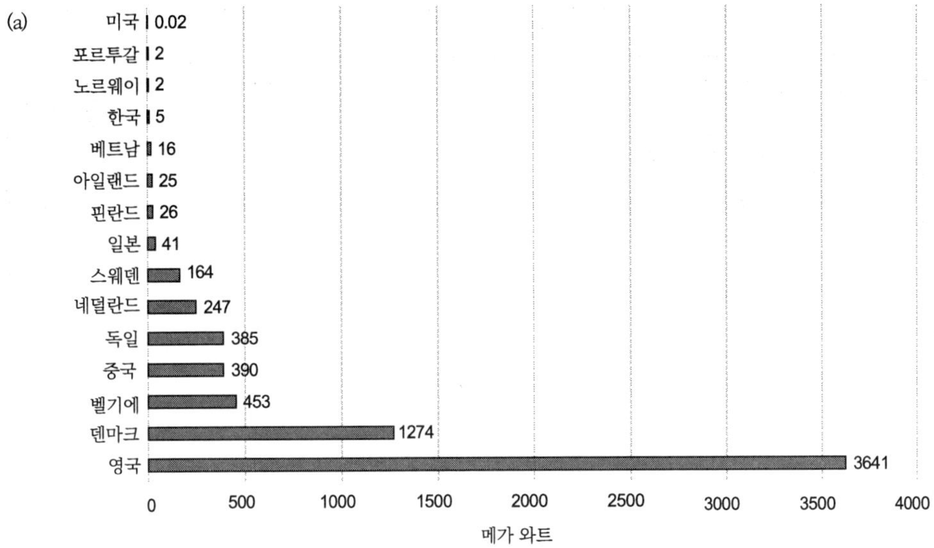

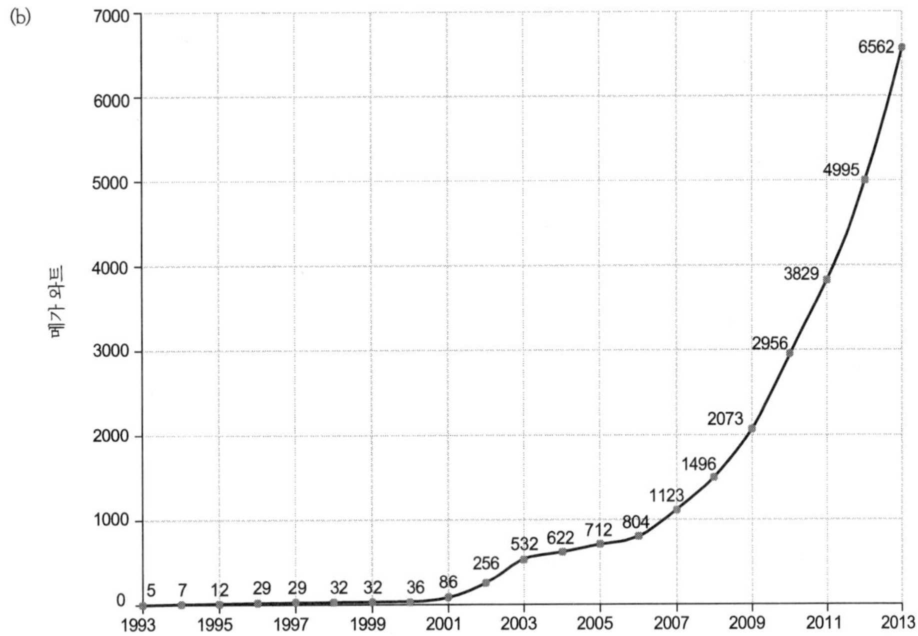

그림 1.1 (a) 2013년 국가별 해상풍력 발전 용량(누적)(출처: E.W.E.A.) 및
(b) 1993~2013년 전 세계 해상풍력 발전 용량 누적 추이(출처: E.W.E.A.)

ASIDE

에너지 문제 : 셰일 천연가스의 발견과 유가 하락으로 석유에 대한 의존도(흔히 석유 시대라고도 함)가 끝날 것으로 예상됩니다. 전기차와 풍력 터빈의 사용이 증가함에 따라 저탄소 에너지로의 전환은 돌이킬 수 없으며 석기 시대에서 청동기 시대로의 전환과 매우 유사하다고 주장할 수 있습니다.

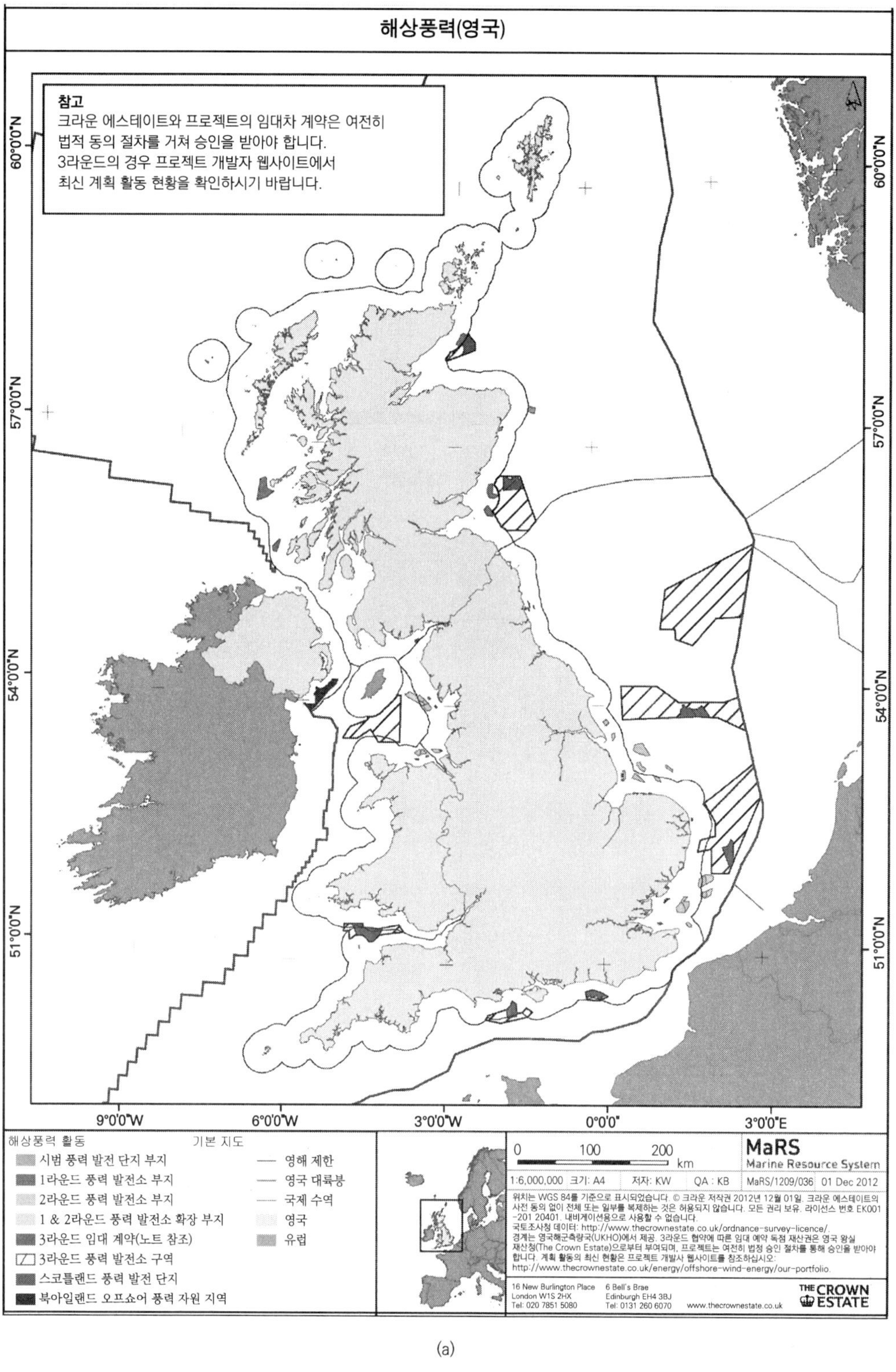
해상풍력(영국)
참고
크라운 에스테이트와 프로젝트의 임대차 계약은 여전히
법적 동의 절차를 거쳐 승인을 받아야 합니다.
3라운드의 경우 프로젝트 개발자 웹사이트에서
최신 계획 활동 현황을 확인하시기 바랍니다.
60°0'0"N
57°0'0"N
54°0'0"N
51°0'0"N
9°0'0"W
6°0'0"W
3°0'0"W
0°0'0"
3°0'0"E
해상풍력 활동
시범 풍력 발전 단지 부지
1라운드 풍력 발전소 부지
2라운드 풍력 발전소 부지
1 & 2라운드 풍력 발전소 확장 부지
3라운드 임대 계약(노트 참조)
3라운드 풍력 발전소 구역
스코틀랜드 풍력 발전 단지
북아일랜드 오프쇼어 풍력 자원 지역
기본 지도
영해 제한
영국 대륙붕
국제 수역
영국
유럽
0 100 200 km
MaRS
Marine Resource System
1:6,000,000 크기: A4 저자: KW QA : KB MaRS/1209/036 01 Dec 2012
위치는 WGS 84를 기준으로 표시되었습니다. © 크라운 저작권 2012년 12월 01일. 크라운 에스테이트의 사전 동의 없이 전체 또는 일부를 복제하는 것은 허용되지 않습니다. 모든 권리 보유. 라이선스 번호 EK001-201 20401. 내비게이션용으로 사용할 수 없습니다.
국토조사청 데이터: http://www.thecrownestate.co.uk/ordnance-survey-licence/.
경계는 영국해군측량국(UKHO)에서 제공. 3라운드 협약에 따른 임대 예약 독점 재산권은 영국 왕실 재산청(The Crown Estate)으로부터 부여되며, 프로젝트는 여전히 법정 승인 절차를 통해 승인을 받아야 합니다. 계획 활동의 최신 현황은 프로젝트 개발사 웹사이트를 참조하십시오:
http://www.thecrownestate.co.uk/energy/offshore-wind-energy/our-portfolio.
16 New Burlington Place
London W1S 2HX
Tel: 020 7851 5080
6 Bell's Brae
Edinburgh EH4 3BJ
Tel: 0131 260 6070
www.thecrownestate.co.uk
THE CROWN ESTATE

(a)

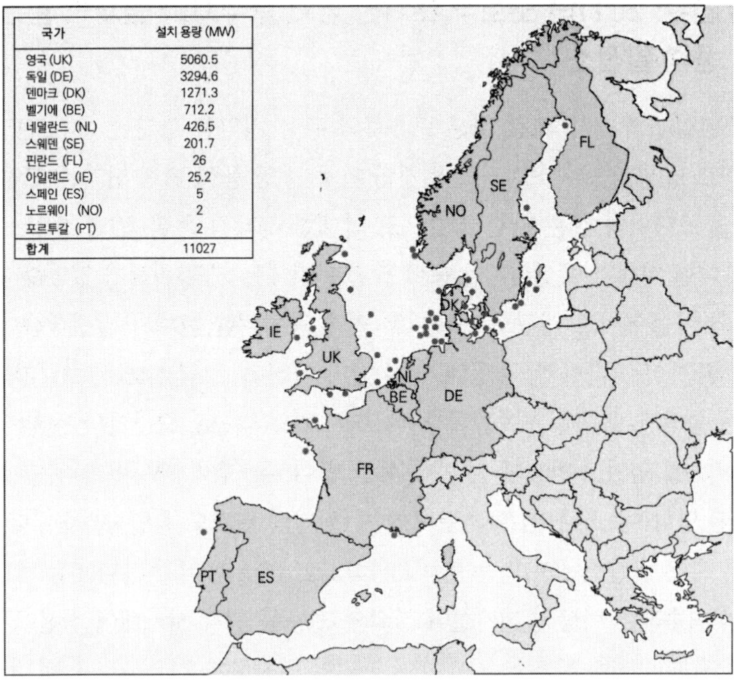

국가	설치 용량 (MW)
영국 (UK)	5060.5
독일 (DE)	3294.6
덴마크 (DK)	1271.3
벨기에 (BE)	712.2
네덜란드 (NL)	426.5
스웨덴 (SE)	201.7
핀란드 (FL)	26
아일랜드 (IE)	25.2
스페인 (ES)	5
노르웨이 (NO)	2
포르투갈 (PT)	2
합계	11027

(b)

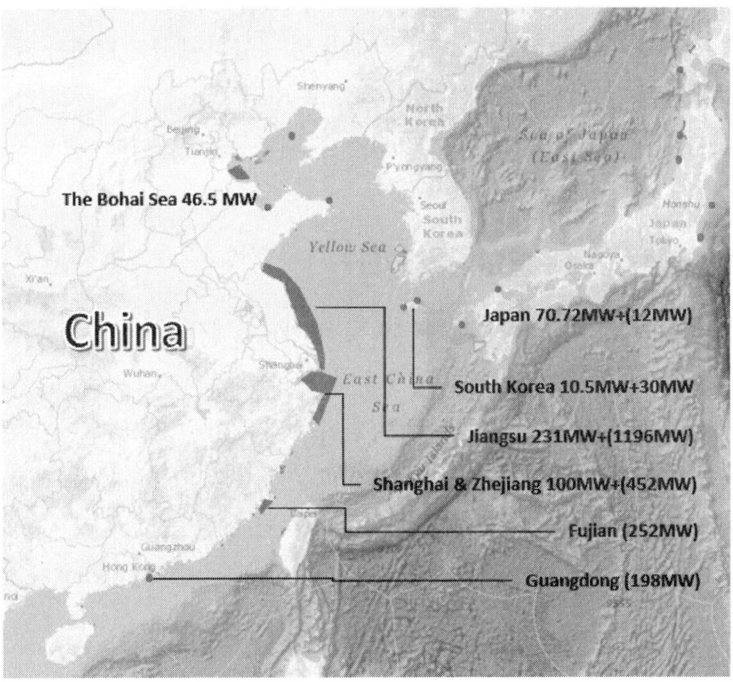

(c)

그림 1.2 (a) 영국 주변의 해상풍력 발전 단지, (b) 유럽의 풍력 발전 단지, 그리고 (c) 중국, 한국, 일본, 대만에서의 개발 상황

1.2.1 사례 연구: 2011년 도호쿠 대지진 당시 후쿠시마 원자력 발전소 및 해안 인근 풍력 발전소

2011년 3월 11일 오후 2시 46분 일본 도호쿠와 관동 지역을 강타한 순간 진도 M_w9.0의 강진으로 쓰나미도 발생했습니다(지진의 위치와 가동 중인 풍력 발전 단지는 그림 1.3 참조). 지진과 액상화 및 쓰나미와 같은 관련 영향으로 막대한 경제적 손실, 인명 손실, 구조물과 국가 기반시설에 막대한 피해가 발생했지만 풍력 발전 단지에는 거의 피해가 없었습니다. 해안을 따라 많은 도시와 마을에서도 대규모 쓰나미로 인해 광범위한 피해가 발생했습니다. 그림 1.4a는 지진 발생 후 가미스(하사키)의 풍력 발전 단지 사진을, 그림 1.4b는 오나가와에서 파일로 지탱된 건물이 붕괴된 모습을 보여줍니다. 나토리, 오오후나토, 오나가와 등 많은 지역에서 쓰나미 높이가 10m를 넘었고 방파제 및 기타 해안 방어 시스템이 재난을 막지 못했습니다. 지진과 그와 관련된 영향(예: 쓰나미)은 후쿠시마 제1원전의 위기도 촉발시켰습니다. 최초 지진 발생 후 약 50분 후에 도달한 쓰나미는 높이가 14m로, 10m 높이의 방파제를 압도했습니다. 발전소 방파제가 침수되어 비상 발전기실이 침수되고 능동 냉각 시스템에 정전이 발생했습니다. 3월 12일에는 제한된 비상 배터리 전원이 소진되어 원자로가 가열되고 녹아내리면서 유해한 방사성 물질이 대기 중으로 방출되었습니다. 또한 정전으로 인해 많은 안전 제어 시스템이 작동하지 않았습니다. 방사성 물질 방출로 인해 30만 명 이상의 대규모 대피가 발생했으며, 정화 비용은 수백억 달러에 달할 것으로 예상됩니다. 반면 지진 발생 전후로 풍력 터빈은 모든 에스컬레이터나 리프트와 마찬가지로 자동으로 점검 후 재가동되었습니다.

1.2.2 풍력 발전소는 왜 살아남았을까?

카미스 및 히야마 풍력 발전 단지(FKSH 19 및 IBRH20)에서 두 방향(북쪽-남쪽[NS] 및 동쪽-서쪽[EW])으로 기록된 지상 가속도 시계열 데이터는 그림 1.5에 나와 있습니다. 풍력 발전 단지 현장에서 기록된 지반 운동의 주요 주기 범위는 약 0.07~1.0초였으며, 해상풍력 터빈 시스템의 주기는 3.0초 범위였습니다. 겹치지 않기 때문에 이러한 구조물은 조정되지 않으므로 지진 흔들림에 상대적으로 둔감합니다. 그러나 지진으로 인한 액상화 등의 영향으로 일부 손상이 발생할 수 있습니다. 자세한 내용은 Bhattacharya와 Goda (2016)에서 확인할 수 있습니다.

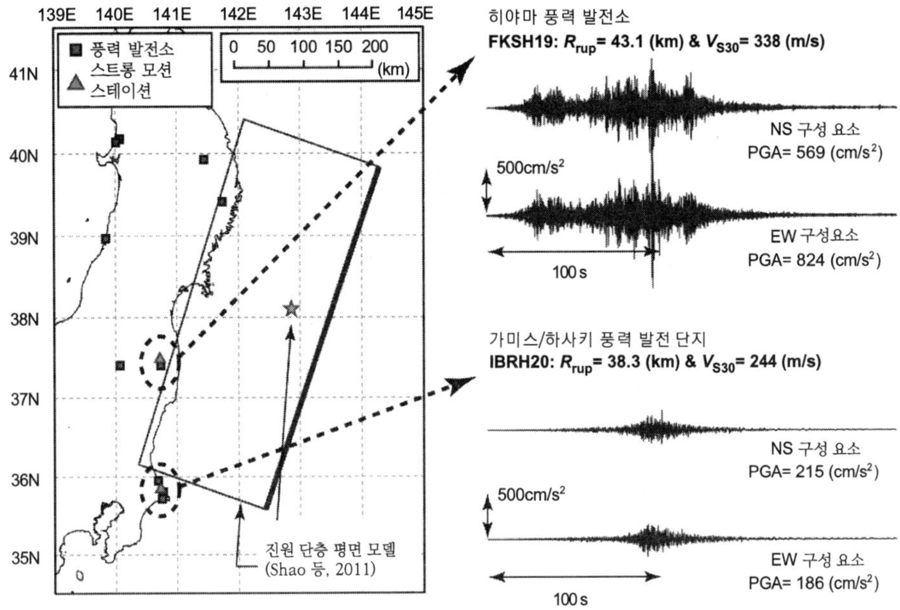

그림 1.3 2011년 도호쿠 지진에 대한 자세한 내용과 풍력 발전소의 위치

(a) (b)

그림 1.4 (a) 2011년 도호쿠 지진 발생 후 가미스(하사키) 풍력 발전소 사진
(b) 같은 지진 발생 후 말뚝으로 지탱된 건물이 붕괴된 모습

ASIDE

해상풍력 터빈이 몇 개만 가동되고 있었다면 재앙을 피하거나 피해 규모를 확실히 줄일 수 있었을 것이라고 주장할 수 있습니다. 풍력 터빈이 비상 냉각 시스템을 가동하여 원자로 멜트다운을 막을 수 있었을 테니까요. 이러한 맥락에서 후쿠시마 원전을 부유식 풍력 발전 단지로 대체할 계획이 있다는 점은 흥미롭습니다. 이 프로젝트는 2MW 반부유식 터빈이 몇 년 동안 운영되는 발전 단계에 있습니다. 최근에는 3열 반부유체에 장착된 혁신적인 7MW급 유압 구동식 풍력 터빈이 시험 가동되고 있습니다.

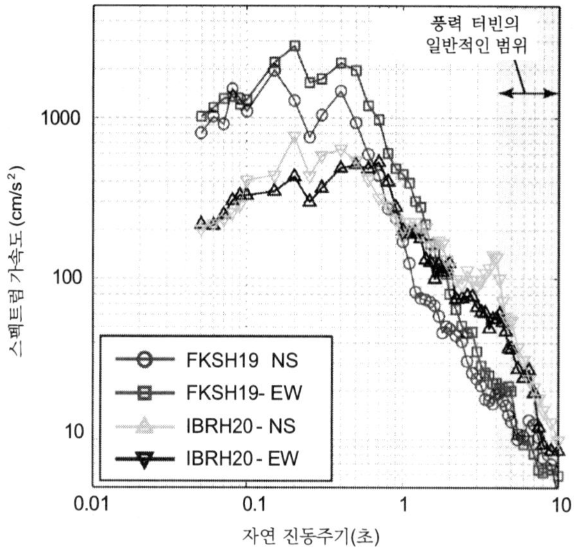

그림 1.5 풍력 터빈의 지진 및 고유 주파수의 파워 스펙트럼

1.3 풍력 터빈 설치의 구성 요소

대부분의 풍력 터빈 또는 풍력 에너지 변환기는 일반적인 배열을 따르며, 일반적으로 수평으로 장착된 발전기를 구동하는 3엽 터빈이 특징입니다. 이해를 돕기 위해 풍력 터빈의 일반적인 용어와 구성 요소는 그림 1.6과 1.7에 나와 있습니다. 일반적으로 터빈 제조업체는 그림 1.6에 표시된 구성 요소인 로터-나셀 어셈블리(RNA) 와 타워를 공급합니다. 작동 원리는 매우 간단합니다. 기본적으로 흐르는 바람의 운동 에너지는 터빈에서 회전 운동 에너지로 변환된 다음 발전기를 통해 전기 에너지로 변환됩니다. 그림 1.8은 일반적인 터빈의 나셀 내부 구성 요소를 보여줍니다.

터빈에 대한 자세한 내용은 Burton 등(2011) 및 Jameison(2018) 등의 전문 서적을 참고하시기 바랍니다.

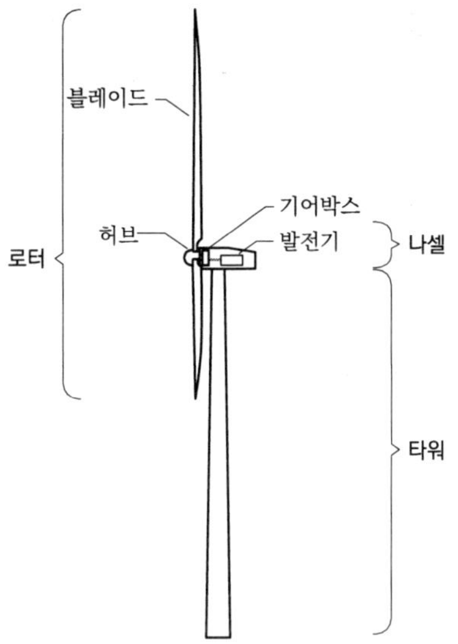

그림 1.6 RNA(로터-나셀 어셈블리)와 타워

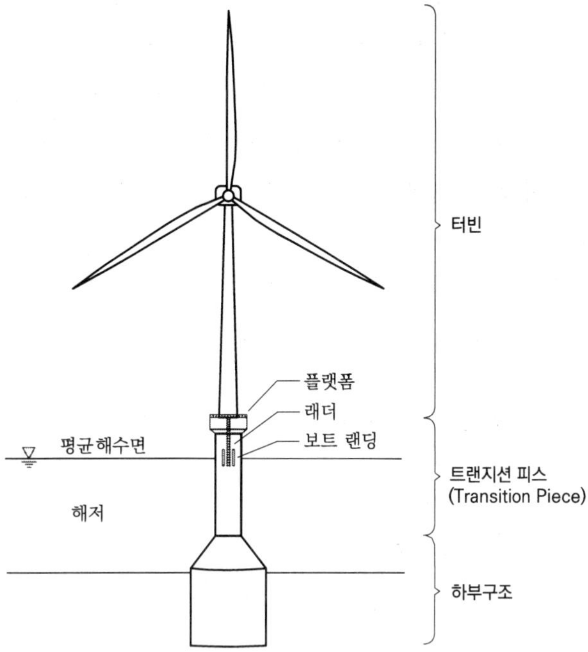

그림 1.7 풍력 터빈 구조의 구성 요소

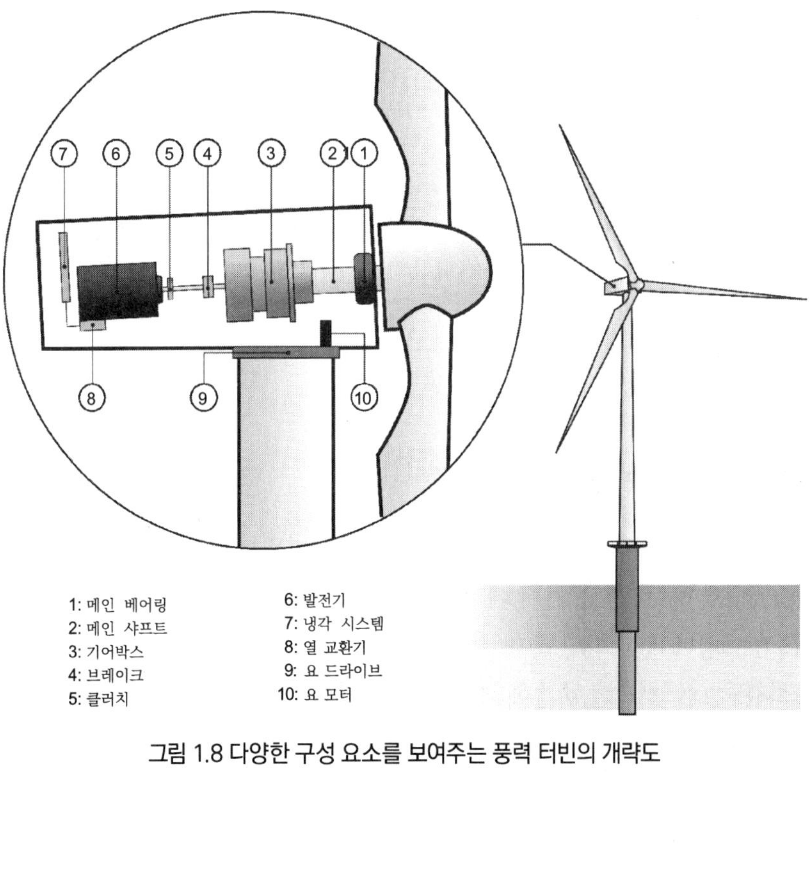

그림 1.8 다양한 구성 요소를 보여주는 풍력 터빈의 개략도

그림 1.6에 표시된 것처럼 나셀은 타워 상단에 장착되며 터빈에 따라 모양과 크기가 다를 수 있습니다. 나셀에는 고속 샤프트에 의해 구동되는 발전기가 포함되어 있습니다. 고속 샤프트는 일반적으로 기어박스를 통해 저속 샤프트에 연결됩니다. 저속 샤프트는 나셀에서 빠져나오고 로터 허브가 그 위에 놓입니다. 블레이드는 로터 허브에 연결됩니다. 저속 샤프트는 터빈 블레이드와 함께 회전하며 일반적인 속도는 분당 약 20회전(20RPM)입니다. 일반적인 기어박스의 속도 비율은 약 1 : 100이며 고속 샤프트가 발전기를 구동합니다.

사이트의 경제성을 평가하려면 각 터빈의 예상 전력 및 에너지 출력을 추정해야 합니다. 풍력 발전량은 식 (1.1)을 사용하여 추정할 수 있습니다:

$$P = \frac{1}{2} C_p \rho A U^3 \tag{1.1}$$

C_p : 전력계수

ρ : 공기밀도

A : 로터 스윕 영역의 면적 $A = \frac{\pi}{4} D^2$ (여기서 D는 로터 직경)

U : 풍속

이 관계를 바탕으로 주어진 스윕 면적과 특정 풍속 및 공기 밀도에 대해 출력 전력을 높이는 두 가지 가능한 방법이 있다는 것을 알 수 있습니다:

1. 전력 계수 C_p 증가
2. 로터 스윕 영역 확장(로터 직경이 큰 풍력 터빈 설계) 따라서 A가 증가합니다.

ASIDE

> 더 효율적인 블레이드 설계에 투자하는 것보다 로터 직경을 늘리는 것이 더 편리하다는 것이 분명해지고 있습니다. 스윕 면적은 로터 직경의 제곱에 비례합니다. 그러나 로터 직경을 늘리려면 더 높은 타워와 더 큰 나셀 및 부품이 필요하므로 설계에 많은 어려움이 따릅니다. 8MW 풍력 터빈의 로터는 164m, 즉 블레이드 길이가 약 82m에 달한다는 점에 주목할 수 있습니다.

1.3.1 베츠 법칙: C_p에 대한 참고 사항

베츠 한계 또는 베츠 법칙(1919)에 따르면 어떤 풍력 터빈도 로터 회전을 통해 바람의 운동 에너지의 16/27(59.3%) 이상을 기계 에너지로 변환할 수 없으며, 따라서 이론상 최대 전력 계수($C_{p,\max}$)은 0.59입니다. 그러나 풍력 터빈은 이 최대 한계에서 작동할 수 없으며 이 값은 터빈 유형, 블레이드 수, 로터의 속도에 따라 달라집니다. 가장 잘 설계된 풍력 터빈의 C_p값은 0.35~0.45 범위입니다.

예제 1.1 전원 출력 문제

풍력 터빈 사이트의 경우 허브 높이의 평균 풍속은 10m/s 입니다. 블레이드의 길이가 60m이고 공기의 밀도가 1.223kg/m³인 경우 출력을 구합니다. 전력 계수가 0.4라고 가정합니다.

스윕 영역은 직경 120m의 원 입니다(그림 1.9 참조). 방정식 (1.1)에 따라 발전량은 다음과 같이 주어집니다:

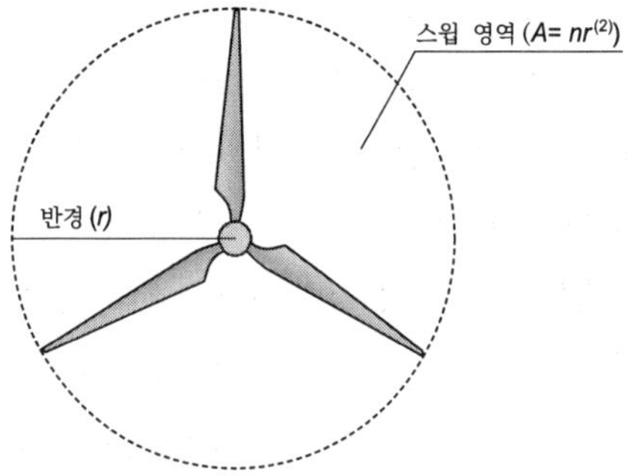

그림 1.9 전원 출력 예제

$$P = \frac{1}{2} C_p \rho A U^3 = \frac{1}{2} \times 0.4 \times 1.223 \frac{kg}{m^3} \times \frac{\pi}{4} \times 120^2 m^2 \times 10^3 \frac{m^3}{s^3} = 2.76MW$$

1.4 풍력 터빈의 제어 동작 및 기타 세부 사항

풍속은 시간에 따라 달라지며, 식 (1.1)에 따르면 이로 인해 발전량에 변동이 발생한다는 것은 분명합니다. 이는 전력망에 공급되는 전력에 특별한 문제를 야기할 수 있으며, 이를 PTO(Power Take-Off) 문제라고 합니다. RNA에는 제어 시스템이 장착되어 있으며, 로터가 일정한 속도로 회전하도록 하여 전력을 안정적으로 공급하는 것이 주된 목적입니다. 또한 바람의 방향 변화, 불안정한 블레이드 공기역학으로 인한 허브의 하중 변화, 블레이드 플리핑(flapping) 등의 문제도 발생하는데, 이를 제어하여 피로 스트레스를 줄여야 합니다.

나셀에는 풍속을 측정하는 풍속계가 포함되어 있습니다. 컷인 풍속이(Cut-in Wind Speed)(일반적으로 4m/s) 되면 풍력 터빈이 전력을 생산하기 시작합니다. 특정 풍속에서 정격 출력과 회전 속도에 도달합니다. 일반적으로 풍력 터빈은 12~16m/s 사이의 설계 풍속에서 가장 높은 효율을 나타냅니다. 이 풍속에서 전력 출력은 정격 용량에 도달합니다. 이 풍속을 초과하면 전력 로터의 출력은 정격 용량(Rated Power)으로 제한되며 스톨 조절(일정한 회전 속도, 즉 RPM) 또는 피치 조절 등 다양한 수단을 통해 수행됩니다.

그림 1.10은 기울기, 요, 피치의 정의와 함께 풍력 터빈 모델을 개략적으로 보여줍니다. 수평 풍속이 로터 평면에 수직인 경우 풍력 터빈은 최적의 위치에 있습니다. 타워 축의 평면과 저속 축의 풍속의 각도를 요각도(θ_{yaw}) 라고 합니다. 터빈에는 로터가 바람과 수직이 되도록 최적의

방향으로 스스로 회전하는 메커니즘이 있습니다. 이 제어 동작을 요잉이라고 합니다.

일부 풍력 터빈은 틸팅 동작이 가능하므로 수평 방향에 따른 저속 축의 각도가 변경됩니다. 수평 방향과 저속 축 사이의 각도를 틸트 각도라고 합니다(θ_{tilt}). 이 틸트 각도는 바람의 하중으로 인한 처짐이거나 틸팅이라는 제어 동작의 결과일 수 있습니다.

풍력 터빈이 전력을 생산할 때는 일반적으로 일정한 회전 속도가 필요합니다. 이는 여러 가지 방법으로 달성할 수 있는데, 가장 일반적인 방법은 요와 피치 제어입니다. 피치 제어 풍력 터빈에서는 피치 각도(블레이드 뿌리에서 블레이드 끝으로 이어지는 축을 중심으로 한 블레이드의 각도)를 변경할 수 있습니다. 피치가 변경되면 블레이드의 에어로포일 프로파일(aerofoil profiles)에 대한 공격 각도가 변경되어 양력이 변경되고 따라서 회전 속도와 출력이 변경됩니다. 이 제어 동작을 피칭이라고 합니다. 실제 피치 각도는 θ_{pitch} 또는 θ_p로 표시됩니다.

터빈 날개는 저속 샤프트에 수직이 아니며 일반적으로 작은 원뿔 각도가 있습니다($\theta_{원뿔}$). 이러한 블레이드의 원뿔 모양은 바람에 대한 안정성을 높이고 원심 완화라는 효과도 있습니다. 즉, 블레이드에 가해지는 바람의 하중에 의해 블레이드가 아래로 구부러지지만 터빈의 회전으로 인해 바람에 의한 하중과 반대되는 원심 하중이 발생합니다.

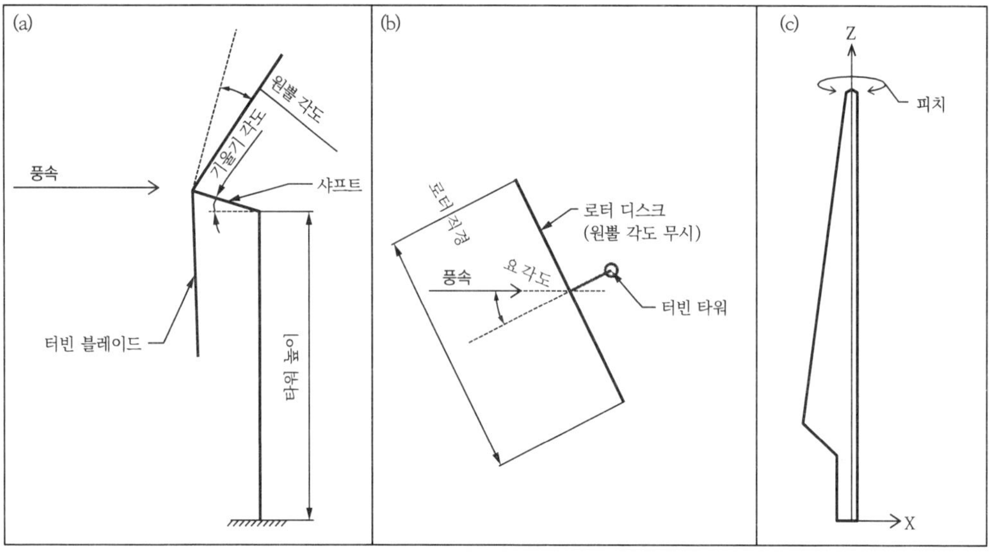

그림 1.10 공기역학 계산을 위한 간단한 풍력 터빈 모델, (a) 기울기, (b) 요, (c) 피치

블레이드 하중을 고려할 때 블레이드에 추력(thrust force) 및 접선력(tangential force) 이 정의됩니다. 추력은 로터에 수직인 방향으로 작용하는 힘이고 접선력은 로터 평면에 작용하는 힘입니다. 플랩 방향은 에어로포일의 코드에 수직인 방향이며, 가장자리 방향은 에어로포일 단면의 코드에 평행한 방향입니다.

틸트 각도는 특정 풍력 터빈 설치에 대해 고정되어 있다는 점을 언급해야 합니다. 예를 들어, 제안된 10MW SeaTitan의 경사각은 5°입니다. 블레이드는 매우 유연하며(캔틸레버로 이상화할 수 있음) 플랩 방향과 가장자리 방향으로 진동합니다. 블레이드가 타워에 부딪히는 것을 피하기 위해 기울기가 허용됩니다.

바람에서 에너지를 추출할 때 풍력 터빈을 가동할 수 없는 풍속과 블레이드와 기계의 심각한 손상을 방지하기 위해 풍력 터빈을 정지시켜야 하는 풍속이 있습니다. 이 수준 사이에는 1P 범위로 알려진 풍력 터빈의 작동 범위가 있습니다. 이 범위는 터빈의 크기, 조절 방법(요 또는 피치 조절), 풍력 터빈 블레이드의 매개변수에 따라 크게 달라진다는 점에 유의해야 합니다.

설계 단계에서 자주 사용되는 몇 가지 용어의 정의는 다음과 같습니다:

***시동 속도**(Start-up speed)* : 로터와 블레이드 어셈블리가 회전하기 시작하는 풍속

***컷인 속도**(Cut-in speed)* : 풍력 터빈이 사용 가능한 전력을 생산하기 시작하는 풍속, 일반적으로 (2.8-4.1m/s).

***정격 속도**(Rated speed)* : 풍력 터빈이 정격 풍속을 생성하는 최소 풍속

***차단 속도**(Cut-out speed)* : 풍력 터빈이 안전상의 이유로 발전을 중단하고 꺼지는 풍속

***1P 범위**(1P range)* : 터빈의 로터 주파수 범위입니다. 예를 들어 표 1.1에 따르면 Vestas V164-8.0 MW 터빈의 작동 범위는 4.8-12.1RPM입니다. 이는 기본적으로 터빈이 전체 수명 주기 동안 이 범위 내에서 작동한다는 것을 의미합니다. 풍속이 낮은 기간에는 4.8RPM으로 작동하고, 풍속이 높은 기간에는 정격 RPM, 즉 최대 RPM 12.1로 작동합니다.

***구조 설계 속도**(Structural design speed)* : 풍력 터빈은 50년 평균 재현 주기로 발생하는 매우 높은 풍속에도 손상 없이 견딜 수 있도록 설계되었습니다.

풍력 터빈을 셧다운하는 방법에는 네 가지가 있습니다:

1. 풍속 센서가 컷아웃 풍속을 측정할 때 자동 휴식 사용
2. 바람을 흘리기 위한 블레이드 피칭
3. 블레이드에 장착된 스포일러를 사용하여 항력을 높이고 속도를 줄입니다.
4. 바람을 피해 요잉 (블레이드를 바람에 대해 옆으로 돌림)

표 1.1 컷인 및 정격 주파수를 보여주는 다양한 터빈의 세부 정보

터빈 제조사 및 세부 정보	등급(MW)	컷인(rpm)	정격(rpm)
베스타스 V 164-8.0 MW	8	4.8	12.1
지멘스 SWT-6.0-154	6	5	11
RE Power 6 M	6.15	7.7	12.1
RE Power 5 M	5.075	6.9	12.1
베스타스 V120	4.5	9.9	14.9
베스타스 V90	3	8.6	18.4
시노벨 SL3000/90	3	7.5	17.6

1.4.1 터빈의 전력 곡선

일반적인 풍속을 기준으로 풍력 터빈 제조업체는 터빈의 전력 곡선을 제공할 수 있습니다. 전력 곡선은 기본적으로 풍속과 관련하여 표시된 터빈의 전력 생산량입니다. 풍력 터빈에 대해 전력 곡선과 회전 속도 곡선을 사용할 수 있으며 제조업체에서 제공합니다. 그림 1.11-1.12에는 각각 2.5MW 및 6.2MW 터빈에 대한 일반적인 예가 나와 있습니다.

그림 1.13은 터빈의 돌출부 사진을 보여줍니다.

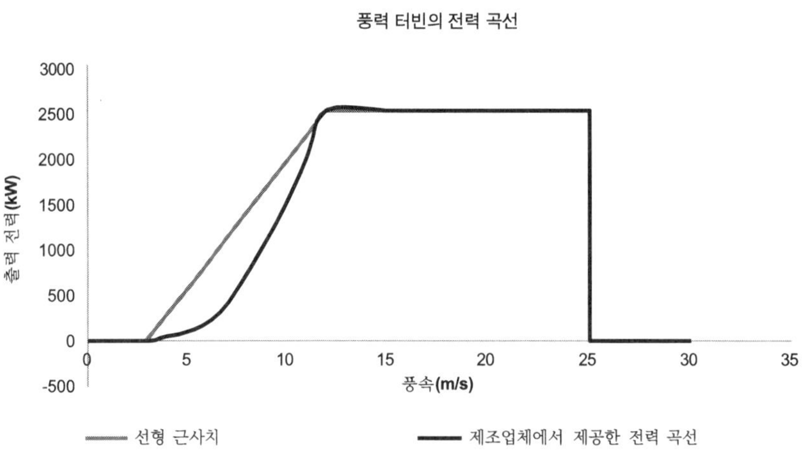

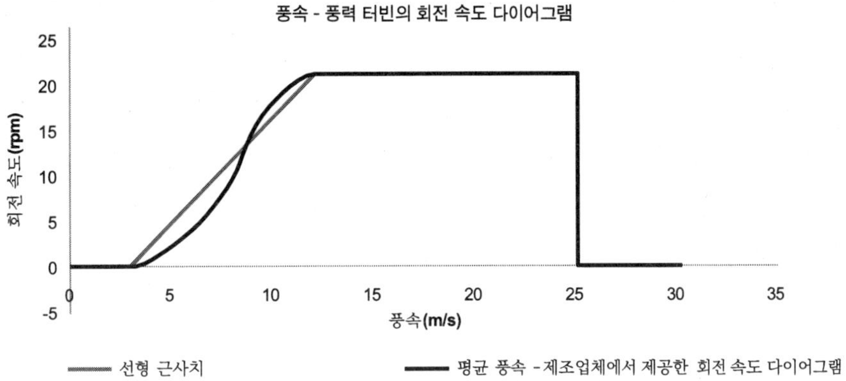

그림 1.11 풍력 터빈의 전력 곡선 및 회전 속도

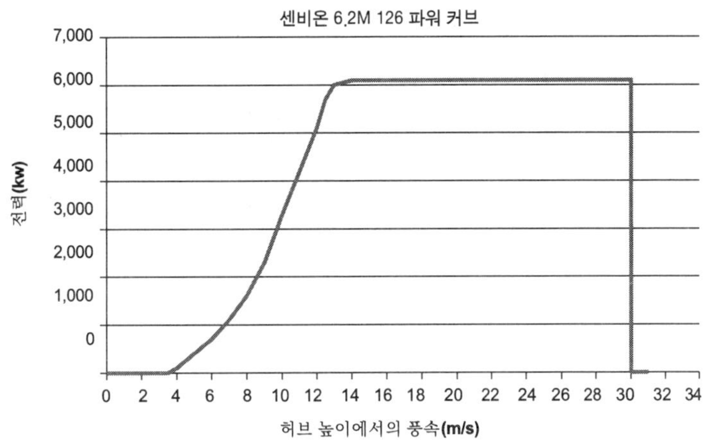

그림 1.12 6.2MW 터빈의 전력 곡선

그림 1.13 치수 및 로터 오버행 표시[사진 제공: VESTAS]

1.4.2 터빈 사양에서 하부 구조물 설계자의 요구 사항은 무엇인가요?

하부구조물 설계자는 전체 시스템의 목표 고유 주파수를 결정하기 위해 컷인 및 컷아웃 RPM이 필요합니다. 예를 들어 8MW 터빈을 고려할 경우 1P 범위는 4.8-12.1RPM입니다. 이를 Hz로 변환하면 주파수 범위는 (4.8/60) ~ (12.1/60)이며, 이는 0.08-0.201Hz입니다. 따라서 이 범위에서 전체 시스템의 글로벌 고유 주파수를 피하는 것이 좋습니다. 그렇지 않으면 공진 관련 효과로 인해 서비스 수명이 단축됩니다.

1.4.3 터빈의 분류

풍력 터빈은 세 가지 유형으로 (단순하게) 분류할 수 있습니다:

표 1.2 다른 WTG의 로터 및 나셀의 일반적인 무게a)

터빈	시노벨 3.0 MW(SL3000/113)	3.6 MW 지멘스	3.6 MW 지멘스	3.6 MW 지멘스	8 MW Vestas
로터 직경	113 m	120 m	130 m	154 m	164 m
나셀 무게	120 t	140 t	140 t	360 t	390 t
로터 무게	41.5 t	100 t	100 t	81 t	105 t

a) 제시된 값은 설계 개선에 따라 변경될 수 있습니다. 최근에는 블레이드 길이가 비슷한 8MW의 경우 9.5MW까지 정격화되었습니다.

표 1.3 중력 기반 기초가 사용된 풍력 발전 단지

커미션 연도	프로젝트	기초 유형	수심 (미터(m))	해안으로부터의 거리 (km)
2001	미들그룬덴 - 40MW 프로젝트	Gravity	3-5	2
2003	니스테드 1 (로드샌드 I)	Gravity	6-10	10.8
2009	쏜튼 뱅크 1단계	Gravity	12-27	26

1. ***기어박스 타입***

   기어박스의 주요 목적은 느리게 움직이는 블레이드를 증폭하는 것입니다. 예를 들어, Vestas V164-8.0 MW의 작동 범위는 4.8-12.1 RPM입니다. 따라서 속도비가 1:100이라고 가정하면 12RPM의 블레이드 회전을 100배 증폭하여 1200RPM으로 만들 수 있으며, 이를 위해서는 소형 발전기가 필요합니다.

2. ***다이렉트 드라이브 타입***

기어박스 없이 운영하여 운영 비용(OPEX) 비용을 절감할 수 있다는 점에서 매력적입니다. 예를 들어 10MW의 경우 다이렉트 드라이브 SeaTitan 풍력 터빈은 컷인 풍속은 4m/s, 컷 아웃은 30m/s이며 정격 출력은 풍속 11.5m/s에서 10RPM으로 생성됩니다.

3. ***하이브리드 타입***

스텝 기어 박스가 제한된 두 가지 시스템을 혼합한 것입니다.

1P 주파수 범위는 시스템에 진동을 전달하기 때문에 중요합니다. 기어박스 풍력 터빈의 경우 전체 작동 범위(V164-8.0MW 터빈의 경우 4.8-12.1RPM)에 대한 진동을 고려해야 합니다. 반면에 직접 구동 방식의 경우 특정 RPM만 고려하면 됩니다.

터빈의 크기: 정격 출력에 따라 터빈의 크기도 증가합니다. 예를 들어, Sinovel SL3000/113의 크기는 길이 12.5m× 폭 5.0m× 높이 6.6m입니다. 반면 8MW 터빈의 크기는 길이 24m× 폭 12m× 높이 7.5m입니다. 표 1.2는 여러 터빈의 로터 직경과 질량을 제공합니다.

그림 1.14는 설계에 필요한 제조업체 카탈로그의 관련 세부 정보를 보여줍니다.

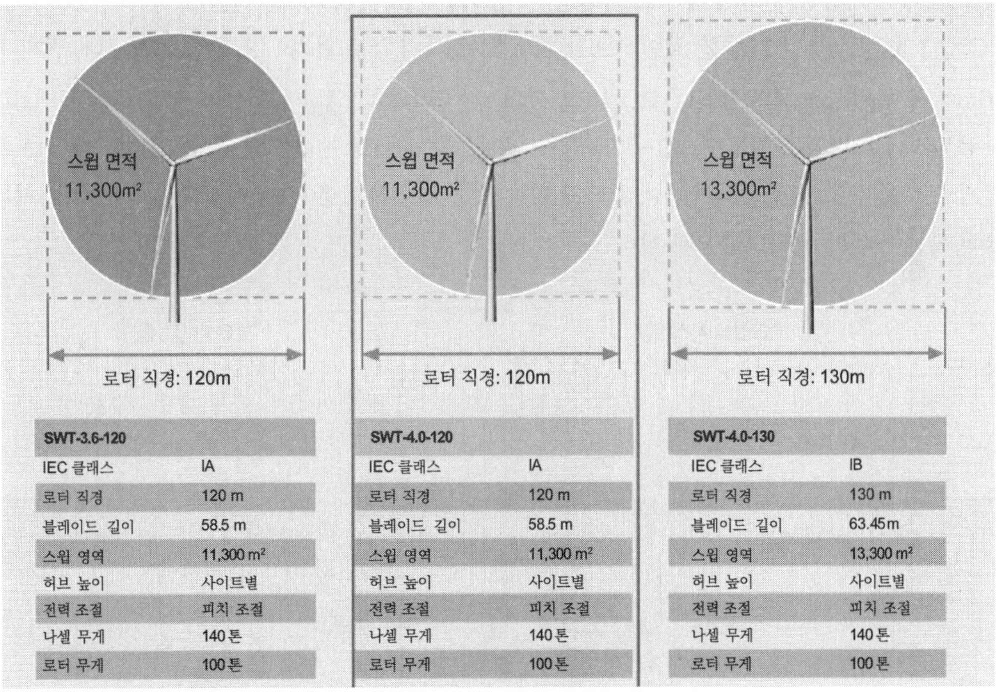

SWT-3.6-120		SWT-4.0-120		SWT-4.0-130	
IEC 클래스	IA	IEC 클래스	IA	IEC 클래스	IB
로터 직경	120 m	로터 직경	120 m	로터 직경	130 m
블레이드 길이	58.5 m	블레이드 길이	58.5 m	블레이드 길이	63.45m
스윕 영역	11,300 m²	스윕 영역	11,300 m²	스윕 영역	13,300 m²
허브 높이	사이트별	허브 높이	사이트별	허브 높이	사이트별
전력 조절	피치 조절	전력 조절	피치 조절	전력 조절	피치 조절
나셀 무게	140톤	나셀 무게	140톤	나셀 무게	140톤
로터 무게	100톤	로터 무게	100톤	로터 무게	100톤

그림 1.14 설계 목적에 필요한 터빈 데이터(출처: 지멘스 브로셔의 허가를 받아 복제)

1.5 하부구조물 유형

하부구조물은 가장 중요한 디자인 고려 사항이며 종종 프로젝트의 재정적 실행 가능성을 결정짓는 요소입니다. 일반적으로 하부구조물 비용은 전체 비용의 25~34%를 차지합니다.

프로젝트에서는 하부구조물을 최적화하여 비용을 낮추어야 합니다. 이에 특정 부지에 대한 기초를 선택하고 설계할 때는 여러 측면을 고려해야 합니다. 여기에는 대부분의 기상 조건에서의 설치 용이성, 다양한 해저 조건, 필요한 선박 및 장비를 포함한 설치 측면, 환경(소음)에 관한 현지 규정 등이 포함됩니다. 그림 1.15는 지반 깊숙이 삽입된 대구경 모노파일의 개략도를 보여줍니다. 하부구조물의 단순성으로 인하여 지금까지 해상풍력 산업에서 가장 많이 사용되는 기초입니다.

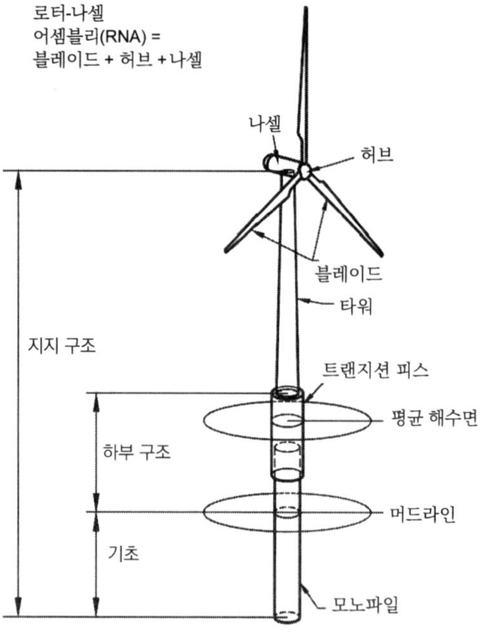

그림 1.15 모노파일 기초

그림 1.16은 오늘날 다양한 일반적으로 사용되는 다양한 유형의 기초를 보여줍니다. 현재 약 30m의 수심에서는 모노파일(그림 1.16c), 중력식 기초(그림 1.16b), 석션식 기초(그림 1.16a)가 사용되거나 고려되고 있으며, 30~60m의 수심에서는 파일 또는 케이슨을 지지하는 재킷 또는 해저 프레임 구조가 사용되거나 계획되고 있습니다. 일반적으로 60m 이상의 깊은 수심에서는 부유식 시스템이 고려되고 있습니다.

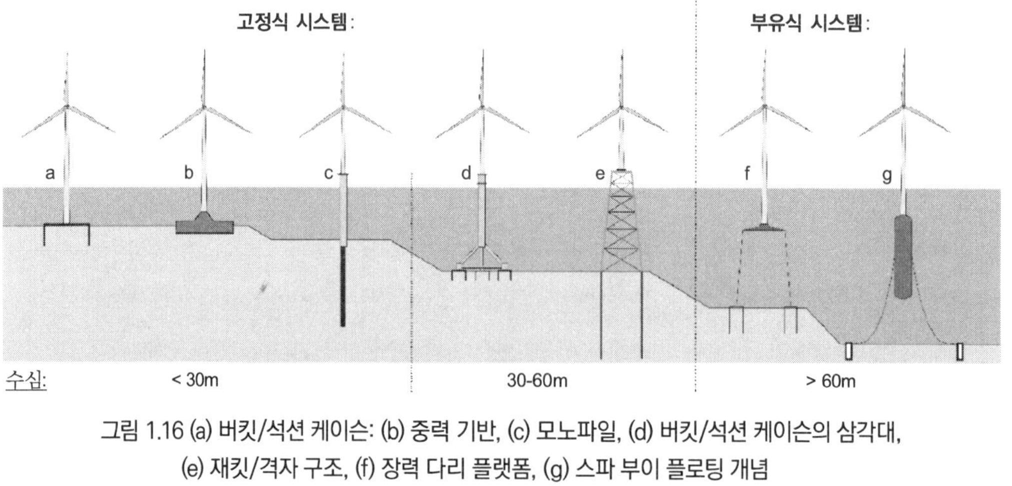

그림 1.16 (a) 버킷/석션 케이슨: (b) 중력 기반, (c) 모노파일, (d) 버킷/석션 케이슨의 삼각대, (e) 재킷/격자 구조, (f) 장력 다리 플랫폼, (g) 스파 부이 플로팅 개념

기초는 해저, 현장 조건, 터빈 및 하중 특성, 경제성에 따라 달라지나, 항상 수심에 따라 달라지는 것은 아닙니다.

하위 구조는 순서도에 설명된 대로 두 가지 유형으로 분류할 수 있습니다(그림 1.17).:

1. 고정식 시스템은 전통적인 기초/지반 공학 용어로 얕은 기초 와 깊은 기초의 두 가지 유형으로 더 세분화할 수 있습니다.
2. 계류 시스템에 의해 해저에 고정되어 떠다니는 부유식 시스템은 다음과 같은 점에서 생태학적인 이점이 있습니다. 해저 발자국을 매우 적게 남기고, 해체가 용이하며, 시스템을 해체하여 항구에 띄울 수 있어 유지보수가 더 쉽다는 장점이 있습니다.

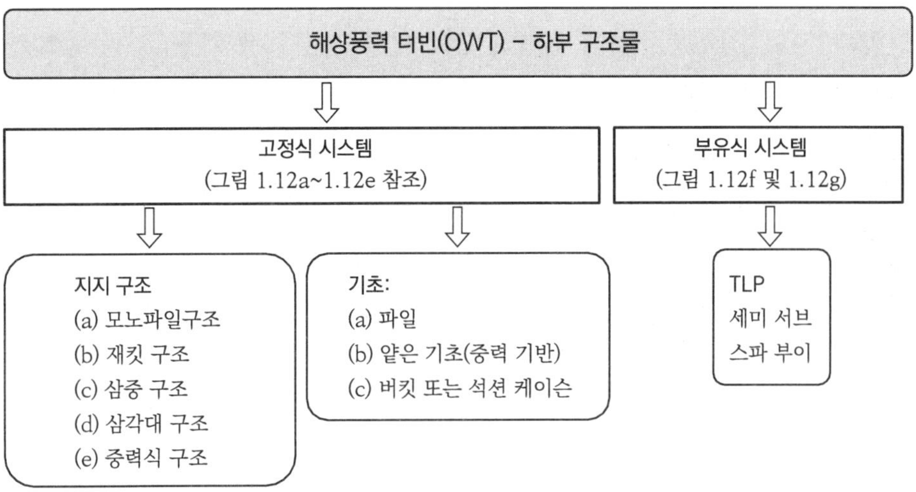

그림 1.17 하부 구조를 분류하는 순서도

1.5.1 중력식 시스템 (Gravity Based Foundation System)

중력 기반 기초는 지지 구조물과 해저 사이에 인장 하중이 없이 융기(Uplift)나 전도(Overturning)을 방지하도록 설계되었습니다. 이는 전도 모멘트의 작용에 따라 구조물을 안정화하기 위해 적절한 사하중을 제공함으로써 달성됩니다. 만약 지지 구조물과 상부 구조물(타워+ RNA)의 사하중이 충분하지 않은 경우 추가 밸러스트가 필요합니다. 밸러스트는 암석, 철광석 또는 콘크리트등이 사용됩니다. 이러한 기초를 설치하려면 경사를 피하기 위해 해저를 준비해야 하는 경우가 많습니다. 대부분의 경우 중력 기반 구조물은 현장 콘크리트 또는 프리캐스트 콘크리트 유닛으로 시공됩니다. 중력 기반 개념은 운송 및 설치 방법에 따라 두 가지 유형으로 분류할 수 있습니다:

1. ***크레인을 사용하지 않는 솔루션***으로, '*플로트 아웃 앤 싱크*'(*Float-out와 sink*) *솔루션*이라고도 합니다. 이러한 유형의 기초는 자체 부력 또는 일부 메커니즘을 통해 부양되어 해상 현장으로 견인됩니다. 현장에서는 기초에 밸러스트를 채워 해저에 가라앉게 합니다. 이는 매우 단단하거나 바위가 많은 토양 조건의 현장에 매력적인 솔루션이 될 수 있습니다. 이 작업에는 크레인이 필요하지 않으므로 크레인 없는 솔루션으로 알려져 있습니다.
2. ***크레인 지원 솔루션*** 이러한 유형에서는 기초가 물에 뜰 수 있으므로 선박을 통해 현장으로 견인됩니다. 그런 다음 크레인을 사용하여 기초를 해저로 내립니다. 중력 기반 하부 구조의 모양을 샴페인 보틀과 비교한 그림 1.18b에 표시된 쏜튼 뱅크(Thornton Bank)를 예로 들 수 있습니다. 표 1.3에는 중력 기반 기초의 몇 가지 예가 나와 있습니다.

(a)

(b)

(c)

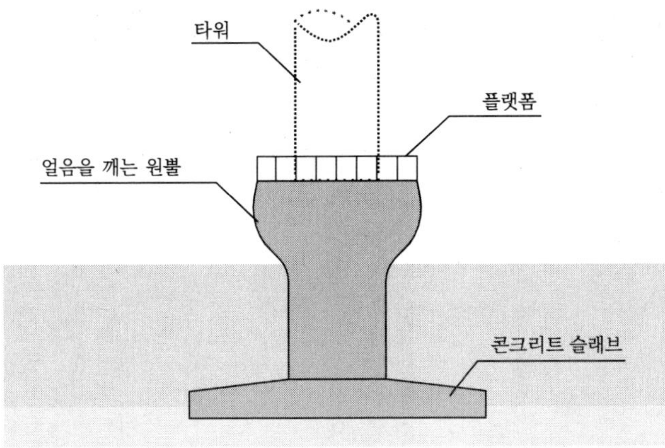

(d)

그림 1.18 (a) 스웨덴 카레함 풍력 발전소 운송 (얀 데 눌 그룹 제공) (b) 쏜튼 뱅크 프로젝트의 중력식 기초
(c) 스트라백 개념 중력식 기초, (d) 미델그룬덴 풍력 발전 단지(덴마크)의 중력식 기초

1.5.1.1 석션 케이슨 또는 석션 버킷

석션 버킷(석션 케이슨이라고도 함)은 중력 기반 기초과 모양이 비슷하지만 주변에 긴 스커트가 있습니다. 기본적으로 케이슨은 얕은 기초와 파일 기초의 디자인 측면을 모두 취한 하이브리드 기초입니다. 케이슨은 융기된 원형 뚜껑과 그 아래로 뻗은 길이가 일정한 얇은 튜브형 스커트로 구성되어 있습니다. 일반적으로 다음과 같은 기초는 지름 대 길이 비율(D/Z)이 약 1이므로 파일기초 보다는 훨씬 짧지만 얕은 기초보다는 훨씬 깊습니다. 석션 케이슨 모양은 그림 1.19a과 같습니다. 석션 케이슨 자체는 해양 산업에서 비교적 최근에 개발된 기술입니다. 케이슨은 약 30년 전에 해양 석유 및 가스 생산 플랫폼의 기초 구조물로 처음 사용되기 시작했습니다.

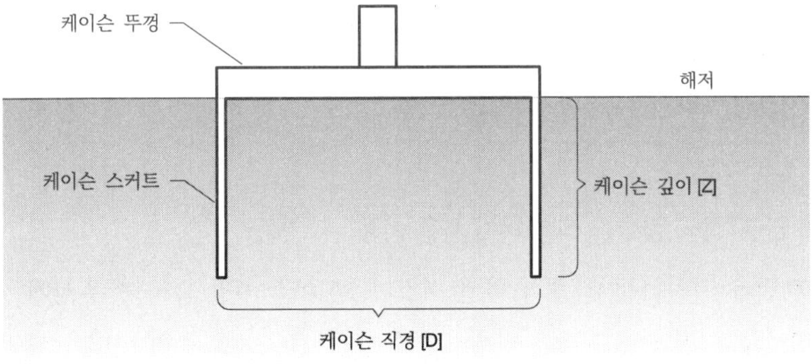

(a)

(b)

(c)

(d)

그림 1.19 (a) 석션 케이슨 기초의 일반적인 레이아웃, (b) 제작 현장에서 조종 중인 Horns Rev 2, (c) 치둥해 해상풍력 터빈, (d) 도거 뱅크와 기상탑용 케이슨의 설치, OffshoreWIND.biz, (2013) 사진 제공: 왕 리종 교수(저장대학교)

1.5.1.2 사례 연구: 중국 장쑤성 석션 버킷 사용 사례

해상풍력 터빈을 지원하는 최초의 석션 버킷이 2010년 10월 중국 장쑤성에 설치되었습니다. (그림 1.19c 참조) 전체 구조물은 약 6m의 수심에서 2.5MW 풍력 터빈을 지탱하도록 설계되었습니다. 버킷의 직경은 30m, 깊이는 7m입니다. 케이슨 제작에는 약 2개월이 소요되었으며, 전체 기초 구조물을 현장으로 견인하여 케이슨 스커트 주변에 가스를 분사하는 방식으로 설치했습니다. 케이슨을 콘크리트로 제작함으로써 유사한 철골 설계에 비해 구조물 제작 비용을 절감할 수 있었습니다.

1.5.1.3 사례연구: 영국 도거 뱅크가 석션 케이슨

석션 케이슨은 도거 뱅크 해상풍력 발전 단지에서 기상탑을 지지하는 데 사용되었습니다(그림 1.19d 참조).

1.5.2 파일 기초

모노파일이라고도 하는 단일 대구경 강관 말뚝은 해상풍력 터빈을 지지하기 위한 가장 일반적인 형태의 기초입니다. 그림 1.20 (a)는 모노파일 기초를 보여주는데, 이는 기본적으로 대형 강철 파일(직경 3~7m)을 해저에 25~40m의 일반적인 관통 깊이로 박는 것으로, 일반적으로 트랜지션 피스(TP)라고 불리는 강철 튜브가 강철 파일에 연결되고 타워가 부착되어 있습니다. 트랜지션 피스는 터빈에 들어가는 데 사용되는 보트 랜딩과 사다리를 지지합니다. 현재 이러한 유형의 기초는 최대 수심 25~30m의 수심에서 광범위하게 사용되고 있습니다.

(a) (b)

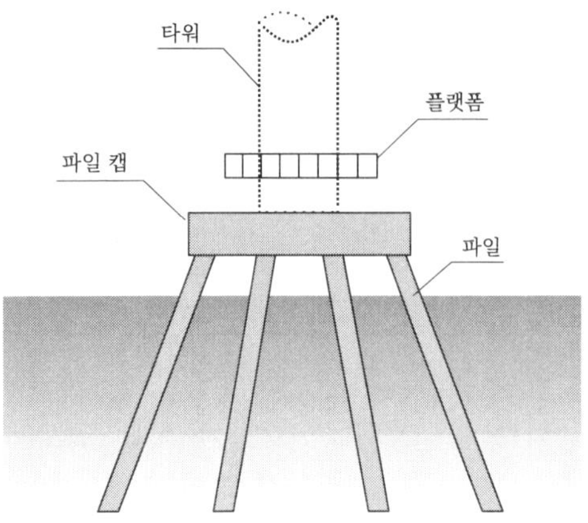

(c)

(d)

(e)

그림 1.20 (a) 대구경 모노파일, (b) 재킷에 지지된 WTG 구조물. 설치에 사용되는 잭업 선박, (c) 풍력 터빈을 지지하는 파일 그룹, (d) 1.20c 사진 및 (e) 터빈 설치(중국 사례 연구) 사진 제공: 그림 1.20 (a), (b): 마티즈 소에데 박사 [유럽 위원회]

이러한 기초는 유압 해머를 사용하여 해저에 안정적으로 항타를 할 수 있으며, 해양 석유 및 가스 산업에서는 이러한 방식이 표준화되어 있습니다. 이러한 기초를 다루고 운전하려면 대형 크레인, 해머 세트 및 드릴링 장비가 장착된 플로팅 선박 또는 잭업 선박을 사용해야 합니다. 현장에서 암반층을 조우할 경우 추가로 RCD(Reverse Circulation Drill)로 천공을 할 경우도 있으며, 이럴경우에는 추가로 Insert Pile을 설치해야 할 수도 있습니다. 파일 항타는 소음과 진동을 유발하기도 하며, 시공 순서상 기초 설치후에 터빈(나셀 및 로터)을 설치합니다.

종종 작은 직경의 파일 그룹을 사용하여 풍력 터빈을 지지할 수 있습니다. 소구경 파일은 재킷 구조물을 지지하는 데에도 사용되며(그림 1.20b 참조). 그림 1.20c는 일반 콘리트리 파일 그룹이 사용된 상하이 동하이만 프로젝트 입니다.

ASIDE

기존 유압식 파일 항타는 가능한 수준을 초과하는 경우가 종종 있습니다. 이러한 경우 바이브로 해머 사용를 먼저 사용후에 유압 해머 항타를 후순위로 진행하는 것이 적합 합니다.

1.5.3 파일 또는 케이슨에 지지되는 해저 프레임 또는 재킷

종종 해저 프레임이나 파일 또는 케이슨에 지지된 재킷이 지지 구조물 역할을 할 수 있으며 멀티포드로 분류할 수 있습니다. 멀티포드는 기초와 토양 사이에 두 개 이상의 접촉 지점이 있습니다. 토양 매립 요소에는 유연한 파일, 중력 베이스 및 석션 케이슨이 포함될 수 있습니다.

예제 1.2 다중 석션 케이슨에 지지되는 재킷

여러 개의 얕은 기초에 지지되는 재킷 또는 해저 프레임은 현재 23~60m 범위의 심해에 해상풍력 터빈을 지지하기 위해 설치되고 있습니다. 예를 들면, 보쿰 리프그룬트 1 (독일, 수심 23~29m), 알파 벤투스 오프쇼어 (독일, 수심 28~30m), 애버딘 해상풍력발전 단지 (스코틀랜드, 수심 20~30m). 재킷은 일반적으로 세 발 또는 네 발로 설계되며, 깊은 기초 위에 지지됩니다. 현재 사용 중인 재킷의 높이는 수심과 파도의 높이에 따라 30~35m입니다. 그러나 향후 해양 개발에서는 더 깊은 수심에서 더 큰 터빈 (12~20MW)을 지원하기 위해 재킷 높이가 최대 60m 이상으로 높아질 것으로 예상됩니다.

그림 1.21-1.25는 최근 해양 개발에서 사용되고 있는 재킷 구조를 보여줍니다.

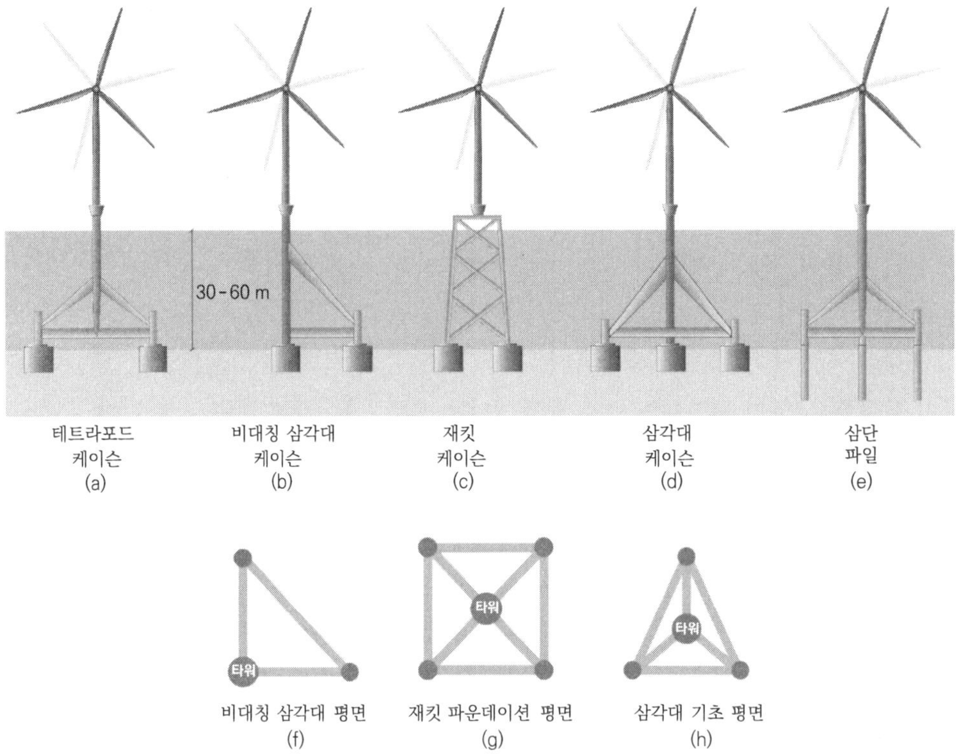

그림 1.21 WTG를 지지하기 위한 멀티포드 기초와 다양한 제안 및 기존 멀티포드 배열, (a) 4개의 석션 케이슨 기초로 지지되는 테트라포드 하부 구조, (b) 3개의 석션 케이슨 기초로 지지되는 비대칭 삼각대 하부 구조, (c) 4개의 석션 케이슨 기초로 지지되는 재킷 하부 구조; (d) 3개의 석션 케이슨 기초로 지지되는 대칭 삼각 하부 구조, (e) 삼단 파일 하부 구조 및 기초, (f) 비대칭 삼각 하부 구조의 평면도, (g) 재킷 하부 구조의 평면도, (h) 대칭 삼각 하부 구조의 평면도

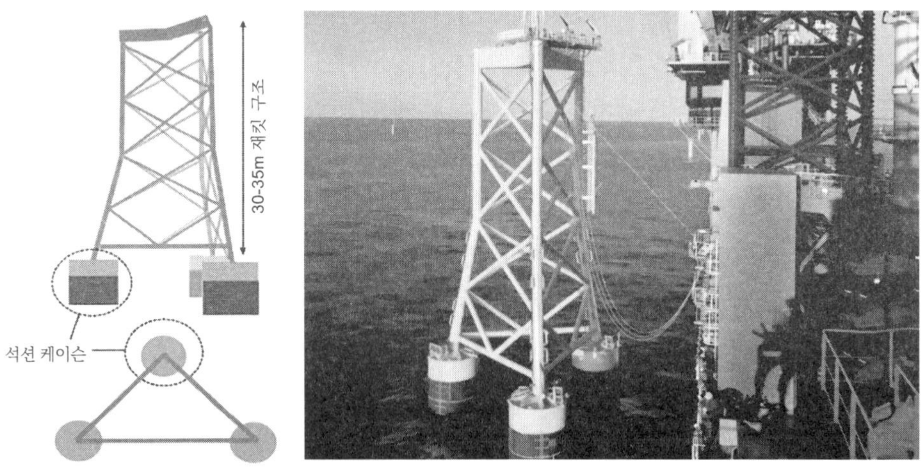

그림 1.22 석션 케이슨에 지지되는 세 개의 다리가 있는 재킷의 개략도

그림 1.23 중국의 풍력 발전 단지를 위한 다양한 유형의 지지 구조

그림 1.24 지지 구조

그림 1.25 벨기에 물속의 재킷 [사진 제공: 마티아스 박사]

1.5.4 플로팅 터빈 시스템

플로팅 시스템은 크게 세 가지 유형으로 분류할 수 있습니다(그림 1.26 참조):

1. ***계류 안정화 텐션 레그 플랫폼****(Tension Leg Platform, TLP)* : 이 유형의 시스템은 장력 계류로 안정화되고 부력과 안정성을 위해 해저에 고정됩니다(그림 1.26a 참조).
2. ***스파 부이****(Spar Buoy)* : 이 유형의 시스템에는 밸러스트를 제공하는 비교적 깊은 원통형 베이스가 있어 구조의 아래쪽 부분이 위쪽 훨씬 무겁습니다. 이는 시스템의 무게 중심에 대한 부력의 중심을 올릴 수 있습니다. 이는 비용이 적게 드는 간단한 구조이지만, 더 깊은 수심이 필요하며 얕은 수심에서는 불가능합니다. 모션 스태빌라이저는 시스템의 전체 기울기를 줄이는 데 사용할 수 있습니다(그림 1.26b 참조).
3. ***반잠수정****(Semi-Submersible)* : 이 방식은 밸러스트와 장력 원리가 결합된 개념으로 많은 강철을 소비합니다(그림 1.26c 참조).

플로팅 시스템을 계류하는 데 사용할 수 있는 앵커에는 다양한 종류가 있으며, 표면 앵커와 임베디드 앵커로 분류할 수 있습니다. 표면 앵커의 예로는 바위나 철광석이 들어 있는 크고 무거운 상자가 있으며, 앵커 자체의 무게와 바닥 사이의 마찰에 따라 고정력이 달라집니다.

반면에 매립형 앵커의 예로는 그림 1.26(c)에 표시된 것과 같은 앵커 파일입니다. 그림 1.26(b), (c)는 심해에 적합한 부유식 풍력 터빈 개념으로, 그림 1.26(a)와 1.27(a)는 일본의 풍력 단지(후쿠시마 앞바다)에 구현된 부유식 개념(세미 서브)을 보여줍니다. 이와 대조적으로 그림 1.27(b)는 Hywind 개념(스파 개념)을 보여줍니다. 그림 1.27(c)는 GICON에서 개발한 TLP 개념입니다.

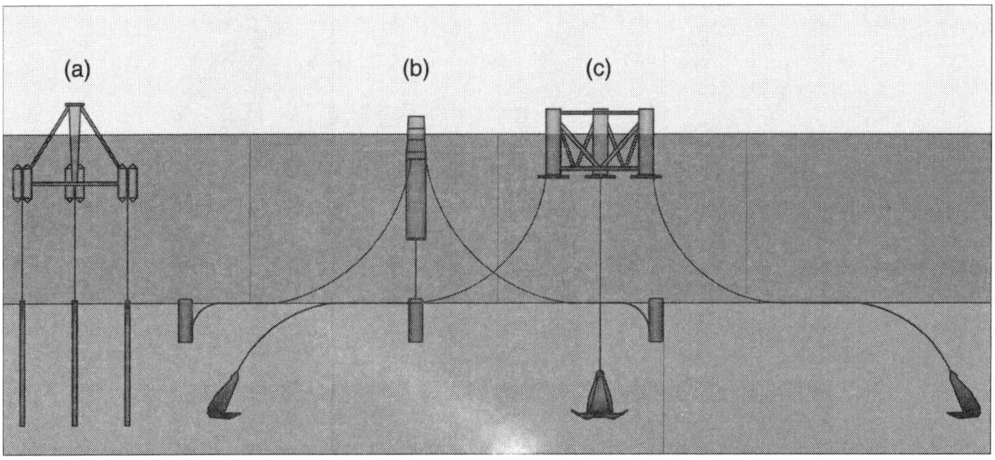

그림 1.26 WTG(풍력 터빈 발전기)를 지지하는 세 가지 주요 부유식 시스템 유형 [사진 제공: 라즐로 아라니 박사]

(a)

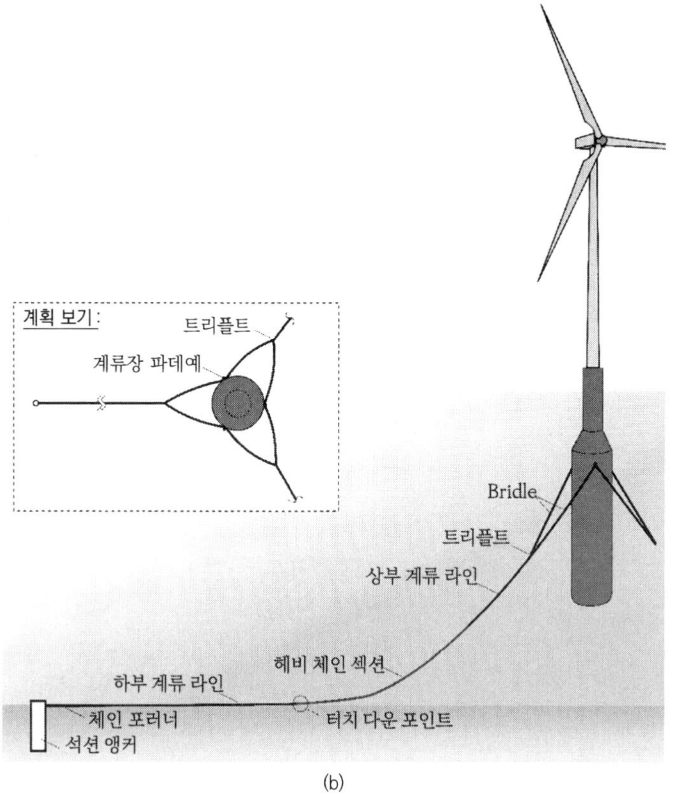

(b)

(c)

그림 1.27 (a) 일본 후쿠시마 앞바다의 반잠수식 기초, (b) 부표 부유식 시스템인 Hywind 풍력 터빈 설치 세부 사항, (c) TLP 설계 예시[사진 제공: 후쿠시마 해상풍력 컨소시엄 및 GICON]

1.6 미래의 기초

일반적으로 전체 해상풍력 발전 프로젝트의 15~35%를 차지하는 하부구조물 비용은 LCOE를 낮추기 위해 새로운 혁신적인 기초가 끊임없이 연구되고 있습니다. 하지만 새로운 유형의 기초가 프로젝트에 실제로 사용되기 전에 철저한 기술 검토를 통해 위험을 감수해야 하는 경우가 많습니다.

유럽연합 집행위원회에서는 1부터 9까지 철저한 기술 준비 수준(Technology Readiness Level)을 정의하고 있습니다(프로세스 단계별 번호는 표 1.4 참조). 초기 단계에서 수행해야 할 작업하나는 실험실 환경에서의 기술 검증(TRL 4)입니다. 이러한 기초 작업에서는 장기적인 성능을 포함한 다양한 성능 기준을 검증하기 위한 테스트를 수행하는 의미합니다. 관련 환경, 즉 해외 환경에서 검증하는 것은 매우 비용이 많이 들고 운영적으로 어렵기 때문에 다음 단계의 투자를 정당화하기 위해서는 실험실 기반 평가가 견고해야 한다는 점을 인식해야 합니다.

표 1.4 TRL의 정의

유럽 위원회와 같은 TRL 수준
TRL 1: 기본 원칙 확인
TRL 2: 기술 개념 정립
TRL 3: 실험적 개념 증명
TRL 4: 실험실에서 검증된 기술
TRL 5: 관련 환경에서 검증된 기술
TRL 6: 관련 환경에서 입증된 기술
TRL 7: 운영 환경에서의 시스템 프로토타입 데모
TRL 8: 시스템 완성 및 검증
TRL 9: 운영 환경에서 검증된 실제 시스템

해상풍력 발전의 비용을 줄이기 위해 탄소 트러스트는 '해상풍력 가속기'라는 공모전을 시작했습니다. 이 프로젝트의 목표는 2015년까지 해상풍력 발전 비용을 10% 절감하는 것이었습니다. 이러한 비용 절감은 보다 비용 효율적인 기초를 포함하여 다양한 방법으로 달성해야 했습니다. 여러 가지 새로운 기초 솔루션이 제안되었고, 평가와 조사를 거쳐 그림 1.28과 1.29에서 보는 바와 같이 추가 개발을 위한 네 가지 방안으로 좁혀졌습니다. 이러한 솔루션은 다음과 같이 구성됩니다:

1. 키스톤 혁신 재킷(트위스트 재킷 또는 Inward Battered Guided Structure(IBGS)라고도 함), 그림 1.28 (a) 및 1.28 (e) 참조
2. 기포드/BMT/프레이시넷 중력 구조 1.28 (b) 참조
3. SPT 오프쇼어 & 우드 그룹 트라이 버킷(개략도는 그림 1.30 참조) 및 1.28 (c)
4. 범용 기초 석션 버킷 모노파일, 1.28 (d) 참조

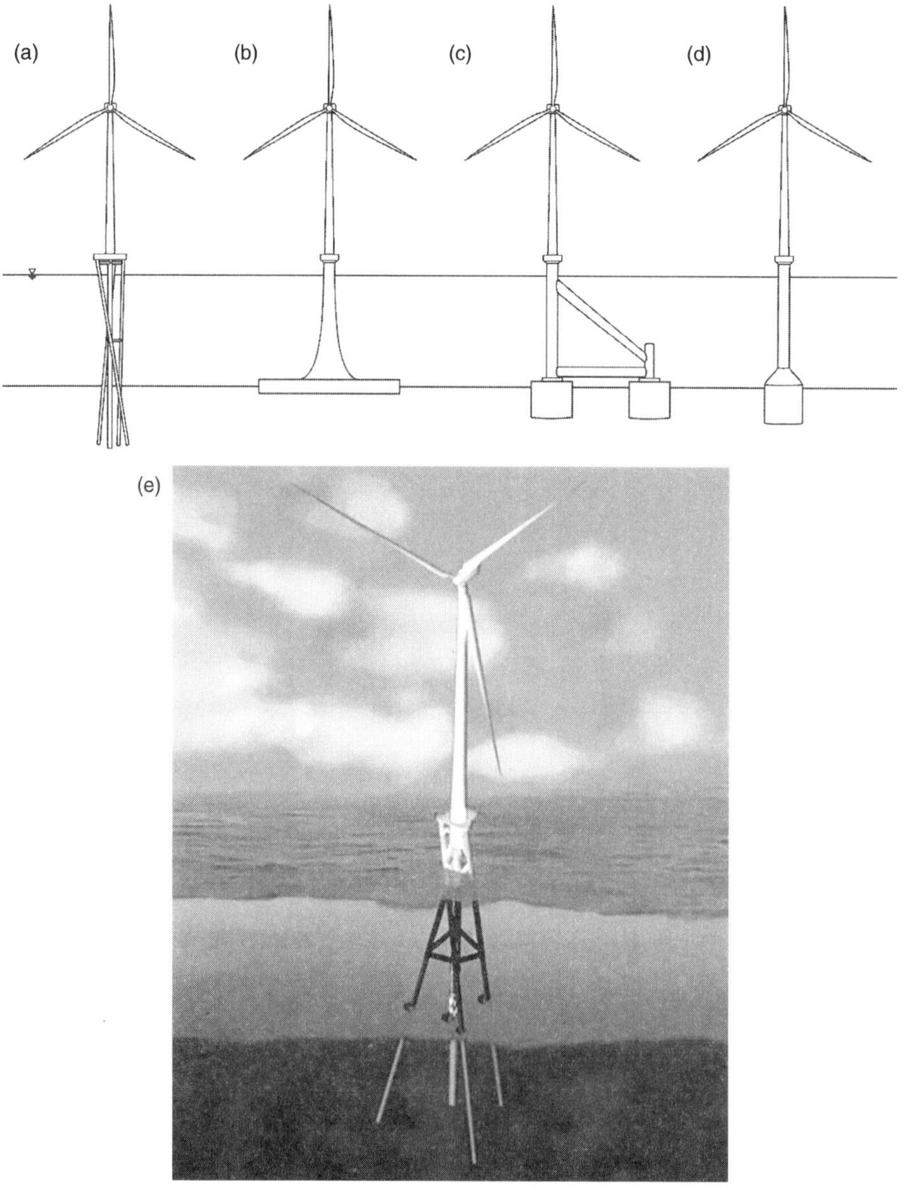

그림 1.28 미래를 위한 기초: (a~e)

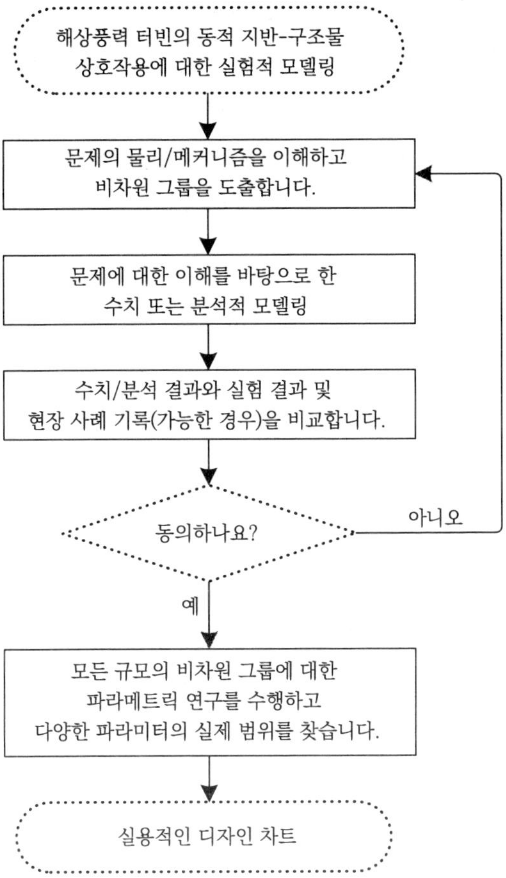

ASIDE

> 현재 연구 활동은 비용 효율적인 솔루션으로 스크류 파일과 하이브리드 기초(얕은 기초와 깊은 기초의 조합)를 사용하는 데 초점을 맞추고 있습니다.

그림 1.29 확장된 실험실 테스트의 유용성을 보여주는 순서도

TRL 4 레벨 작업의 경우, 소규모 테스트는 잘 통제된 실험실에서 수행됩니다. 해상풍력 터빈 기초의 경우 다음 목적을 위해 테스트를 수행해야 합니다:

1. 기초 요소를 통해 상부 구조물에서 지반으로 하중이 전달되는 메커니즘을 확인하고 검증합니다. 이는 새로운 개념의 기초 또는 연결에 매우 중요합니다. 예를 들어, 모노파일 유형의 기초는 하중을 전달합니다. 반면 재킷형 구조는 축방향 푸시-당김(push-pull) 작용을 통해 하중을 전달합니다. 하중 전달은 2장에서 설명합니다.
2. 구조물의 진동 모드를 알아보겠습니다. 이는 무료 진동/요동 테스트 또는 백색 소음 테스트에 대해 설명합니다. 2장과 3장에서는 풍력 터빈 구조물의 고유 주파수가 파도와 1P(로터 주파수), 3P(블레이드 통과 주파수, 2장에서 설명)로 인한 강제 주파수에 매우 가깝고 결과적으로 이러한 구조물이 동역학에 민감하다는 것을 보여줄 것입니다. 진동 모드는 RNA의 기초 설계, 피로 수명, 기계 부품의 마모에 큰 영향을 미칠 수 있습니다.

3. 해상풍력 터빈 기초는 수억 사이클의 하중을 받는데, 이러한 하중은 또는 동적일 수 있습니다. 규모화된 모델 테스트를 통해 주기적 및 동적 지반-구조물 상호작용으로 인한 기초의 예상 동작 경향을 파악할 수 있습니다. 불확실성 중 하나는 장기적으로 복구할 수 없는 기초의 기울기입니다. 과도한 기울기는 터빈의 가동 중단으로 이어질 수 있습니다.
4. 기초에 가해지는 하중은 매우 복잡하며 단방향 주기적 또는 복방향 주기적일 수 있습니다. 이러한 단방향 주기적 하중의 장기적인 영향은 확장된 모델 테스트를 통해 확인할 수 있습니다.
5. 해상풍력 터빈은 동적 민감도 때문에 댐핑이 필요합니다. 세심하게 설계된 스케일 모델 테스트를 통해 댐핑의 추세와 원인을 파악할 수 있습니다.
6. 테스트를 통해 조사 중인 문제에 대해 '알려지지 않은 미지의 문제'를 파악합니다. 실험적 관찰을 통해 새로운 디자인 고려 사항을 발견하는 경우가 많습니다.

1.6.1 확장 모델 테스트

해상풍력 터빈의 거동에는 복잡한 동적 바람-기초-구조물 상호작용이 포함되며 제어 시스템(섹션 1.4)은 이러한 상호작용을 추가합니다. 풍동 테스트에서는 공기역학적 효과를 과학적이고 정확하게 모델링하여 블레이드와 타워에 가해지는 하중을 시뮬레이션할 수 있습니다. 반면에 수조 탱크에서는 기초 하부구조물의 유체 역학적 하중과 세굴을 모델링할 수 있습니다. 원심모형 시험기를 사용하면 토양의 응력 수준을 모델링할 수 있지만 모델 패키지가 높은 RPM으로 회전하기 때문에 소규모 모델에 원치 않는 진동이 발생할 수 있습니다. 이상적으로는 지반 원심모형 시험기에 작은 풍동시험과 함께 작은 수조 탱크를 설치하는 것이 목적에 부합할 수 있지만, 이는 실행 가능하지 않으며 모델에 더 많은 불확실성을 추가할 수 있습니다. 그러나 모델이 복잡할 필요는 없으며, 간단한 실험으로도 지배 법칙을 발견할 수 있는 경우가 많습니다. 모든 유형의 실험에서 스케일링 법칙/유사함의 관계가 충족되지 않는 경우가 있을 수 있으며 , 실험 결과를 분석하는 동안 이를 인식해야 합니다. 따라서 해상풍력 터빈 문제에 대한 축소 모델 테스트 결과를 스케일링 계수를 통해 프로토타입 예측을 위해 외삽해서는 안 됩니다. 테스트는 추세와 거동을 파악하기 위해 수행되어야 하며, 물리학 법칙을 통해 수치적 또는 해석적으로 업스케일링을 수행해야 합니다. 그림 1.30은 이러한 목적을 위해 제안된 방법을 보여줍니다. 설계 방법을 개발하기 위해 소규모 테스트를 어떻게 사용할 수 있는지 보여줍니다.

모노파일 및 멀티포드 지원 모델 테스트를 위한 스케일링 법칙에 대한 자세한 내용은 Bhattacharya 등(2011b, 2013a,b)에서 확인할 수 있습니다. 모델 테스트와 그 적용 가능성에 대한 논의는 Bhattacharya 등(2018)에서 확인할 수 있습니다.

그림 1.30 Self-Installing Wind Turbine(자체 설치형 풍력 터빈)로도 알려진 트리버킷: (a) 예술적 인상, (b) 모래 테스트 베드에 있는 축소 모형, (c) 점토 테스트 베드에 있는 축소 모형

1.6.2 초기 TRL 수준(3-4)에 대한 모델 테스트 사례 연구

Bhattacharya 등 (2013a, b)는 그림 1.28(c)와 1.30에 표시된 기초에 대한 TRL 작업의 몇 가지 측면을 보고했습니다. 기본적으로 이것은 트라이 포트 석션 케이슨으로 세 가지 축척 모델(1:100, 1:150, 1:200)을 두 가지 유형의 지반(모래와 점토)에서 테스트했습니다. 진동 모드를 확인하기 위해 자유 진동 테스트를 수행한 결과 그림 1.31(a)와 1.32에 표시된 것처럼 두 개의 밀접한 간격이 있는 피크가 관찰되었습니다.

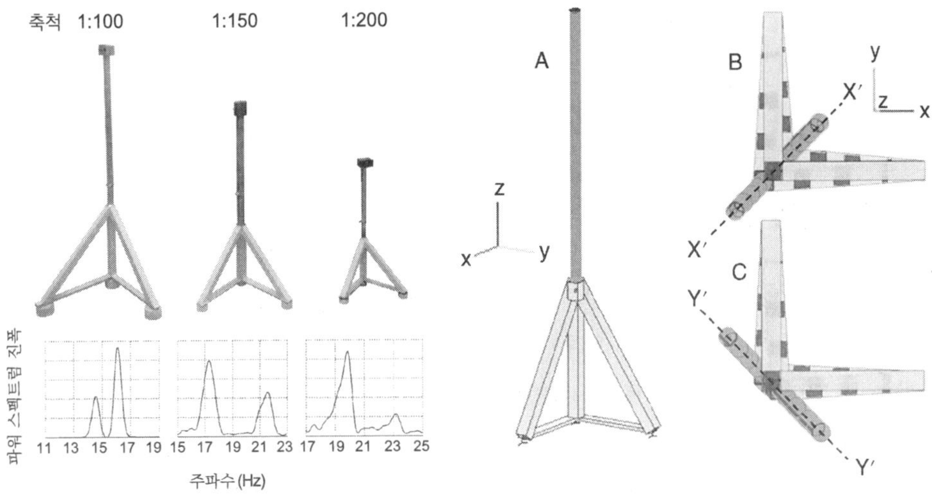

그림 1.31 관찰된 실험 결과와 문제의 수치 모델링: (a) 흔들림 진동 모드를 나타내는 두 개의 밀접한 간격의 피크 (b) 진동 모드를 수치로 보여주는 문제의 시뮬레이션

이는 세 가지 모델 모두에서 반복적으로 나타났으며, 이 현상은 나중에 흔들림 진동 모드로 확인되었습니다. 이는 나중에 수치 모델링을 통해 확인 및 검증되었으며, 지반의 가변성으로 인해 이러한 기초 시스템이 두 개의 주요 축을 중심으로 진동한다는 사실이 추가로 밝혀졌습니다. 일부 기초 배열(대칭형)의 경우, 이 두 피크는 지반에 도달하는 정상 상태 동작으로 인해 하중 주기에 따라 수렴합니다. 비대칭 시스템의 경우 이러한 피크가 수렴하지 않을 수 있으며, 이후 장에서는 이것이 피로 수명에 부정적인 영향을 미치는 방식에 대해 설명합니다. 이 TRL 연구에 대한 자세한 내용은 Bhattacharya 등(2013b)를 참조하시기 바랍니다.

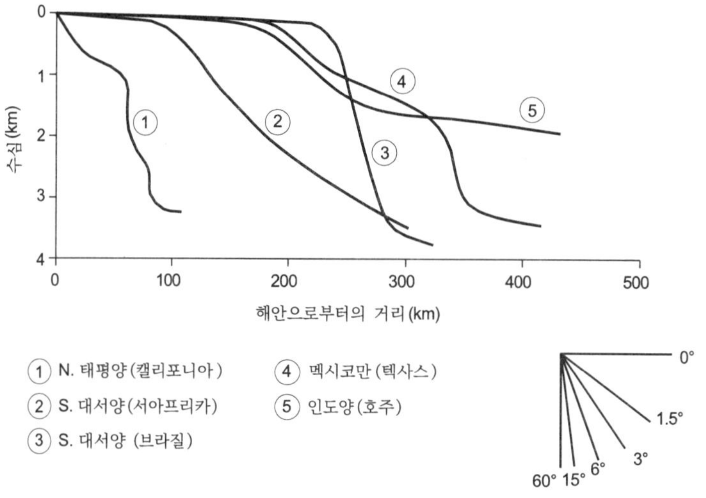

그림 1.32 연안 수심 Courtesy: 랜돌프와 구르베넥(2011)

1.7 기초 타입 선정

기초의 선택은 현장 조건, 제작, 설치, 운영 및 유지보수, 해체, 경제성 등에 따라 달라집니다. Bhattacharya(2017)는 이상적인 기초를 다음과 같이 정의했습니다:

1. 용량 또는 '정격 전력'(예: 5 또는 8 MW 정격 전력)에 따라 다르지만 터빈 제조업체에 따라 다르지 않는 기초입니다. 즉, 5MW 터빈을 지원하도록 설계되었지만 모든 제조업체의 터빈을 지원할 수 있는 기초입니다. 터빈을 쉽게 교체할 수 있다는 점에서 다른 장점도 있습니다.
2. 기초 설치는 날씨에 민감하지 않습니다. 즉, 잔잔한 바다나 특정 바람 조건에 의존하지 않습니다. 미국 최초의 해상풍력 발전 단지 설치는 적절한 기상 조건을 찾을 수 없었기 때문에 더 많은 시간이 걸렸습니다.

3. 유지보수 및 운영 비용이 낮습니다. 즉, 최소한의 검사만 필요합니다. 예를 들어 재킷형 기초는 용접 조인트에 대한 검사가 필요합니다.

규모의 경제로 인해 풍력 발전 단지에 많은 수의 터빈을 설치하는 것이 경제적이지만, 이를 위해서는 넓은 면적이 필요합니다. 대륙붕이 매우 가파르거나 접지된 경우, 고정식 터빈은 경제성이 떨어지므로 부유식 시스템을 사용하는 것이 바람직합니다. 그림 1.32는 일부 해양의 수심을 해안으로부터의 거리로 표시한 것입니다.

모노파일은 현재 최대 30m의 수심에서 선호되며, 간단한 지오메트리를 통해 제조 및 제작 공정을 자동화할 수 있습니다. 일반적인(2018년 유럽 철강 가격) 모노파일 강철의 제조 비용은 2EUR/kg 입니다. 용접은 로봇으로 수행할 수 있으며 설치가 더 간단합니다. 그러나 직경이 커지면 (직경이 8m 이상이고 무게가 1200t에 달하는 XL 또는 XXL 파일이라고 함)의 경우 운반과 설치가 까다로워 소수의 설치 계약업체만 작업을 수행할 수 있습니다. 토양의 진동을 통해 기초를 설치하여 주변의 토양을 효과적으로 액상화시키는 바이브로 공법을 사용하여 대구경 파일을 설치하는 혁신이 진행 중입니다.

대구경 모노파일의 대안으로 작은 직경의 파일에 3~4개의 다리가 있는 재킷을 사용할 수 있습니다. 재킷용 강재의 제조 비용은 약 5EUR/kg으로, 관형 접합부가 많기 때문에 모노파일보다 두 배 이상 비싸며 수작업으로 용접하는 경우가 많습니다.

중력 기반 기초는 강철에 비해 제조 비용이 저렴하지만 넓은 제작 야적장과 보관 공간이 필요합니다. 콘크리트 기초는 동급의 철골 기초보다 훨씬 무겁기 때문에 설치 시 대형 크레인과 선박이 필요합니다. 지표면이 암석인 해양 현장의 경우 중력 기반 구조가 선호됩니다(예: 프랑스 해역 참조).

1.8 풍력 발전소의 일반적인 배치

그림 1.33은 일반적인 풍력 발전 단지의 구성 요소를 보여줍니다. 풍력 발전 단지의 터빈 간 케이블은 내부망 케이블(Inter Array Cable)로 연결되고 해상 변전소에 연결됩니다. 해상 변전소에서 케이블 랜딩 포인트까지는 외부망 케이블(Export Cable)로 연결이 됩니다. 그림 1.34(a)는 많은 풍력 터빈과 변전소가 있는 풍력 발전 단지의 사진을 보여줍니다. 그림 1.34(b)는 내부망 케이블이 J 튜브를 통해서 타워로 연결되는 세부 사항을 보여줍니다. 그림 1.35는 재킷으로 지지되는 해상 변전소의 사진을 보여줍니다. 그림 1.36은 혼스 레브 풍력 발전 단지의 계획을 보여줍니다.

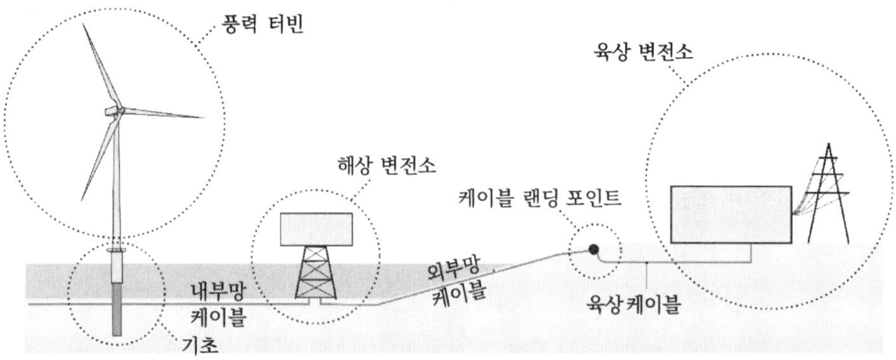

그림 1.33 풍력 발전 단지 개요

(a) (b)

그림 1.34 (a) 해상 변전소가 있는 풍력 발전 단지와 (b) 터빈 간 케이블 및 전기 집전 시스템용 터빈 J 튜브

그림 1.35 해상 변전소

1.8.1 부지 레이아웃, 터빈의 간격 및 사이트 지질

풍력 발전 단지의 풍력 터빈은 CAPEX(자본 지출)를 크게 늘리지 않고도 발전할 수 있는 에너지의 양을 최대화하기 위해 간격을 두고 배치됩니다. 발전 단지가 많이 분산되어 있는 경우, 즉 터빈의 간격이 넓으면 어레이 간 케이블 길이가 증가합니다. 따라서 이 간격은 발전단지의 최적화 문제입니다.

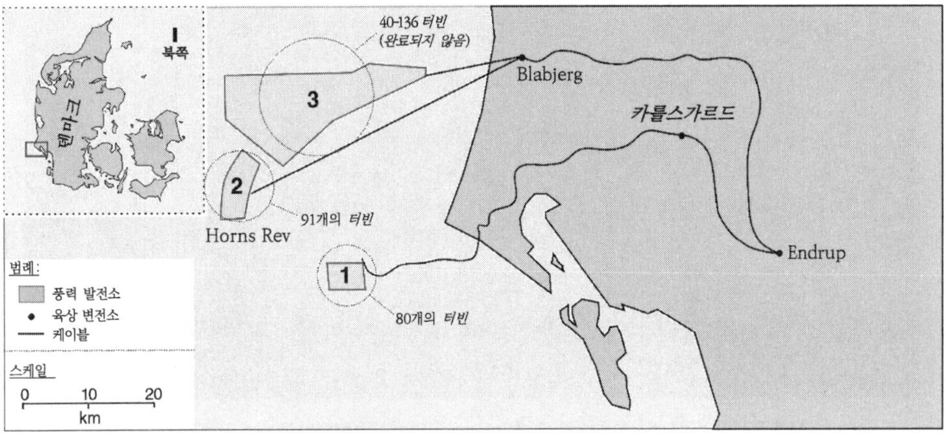

그림 1.36 혼스 레브 풍력 발전 단지 배치도

풍력 발전 단지의 최적화(해저 케이블로 인한 설비 투자 비용을 최소화)와 상류 터빈의 바람 그림자로 인한 에너지 손실을 최소화하기 위해 터빈 간 적절한 이격 거리를 유지해야 합니다.

그림 1.37은 덴마크 서부 해안의 혼스 레브 풍력 발전 단지 안개 속에서 볼 수 있는 개별 풍력 터빈 뒤의 와류 항공 사진입니다(사진 출처: 덴마크 바텐팔 풍력 발전).

풍력 발전 단지의 기하학적 레이아웃은 한 줄의 배열 또는 정사각형 또는 직사각형 구성이 될 수 있습니다. 현장 조건뿐만 아니라 다양한 제약 조건이 있는 고급 최적화 방법으로 인해 다양한 레이아웃 패턴이 점점 더 많이 사용되고 있습니다. 일반적으로 터빈 사이의 간격은 로터 직경의 3~10배에 해당하며 주된 바람 방향에 따라 달라집니다.

터빈 사이 간격은 일반적인 풍향에 수직인 방향의 경우 로터 직경의 3~4배, 풍향에 평행한 방향의 경우 직경의 8~10배보다 커야 합니다. 예를 들어, 북아일랜드에서 흔히 볼 수 있는 남서풍 방향의 경우, 해당 지역에 위치한 풍력 발전 단지의 가능한 부지 레이아웃은 그림 1.38에 나와 있습니다. 풍향에 따른 간격은 로터 직경의 6배(6D)로 유지되지만 바람을 가로지르는 경우 간격을 조금 더 낮게(4D) 유지할 수 있습니다. Nordsee Ost 풍력 발전 단지의 경우 첫 번째 줄에 더 많은 터빈이 배치되어 있습니다.

그림 1.37 웨이크 난기류 [사진 제공: Vattenfall, 사진 촬영: Christian Steiness]

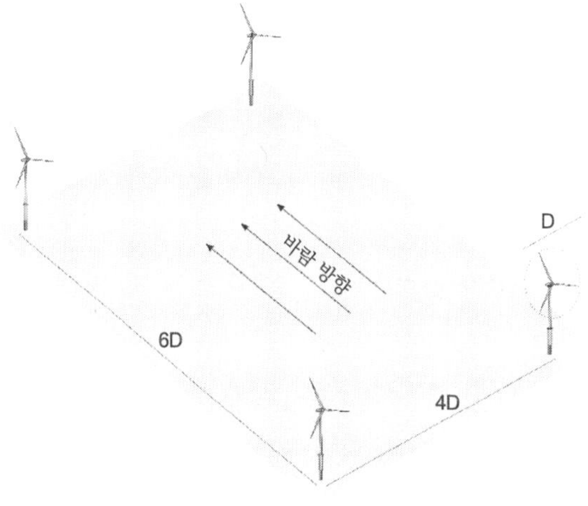

그림 1.38 터빈의 간격

터빈의 간격이 넓기 때문에(일반적으로 800~1200m 간격) 중소규모 풍력 발전 단지는 상당한 면적에 걸쳐 확장됩니다. 현대 풍력 발전 단지의 일반적인 크기는 20km × 6.5km입니다(독일 북해의 샌드뱅크 풍력 발전 단지의 레이아웃은 그림 1.39 참조). 풍력 발전 단지의 면적이 넓기 때문에 지질 및 지표면 조건에 상당한 변화가 있을 수 있을 뿐만 아니라 현실적인 제약

이 있을 수 있습니다. 예를 들어 수심 변화를 일으키는 해저의 급격한 하강, 해저 수로, 지층의 변화, 해저 경사, 난파선과 같은 이물질의 존재, 중요한 유틸리티 라인(가스 파이프라인, 광케이블) 등이 있습니다. 3D 지질 모델을 구축하기 위해 지질 공학, 지구 물리학으로 구성된 상세한 현장 조사 프로그램을 수행하여 풍력 발전 단지의 레이아웃을 결정하는 경우가 많습니다.

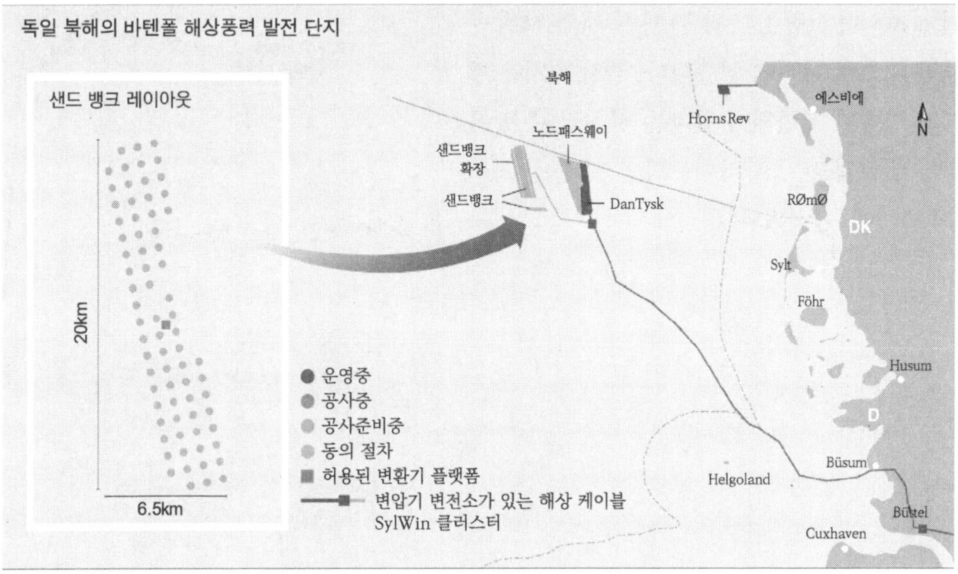

그림 1.39 샌드 뱅크 풍력 발전 단지의 레이아웃

1.8.2 하부 기초를 위한 규모의 경제

풍력 발전 단지의 규모가 방대하기 때문에 수심과 해안과의 거리 등 해저 조건이 다양합니다. 따라서 기초에 가해지는 하중이 달라지며, 가장 이상적인 설계는 각 기초를 개별적으로 설계하여 각 터빈 위치에 맞는 맞춤형 기초 설계를 하는 것입니다. 그러나 경제적인 관점에서 볼 때 기초 유형이 적은 것이 동일한 제작 및 설치 공정을 단순화하여 수행할 수 있어 경제적으로 선호됩니다. 대부분의 북유럽 개발자는 한 사이트에 한 가지 유형의 기초(모노파일 또는 재킷)를 선호합니다. 기초의 유형은 깊은 수심이나 연약지반을 피하기 위하여 고려해야 하는 사항입니다. 여기서는 몇 가지 사례 연구에 대해 설명합니다.

예제 1.3 쏜튼뱅크 프로젝트

벨기에 해안에서 30km 떨어진 쏜튼뱅크 풍력 발전 단지는 벨기에 해역의 첫 번째 해상풍력 발전 단지입니다. 이 풍력 발전 단지에는 60개의 터빈이 설치되며 그림 1.40과 같이 두 개의 하위 구역(A와 B)으로 나뉘어 있습니다. 부지 배치는 벨기에의 영해가 제한되어 있다는 사실과 주요 유틸리티 네트워크(가스 파이프라인 및 통신 케이블)의 위치에 결정됩니다.

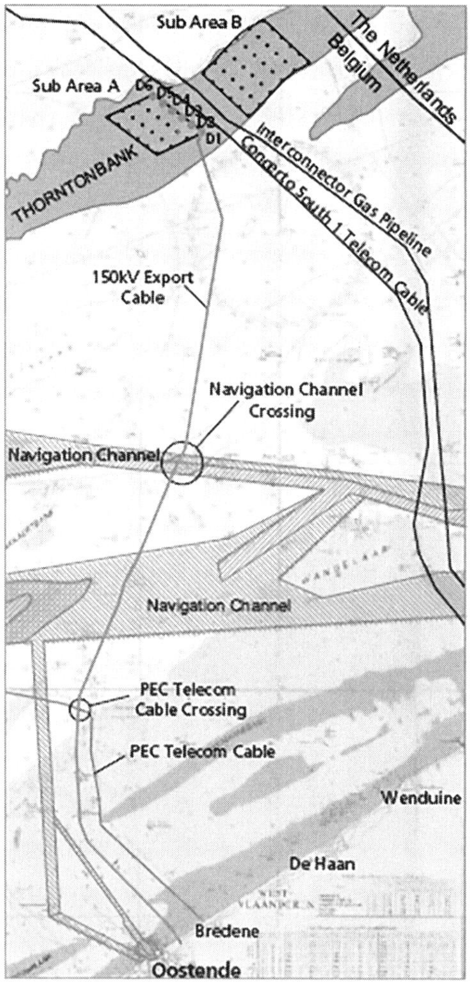

그림 1.40 쏜튼 뱅크 풍력 발전 단지
Courtesy: 쏜튼 뱅크 풍력 발전소 개발업체

예제 1.4 최서단 러프현장

그림 1.41은 모노파일이 다른 지질을 통과하는 것을 관찰할 수 있는 최서단 러프 현장의 지질을 보여줍니다. 따라서 기초는 다양한 길이, 두께 및 직경의 모노파일로 구성되어 있습니다. 이것은 또한 지반 공학뿐만 아니라 지질학적 연구도 수행해야 함을 보여줍니다. 자세한 내용은 Kallehave 등 (2014)에서 확인할 수 있습니다.

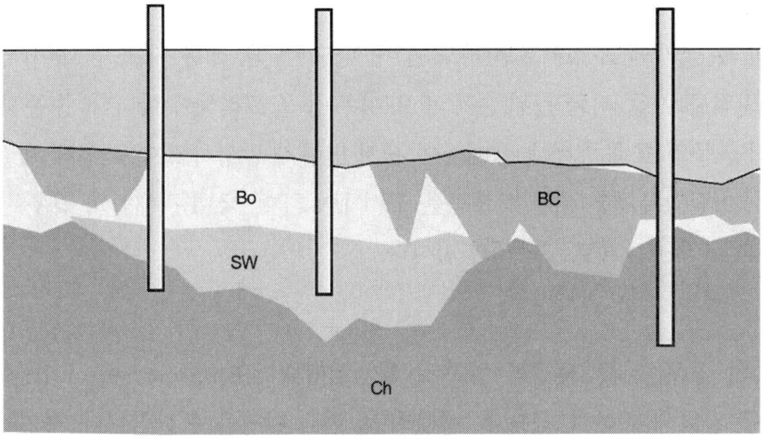

그림 1.41 최서단 러프 현장 모노파일 기초

1.9 사이트 선택 시 일반적인 고려 사항

현재 많은 풍력 발전소가 정부에서 제공하는 보조금으로 운영되고 있습니다. 예를 들어 영국에서는 차액 계약(Contract for Difference)과 같은 제도가 사용되고 있습니다. 그러나 지속 가능하려면 대규모 풍력 발전 단지는 가능한 최저 비용으로 전기를 생산하는 것을 목표로 규모의 경제를 달성할 수 있도록 구성되어야 합니다. 따라서 다양한 발전원의 전기 비용은 균등화 발전비용(LCOE) 또는 사회적 비용(SCOE)을 사용하여 비교합니다. 설치, 운영 및 유지보수(O&M)의 대부분이 거친 해역에서 수행되기 때문에 공사기간도 부지 선정의 주요 요인입니다. 따라서 건설에서 비용이 증가하는 모든 부분을 낮추어 최적의 건설 및 설치 방법을 수립해야 합니다.

이 섹션에서는 특정 사이트를 선택할 때 고려해야 할 사항을 자세히 설명합니다. 주요 고려 사항은 다음과 같습니다:

1. ***풍향 자원***

   해당 지역의 풍황 자원에 대한 철저한 지식은 풍력 발전소의 생산성을 예측할 수 있게 해주므로 기본이 됩니다. 일반적으로 허브 높이의 평균 풍속이 6m/s 미만인 경우 프로젝트는 재정적으로 타당성이 없으며 허브의 평균 풍속이 8.5m/s 이상이면 안전한 투자로 간주됩니다.

2. ***해양 관련 고려사항***

해양 측면에는 수심, 현장의 파도 스펙트럼(파도 높이, 파도 주기), 해류 및 조수 데이터, 파도에 대한 노출 및 퇴적물 이동, 세굴 관련 문제 필요 여부 등을 고려해야 합니다. 종종 기초를 설치하면 국부적인 물의 흐름 패턴에 장애물이 생겨 난류가 발생하고 이로 인해 세굴이 발생할 수 있습니다. 이럴경우에는 세굴 방지공을 고려해야 하며, 국내 서해안의 경우는 모래 사구로 인한 Seabed Mobility로 고려해야 합니다.

3. ***환경 영향***

모든 풍력발전단지의 경우 계획 과정의 일부로 환경영향평가(Environmental Impact Assessment, EIA)를 완료해야 하며, 물리적, 생물학적, 인적 환경을 포괄합니다. 여기에는 모든 유형의 기존 환경 데이터를 수집하고 풍력 발전 단지의 건설 및 운영으로 인해 발생할 수 있는 모든 잠재적 영향을 평가하는 것이 포함됩니다. 영향은 유리한 것부터 덜 유리한 것, 해로운 것까지 다양할 수 있습니다. 생물학적 환경에 대한 잠재적 측면에는 해양 포유류, 해당지역에 서식하는 조류, 비행 중 해당 지역을 통과하는 인근 지역의 조류, 어류 등이 포함됩니다. 기타 측면으로는 공사 중 동식물에 미치는 영향(예: 파일 항타시 또는 공사 작업으로 인한 소음), 해저 케이블에서 발생하는 전자기장 등이 있습니다. 인간 환경에는 경관의 변화가 포함됩니다. 선박 난파선과 같은 해양 고고학 측면도 고려됩니다. 평가를 수행하기 위해 해저 샘플을 채취하여 분석할 수 있습니다.

4. ***전력 수출/그리드 연결***

중요한 결정 요인 중 하나는 육상 그리드 연결의 위치입니다. 결정요인에는 터빈 레이아웃, 변전소 위치, Export 케이블 양육점(Landfall), 매설 케이블의 위험 평가(Cable Burial Risk Assessment, CBRA), 무효전력 옵션(Statcom or Shunt Reactor)에 따라 달라지는 필요한 해저 케이블 사이즈가 포함됩니다.

5. ***경제성***

수심, 해안과의 거리, 현장의 풍속, 근처의 항구 및 항만 시설, 사회경제적 조건 및 숙련된 노동력에 대한 접근성, 국가 전력망의 위치, 제안된 개발의 배후지 등 다양한 변수에 따라 자본 비용과 LCOE를 모델링할 수 있습니다.

6. ***항해***

이 조사는 어업이나 항해 또는 군사 작전으로 인해 제외 구역이 필요한지 여부를 조사합니다. 풍력 발전 외부 케이블은 그물에 얽힐 위험을 피하기 위해 2~3m 깊이로 매설됩니다. 항해 위험을 평가해야 합니다.

7. ***동의 및 법률***

국가에 따라 동의 요건이 달라질 수 있습니다. 예를 들어, 영국에서는 100MW 이상의 모든 개발이 중요 인프라 프로젝트로 분류되어 인프라 계획 위원회(IPC)의 동의 명령을 받아야 합니다. 이 규정은 개정될 수 있습니다. 현재 최종 결정은 에너지 및 기후변화부 장관에게 있습니다.

예제 1.5 버보 풍력 발전소

3MW 풍력 터빈을 만드는 Vestas V80, 레이아웃은 그림 1.42 참조

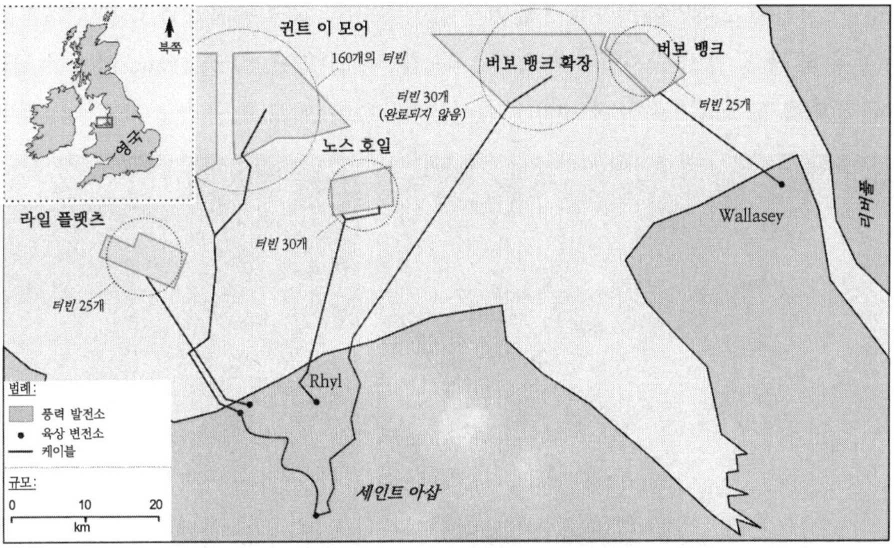

그림 1.42 버보 풍력 발전소의 위치

버보 풍력발전단지의 위치는 다음의 영향을 받습니다:

1. 평균 풍속 7m 초속 이상
2. 간조시 얕은 수심 0.5~8m
3. 기초 건설을 위한 양호한 해저 상태
4. 머지 강 입구에서 가까움
5. 리버풀 항구와의 근접성
6. 세프톤 해안선에서 6.4km 거리
7. 항로 채널과의 안전 거리
8. 육상 케이블은 변전소까지 지하 3.5km를 이동하여 전력망에 공급됩니다.

버보 풍력발전단지는 다음과 같은 동의를 받았습니다:

1. 풍력 터빈 및 케이블에 대한 1989년 전기법 제36조
2. 1949년 연안 보호법 34조에 따른 항해 해역에서의 건설에 대한 동의
3. 항만 당국의 허가
4. 육상 케이블, 상호 연결 시설 및 변전소에 대한 1990년 도시 및 국가 계획법 57조에 따른 허가
5. 1985년 식품 및 환경 보호법 5조에 따른 풍력 터빈 설치 및 세륜 보호 재료 보관에 대한 허가

예제 1.6 Hywind 스코틀랜드 파일럿 파크

이 곳은 스코틀랜드 해안에서 30km 떨어진 곳에 위치한 정격 용량 30MW, 터빈 5기를 갖춘 최초의 부유식 풍력 발전 단지입니다(그림 1.43 참조). 2017년 10월, Hywind는 스코틀랜드 전력망에 전력을 공급하기 시작했습니다. 수심은 95-120m이고 평균 파고(Hs)는 1.8m입니다.

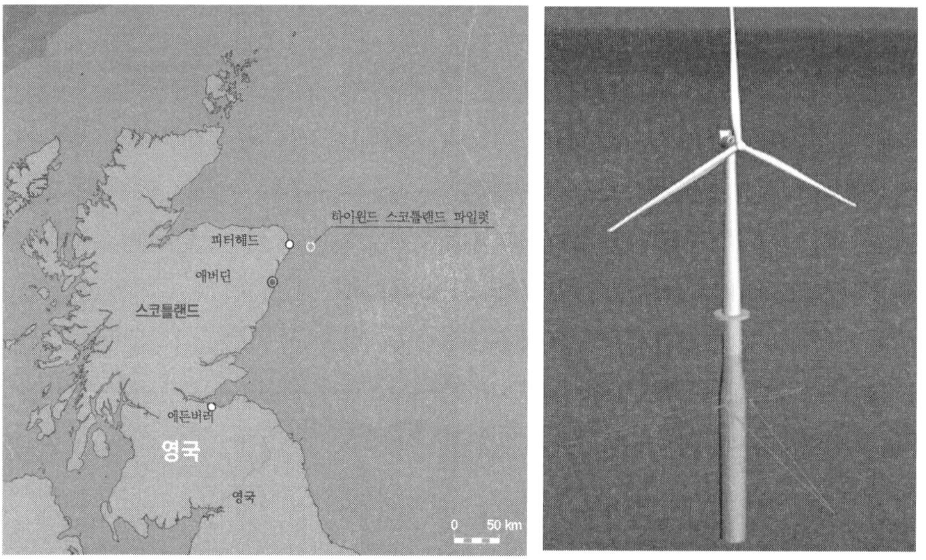

그림 1.43 사례 연구 Hywind 풍력 발전 단지(위치 및 개략도)

100m 높이에서 평균 풍속은 10.1m/s 이며 스파 타입의 개념이 사용됩니다. 터빈 구조는 기존의 3줄 계류 장치를 사용하여 고정됩니다.

FPSO(부유식 원유 생산 저장 및 하역 설비) 앵커링에 사용됩니다(그림 1.26 (c) 참조). 앵커 파일은 그림 1.44에 직경 7m, 길이 16m로 표시되어 있습니다. 움직임을 감쇠하는 데 사용되는 제어 시스템은 블레이드 피치 제어입니다. 전체 시스템은 2009년에 설치되어 5년간의 운영 데이터를 보유한 2.3MW급 터빈 Hywind 데모를 통해 본격적인 테스트를 거쳤습니다. 그림 1.45

는 설치 사진 중 일부를 보여줍니다. 자세한 내용은 6장의 예시에서 확인할 수 있습니다. 기초 설계에 대한 자세한 내용은 Arany와 Bhattacharya(2018)를 참조하시기 바랍니다.

그림 1.44 프로젝트에 사용된 앵커 파일(출처: 사진 제공: 구스타바 산체스)

(a) (b) (c) (d)

그림 1.45 터빈 설치: (a) 하부 구조물을 위치로 끌어당기는 모습, (b) 하부 구조물을 내리는 모습, (c) 체인으로 해저에 고정하는 모습, (d) 타워와 함께 RNA 어셈블리가 하부 구조물에 연결하기 위해 운반되는 모습
사진제공: Statoil (현 Equinor)

1.10 풍력 발전소 개발 및 기초 설계에 필요한 입력 사항

앞 섹션에서 논의한 내용을 바탕으로 해상풍력 터빈 기초의 주요 설계 입력에 영향을 주는 요소는 아래와 같습니다.

- 특정 위치의 수심
- 터빈 하중
- 지반 및 지질 조사 정보
- Site Specific 하중(파도, 조류, 조수, 지진)
- 공사 및 설치비용
- 공사기간

수심, 토양 특성 및 현장별 하중과 같은 현장별 조건과 풍력 터빈의 대수(규모의 경제)에 대한 요구 사항을 고려할 때 상충되는 요구 사항이 있을 수 있습니다. 또한 하나의 풍력 발전 단지 내에서 서로 다른 지지 구조물을 피하고 하나의 계약업체와 하나의 설치 선박을 사용할 수 있도록 해야 하는 경우가 많습니다. 따라서 많은 수의 설치에 대한 고급 레이아웃을 통해 현지 현장 조건에 최적화하는 것이 필요합니다. 일반적으로 해상 작업, 즉 풍력 터빈 설치에는 일 년 중 한 계절이 적합하며, 빠르고 견고하며 위험이 적은 설치 방법이 필요합니다.

풍력 발전소 개발의 핵심 요소는 다음과 같습니다:

1. 현장 조건 및 경제성에 따른 터빈 선택
2. 어레이 설계 및 케이블 라우팅
3. 하부 구조물 및 터빈 설계 프로세스
4. 하부기초 선택
5. 전기 시스템
6. 비용 모델링
7. 설치
8. 운영 및 유지 관리 비용(O&M)

1.11 기초 설계에 대한 로치데일 엔벨로프 접근법 (영국 접근법)

해상풍력 터빈 기초의 설계는 더 많은 데이터가 확보됨에 따라 많은 수정과 개선이 필요한 반복적인 과정입니다. 따라서 동의 단계에서 설계가 확정되지 않는 것은 매우 자연스러운 일입니다. 부지 조사, 환경영향평가(EIA)와 같은 세부적인 조사는 사업이 시작될 때까지 수행되지 않기 때문입니다.

또한 해상풍력 발전은 새로운 산업이고 기술 발전 속도가 해상풍력 발전단지의 설계 주기보다 빠르기 때문에 적절한 터빈과 기초를 미리 선정할 수 없습니다. 이로 인해 터빈, 기초 유형, 기초 치수, 적절한 운송, 설치 기술 등이 동의 단계에서 명확하게 정의되지 않습니다. 이러한 이유로 영국 전역의 거의 모든 풍력 발전 단지 개발자는 로치데일 엔벨로프 방식을 사용하고 있습니다.

기본적으로 이 방법론은 터빈 및 기초 기술과 설계 파라미터를 매우 느슨하게 정의하여 설계 프로세스 전반에 걸쳐 필요한 수정을 수행할 수 있도록 합니다. 이를 통해 다음 사항을 변경할 수 있습니다:

- 터빈 유형 및 크기
- 터빈 수 및 정격 출력
- 풍력 발전소 레이아웃
- 하부기초의 유형 및 크기
- 퇴적물 이동량과 함께 해저 면적 사용량

방법을 설명하기 위해 간단한 예제를 소개합니다. 주어진 최대 수심 S, 해저에 대한 기본 정보(예: 수심 측정, 토양 유형, 대략적인 지층 두께), 기본 해양 데이터(예: 해당 지역에 예상되는 50년 유의 파고, 바람 상승 등)가 있는 고정된 형태의 특정 지역 A를 해상풍력 발전 단지 개발에 사용할 수 있다고 가정해 보겠습니다. 이러한 특정 조건의 경우, 로치데일 엔벨로프 접근법의 프레임워크에 계획된 풍력 발전 단지의 매개변수에 대한 보수적인 추정치를 제공해야 합니다. 이는 다음과 같이 진행 할수 있습니다.

- ***터빈 유형 및 크기*** 선택한 터빈은 3~8MW 사이로 다양할 수 있습니다. 로터 직경은 90~164m, 평균 해수면부터 블레이드 끝까지의 터빈 총 높이는 100~200m입니다.
- ***터빈 수 및 정격 출력*** 목표 정격 전력 출력은 변압기 두 대가 있는 해상 변전소에 연결될 수 있습니다. 따라서 터빈 수는 75개(75개× 8MW)에서 200개(200개× 3MW) 사이로 다양할 수 있습니다. 여기서 중요한 점은 터빈이 크다고 해서 반드시 주어진 비용 및 설치 시간과 같은 다른 모든 매개변수가 일정하더라도 해상 면적을 더 잘 활용할 수 있는 것은 아니라는 점 입니다. 이는 터빈 사이의 거리가 터빈 직경의 배수(일반적으로 로터 직경의 4~6배)이기 때문입니다. 터빈에서 생성되는 전력은 터빈은 로터 직경의 제곱에 비례합니다(즉, $P \propto D^2$) 특정 길이의 선에 배치할 수 있는 터빈의 수는 반비례합니다. Arany(2017)는 여러 줄로 구성된 대규모 풍력 발전 단지의 에너지 밀도(즉, 단위 면적당 에너지, 바다와 해양의 효과적인

사용 척도)는 실제로 선택한 터빈 크기와 무관하다는 것을 보여주었습니다. 따라서 특정 부지에 가장 적합한 터빈을 선택하는 것은 간단하지 않으며, 프로젝트가 진행됨에 따라 변경되는 엔지니어링 및 재무적 판단의 문제입니다.

• ***풍력 발전소 레이아웃*** 풍력 발전 단지 레이아웃은 행이 이동된 격자입니다. 행 수는 5개에서 8개 사이이며, 각 행의 터빈 수는 15에서 25 사이로 다양합니다. 터빈 수가 가장 많은 레이아웃과 가장 적은 레이아웃 두 개가 그림 1.46에 나와 있습니다.

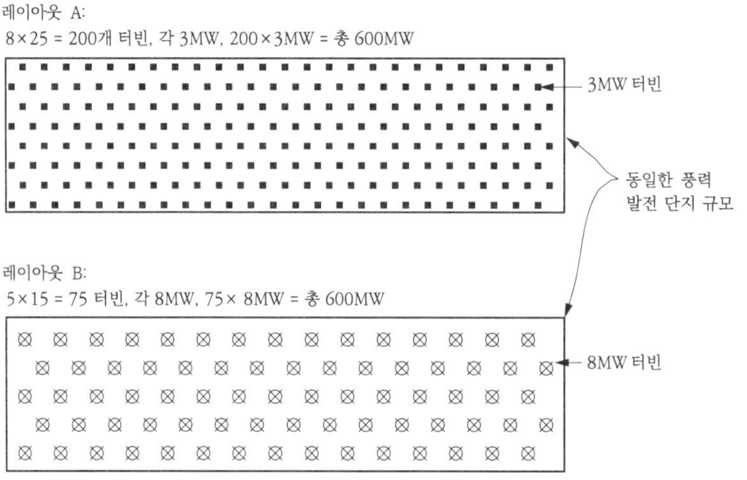

그림 1.4 동일한 면적 A를 차지하고 정격 전력이 600MW인 해상풍력 발전 단지의 서로 다른 두 가지 레이아웃
[레이아웃 A: 25개 WTG x 8 rows = 터빈 200개(3MWx200=600MW)]
[레이아웃 B: 15개 WTG × 5 rows = 터빈 75개(8MWx75=600MW)] [그림제공: Dr. Arany]

• ***기초 유형, 크기 및 개수*** 선택한 기초는 모노파일, 재킷파일 입니다. 제조 및 사용 가능한 설치선의 한계를 고려할경우, 모노파일의 최대 직경은 약 9m 정도이며, 수심과 허브 높이에 따라 재킷의 최대 다리 간격은 약 50m입니다. 기초타입은 풍력 발전 단지 전체에서 모두 동일하거나 다른 유형이 결합될 수 있습니다. 기초의 수는 터빈 수에 따라 75개에서 200개 사이로 다양합니다.

해저 면적 사용량, 퇴적물 이동량 등도 마찬가지로 풍력 발전단지의 동의에 중요한 요소이므로 보수적인 추정을 목표로 결정할 수 있습니다. 설계 주기 전반에 걸쳐 기초는 많은 설계 반복을 거치게 되며, 로치데일 엔벨로프에서 허용되는 다양한 가능성을 고려해야 합니다. 이를 위해 예상되는 지지 구조물 및 기초의 크기와 장기적인 거동을 예측하는 분석이 수행되어야 합니다. 이를 통해 경제성과 공학적 판단에 기반한 합리적인 결정을 내릴 수 있습니다.

1.12 해양 석유 및 가스 고정 플랫폼 및 해상풍력 터빈 구조물

더 깊은 수심과 더 먼 바다에 안정적인 플랫폼을 건설하는 것은 새로운 일이 아니며, 해양 석유 및 가스 산업은 매우 성숙된 산업입니다. 설치, 하부구조물 설치, 계류, 정박 등 안전한 해양 작업과 관련된 경험을 활용할 수 있습니다. 해양 석유 및 가스 작업에서 얻은 경험을 사용할 수 있지만, 이 두 가지 유형의 구조물 간의 중요한 차이점을 강조하는 것이 중요하므로 특별한 주의가 필요합니다. 이 책은 기초 관련 도서로 기초 설계의 관점에서 차이점을 제한적으로 설명합니다. 그림 1.47은 일반적인 모노파일 풍력 터빈과 파일 지지형 고정식 해상 재킷 구조물을 보여줍니다. 고정 재킷 구조와 비교할 때 해상풍력 터빈에서 수평 하중(P)과 수직 하중(V)의 비율이 매우 높다는 것을 알 수 있습니다. 결과적으로 모노파일은 모멘트에 저항하는 기초입니다.

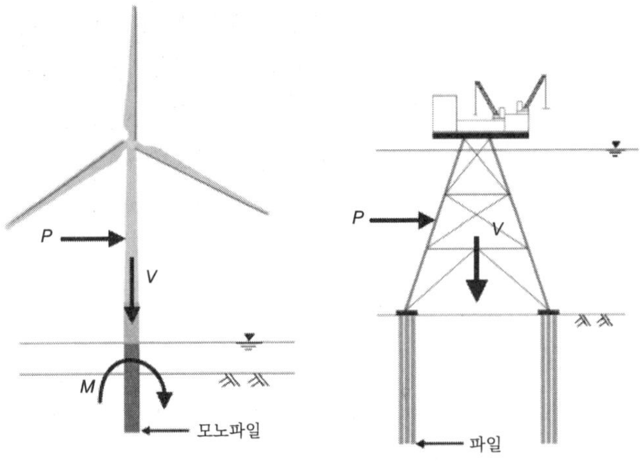

그림 1.47 해상풍력 터빈 및 해양 석유 및 가스 설비

해상풍력 터빈 구조물은 그 모양과 형태(즉, 상단에 회전 질량과 무거운 질량을 가진 길고 가느다란 기둥)로 인해 이러한 가느다란 구조물의 고유 주파수가 환경 및 기계적 하중에 의해 부과되는 여기 주파수(excitation frequencies)에 매우 가깝기 때문에 동적으로 민감합니다. 일반적인 3.6MW 터빈의 경우, 전체 시스템의 첫번째 고유 주파수는 0.3Hz에 가깝고 해당 8MW 터빈의 경우 0.22Hz입니다. 풍력 터빈의 로터의 주파수는 0.2Hz 범위입니다(표 1.1 참조). 일반적인 풍력 터빈 블레이드의 무게는 30t이므로 타워 상단에서 90t이 회전하고 있습니다. 반면, 해양 석유 및 가스 플랫폼의 고유 주파수는 0.6Hz 이상이며 가장 중요한 주기적/동적 하중은 주파수가 0.1Hz(일반적인 북해 값)인 파도입니다. 강제 주파수는 고유 주파수에 가깝지 않기 때문에 석유 및 가스 플랫폼은 동적 하중에 덜 민감합니다.

그림 1.48 풍력 터빈 구조의 비유

ASIDE

학생들에게 이 문제를 설명하기 위해 종종 비유를 사용할 수 있습니다. 사실상 깃대 위에 있는 대형 세탁기와 다름없습니다.(그림 1.48 참조). 깃대는 기둥에 받쳐져 있습니다. 문제는 기둥을 어떻게 디자인할 것인가 하는 것입니다.

그러나 이 두 가지 유형의 기초에는 분명한 차이점이 있습니다:

1. 해양 석유 및 가스 플랫폼은 다수의 작은 직경의 파일로 지지됩니다. 해상 플랫폼 구조용 파일은 일반적으로 길이 60~110m, 직경 1.8~2.7m이며, 해상풍력 터빈용 모노파일은 일반적으로 길이 30~40m, 직경 3.5~6m입니다.
2. 석유 및 가스 플랫폼 말뚝의 고정성 또는 경계 조건은 모노파일의 고정성 또는 경계 조건과 매우 다릅니다. 석유 및 가스 플랫폼 파일은 횡하중을 받으면 옆으로 이동할 수는 있지만 회전할 수는 없습니다. 따라서 주기적 하중으로 인한 상부 토양층의 저감 변형은 파일 헤드 회전이 현저히 억제되는 해양 말뚝의 경우 덜 심각하지만 모노파일은 자유 헤딩으로 더 많은 변형을 허용하고 결과적으로 토양의 변형 수준이 높아집니다.
3. 비선형 윙클러 스프링의 빔(미국석유협회(API) 코드 또는 Det Norske Veritas(DNV) 코드에서 '*p-y*' 방식으로 알려진)은 해양 석유 및 가스 파일의 주기적 하중 하에서 파일 헤드 처짐을 구하는 데 사용되지만 두 가지 이유로 풍력 터빈 적용에는 사용이 제한되어 있습니다:
   1. 널리 사용되는 API 모델은 해상 고정 플랫폼 애플리케이션의 경우 적은 수의 사이클(최대 200 사이클)에 대한 응답에 대해 보정됩니다. 반면 실제 해상풍력 터빈의 경우 20~25

년의 수명 기간 동안 10^7-10^8 사이클의 로딩이 예상됩니다.

2. 주기적 하중 하에서 API 또는 DNV 모델은 항상 모래 토양에서 기초 강성의 저하를 예측합니다. 그러나 최근 연구에 따르면 모래 토양에서 모노파일의 기초 강성은 파일 주변의 조밀화(densification)으로 인하여 실제로 증가한다고 합니다.

1.13 챕터 요약 및 학습 포인트

핵심 교훈은 다음과 같습니다:

1. 터빈 제조업체로부터 터빈의 작동 범위(1P 범위)가 필요합니다. 이는 전체 시스템의 목표 고유 주파수를 설정하는 데 필요합니다. 목표 주파수에 대한 이론은 섹션 2.2(2장)에서 설명합니다. 주어진 위치에서 선택한 터빈의 목표 주파수를 계산하는 실용적인 예는 6장의 예제 6.1에 나와 있습니다.
2. 기초 설계를 위해서는 RNA 어셈블리의 질량과 타워의 치수와 질량을 알아야 합니다. 이는 터빈 제조업체에서 제공합니다.

2.

기초 하중

DESIGN OF FOUNDATIONS FOR OFFSHORE WIND TURBINES

2. 기초 하중

학습 목표

해상풍력 터빈 설치는 기하학적 구조(즉, 높이에 따른 질량 및 강성 분포)와 이에 작용하는 하중으로 인해 독특한 유형의 구조물입니다. 이 장의 목적은 하중을 나열하고 환경 하중이 주기적 및 동적 구성 요소가 혼합되어 있음을 보여주는 것입니다. 하중은 터빈의 크기 및 유형과 함께 풍력 발전 단지의 위치(파도 주기, 바람, 난기류)에 따라 달라집니다. 기초의 주요 목적은 이러한 하중을 주변 지반으로 안전하게(과도한 변형 및 굴절 없이) 전달하는 것입니다. 따라서 기초 설계의 첫단계는 기초가 수명 기간 동안 견뎌야 하는 하중을 예측하는 것입니다. 기초에 대한 추가적인 지역별 특정 하중이 있을 수 있습니다. 예를 들어 인도, 대만, 중국의 연안 지역의 경우 지진에 대한 고려 사항이 설계를 지배할 수 있습니다.

구조물이 동적 영향을 받는 경우 기초가 견뎌야 하는 하중이 증폭되며, 잘 알려진 '동적 증폭 계수' 개념을 사용하여 이를 추정할 수 있습니다. 기초가 견뎌야 하는 하중은 또한 기초 시스템과 효과적인 하중 전달 메커니즘에 따라 달라집니다. 이를 흔히 하중 흐름 경로, 즉 상부 구조 하중이 최종 '싱크'인 지반으로 어떻게 흐르는지 입니다.

이 장의 목표는 다음과 같습니다:

(a) 풍력 터빈 구조의 동적 감도와 이러한 구조의 진동 모드를 함께 논의합니다. 즉, 구조물의 전역 고유 주파수가 강제 주파수에 매우 가깝다는 것을 보여줍니다. 이는 하중의 동적 증폭을 이해하는 데 필요합니다.

(b) 다양한 유형의 기초에 대한 상부 구조물에서 지지 지반으로의 하중 전달을 이해합니다.

(c) 풍력 터빈에 작용하는 하중과 이를 추정하는 다양한 방법을 나열합니다.

2.1 해상풍력 터빈 구조물의 동적 민감도

해상풍력 터빈은 그 모양과 형태(가느다란 기둥에 무거운 덩어리가 있고 상단에 회전하는 덩어리가 있음) 로 인해 동적으로 민감합니다.

이 가느다란 구조물의 주파수는 환경 및 기계적 하중에 의해 부과되는 주파수와 매우 가깝습니다. 기초의 목표는 하부 구조와 상부 구조의 하중을 안전하게 지반으로 전달하는 것입니다. 이 장에서는 풍력 터빈 구조에 작용하는 하중을 검토합니다. 전체 시스템의 자체 중량 외에도 풍력 터빈 구조물에는 바람, 파도, 1P(로터 주파수), 2P/3P(블레이드 통과 주파수) 하중 등 네 가지 주요 횡하중이 작용합니다.

풍력 터빈에 작용하는 주요 주기적/동적 하중은 다음과 같습니다:

(a) ***바람*** 블레이드와 타워에 가해지는 바람의 추력에 의해 발생하는 하중입니다. 하중의 주기적 구성 요소는 해당 위치의 바람의 난기류(일정 기간 동안의 풍속 변화) 및 터빈 작동 특성에 따라 달라집니다.

(b) ***파도*** 파도가 하부 구조물(즉, 파도에 노출된 구조물 부분)에 충돌하여 발생하는 하중으로, 그 크기는 파도 높이와 파도 주기에 따라 달라집니다.

(c) ***1P 하중*** 로터의 질량 및 공기 역학적 불균형으로 인한 허브 레벨의 진동으로 인해 발생하는 하중입니다. 이 하중은 로터의 회전 주파수와 동일한 주파수를 갖습니다(1P 하중이라고 함). 대부분의 산업용 풍력 터빈은 가변 속도 기계이므로 1P는 단일 주파수가 아니라 가장 낮은 RPM(분당 회전 수)과 가장 높은 RPM과 관련된 주파수 사이의 주파수 대역입니다. 다양한 풍력 터빈에 대한 일반적인 1P 주파수 범위는 1장(표 1.1)에 나와 있으며 컷인(RPM) 및 '정격(RPM)'으로 표시되어 있습니다.

(d) ***블레이드 통과 하중(2P/3P)*** 블레이드 섀도잉 효과로 인한 진동으로 인한 타워의 하중(2P/3P라고 함)이라고 합니다. 터빈의 블레이드가 타워 전면을 통과할 때 일시적인 섀도잉 효과로 인해 타워의 추력이 감소합니다. 그림 2.1은 블레이드의 두 가지 구성으로 인한 섀도잉 효과를 보여주며, 타워의 차등 하중을 확인할 수 있습니다. 이는 3엽 풍력 터빈의 경우 터빈의 회전 주파수(3P)의 3배에 해당하는 주파수를 갖는 동적 하중입니다. 블레이드가 2개인 터빈의 경우 터빈 회전 주파수(1P)의 두 배(2P)가 됩니다. 2P/3P 하중도 1P와 같은 주파수 대역으로, 1P 대역의 터빈 블레이드 수를 곱하면 간단히 구할 수 있습니다.

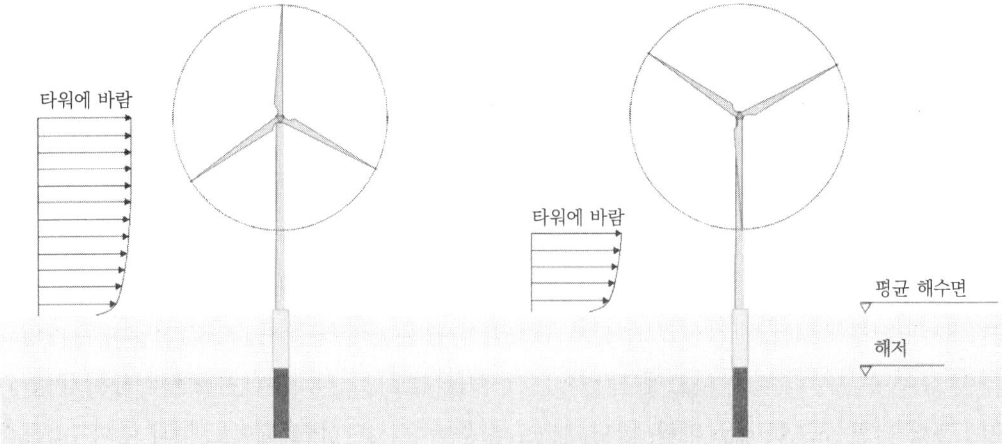

그림 2.1 3P 로딩에 대한 설명

예제 2.1 주기적 및 동적 하중

그림 2.2a는 모노파일 지지 풍력 터빈의 주 하중 시간 이력(파형)을 개략적으로 나타낸 것입니다. 이러한 각 하중은 기초에 가해지는 크기, 주파수 및 주기수 측면에서 고유한 특성을 가지고 있습니다. 바람과 파도에 의해 가해지는 하중은 공간(공간적)과 시간(시간적) 모두에서 무작위적이기 때문에 통계적으로 더 잘 설명할 수 있습니다. 무작위적인 특성 외에도 이 두 가지 하중은 제어 시스템에 의해 안내되는 두 가지 다른 방향(흔히 파동 오차라고 함)으로 작용하여 일정한 출력을 가질 수 있습니다. 1P 하중은 로터의 질량 및 공기역학적 불균형으로 인해 발생하며 강제 주파수는 로터의 회전 주파수와 동일합니다. 반면에 2P/3P 하중은 블레이드 그림자 효과, 윈드시어(즉, 지상 높이에 따른 풍속의 변화), 난기류의 회전 샘플링으로 인해 발생합니다. 그림 2.2b는 다양한 하중의 단순화된 버전을 보여줍니다.

일반적으로 구조물의 고유 주파수가 강제 주파수의 5배를 초과하는 경우, 하중은 주기적인 것으로 간주할 수 있으며 시스템의 관성은 무시할 수 있습니다. 예를 들어 고유 주파수가 0.3Hz인 3MW 풍력 터빈의 경우 주파수가 0.06Hz를 초과하는 모든 하중은 동적 하중입니다. 따라서 0.1Hz의 파도 하중은 동적 하중입니다.

예제 2.2 동적 증폭 계수(DAF)

작용 하중이 동적인 경우 시스템의 관성을 고려해야 할 추가 고려 사항이 있습니다. 하중의 주파수가 구조물의 고유 주파수에 가까워지면 발생하는 변위가 더 커집니다. 이는 동적 증폭 계수(Dynamic Amplification Factor)라는 개념을 사용하여 추정할 수 있습니다.

DAF는 다음 공식으로 추정할 수 있습니다:

$$DAF = \frac{1}{\sqrt{(1-\beta^2)^2 + (2\xi\beta^2)^2}}$$

$$\beta = \frac{f}{f_0} = \left(\frac{\text{Excitation frequency}}{\text{Natural frequency}} \right) \tag{2.1}$$

$$\xi = \text{Damping ratio}$$

독자들은 동역학에 관한 표준 교과서를 참고하시기 바랍니다. 풍력 터빈 구조물은 공기, 물, 토양을 통과하므로 감쇠를 추정하는 것은 매우 복잡합니다. 댐핑에 대한 논의는 3장(3.3.2. 섹션)에서 제공됩니다.

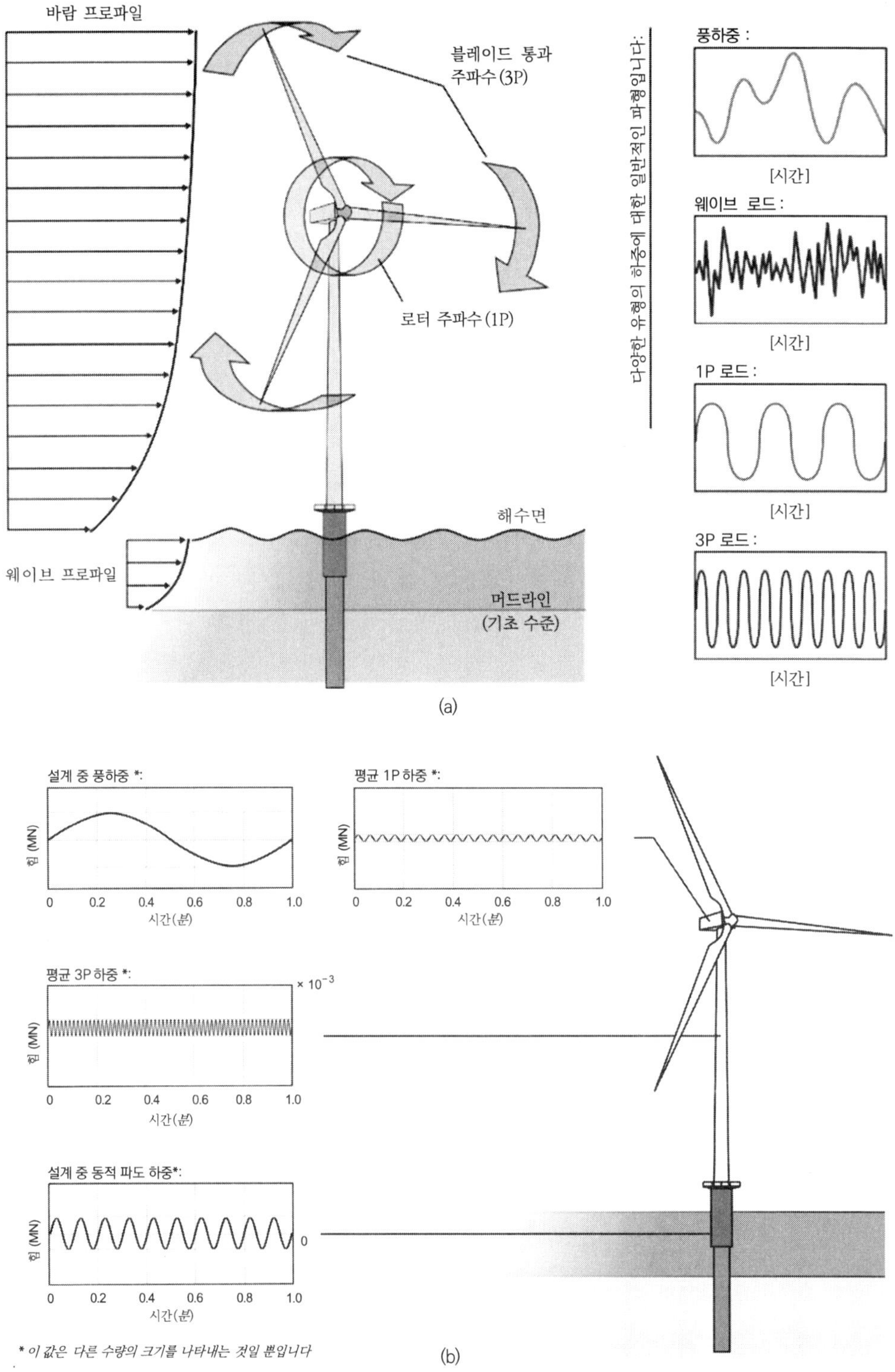

그림 2.2 (a) 주요 네 가지 유형의 실제 하중 분포 (b) 풍력 터빈 구조물에 가해지는 하중을 보여주는 모식도

2.2 풍력 터빈 구조의 목표 고유 주파수

하중이 동적인지 확인하고 이를 예측하려면 하중과 구조물의 주파수를 찾아야 합니다. 설계의 첫단계 중 하나는 전체 풍력 터빈 구조의 목표 주파수를 정하는 것입니다. 그림 2.3은 구조물의 고유 주파수를 추정하는데 사용할 수 있는 모노파일 풍력 터빈 구조의 기계 모델을 보여줍니다. 이 모델에서 기초는 일련의 스프링으로 대체되며 흔히 매크로 요소 모델로 알려져 있습니다. 파일 형상과 지반 프로파일(즉, 지반 깊이에 따른 지반 강성)을 기반으로 기초의 초기 강성(즉, K_L, K_R,와 K_{LR})을 구할 수 있습니다. 이를 추정하는 방법에 대한 설명은 5장에서, 작업 예제는 6장에서 제공됩니다. K_L은 횡강성, 즉 파일 헤드의 단위 횡방향 변위에 필요한 힘(MN m^{-1} 단위)을 나타내며, K_R은 파일의 단위 회전에 필요한 모멘트를 나타냅니다.(단위: GNm rad-1) K_{LR}는 크로스 커플링 스프링으로 다음 장에서 자세한 설명이 되어 있습니다. K_L, K_R, K_{LR}를 알면 흔들림 휨 모드(sway-bending mode)에 대한 전체 시스템의 첫 번째 고유 주파수를 예측할 수 있습니다. K_V기초의 수직 강성이며 축방향 진동 분석에 필요합니다.

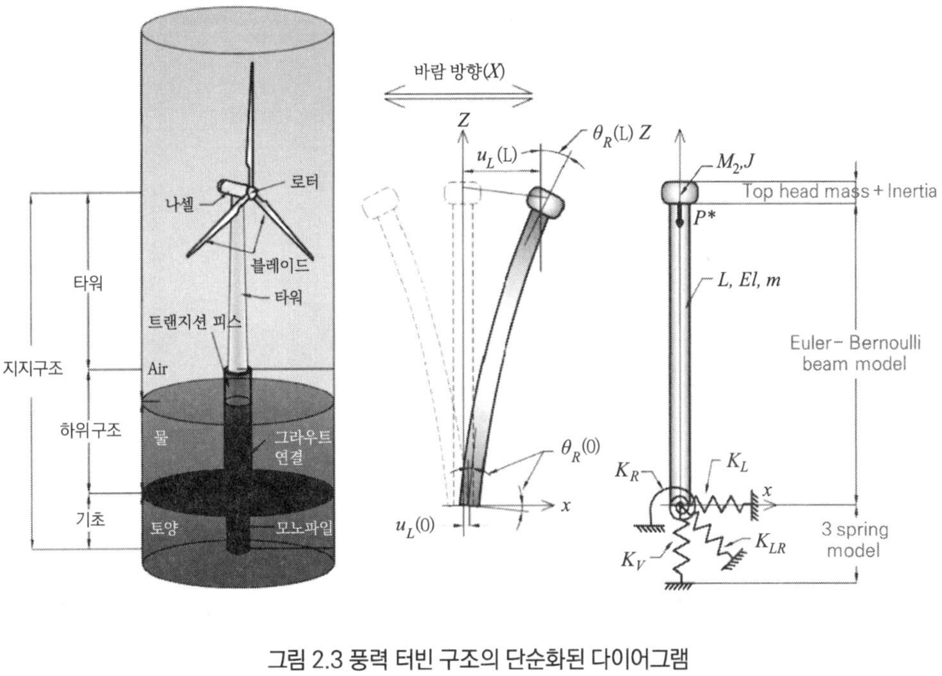

그림 2.3 풍력 터빈 구조의 단순화된 다이어그램

전체 시스템의 목표 주파수는 터빈의 작동 범위(1P 범위)뿐만 아니라 풍랑 정보, 파 주기, 스펙트럼 등 터빈의 위치 및 사용되는 터빈에 따라 달라집니다. 난기류 풍속과 해상 파고는 모두 변수이며 파워 스펙트럼 밀도(Power Spectral Density) 함수를 사용하여 통계적으로 처리하는 것이 가장 좋습니다. 즉, 시간 도메인 분석 대신 주파수 도메인에서 생성된 하중을 더 효과적으로 분석하여 풍랑과 해상 파도의 총 전력에 대한 각 주파수의 기여도를 설명할 수 있습니다. 파도 및 바람(난류) 스펙트럼은 현장 특정 데이터로부터 이산 푸리에 변환(DFT)을 통해 구성할 수 있습니다. 그러나 이러한 데이터가 없는 경우 이론적 스펙트럼을 사용할 수도 있습니다. 일부 실무 규정에서는 바람의 경우 카이말 스펙트럼(Kaimal spectrum)을, 파도의 경우 JONSWAP(Joint North Sea Wave Project) 스펙트럼을 명시하고 있습니다. 바람과 파도 스펙트럼의 구성에 대한 자세한 내용은 다음 몇 섹션에서 설명합니다.

그림 2.4는 일반적인 바람과 파도에 대한 개략적인 PSD(Power Spectral Density) 함수를 보여줍니다. 그림은 또한 1P 주파수 범위에 따라 달라지는 1P 및 3P 주파수 대역을 보여줍니다. 공진 관점에서 여기 주파수를 피하는 것이 분명합니다. DNV(Det Norske Veritas) 코드에 따르면 첫 번째 고유 주파수는 1P 및 3P 범위의 10% 이내여야 하며 그림 2.4에서 'Safety Margin'로 표시되어 있습니다. 따라서 풍력 터빈의 첫 번째 고유 주파수는 매우 좁은 대역에 맞춰야 한다는 것이 분명합니다. 경우에 따라 1P와 3P 범위가 일치하여 간격이 없는 경우도 있으며, 이러한 경우 제어 시스템은 1P 범위에서 일부 주파수를 뛰어넘도록 설계됩니다.

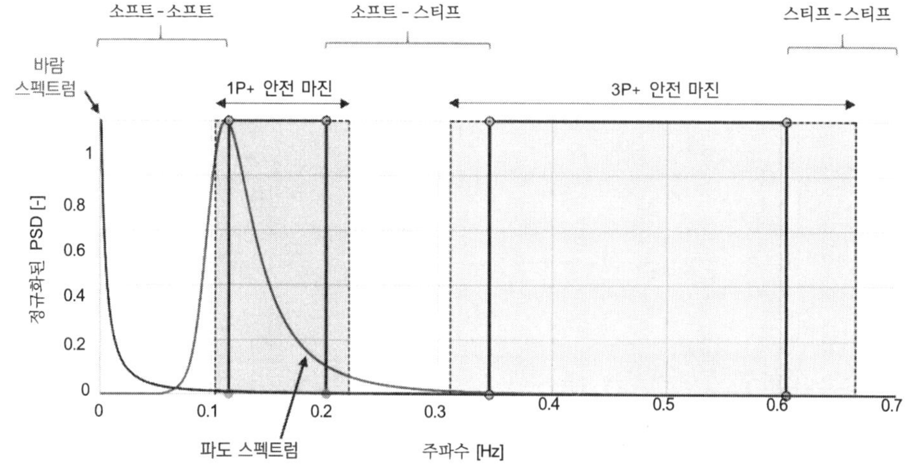

그림 2.4 풍력 터빈 구조에 작용하는 주파수의 범위

따라서 설계는 터빈 제조업체와 하부 구조 설계자 간의 협업으로 이루어집니다. 현재 관행에서는 터빈 제조업체가 타워와 RNA의 세부 설계를 제공합니다. 하부 구조 설계자는 트랜지션 피스와 기초 설계를 수행합니다.

적용된 하중의 주파수 내용에서 설계자는 공진 및 궁극적으로 피로 손상 증가를 피하기 위해 이 주파수 외부에 있는 주파수를 포함한 전체 풍력 터빈의 시스템 주파수, 즉 전역 주파수를 선택해야 한다는 것을 알 수 있습니다. 구조의 첫고유 주파수 f_0의 관점에서 보면 세 가지 유형의 설계가 가능합니다:

(1) ***소프트-소프트 (Soft-soft)*** f_0이 1P 주파수 범위 아래에 배치되는 소프트-소프트 설계($f_0 < f_{1P,\,min}$) 이는 매우 유연한 구조이며 접지 시스템용으로 설계하기가 거의 불가능합니다.
(2) ***소프트-스티프 (Soft-stiff)*** f_0이 1P에서 3P 주파수 범위($f_{1P,\,max} < f_0 < f_{3P,\,min}$)인 소프트-스티프(연강성) 설계는 현재 개발에서 가장 많이 사용되고 있습니다.
(3) ***스티프-스티프(Stiff-stiff)*** f_0이 3P 대역의 상한($f_0 > f_{3P,\,max}$)보다 높은 고유 주파수를 갖는 스티프-스티프 설계는 매우 견고한 지지 구조가 필요합니다.

동역학의 관점에서 볼 때, 첫 번째 고유 주파수의 예측이 매우 정확한 경우에만 OWT 설계가 보수적이라는 점에 유의해야 합니다. 다른 해양 구조물(예: 석유 및 가스 산업에서 사용되는 구조물)의 경우와 달리 f_0을 과소 예측하는 것은 보수적이지 않습니다. 가장 안전한 해결책은 풍력 터빈의 고유 주파수를 3P 범위보다 훨씬 높게 설정하는 것입니다. 그러나 고유 주파수가 높은 더 단단한 설계는 자재, 운송 및 설치 비용이 더 많이 드는 대규모 지지 구조와 기초가 필요합니다. 따라서 경제적인 관점에서 볼 때 더 부드러운 구조가 바람직하며, 현재 설치된 풍력 터빈의 거의 대부분이 '연강성' 설계이며 앞으로도 이 유형이 사용될 것으로 예상 됩니다. 위의 논의에서 연강성 풍력 터빈 시스템을 설계하려면 동적 증폭과 시스템에 대한 주기적/동적 하중의 영향, 즉 동적 구조-기초-토양 상호 작용으로 인한 시스템 주파수의 잠재적 변화를 고려해야 한다는 것을 알 수 있습니다.

예제 2.3 NREL 터빈의 목표 주파수

그림 2.5는 6.9~12.1RPM의 작동 간격을 가진 3엽 NREL(National Renewable Energy Laboratory) 표준 5MW 풍력 터빈의 주요 주파수를 보여줍니다. RPM은 Hz로 변환할 수 있으므로 로터 주파수(흔히 1P라고 함)는 0.115~0.2Hz 범위에 속합니다. 3엽 터빈의 해당 '블레이드 통과 주파수'는 1P 범위에 3을 곱하여 얻을 수 있으므로 0.345-0.6Hz 범위에 있습니다. 또한 바람과 파도 하중에 대한 일반적인 주파수 분포를 보여줍니다. 바람의 스펙트럼은 Andersen과 Løvseth(1992)에 기초한 Froya를, 파도의 스펙트럼은 Pierson-Moskowitz(1964)를 사용했습니다. 바람과 파도 스펙트럼의 구성에 대한 자세한 내용은 다음 섹션에서 확인할 수 있습니다. 파도의 경우 피크 주파수는 0.1로 표시되어 있으며, 이는 북해의 전형적인 주파수입니다. 1P 및 3P 주파수 범위 양쪽의 점선은 목표 주파수를 10% 이내로 피해야 한다는 DNV 지침을 반영합니다.

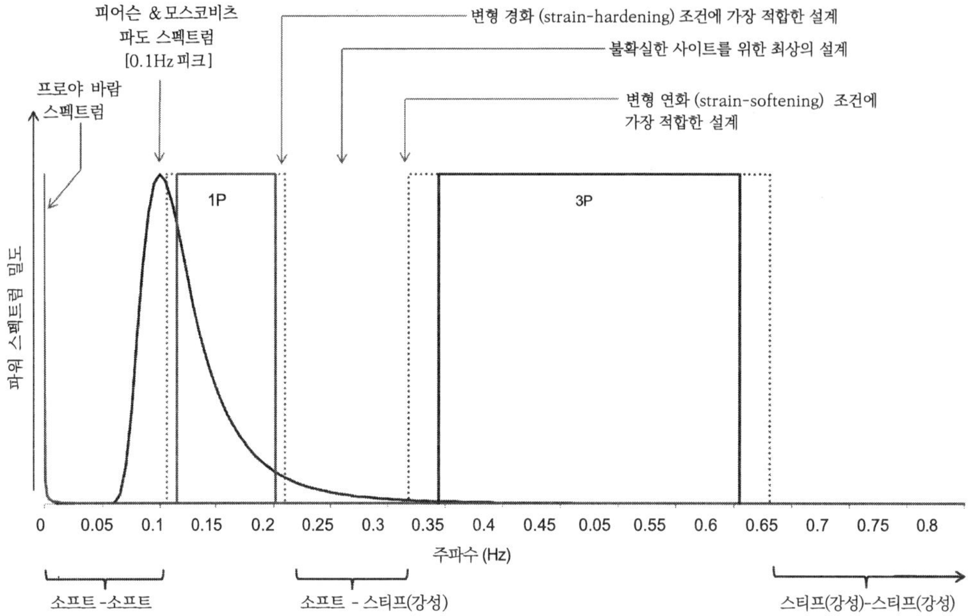

그림 2.5 설계 선택을 보여주는 동적 하중의 주파수 스펙트럼

토양-구조물 상호작용(SSI)은 그림 2.3의 기초 강성, 즉 K_L,K_R 및 K_{LR} 값을 변경할 수 있으며 풍력 터빈 시스템의 전역 고유 주파수가 변경됩니다. 지반 강성의 증가로 인해 기초가 더 단단해지면 고유 주파수가 증가하고 최대 상한값은 고정 기저 주파수가 됩니다. 반면, SSI로 인해 지반 강성이 감소하면 고유 주파수가 감소합니다. 전체 시스템이 감소합니다. 소프트 스티프 시스템의 경우, 증가 또는 감소하면 전체 시스템이 여기 주파수 범위로 이동합니다.

Arany등(2016)의 광범위한 연구에 따르면 세 가지 기초 강성 조건(K_L, K_R and K_{LR}) 중 흔들림 강성(K_R)이 모노파일 지지형 OWT의 고유 주파수 계산에 가장 큰 영향을 미치는 것으로 나타났습니다. 그림 2.6은 12개의 작동 중인 풍력 터빈의 고유 주파수를 정규화된 회전 강성에 대한($\eta_R = \dfrac{K_R L}{EI}$) 정규화된 고유 주파수(f / f_{FB}) 로 나타낸 것입니다.

(여기서 EI는 평균강성이며, L은 타워 길이)

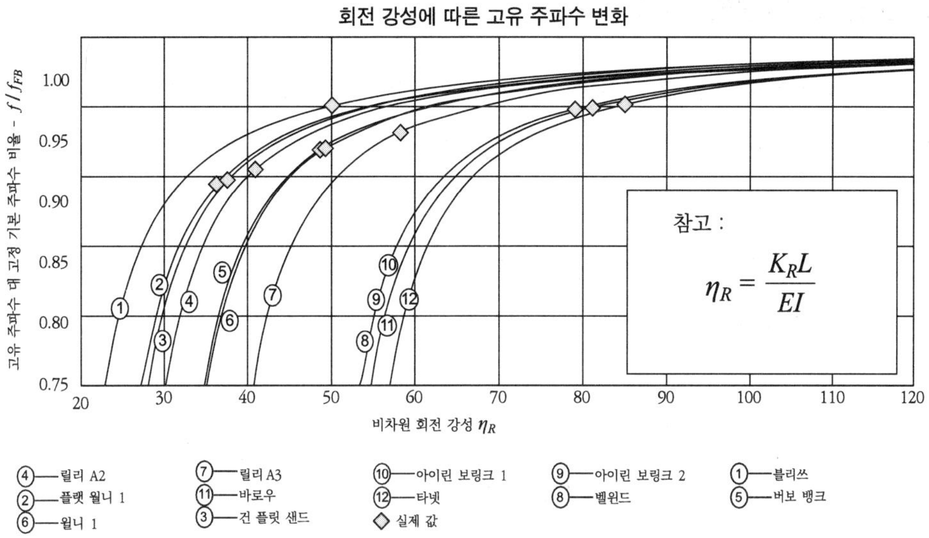

그림 2.6 비차원 회전 강성(η_R)에 따른 고유 주파수의 변화. 표기법에 대한 설명은 그림 2.3에 나와 있습니다.

이렇게 설치된 터빈의 고유 주파수는 고정 기본 주파수의 약 90~95%입니다. 몇 가지 추가 사항이 있을 수 있습니다:

(a) K_R은 그림 2.3에 정의된 기초 강성으로, 지반 강성에 따라 달라집니다. 따라서 그림 2.6에 표시된 곡선을 따라 토양 강성의 변화가 전체 시스템의 고유 주파수를 변경하여 피로뿐만 아니라 동적 거동에 영향을 미치는 것을 관찰할 수 있습니다.

(b) 이 동작은 비선형적이며 소프트-강성 설계의 경우 고유 주파수의 증가 또는 감소가 강제 주파수에 영향을 미칠 수 있습니다(그림 2.4 및 2.5 참조).

(c) 위의 논의는 시간에 따른 지반 강성의 변화를 이해하는 것이 얼마나 중요한지 보여줍니다. 4장에서는 이러한 목적을 위해 고급 지반 시험을 사용할 수 있음을 보여줄 것입니다.

이론적으로 모든 지반은 반복적인 변형에 따른 지반 강성의 변화에 따라 변형 경화 또는 변형 연화로 분류할 수 있습니다. 지금까지의 증거에 따르면, 순수 모래 지반에서는 낮은 변형 수준에서 중간 정도의 하중 하에서 변형 경화를 나타냅니다. 반면에 큰 변형을 받는 점토 지반에서는 공극 수압의 점진적인 축적으로 인해 변형 연화 현상이 나타납니다. 느슨한 모래에서 중간 밀도의 모래는 지진과 같이 큰 변형 수준에서 순간적으로 액화될 수 있으며 변형 연화로 분류될 수 있습니다. 그림 2.5는 이 섹션에서 설명한 두 가지 유형의 부지에 대해 가장 적합한 목표 주파수를 제시합니다.

2.3 바람 스펙트럼 구축

바람의 난류는 일반적으로 평균 풍속 $\overline{U}$에 겹쳐진 변동 풍속 성분 (u)으로 추정되므로 총 풍속은 다음과 같을 수 있습니다.

$$U = \overline{U} + u$$

난기류의 정도는 일반적으로 식 (2.2)에 의해 주어진 난기류 강도(turbulence intensity) I 에 의해 특징 지어집니다.

$$I = \sigma_U / \overline{U} \tag{2.2}$$

여기서 σ_U 는 평균 풍속 주변의 풍속 표준편차(일반적으로 10분간 측정)입니다. 난기류 강도는 평균 풍속, 현장 위치, 표면 거칠기에 따라 달라지며 터빈 자체에 의해서도 조정됩니다.

Taylor(1938)는 그의 동결 난류 가설에서 와류의 특성은 시간에 따라 일정(동결)하다고 간주할 수 있으며, 그림 2.7과 같이 와류는 평균 수평 풍속과 함께 이동한다고 말합니다. 이 가정은 풍력 터빈 애플리케이션에 적합한 것으로 밝혀졌으며, 난류는 일반적으로 풍속의 총 분산에 대한 다양한 주파수의 기여도를 설명하는 PSD 함수에 의해 주파수 영역에서 분석됩니다. 난기류의 주파수는 소용돌이의 크기와 관련이 있습니다. 소용돌이가 클수록 풍속의 저주파수 변화를 의미하며, 소용돌이가 작을수록 짧은 고주파수 풍속 변화를 유도합니다. 특징적인 경우 소용돌이의 크기는 d[m] 이고 $\overline{U}$ [m/s] 속도로 이동하며, $\tau = d / \overline{U}$ 시간에서 로터를 통과하는 이동 시간입니다.이 시간에 연결된 주파수는 $f = 1/\tau$[Hz] 입니다.

이를 통해 난기류의 길이 스케일과 시간 스케일을 연결할 수 있습니다. 그리고 높은 에너지를 포함하는 대형 난류 소용돌이의 일반적인 길이 척도는 수 킬로미터 범위입니다. 큰 소용돌이는 다음과 같이 점점 더 작은 소용돌이로 분해되는 경향이 있습니다.

난류 에너지가 열로 소멸됨에 따라 더 높은 주파수를 갖습니다. 이 과정을 설명하는 콜모고로프의 법칙(Kolmogorov's law)에 따르면 스펙트럼의 점근 한계는 고주파에서 $f^{-5/3}$ 입니다.

풍력 에너지 애플리케이션에 일반적으로 사용되는 스펙트럼에는 두 가지 제품군이 있습니다. 폰 카르만(von Kármán spectrum)과 카이말 스펙트럼(Kaimal spectrum) 이며, 가장 큰 차이점은 카이말 스펙트럼은 피크가 다소 적고 에너지가 조금 더 넓은 주파수 범위에 포함되어 있다는 것입니다. 카이말 스펙트럼은 대기 경계층 모델링에 더 적합하고 폰 카르만 스펙트럼은 풍동 모델링에 더 적합합니다. 국제전기기술위원회(IEC) 규정에서는 만 스펙트럼 Mann spectrum (폰 카르만 유형 스펙트럼의 변형)과 카이말 스펙트럼을 사용할 것을 제안합니다. 반면에 DNV는 카이말 스펙트럼을 제안하며, 이 책에서는 카이말 스펙트럼을 사용합니다. 그림 2.5에 표시된 Froya와 같은 다른 스펙트럼도 있습니다.

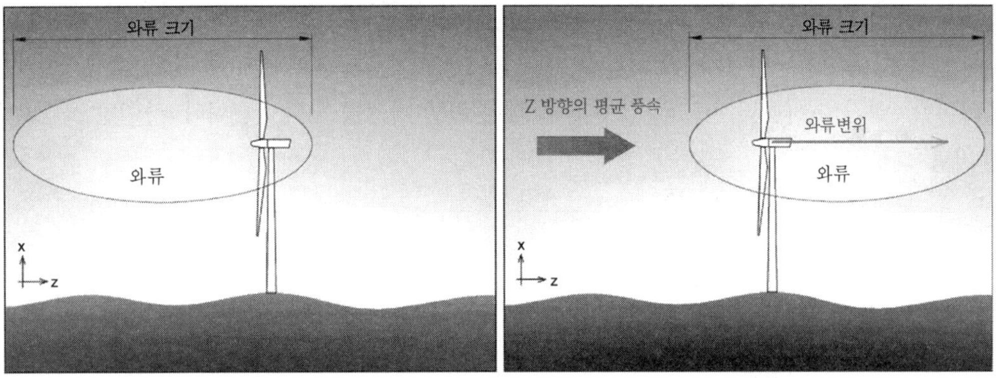

그림 2.7 테일러의 동결 난류 가설: 와류는 크기와 특성 파라미터가 일정하게 유지되는 동안 평균 풍속을 따라 이동합니다.

2.3.1 카이말 스펙트럼

이 섹션에서는 기초 설계와 관련된 카이말 스펙트럼에 대한 몇 가지 관련 세부 정보를 제공합니다:

1. 난기류의 파워 스펙트럼은 지형에 따라 조정할 수 있습니다. 표면의 비균질성이 높으면 난기류 강도가 증가합니다. 또 다른 중요한 측면은 지층이 안정적인지, 불안정한지 또는 중립적인지 여부입니다. 중립 조건은 거의 발생하지 않지만 중립에 가까운 조건은 중간 및 높은 풍속에서 일반적이며 피로 피해 계산에 필요합니다.
2. DNV에서 제안한 대기 중성층에서 공간의 고정 기준점 $S_{uu}(f)$에 대한 이론적 카이말 스펙트럼은 다음과 같이 쓸 수 있습니다:

$$S_{uu}(f) = \frac{\sigma_U^2 \left(\frac{4L_k}{\overline{U}}\right)}{\left(1 + \frac{6fL_k}{\overline{U}}\right)^{\frac{5}{3}}} \tag{2.3}$$

여기서 L_k 적분 길이 척도(DNV 코드에서 사용 가능한 공식), f는 주파수, $\overline{U}$는 평균 풍속(현장 측정치), σ_U 는 풍속의 표준 편차입니다. 이는 측정값에서 추정하거나 다음과 같이 계산할 수 있습니다.

식 (2.2)를 사용하고 난기류 강도 값은 표준 IEC 61400-1 및 IEC 61400-3에서 구할 수 있습니다.

DNV 코드 기준, $L_k = 5.67z$ for $z<60$m and, $L_k = 340.2$m for $z \geq 60$m

(z는 바다면에서부터의 높이)

그림 2.8은 반 데르 호벤(Van der Hoven)에 따른 종합적인 풍속 스펙트럼을 보여주며, 풍속과 난류 효과의 장기적인 변화를 모두 표시합니다. 반 데르 호벤은 수평 풍속 스펙트럼에서 유의미한 4일간의 시놉틱 피크와 일부 경우 작은 일별 피크를 관측했습니다. 카이말 스펙트럼은 바람을 설명합니다.

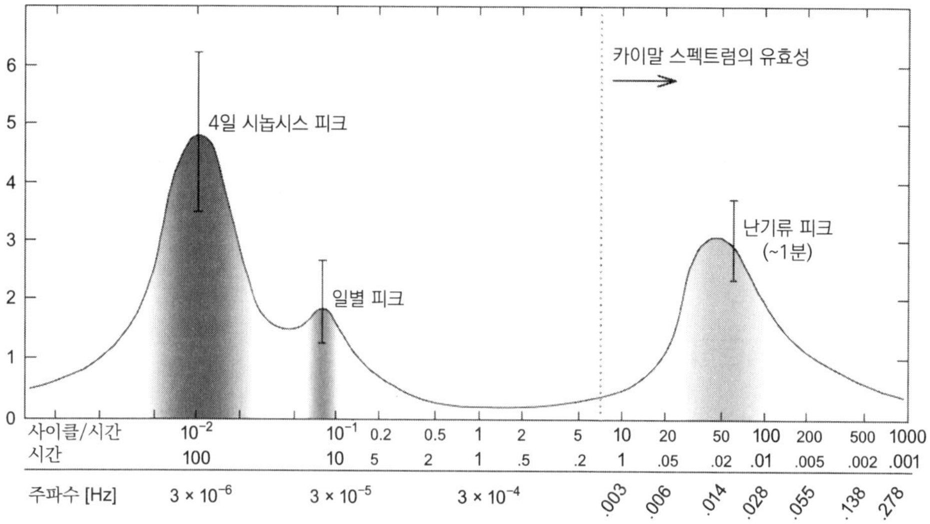

그림 2.8 반 데르 호벤 스펙트럼과 카이말 스펙트럼의 유효성

그림 2.8의 점선은 짧은 시간 스케일의 난기류를 나타냅니다. 이는 스펙트럼의 고주파 끝 부분만 나타내며 일주 및 시놉틱 피크는 생략되어 있습니다. 따라서 카이말 스펙트럼은 임의로 낮은 주파수에 대해 계산할 수 있지만, 그 유효성은 고주파수 변동으로 제한됩니다. 일반적으로 고려되는 가장 낮은 주파수는 10분의 시간 간격에 해당합니다. 10분 이상 걸리므로 (T= 600 [s]→ f = 1/600[Hz] ≈ 0.0017[Hz]). 로터를 통과하는 작은 국지 돌풍(예: 직경 20m의 돌풍)은 거의 또는 전혀 로터 영역의 먼 부분에 미치는 영향은 그림 2.9를 참조하면 지점 A와 B의 풍속은 밀접한 관련이 있으며 높은 일관성을 보이는 반면, C와 같이 먼 지점은 A 또는 B와 낮은 일관성을 보입니다. 즉, 저주파 변동은 고주파 변동보다 로터의 더 넓은 영역에 영향을 미칩니다. 또한 회전 운동을 통해 블레이드는 공간의 한 지점에 대해 카이말 스펙트럼과 다른 스펙트럼을 경험한다는 점에 유의해야 합니다. 블레이드는 매 회전마다 주어진 와류를 한 번씩 통과합니다. 예를 들어 그림 2.9에서 블레이드 I 은 각 회전마다 와류 1과 와류 2를 한 번씩 통과합니다. 따라서 회전 샘플링을 고려할 때, 즉 회전하는 블레이드에 의해 '보이는' 풍속을 샘플링할 때 PSD는 회전주파수 f_{1P} 과 더 높은 고조파 ($f_{2P} = 2f_{1P}$, $f_{3P}=3f_{1P}$) 에서 피크를 발생합니다.

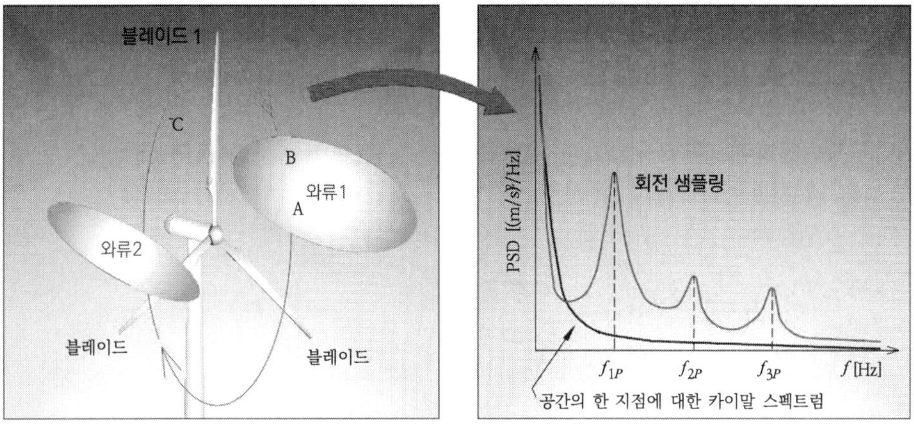

그림 2.9 일관성: 점 A와 B 사이의 일관성은 높은 반면, C와 A 또는 B 사이의 일관성은 작습니다.
회전 샘플링: 블레이드 1이 회전하는 동안 '보이는' 풍속의 PSD는 공간의 한 지점에 대한 카이말 스펙트럼과 다릅니다. 그래프는 회전 샘플링의 PSD를 개략적으로 나타낸 것입니다.

이 효과는 블레이드 하중 분석에 더 중요하며, 일반적으로 모든 블레이드가 동일한 와류를 통과하기 때문에 일반적으로 더 높은 고조파만 허브로 전달됩니다.

다른 사용 가능한 설계 바람 스펙트럼으로는 Davenport(1961), Simiu와 Leigh(1984), Ochi와 Shin(1988)이 있습니다. 예를 들어, Ochi와 Shin(1988)은 해상 관측을 기반으로 바다 위의 바람을 설명하는 스펙트럼을 경험적으로 도출한 것입니다.

2.4 파도 스펙트럼 구축

바다 위로 부는 바람은 수면의 압력이 증가하기 때문에 풍파를 일으킵니다. 먼저 주파수가 높고 파고가 낮은 작은 파도가 생성되고, 그 에너지는 점차 주파수가 낮고 파장이 긴 진폭이 큰 파도로 전달됩니다. 발전하는 바다 상태는 수심, 해조류의 모양, 평균 풍속, 유속 등 여러 요인에 따라 달라집니다. 후자는 일반적인 풍향을 고려한 해안까지의 일반적인 풍하측 거리입니다. 수심에 대한 의존성은 분산 관계에서 분명하게 드러납니다.

$$\omega^2 = gk \tanh(kS) \tag{2.4}$$

여기서, ω[rad/s] 각 주파수, $k=2\pi/\lambda$[1/m] 파수, λ[m] 파장, 그리고 S[m] 평균 수심

모든 해안 지역은 다양한 주파수와 파장을 가진 수많은 파도로 구성되어 있습니다. 각 주파수의 중요도는 그림 2.5에 표시된 것처럼 PSD 함수로 표현되는 주파수와 관련된 전력에 의해 특징지어집니다. PSD는 DFT(Discrete Fourier Transform)을 사용하여 파고를 현장에서 측정하거나 DNV와 같은 여러 코드에서 제안하는 존스왑(JONSWAP) 스펙트럼 $S_{ww}(f)$를 사용하여 생성할 수 있습니다:

$$S_{ww}(f) = \frac{\alpha g^2}{(2\pi)^4 f^5} e^{-\frac{5}{4}\left(\frac{f}{f_p}\right)^4} \gamma^r \quad \gamma = 3.3$$

$$r = e^{-\frac{(f-f_p)^2}{2\sigma^2 f_p^2}} \quad \alpha = 0.076\left(\frac{\overline{U}_{10}^2}{Fg}\right)^{0.22} \quad f_p = \frac{22}{2\pi}\left(\frac{g^2}{\overline{U}_{10}F}\right)^{\frac{1}{3}}$$

$$\sigma = \begin{cases} 0.07 & f \le f_p \\ 0.09 & f > f_p \end{cases} \tag{2.5}$$

여기서, f는 주파수

α는 스펙트럼의 강도

F는 페치(fetch)는 취송거리라고 하며 바람이 불어 파도를 발생시키는데 영향을 주는 거리임.

f_p는 피크 주파수

γ는 피크 향상 계수

g는 중력 상수

$\overline{U}_{10}$는 해발 10m 높이에서의 평균 풍속

존스왑 스펙트럼과 피어슨-모스코비츠 스펙트럼은 모두 상당히 오랜 시간이 지난 후 일정한 풍속 조건에서 발달한 바다 상태의 주파수 함량을 나타냅니다. 피어슨-모스코비츠 스펙트럼은 완전히 발달한 바다를 가정하고 고주파에서 저주파 파도로 에너지가 전달되는 과정과 파도와 파도의 상호 작용이 정상 상태에 도달했다고 가정합니다. 또한 파도는 바람과 평형 상태에 있다고 가정합니다. 이 가정을 위해서는 과학적으로 긴 페치(즉, 약 5000개의 파장)가 필요하며, 일정한 풍속이 과학적으로 긴 시간(즉, 약 10000개의 파주기) 동안 유지되었다는 가정이 필요합니다. 존스왑 스펙트럼은 페치(fetch)를 고려하므로 발전하는 바다를 고려하며, 그 결과 스펙트럼의 피크 주파수는 평균 풍속과 페치에 따라 달라집니다. 페치가 길수록 바다가 더 많이 발달하고 저주파 파도에 더 많은 에너지가 있습니다. 다른 해안에 위치한 해상풍력 발전 단지의 경우, 페치는 크게 다를 수 있습니다. 그림 2.7은 일반적으로 바다가 완전히 개발되지 않은 비교적 보호된 바다 위치를 보여줍니다. 터빈의 위치에 개략적인 풍향계가 배치되어 있습니다.

2.4.1 페치 추정 방법

페치를 추정하는 방법은 방향의 중요도에 따라 거리에 가중치를 더하여 풍하측 해안까지의 거리(예: F_S, F_{SSW}, F_{SW} 등)의 평균을 구하는 것입니다. 예를 들어, 그림 2.10에서 우세한 바람이 남남서(SSW)와 남서(SW)에서 불고 있으므로 거리 F_i의 가중 평균에서 거리 F_{SSW}, F_{SW}의 가중치가 가장 높을 것입니다.

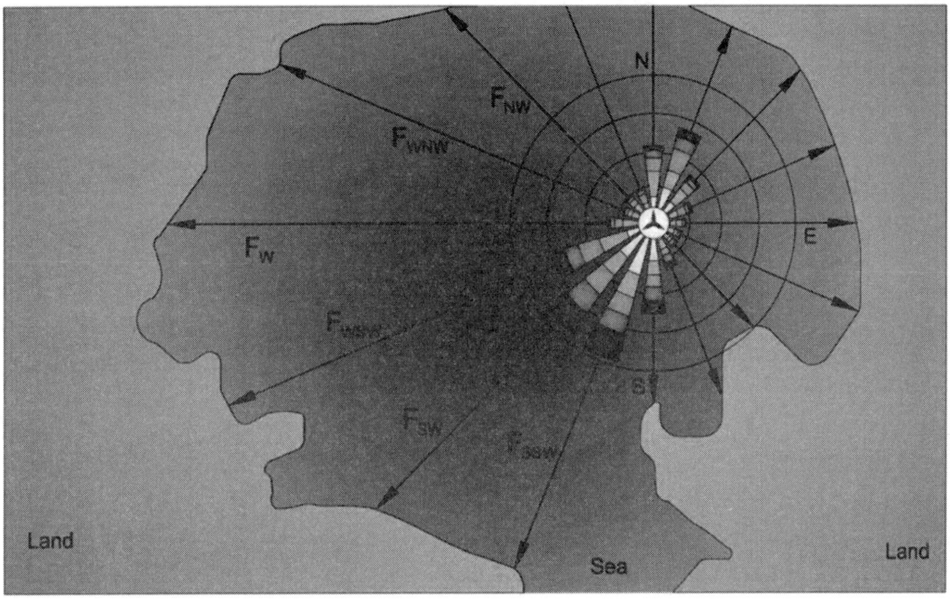

그림 2.10 페치 추정 방법, 여기서 i는 16지점 나침반의 상승 방향을 나타냅니다(예: 남쪽의 경우 S, 남서쪽의 경우 SW, 남남서쪽의 경우 SSW 등)

2.4.2 월니 사이트(Walney Site)의 바다 특성

그림 2.11은 월니 1 풍력 발전 단지 위치의 평균 풍속의 함수로서 유의미한 파고(그림 2.11a)와 피크 파 주기(그림 2.11b)를 보여줍니다. 곡선 (1)-(5)는 평균 풍속이 증가할 때와 다양한 페치에 대한 존스왑 스펙트럼을 나타냅니다. 반면 곡선 (6)은 피어슨-모스코비츠 스펙트럼을 보여줍니다. 그림 2.12a의 곡선 (1)-(5)는 평균 풍속을 60[km]로 일정하게 유지하면서 평균 풍속이 증가할 때의 존스왑 스펙트럼을 나타내고, 그림 2.12b의 곡선 (1)-(5)는 평균 풍속 (10 m/s)을 유지하면서 페치가 증가할 때의 존스왑 스펙트럼을 나타냅니다.

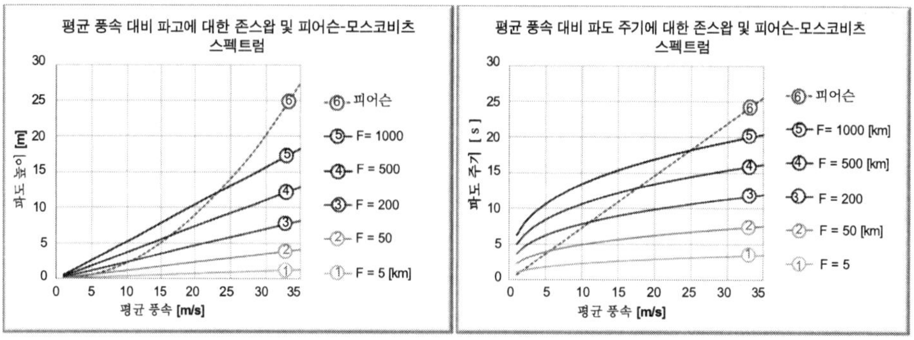

(a) (b)

그림 2.11 월니 1 사이트의 평균 풍속의 함수로서의 파고 및 파주기 (수심은 21.5m로 설정)

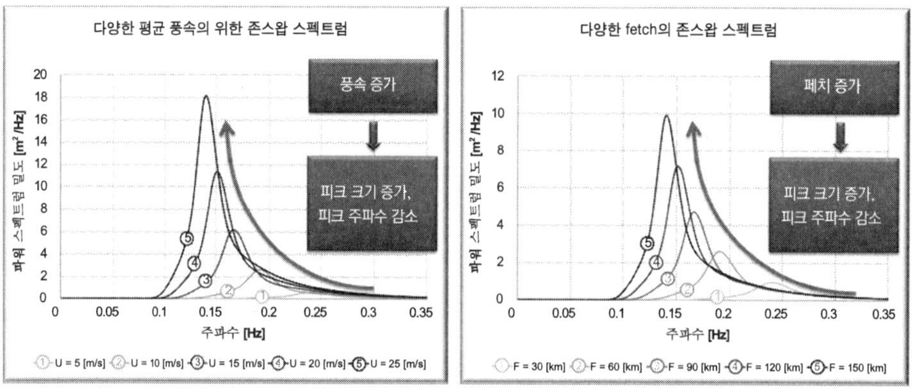

(a) (b)

그림 2.12 (a) 페치를 60km로 일정하게 가져올 때 여러 값의 평균 풍속에 대한 JONSWAP 스펙트럼
(b) 풍속을 일정하게 유지한 (10m/s) 여러 페치값에 대한 JONSWAP 스펙트럼

2.4.3 월니 1 풍력 발전소 사례

그림 2.13은 회전 작동 간격이 5-13RPM(최저는 5RPM, 즉 0.083Hz이고 정격은 13RPM, 즉 0.216Hz)인 Siemens 3.6MW 풍력 터빈의 주요 주파수를 보여줍니다. 이 사이트의 평균 풍속은 9m/s이며 피크 파도 주파수는 0.197Hz입니다. 이 예에서는 바람의 경우 Kaimal 스펙트럼을, 파도의 경우 존스왑 스펙트럼을 고려합니다. 계산에 대한 자세한 내용은 다음과 같습니다. 이 장의 뒷부분과 6장에서 설명합니다.

ASIDE **타겟 주파수 선택**

이 예에서는 1P와 3P 주파수가 겹치기 때문에 목표 주파수를 선택하기가 매우 어렵습니다. 이러한 경우 RNA 제어 설계는 주파수를 뛰어넘도록 프로그래밍하고 하위 구조 설계자와 협의하여 수행합니다. 이는 설계 프로세스의 통합적 특성과 복잡성을 보여줍니다.

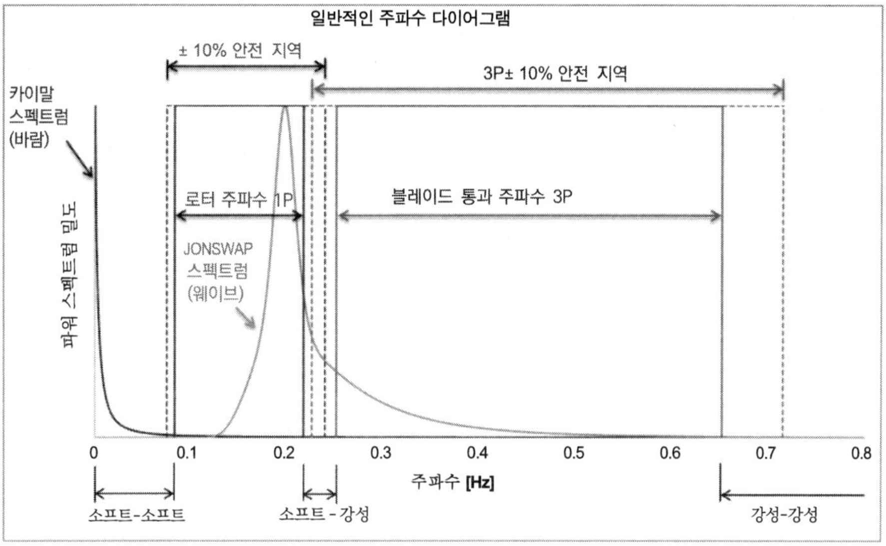

그림 2.13 작동 회전 풍속 범위가 5~13rpm인 Siemens SWT-107-3.6 해상풍력 터빈의 주파수 다이어그램(평균 풍속 U= 9m/s 및 페치 F= 60km 사용). 주파수 다이어그램에는 바람 스펙트럼, 파도 (웨이브) 스펙트럼, 1P 및 3P 주파수 대역이 포함됩니다. 진폭은 하중의 주파수 내용에 초점을 맞추기 위해 균일하게 정규화됩니다.

2.5 상부 구조에서 기초로 하중 전달

기초에 가해지는 하중은 기초 시스템에 따라 달라집니다. 이 장에서는 (i) 모노파일, 모노 케이슨 또는 중력 베이스와 같은 단일 기초, (ii) 다중 기초, (iii) 부유식 기초 등 세 가지 사례를 제시합니다. 단일 기초와 다중 기초의 하중 전달 프로세스의 차이점은 다음을 통해 설명합니다.

그림 2.14는 단일 대구경 모노파일과 재킷을 지지하는 여러 개의 파일을 예로 들어 설명합니다. 모노파일 지지 풍력 터빈 구조물 또는 단일 기초의 경우, 하중 전달은 주로 모노파일 기초가 주변 토양으로 하중을 전달하는 전도 모멘트를 통해 이루어집니다. 따라서 측면 기초-지반 상호 작용이 있습니다. 반면 다중 지지 구조의 경우 그림과 같이 하중 전달은 주로 푸시-풀 동작을 통해 이루어집니다.

그림 2.15는 현수선 계류 (catenary mooring) 및 석션 케이슨 앵커가 있는 스파 지지 부유식 해상풍력 발전 시스템으로 알려진 특정 유형의 부유식 시스템을 보여줍니다. 이는 사실상 최초의 부유식 해상풍력 발전 단지인 Hywind 개념의 예시입니다. 기초 설계를 위해서는 앵커에 가해지는 최종 하중의 상한을 추정해야 합니다. 이는 계류 라인이 완전히 펴져 있고 해저에 닿는 부분이 없는 구성을 취하면 얻을 수 있습니다. 이것은 팽팽한 단일 계류줄의 구성과 매우 유사합니다.

이 경우 하중은 계류 라인의 수평 부분에 대한 토양 마찰의 영향 없이 앵커로 직접 전달됩니다. 또한 이 구성에서는 해저에서 계류 라인의 각도도 최대가 되어 앵커의 역 현수선 모양에 영향을 미칩니다. 이 구성은 그림 2.15에도 나와 있습니다. 이는 FPSO(부유식 원유 생산 저장 및 하역 설비) 앵커 설계의 경우의 파선 구성 시나리오와 매우 유사합니다(Bhattacharya 등, 2006 참조).

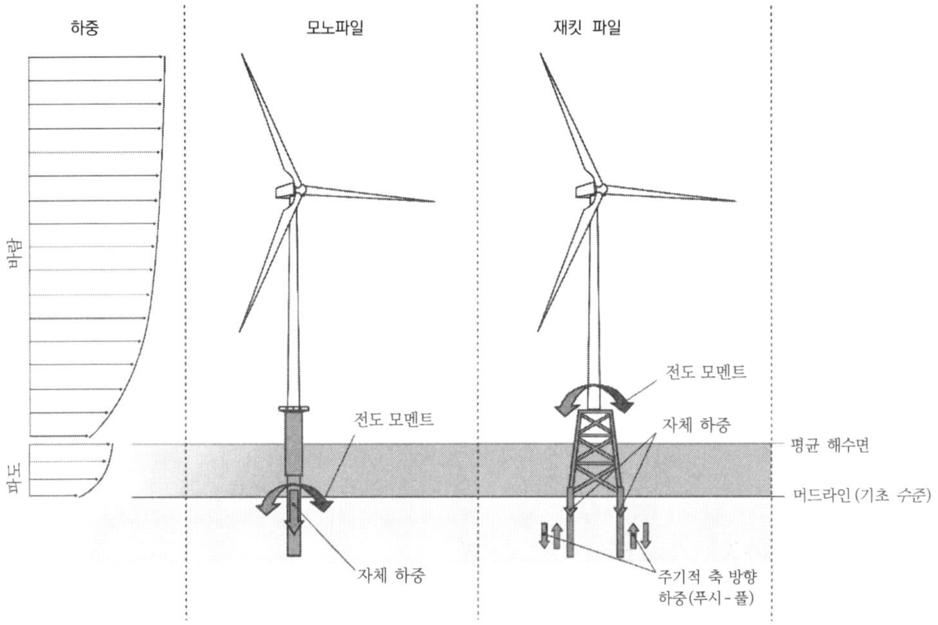

그림 2.14 모노파일 지지형 및 다중 기초 지지형 기초의 하중 전달

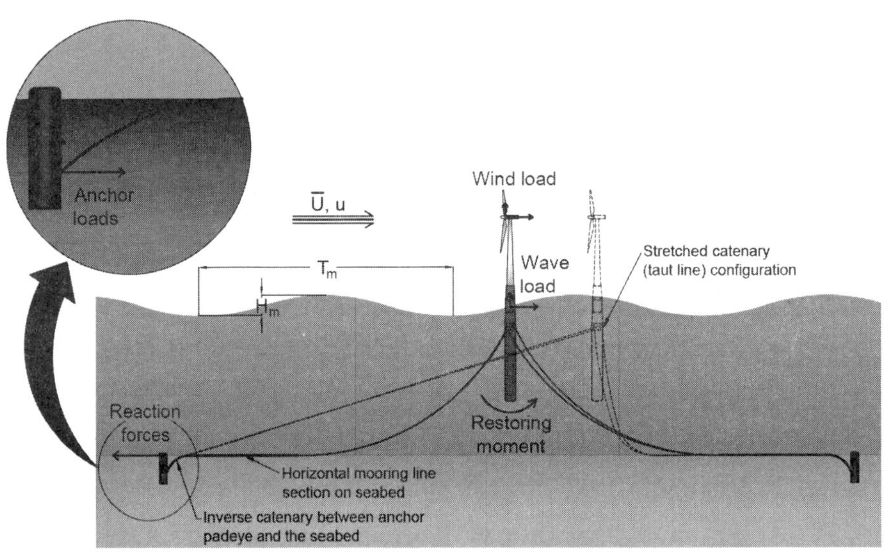

그림 2.15 부유식 해상풍력 터빈 시스템의 하중 전달

2.6 모노파일 지지 풍력 터빈 구조물의 하중 예측

풍력 터빈 로터와 하부 구조물에 작용하는 하중은 궁극적으로 기초로 전달되며 다음과 같은 이유로 정하중 또는 사하중의 두 가지 유형으로 분류할 수 있습니다.

구성 요소의 자체 무게와 바람, 파도, 1P 및 3P 하중으로 인해 발생하는 주기적/동적 하중을 고려해야 합니다. 그러나 가장 어려운 부분은 풍력 터빈에 작용하는 동적 하중이며, 그 주요 포인트는 다음과 같습니다:

1. 회전하는 블레이드는 허브 레벨(타워 상단)에서 주기적/동적 측면 하중을 가하며, 이 하중은 풍속의 난기류 강도에 따라 결정됩니다. 동적 하중 성분의 크기는 난류 풍속 성분에 따라 달라집니다.
2. 하부 구조물에 부딪히는 파도는 기초에 가까운 횡하중을 가합니다. 이 하중의 크기는 파도 높이와 파도 주기, 수심에 따라 달라집니다.
3. 로터와 허브의 질량 불균형과 블레이드의 공기역학적 불균형은 허브 수준에서 진동을 발생시키고 횡하중과 전도 모멘트를 가합니다. 이 하중은 로터의 회전 주파수와 동일한 주파수를 갖습니다(1P 하중이라고 함). 대부분의 산업용 풍력 터빈은 가변 속도 기계이므로 1P는 단일 주파수가 아니라 가장 낮은 RPM과 가장 높은 RPM과 관련된 주파수 사이의 주파수 대역입니다.
4. 블레이드 그림자 효과(2P/3P 하중이라고 함)도 타워에 하중을 가합니다. 이는 3엽 풍력 터빈의 경우 터빈의 회전 주파수의 3배(3P), 2엽 터빈의 경우 터빈의 회전 주파수의 2배(2P)에 해당하는 주파수를 갖는 동적 하중입니다. 블레이드와 바람 전단에 의한 난기류의 회전 샘플링도 기초에 2P/3P 하중을 생성할 수 있습니다. 2P/3P 역시 1P와 같은 주파수 대역에서 작용하며 1P 대역의 한계에 터빈 블레이드 수를 곱하면 간단히 구할 수 있습니다.

이 섹션에서는 스프레드시트 프로그램에서 쉽게 수행할 수 있는 계산 절차를 소개합니다. 이러한 계산의 출력은 상대적인 바람과 파도 하중입니다. 설계를 단순화하기 위해 바람과 파도가 완벽하게 정렬되어 있다고 가정합니다. 이는 fetch 거리가 먼 심해 프로젝트에 적합한 가정입니다.

바람 난기류의 피크 주파수는 이론적으로 카이말 스펙트럼에서 얻을 수 있습니다. 현장별 데이터가 없는 경우, 기초 설계 목적의 경우 풍하중은 허브 수준에서 $T = 4L_k/\overline{U}$ (L_k is 적분 길이 척도, $\overline{U}$ 풍속) 주어진 바람의 시간 주기로 작용한다고 가정할 수 있습니다. 일반적인 값은 약 100초입니다.

2.6.1 기초 설계를 위한 하중 사례

IEC 코드(IEC 2005, IEC 2009a, IEC 2009b)와 DNV 코드(DNV 2014)는 20~30년의 수명 동안 풍력 터빈의 안전한 작동을 보장하기 위해 분석해야 하는 수백 가지 하중 사례를 설명합니다. 그러나 기초 설계 측면에서 이러한 모든 사례가 중요하거나 관련성이 있는 것은 아닙니다. 3장에서 설명하는 기초 설계의 주요 설계 요구 사항은 ULS(극한 한계 상태), FLS(피로 한계 상태) 및 SLS(서비스 한계 상태)입니다. 간소화된 기초 설계에 중요한 5가지 하중 사례를 식별하고 표 2.1에 설명합니다.

표 2.1 기초 설계를 위해 선택한 하중 사례로서의 대표적인 설계 환경 시나리오

#	이름 및 설명	바람 모델	파도 모델	정렬
E-1	정상적인 작동 조건 바람과 파도는 동일한 방향으로 작용	NTM at U_R (U-1)	1-year ESS (W-1)	Collinear
E-2	극단적인 파도 하중시 나리오 바람과 파도는 동일한 방향으로 작용	ETM at U_R (U-2)	50-yr EWH (W-4)	Collinear
E-3	극한 풍하중 시나리오 바람과 파도는 동일한 방향으로 작용	EOG at Y_k (U-3)	1-yr EWH (W-2)	Collinear
E-4	컷아웃 풍속 및 극단적 운영 돌풍 시나리오 바람과 파도는 동일한 방향으로 작용	EOG at $Y_{(out)}$ (U-4)	50-yr EWH (W-4)	Collinear
E-5	바람 파도 오정렬 시나리오 E-2와 동일하지만, 바람 파도가 ϕ= 90°에서 잘 못 정렬. 낮은 공기역학적 댐핑으로 인해 횡풍 방향에서 동적 증폭이 더 높음.	ETM at U_R (U-2)	50년 EWH (W-4)	잘못 정렬 ϕ= 90°

모든 설계 하중 사례는 4개의 바람과 4개의 파도 상태의 조합으로 구축됩니다. 바람 조건은 다음과 같습니다:

(U-1) ***일반 난기류 시나리오*** 평균 풍속은 가장 높은 추력(Th)이 예상되는 정격 풍속(U_R)이며, 난기류는 정상 난기류 모델(Normal Turbulence Model)에 의해 조정됩니다. 풍속의 NTM 표준편차는 IEC(2005)에 정의되어 있습니다.

(U-2) ***극심한 난기류 시나리오*** 평균 풍속은 정격 풍속(U_R)이며, 난기류가 매우 높습니다. 극난류 모델(Extreme Turbulence Model)이 사용됩니다. 풍속의 ETM 표준편차는 IEC(2005)에 정의되어 있습니다.

(U-3) ***정격 풍속 시나리오에서의 극심한 돌풍*** 평균 풍속은 정격 풍속(U_R)이며, U_R에서 계산된 50년 극한 작동 돌풍(Extreme Operating Gust)이 로터에 부딪힙니다. EOG는 풍속의 급격한 변화로, 풍력 터빈의 피치 제어가 하중을 완화할 시간이 없을 정도로 빠른 것

으로 가정합니다. 이 가정은 매우 보수적이며 기초 설계를 단순화할 때 사용하는 것이 좋습니다. EOG 속도는 IEC(2005)에 정의되어 있습니다.

(U-4) ***컷아웃 시나리오에서 극심한 돌풍*** 평균 풍속이 터빈의 컷아웃 풍속(U_{out})보다 약간 낮고 50년 EOG가 로터에 부딪칩니다. 풍속의 갑작스러운 변화로 인해 터빈이 정지할 수 없습니다. 참고로 컷아웃 풍속에서 계산된 EOG 속도는 정격 풍속(IEC 2005)에서 평가된 속도와 다릅니다.

파도 조건은 다음과 같습니다:

(W-1) ***1년 극한 해상 상태****(Extreme Sea State, ESS).* 1년 단위의 극한 파고 $H_{S,\,1}$와 같은 높이의 파도가 하부 구조물에 작용합니다.

(W-2) ***1년 극한 파고****(Extreme Wave Height, EWH)* 높이가 1년에 해당하는 파도입니다. 최대 파고 $H_{m,\,1}$ 이 하부 구조에 작용합니다.

(W-3) ***50년 ESS*** 50년 주기 파고와 같은 높이의 파도 $H_{S,\,50}$가 하부 구조에 작용합니다.

(W-4) ***50년 EWH*** 50년 최대 파고와 같은 높이의 파도 $H_{m,\,50}$가 하부 구조에 작용합니다.

1년 ESS 및 EWH는 IEC(2009a)에 규정된 정상 파고(Normal Wave Height, NWH)를 보수적으로 과대평가한 값으로 사용됩니다. 여기서 ESS와 관련하여 유의 파고와 최대 파고는 서로 다른 의미를 갖는다는 점에 유의하는 것이 중요합니다. 유의파고 H_S는 3시간 동안의 해상 상태에서 가장 높은 파도의 평균을 의미하며, 최대파고 H_m는 동일한 3시간 동안의 해상 상태에서 가장 높은 단일 파도를 의미합니다.

관련 표준(IEC 2005, IEC 2009a, DNV 2014)에 따르면 환경 상태의 확률 범위에서는 50년 재현 주기의 가장 심한 상태를 고려해야 하며, 바람과 파도에 대해 무조건 50년 재현 주기의 조건(개별적으로)이 아닌 점을 상기 해야합니다. 실제로 극심한 파도와 높은 풍속은 동시에 발생하는 경향이 있지만, 풍속이 가장 높을 때 바람으로 인한 하중이 가장 높을 것으로 예상되지는 않습니다. 이는 부분적으로는 피치 제어가 정격 풍속 이상의 하중을 완화하기 때문이기도 하지만, 안전상의 이유로 터빈이 높은 풍속에서 셧다운되기 때문이기도 합니다. 그림 2.17 및 2.18에서 볼 수 있듯이 유휴(Idle) 또는 셧다운 터빈과 차단 풍속에 가깝게 작동하는 터빈은 감소된 추력 계수로 인해 정격 풍속에서의 추력에 비해 작용하는 추력이 현저히 감소합니다.

가장 높은 풍하중은 시나리오 U-3에 의해 발생하고 가장 높은 파도 하중은 시나리오 W-4에 의해 발생할 것으로 예상됩니다. 실제로 50년 극한 풍하중과 50년 극한 파도 하중은 동시에 발생할 확률이 무시할 수 있을 정도로 낮으며, DNV(2014) 코드에서도 이러한 극한 하중 사례를 함께 평가할 것을 요구하지 않습니다. 설계자는 바람과 파도 하중의 공동 확률을 기준으로 50년 주기의 가장 심각한 이벤트를 찾아야 합니다. 따라서 ULS 분석(자세한 내용은 3장 참

조)의 경우 Arany 등(2017)에서 두 가지 조합을 제안합니다:

(1) 정격 풍속에서의 ETM 풍하중은 바람 시나리오 U-2와 파도 시나리오 W-4의 조합인 50년 EWH와 결합되었습니다. 이는 파도가 높은 깊은 수심에서 더 높은 하중을 제공합니다.
(2) 50년 EOG 풍하중과 1년 최대 파고를 결합한 값입니다. 이는 바람 하중이 지배적인 보호된 위치의 얕은 수심에서 더 높은 하중을 제공합니다.

이러한 시나리오는 표준에서 요구하는 시나리오보다 다소 간단한 분석을 위해 채택할 수 있습니다. SLS 및 FLS의 관점에서 볼 때, 기초에 가해지는 단일 최대 하중은 구조가 수명 기간 동안 이 수준의 하중을 한 번만 경험할 것으로 예상되기 때문에 대표적이지 않습니다.

표 2.1의 하중 사례는 보수적인 방식으로 일반적인 기초 하중을 대표하는 것으로 간주되며 개념 설계의 기초가 될 수 있습니다.

그러나 설계 최적화와 최종 설계를 위한 상세 분석에는 다른 하중 사례도 해결해야 할 수 있습니다. 이러한 분석에는 부지(바람, 파도, 조류, 지질, 지반, 수심 측정 데이터 등)와 터빈(블레이드 프로파일, 비틀림 및 코드 분포, 양력 및 항력 계수 분포, 제어 파라미터 및 알고리즘, 드라이브 트레인 특성, 발전기 특성, 타워 형상 등)에 대한 자세한 데이터가 필요합니다.

2.6.2 풍하중

바람으로 인한 풍력 터빈 로터의 추력(T_h)은 다음과 같이 단순화하여 추정할 수 있습니다.

$$T_h = \frac{1}{2}\rho_a A_R C_T U^2 \tag{2.6}$$

여기서 ρ_a는 공기의 밀도, A_R는 로터 스윕 면적, C_T는 추력 계수, U는 풍속입니다. 풍속은 적절한 추력 계수를 사용하여 컷인에서 컷아웃까지 다양할 수 있습니다. 터빈의 작동 범위에서 추력 비는 세 가지 섹션을 사용하여 근사치를 구할 수 있습니다(그림 2.16 및 2.17 참조):

(1) 컷인(U_{iu})과 정격 풍속(U_R) 사이에서는 Arany 등(2017)에 따라 Frohboese와 Schmuck (2010) 의 방법을 사용하는 것이 좋습니다.

$$C_T = \frac{3.5\left[\frac{m}{s}\right]\left(2U_R + 3.5\left[\frac{m}{s}\right]\right)}{U_R^2} \approx \frac{7\left[\frac{m}{s}\right]}{U_R} \tag{2.7}$$

(2) 정격 풍속 이후 피치 제어가 활성화되면 동력이 일정하게 유지되는 것으로 가정하므로 추력 계수는 다음과 같이 표현됩니다.

$$C_T = 3.5\left[\frac{m}{s}\right]U_R\left(2U_R + 3.5\left[\frac{m}{s}\right]\right)\cdot\frac{1}{U^3} \approx 7\left[\frac{m}{s}\right]\cdot\frac{U_R^2}{U^3} \tag{2.8}$$

(3) 추력 계수는 1을 초과하지 않는다고 가정하므로 Frohboese와 Schmuck(2010)의 공식이 추력 계수를 과대평가하는 저풍속 영역에서는 그 값이 1로 제한됩니다.

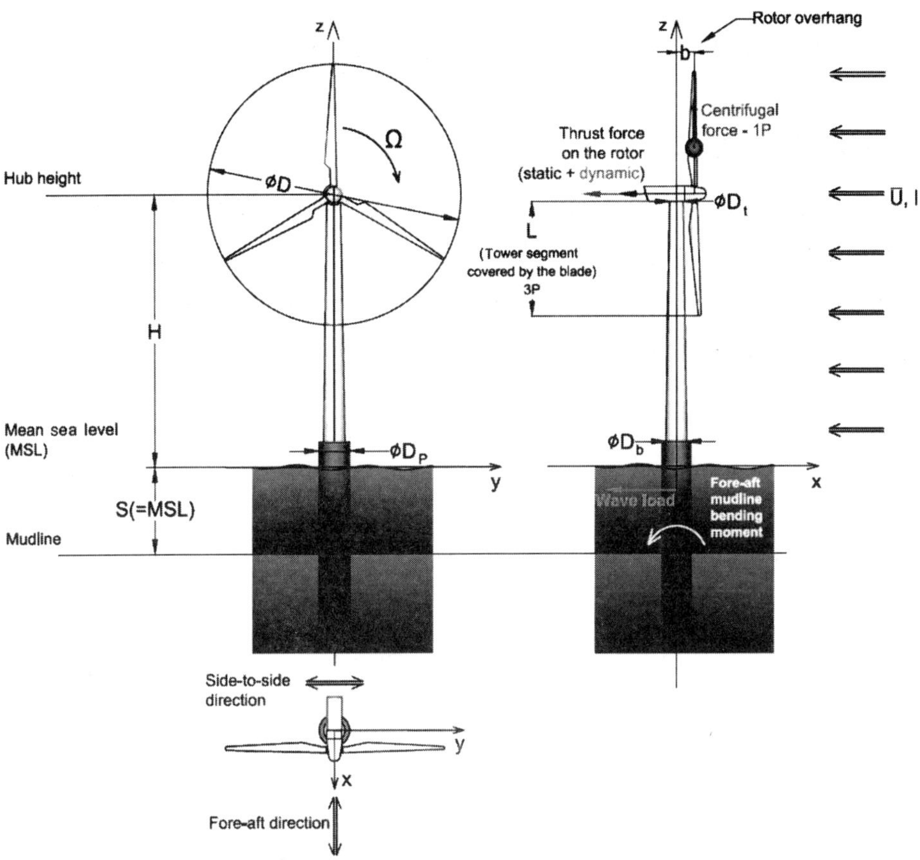

그림 2.16 해상풍력 터빈 구조의 형상, 축, 하중 및 방향에 대한 정의

풍속이 천천히 변화할 때는 피치 제어가 풍속의 변화를 따라가기 때문에 추력은 평균 추력 곡선을 따릅니다. 그러나 갑작스러운 돌풍이 로터에 부딪히면 피치 제어의 시간 상수가 너무 높아서 갑작스러운 변화를 따라가지 못할 수 있습니다. 이 경우 추력 계수는 이전 값으로 고정되고 방정식(2.11)의 풍속은 돌풍으로 인해 증가된 풍속으로 변경됩니다.

준 정적(quasi-static) 하중 계산 방법을 가정하면 풍속은 평균 풍속 $\overline{U}$ 과 난류 풍속 성분 u 의 두 부분으로 나눌 수 있습니다. 각 하중 사례에 대해 평균 풍속 $\overline{U}$ 과 난류 풍속 성분 u를 별도로 정의하고 총 풍속을 다음과 같이 표현합니다.

$$U = \overline{U} + u \tag{2.9}$$

이 가정을 사용하면 풍하중을 평균 추력(또는 정적 추력)과 난류 추력(또는 동적 추력)으로 구분할 수 있습니다.

$$Th = Th_{mean} + Th_{turb} = \frac{1}{2}\rho_a A_R C_T \overline{U}^2 + \frac{1}{2}\rho_a A_R C_T (2\overline{U}u + u^2) \qquad (2.10)$$

이 방정식에서 추력 계수 C_T는 방정식 (2.11)과 같이 계산됩니다.

2.6.2.1 측정된 데이터와 비교

그림 2.17은 혼스 레브 해상풍력 발전 단지에서 베스타스 V80 풍력 터빈의 측정된 평균 머드라인 굽힘 모멘트를 Hald 등(2009)으로부터 얻은 후 식 (2.10)에 근거한 근사치와 비교하여 나타낸 것입니다. 이는 허브 수준에서 작용하는 측정된 추력을 기반으로 하며, 해당 추력 계수는 그림 2.18에 나와 있습니다.

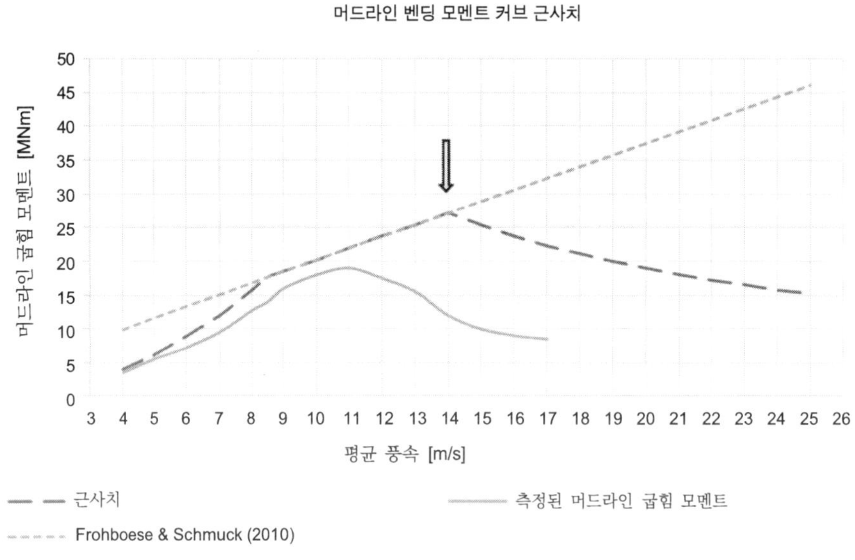

그림 2.17 혼스 레브 해상풍력 터빈의 측정 및 추정된 머드라인 굽힘 모멘트
(측정 데이터는 Hald 등(2009)에서 가져온 것입니다.)

최대 추력은 정격 풍속 근처에서(또는 더 구체적으로 피치 제어가 활성화되기 전에) 발생합니다. 실제로 피치 컨트롤은 정격 풍속보다 다소 낮은 풍속에서 활성화됩니다(그림 2.17 및 2.18에서 볼 수 있음). 이는 전력이 풍속의 세제곱에 비례하는 구간과 전력이 일정하게 유지되는 피치 제어 영역 사이의 원활한 전환을 보장하여 정격 풍속 주변에서 반복적인 전환을 피하기 위한 것입니다(Burton 등 2001).

따라서 측정된 시나리오에서 추력(굽힘 모멘트)의 최대값은 약 11m/s에서 발생하며, 이론적 근사치인 U_R= 14m/s에서 최대값이 발생하는 것과는 대조적입니다. 그러나 최대값을 U_R 로 간주하는 것은 근사치에 사용된 공식으로 인해 보수적입니다.

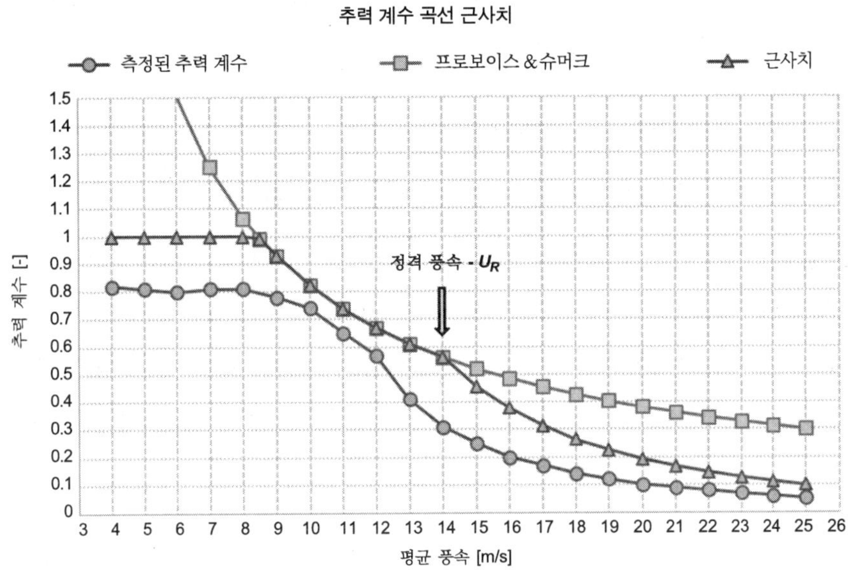

그림 2.18 혼스 레브에서 측정된(Hald 등 2009) 베스타스 V80 터빈의 대략적인 추력 계수

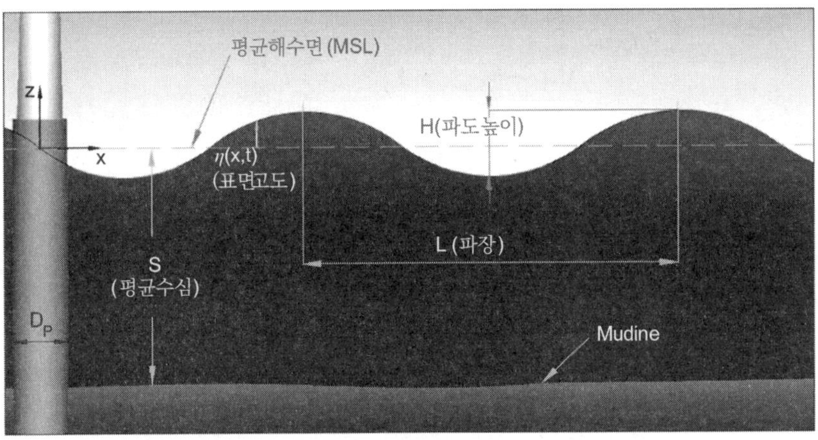

그림 2.19 파도 용어의 정의

만약 11m/s를 식 (2.10)의 공식에 대입해도 평균 추력에 대한 보수적인 근사치에 도달할 수 있으므로 이 값(피치 콘트롤이 활성화되는 지점)도 사용할 수 있습니다. 그러나 일반적으로 다음과 같은 특성에 유의해야 합니다. 피치 제어 메커니즘과 터빈의 추력 동력 곡선은 초기 설계 단계에서는 사용할 수 없습니다. 따라서 일반적으로 사용 가능하며 보수적인 근사치를 생성하는 U_R을 사용하는 것이 좋습니다.

풍향 시나리오 U-1: 정격 풍속(U_R)에서 정상 난기류*(Normal Turbulence)* 이 시나리오는 터빈이 정상적으로 작동할 때의 일반적인 시나리오입니다. IEC(2005)에 따른 정상 난기류에서 풍속의 표준 편차는 다음과 같이 작성할 수 있습니다.

$$\sigma_{U,NTM} = I_{ref}\,(0.75U+b) \quad \text{with} \quad b=5.6\ [\text{m/s}] \tag{2.11}$$

여기서 I_{ref}는 기준 난기류 강도(U=15 [m/s]일때 예상값)

최대 난류 풍속 성분 u_{NTM}을 계산할 때 피치 제어의 시간 상수는 로터의 회전 시간과 동일하다고 가정합니다. 즉, 피치 제어는 터빈의 회전 속도보다 낮은 주파수에서 발생하는 풍속의 변화를 따를 수 있다고 가정합니다. 그런 다음 최대 풍속 표준편차에 대한 $f_{1P,\,\max}$보다 높은 주파수를 가진 풍속 변화의 기여도를 계산하여 u_{NTM}을 결정할 수 있습니다. 바람 난류 과정에 사용되는 카이말 스펙트럼에서 식 (2.16)을 사용하여 계산할 수 있습니다.

$$\begin{aligned}\sigma_{U,NTM,f>f_{1P}} &= \sqrt{\int_{f_{1P,max}}^{\infty} S_{uu}(f)df} = \sigma_{U,NTM}\sqrt{\int_{f_{1P,max}}^{\infty} \frac{\frac{4L_k}{U_R}}{\left(1+\frac{6L_k}{U_R}f\right)^{\frac{5}{3}}}df} \\ &= \sigma_{U,NTM}\sqrt{\frac{1}{\left(\frac{6L_k}{U_R}f_{1P,max}+1\right)^{\frac{2}{3}}}}\end{aligned} \tag{2.12}$$

정상적인 난기류 조건에서 정상 작동 시 발생하는 난기류 풍속은 난기류 풍속 성분의 정규분포를 가정하고 90% 신뢰 수준 값을 취하여 구할 수 있습니다. 이를 방정식 (2.14)에 사용된 준정적(quasi-static) 방정식에 대입합니다. 방정식 (2.15)는 해당 머드라인 모멘트에 대한 식을 보여줍니다.

$$u_{NTM}=1.28\sigma_{U,NTM,f} > f_{1P} \tag{2.13}$$

$$F_{wind,NTM}=1/2\ \rho_a\,A_R\,C_T\,(U_R+u_{NTM})^2 \tag{2.14}$$

$$M_{wind,NTM}=F_{wind,NTM}\,(S+z_{hub}) \tag{2.15}$$

풍향 시나리오 U-2: 정격 풍속(U_R)에서의 극심한 난기류*(Extreme Turbulence)* ETM은 정격 풍속에서 풍속의 표준 편차를 계산하는 데 사용되며, 이를 통해 극심한 난기류 조건에서 정상 작동 시 최대 풍하중을 계산합니다. ETM에서 풍속의 표준 편차는 IEC(2005)에 다음과 같이 나와 있습니다.

$$\sigma_{U,ETM} = cI_{ref}\left[0.072\left(\frac{U_{avg}}{c}+3\right)\left(\frac{U_R}{c}-4\right)+10\right] \text{ with } c = 2 \text{ [m/s]} \tag{2.16}$$

여기서 U_{avg}는 해당 지역의 장기 평균 풍속입니다. 최대 난류 풍속 성분 u_{ETM}은 앞의 경우와 유사하게 결정됩니다.

$$\begin{aligned}\sigma_{U,ETM,f>f_{1P}} &= \sqrt{\int_{f_{1P,max}}^{\infty} S_{uu}(f)df} = \sigma_{U,ETM}\sqrt{\int_{f_{1P,max}}^{\infty}\frac{\frac{4L_k}{U_R}}{\left(1+\frac{6L_k}{U_R}f\right)^{\frac{5}{3}}}df} \\ &= \sigma_{U,ETM}\sqrt{\frac{1}{\left(\frac{6L_k}{U_R}f_{1P,max}+1\right)^{\frac{2}{3}}}}\end{aligned} \tag{2.17}$$

주기적/동적 하중 해석에 사용되는 극한 난류 조건에서 정상 작동 시 발생하는 난류 풍속은 난류 풍속 성분의 정규분포가 아닌 분포를 가정하여 구합니다. 일반적인 난기류 상황과는 반대로 95% 신뢰 수준 값을 취합니다. 이를 식 (2.14)에 사용된 준정적 방정식에 대입합니다. 방정식 (2.20)은 머드라인 모멘트에 대한 식을 보여줍니다.

$$u_{ETM} = 2\sigma_{U,ETM,f} > f_{1P} \tag{2.18}$$

$$F_{wind,ETM} = \frac{1}{2}\rho_a A_R C_T (U_R+u_{ETM})^2 \tag{2.19}$$

$$M_{wind,ETM} = F_{wind,ETM}(S+z_{hub}) \tag{2.20}$$

풍향 시나리오 U-3: 정격 풍속(U_R)에서의 극한 작동 돌풍*(Extreme Operating Gust)* 최대 평균 추력이 작용하고 50년 EOG가 로터에 닿을 때 최대 힘이 발생하는 것으로 가정합니다. 이 갑작스러운 돌풍으로 인해 풍속이 너무 빠르게 변화하여 피치 컨트롤이 블레이드 피치 각도를 조정할 시간이 없는 것으로 가정합니다.

이 가정은 현실의 피치 제어에는 블레이드 피치를 어느 정도 조정할 수 있는 시간 상수가 있기 때문에 매우 보수적입니다.

50년 빈도 극한 돌풍의 규모를 계산하는 방법론은 DNV(2014)에 설명되어 있습니다. 이 방법론은 일반적으로 와이블 (Weibull) 분포로 표현되는 현장의 10분 평균 풍속의 장기 분포를 기반으로 합니다. 누적 분포 함수(cumulative distribution function, CDF)는 다음과 같은 형태로 작성할 수 있습니다:

$$\Phi_{U10}(K,s) = 1 - e^{-\left(\frac{U}{K}\right)^s} \tag{2.21}$$

여기서 K와 s는 각각 와이블 스케일과 모양 매개변수입니다. 이로부터 1년 풍속의 CDF는 다음을 사용하여 구할 수 있습니다.

$$\Phi_{U10,1-year}(K,s) = \Phi_{U10}(K,s)^{52596} \quad (2.22)$$

여기서 숫자 52596은 1년의 10분 간격 수를 나타냅니다.

(52596=365.25[days/year] • 24[hours/day] • 6[10 min intervals/hour])

이로부터 일반적으로 풍력 터빈에 사용되는 50년 극한 풍속을 계산합니다.

극한 풍속 조건에 대한 설계는 CDF가 0.98(즉, 2% 확률의 1년 10분 평균 풍속)인 풍속으로 결정할 수 있습니다.

$$U_{10,50-year} = K\left[-ln\left(1-0.98^{\frac{1}{52596}}\right)\right]^{\frac{1}{s}} \quad (2.23)$$

그런 다음 최대 돌풍 속도는 다음에서 정격 풍속으로 계산됩니다.

$$u_{EOG} = min\left\{1.35(U_{10,1-year} - U_R);\ \frac{3.3\sigma_{U,c}}{1+\frac{0.1D}{\Lambda_1}}\right\} \quad (2.24)$$

여기서 D는 로터 직경, $\Lambda_1 = L_k/8$, L_k는 적분 길이 척도이고, $\sigma_{U,c}=0.11U_{10,1\text{-}year}$은 풍속의 특성 표준 편차, $U_{10,1\text{-}year}=0.8U_{10,50\text{-}year}$. 이를 사용하여 총 풍하중은 다음과 같이 추정됩니다.

$$F_{wind,EOG} = Th_{EOG} = \frac{1}{2}\rho_a A_R C_T(U_R + u_{EOG})^2 \quad (2.25)$$

수심 S와 해발 허브 높이 z_{hub} 를 사용하면 머드라인 굽힘 모멘트(하중 계수 γ_L 제외)는 다음과 같이 주어집니다.

$$M_{wind,EOG} = F_{wind,EOG}(S + z_{hub}) \quad (2.26)$$

풍력 시나리오 U-4: 컷아웃 풍속(U_{out})에서의 극한 작동 돌풍*(Extreme Operating Gust)*

이 하중 사례는 터빈이 최고 작동 풍속에서 작동할 때 가장 높은 하중을 예상하는 것이 직관적으로 당연해 보일 수 있지만 그렇지 않기 때문에 여기에서 검토합니다. 최고 작동 풍속에서 EOG로 인한 풍하중(컷아웃 풍속 U_{out})은 Frohboese와 Schmuck(2010)의 추력 계수식이 더 이상 유효하지 않다는 점을 고려하여 계산합니다. 추력 계수는 피치 제어가 출력을 일정하게 유지한다는 가정에서 결정됩니다. 이는 추력이 정격 풍속 U_R 이상의 풍속에 반비례하고 추력 계수는 풍속의 세제곱에 반비례합니다.

$$C_T = \frac{7\left[\frac{m}{s}\right]U_R^2}{U^3} \tag{2.27}$$

컷아웃 풍속 u_{EOG}, U_{out} 에서의 EOG 속도는 다음과 같이 결정됩니다. (평균 풍속이 다를 때마다 다릅니다(즉, U_R 그리고 U_{out}에서 값이 같지 않습니다).

그러면 추력 및 모멘트는 다음과 같이 주어집니다:

$$T_{wind,U_{out}} = \frac{1}{2}\rho_a A_R C_T(U_{out})(U_{out} + u_{EOG,U_{out}})^2 \tag{2.28}$$

$$M_{wind,U_{out}} = (S + z_{hub})T_{wind,U_{out}} \tag{2.29}$$

2.6.2.2 머드라인 벤딩 모멘트의 스펙트럼 밀도

로터에 대한 난류 추력의 스펙트럼 밀도 $S_{FF,wind}(f)$ 는 다음과 같이 쓸 수 있습니다:

$$S_{FF,wind}(f) = \rho_a^2 \frac{D^4\pi^2}{16} C_T^2 \overline{U}^2 \sigma_U^2 \widetilde{S}_{uu}(f) = \rho_a^2 \frac{D^4\pi^2}{16} C_T^2 \overline{U}^4 I^2 \widetilde{S}_{uu}(f) \quad \widetilde{S}_{uu}(f) = \frac{S_{uu}(f)}{\sigma_U^2} \tag{2.30}$$

여기서 D는 로터의 직경, $S_{uu}(f)$는 카이말 스펙트럼, $\widetilde{S}_{uu}(f)$는 노말화된 카이말 스펙트럼, ρ_a는 공기 밀도, C_T는 추력 계수, I는 난류 강도, σ_U는 풍속 표준편차입니다. 머드라인에서의 앞뒤 굽힘 모멘트는 간단히 다음과 같이 구할 수 있습니다:

$$M_{wind} = Th(H+S) \tag{2.31}$$

여기서 H는 평균 해수면 위의 허브 높이이고 S는 평균 해수면 깊이입니다(그림 2.6 참조).

마찬가지로 하중은 트랜지션 피스(TP)와 같은 다른 단면으로 줄일 수 있습니다. 풍속 변동과 관련된 머드라인 모멘트 스펙트럼은 다음과 같이 표현할 수 있습니다:

$$S_{MM,wind}(f) = \rho_a^2 \frac{D^4\pi^2}{16}[C_T(\overline{U})]^2 \overline{U}^4 I^2 (H+S)^2 \widetilde{S}_{uu}(f) \tag{2.32}$$

2.6.3 파도 하중 (Wave Load)

단순화된 하중 계산 방법론에서는 파도 하중을 결정하기 위해 단순한 선형 파도를 가정합니다. 스토크 파도(Stokes waves) 또는 딘의 흐름 함수 이론(Dean's stream function theory)과 같은 고차 이론이 특히 얕은 수심에서 더 나은 추정치를 제공할 수 있습니다. 그러나 선형 이론은 더 간단한 하중 계산을 허용하며 기초 설계 하중에 적용하는 것이 타당합니다.

파도 하중 추정에 대한 단순화된 접근 방식은 모리슨(또는 MOJS) 방정식입니다(Morison 등 1950). 이 방정식에서 하부 구조물의 직경은 $D_S= D_P+ 2t_{TP}+ 2t_G$[m]로 간주하여 트랜지션 피스(TP) 와 그라우트(t_G)를 고려합니다. 원형 하부 구조물 면적 A_S도 직경에서 계산됩니다.

책에서의 밥법론은 선형(에어리, Airy) 파도 이론을 기반으로 하며, 이는 표면의 고도 η , 수평 입자 속도 w, 수평 입자 가속도 $\dot{w}$ 로 표시합니다.

$$\eta(x, t) = \frac{H_m}{2} \cos\left(\frac{2\pi t}{T_S} - kx\right) \tag{2.33}$$

$$w(x, z, t) = \frac{\pi H_m \cosh(k(S+z))}{T_S \sinh(kS)} \cos\left(\frac{2\pi t}{T_S} - kx\right) \tag{2.34}$$

$$\dot{w}(x, z, t) = \frac{-2\pi^2 H_m \cosh(k(S+z))}{T_S^2 \sinh(kS)} \sin\left(\frac{2\pi t}{T_S} - kx\right) \tag{2.35}$$

여기서 x는 풍향 방향의 수평 좌표(터빈에서 x=0, 그림 2.19 참조)이고 파수 k는 분산 관계에서 구합니다.

$$\omega^2 = gk \tanh(kS) \quad \text{with} \quad \omega = \frac{2\pi}{T_S} \tag{2.36}$$

하부 구조물의 단위 길이 스트립에 가해지는 힘은 항력 F_D와 관성력 F_I의 합입니다:

$$dF_{wave}(z, t) = dF_D(z, t) + dF_I(z, t) = \frac{1}{2}\rho_w D_S C_D w(z, t)|w(z, t)| + C_m \rho_w A_S \dot{w}(z, t) \tag{2.37}$$

여기서 C_D항력 계수, C_m는 관성 계수, ρ_w 는 해수의 밀도입니다. 그러면 머드라인에서의 총 수평 힘과 굽힘 모멘트는 다음과 같이 적분하여 구할 수 있습니다.

$$F_{wave}(t) = \int_{-S}^{\eta} dF_D dz + \int_{-S}^{\eta} dF_I dz \tag{2.38}$$

$$M_{wave}(t) = \int_{-S}^{\eta} dF_D(S + z_{hub})dz + \int_{-S}^{\eta} dF_I(S + z_{hub})dz \tag{2.39}$$

항력 하중과 관성 하중의 최대 하중은 서로 다른 시점에 발생하며, 최대 하중은 별도로 평가됩니다. 관성 하중의 최대값은 η=0일 때 t=0의 시간 순간에 발생하고 항력 하중의 최대값은 t=T_S/4 이고 η=H_m/2 경우에 발생합니다. 그런 다음 최대 하중은 아래와 같이 통합 수행하여 얻습니다.

$$F_{D,max} = \frac{1}{2}\rho_w D_S C_D \frac{\pi^2 H_S^2}{T_S^2 \sinh^2(kS)} P_D(k, S, \eta) \tag{2.40}$$

$$M_{D,max} = \frac{1}{2}\rho_w D_S C_D \frac{\pi^2 H_S^2}{T_S^2 \sinh(kS)} Q_D(k,S,\eta) \tag{2.41}$$

$$P_D(k,S,\eta) = \frac{e^{2k(S+\eta)} - e^{-2k(S+\eta)}}{8k} + \frac{S+\eta}{2} \tag{2.42}$$

$$Q_D(k,S,\eta) = \left(\frac{S+\eta}{8k} - \frac{1}{16k^2}\right)e^{2k(S+\eta)} - \left(\frac{S+\eta}{8k} + \frac{1}{16k^2}\right)e^{-2k(S+\eta)} + \left(\frac{S+\eta}{2}\right)^2 + \frac{1}{8k^2} \tag{2.43}$$

$$F_{I,max} = \frac{1}{2}\rho_w C_m D_S^2 \frac{\pi^3 H_S}{T_S^2 \sinh(kS)} P_I(k,S,\eta) \tag{2.44}$$

$$M_{I,max} = \frac{1}{2}\rho_w C_m D_S^2 \frac{\pi^3 H_S}{T_S^2 \sinh(kS)} Q_I(k,S,\eta) \tag{2.45}$$

$$P_I(k,S,\eta) = \frac{\sinh(k(S+\eta))}{k} \tag{2.46}$$

$$Q_I(k,S,\eta) = \left(\frac{S+n}{2k} - \frac{1}{2k^2}\right)e^{k(S+\eta)} - \left(\frac{S+\eta}{2k} - \frac{1}{2k^2}\right)e^{-k(S+\eta)} + \frac{1}{k^2} \tag{2.47}$$

기초 하중을 구하는 단순화된 방법에서는 항력 하중과 관성 하중의 최대값의 합이 설계 파도 하중이라고 보수적으로 가정할 수 있습니다. 항력 하중과 관성 하중의 최대값이 서로 다른 시점에 발생하기 때문에 이 가정은 보수적인 것입니다. 모든 파도 시나리오(W-1)-(W-4)는 동일한 절차로 평가되며, 파고 H와 파주기 T의 다른 값을 사용합니다.

예제 2.4 머드라인 굽힘 모멘트의 PSD

주어진 풍력 터빈과 지지 구조물이 있는 주어진 부지에 대해 머드라인 모멘트 스펙트럼을 설정하고 실제 근사치, 관계 계수, 수밀도, 파일 직경, 수심(조석 및 파도 변화를 무시한 경우), 페치(Fetch)를 일정하다고 간주하고 다음 방정식을 사용할 수 있습니다:

$$S_{MM,waves} = S_{MM,waves}\,(f, k, \overline{U}) \tag{2.48}$$

매우 깊은 물 (S>$\frac{\lambda}{2}$) 또는 매우 얕은 물 (S<$\frac{\lambda}{10}$) 에서는 다음 같은 근사치를 분산 관계에 사용할 수 있습니다:

깊은물 : ω2=gk → k=4π2 f 2/g·S $> \frac{\lambda}{2}$

얕은 물 : $\omega^2 = gk^2S \rightarrow k = 2\pi f/(gS)$·S $< \frac{\lambda}{10}$

파수를 주파수로 표현하면 방정식 (2.24)는 다음과 같이 더 줄일 수 있습니다:

$$S_{MM,waves}(f) = S_{MM,waves}(f, \overline{U}) \tag{2.49}$$

식 (2.5)에 표현된 존스왑 스펙트럼을 표현하는 두 가지 주요 매개 변수는 평균 풍속 $\overline{U}_{10}$ 과 페치 F 입니다. 풍속과 파고 사이의 직접적인 관계가 항상 성립하는 것은 아니며, 이는 아마도 파도(즉, 풍력 터빈에서 멀리 떨어진 폭풍으로 인해 발생하는 파도)의 존재로 인해 발생할 수 있다는 점에 유의해야 합니다. 따라서 풍속과 파도 높이의 직접적인 관계는 주요 매개변수로 유의파고 $H_{1/3}$ 와 파도 주기 T_p 를 사용합니다. 또한 관찰이 가능하고 측정이 가능하기 때문에 경우에 따라서는 더 실용적입니다. 이러한 표현은 환경 조건 및 환경 하중에 대한 DNV-RP-205 코드에 나와 있습니다.

$$S_J(f) = 2\pi \cdot A_\gamma H_{1/3}^2 T_p^{-4} f^{-5} e^{-1.25\, T_p^4 f^{-4}} \cdot \gamma^r$$

$$r = e^{-\frac{T_p^2}{2\sigma}(f-f_p)^2} \quad \sigma = \begin{cases} 0.07 & f \le 1/T_p \\ 0.09 & f > 1/T_p \end{cases} \qquad A_\gamma = 1 - 0.287\ln(\gamma) \tag{2.50}$$

여기서 $S_J(f)$는 존스왑 스펙트럼, f는 파도 주파수, A_γ 는 정규화 계수, $H_{1/3}$는 유의 파고, T_p는 피크 파 주기, γ는 피크 향상 계수입니다.

Arany 등 (2015a)은 머드라인 굽힘 모멘트의 PSD에 대한 표현식을 개발했으며, 이는 (식 (2.22))로 작성할 수 있습니다.

$$S_{MM,waves}(f) = C_m^2 \rho_w^2 \frac{D_p^4 \pi^6}{4} \frac{f^4}{\sinh^2(kS)} \times \left[\left(\frac{S}{2k} - \frac{1}{2k^2}\right)e^{kS} - \left(\frac{S}{2k} + \frac{1}{2k^2}\right)e^{-kS} + \frac{1}{k^2}\right]^2 S_{ww}(f) \tag{2.51}$$

2.6.4 1P 하중

풍력 터빈은 회전 주파수에 따라 주기적인 하중을 받으며, 이 하중의 원인은 주로 로터 질량 불균형과 공기 역학적 불균형(개별 블레이드의 피치 차이로 인한)입니다. 이 강제력의 진폭은 불균형의 정도에 따라 달라지며, 문헌에 근거하여 일반적인 값을 사용할 수 있습니다. 질량 불균형으로 인한 머드라인의 전후 굽힘 모멘트를 추정하는 간단한 방법이 표시되어 있지만, 블레이드 피치 불일치의 영향을 계산하려면 더 많은 입력 정보와 더 정교한 방법이 필요합니다.

질량 불균형은 그림 2.20과 같이 블레이드 I에서 방위각 θ 허브 중심으로부터 R 거리에서 로터에 추가된 덩어리 질량으로 모델링할 수 있습니다. 여기서 불균형은 Blade I (θ=0)에 있다고 가정합니다.

$$I_m = m_R \tag{2.52}$$

여기서 I_m 은 [kg · m] 단위의 질량 불균형, m은 덩어리 질량, R는 블레이드 I를 따라 허브 중심으로부터 반경 방향 거리이다.

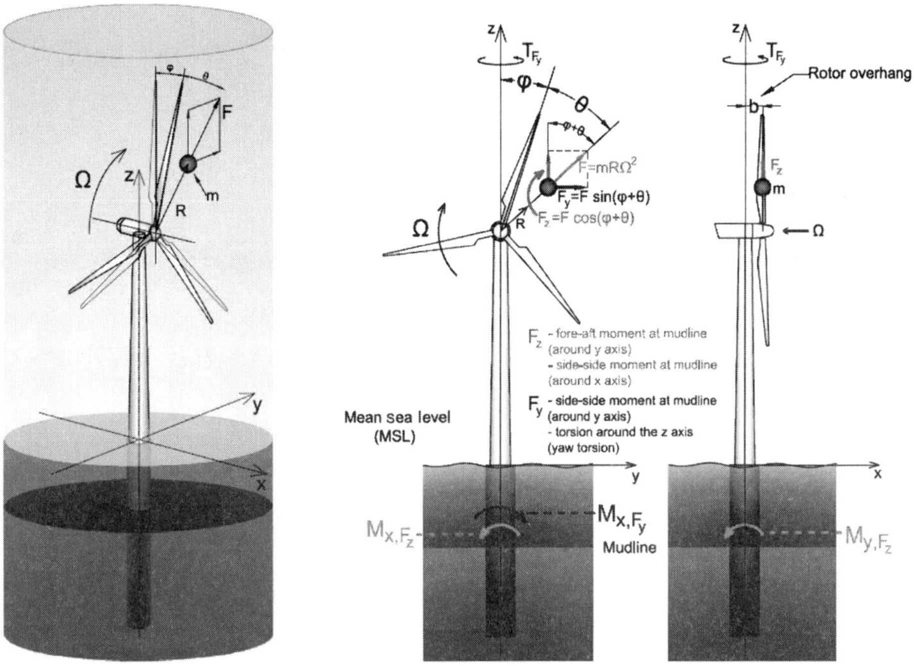

그림 2.20 운행중 가해지는 질량 불균형 및 하중 모델

원심력은 원심 가속도 $a=R\Omega^2$ 에서 계산할 수 있으며 Ω은 각 주파수이고 $f=\Omega/(2\pi)$는 회전 주파수입니다. 원심력의 레버 암 F_{cf} 으로부터 돌출부 b라고 하며(그림 2.20 참조), 이 돌출부에서 굽힘 모멘트는 아래와 같이 표현됩니다.

$$F_{cf} = m_a = mR\Omega^2 = I_m\,\Omega^2 = 4\pi^2 I_m f^2 \qquad M_{1P}=4\pi^2 bI_m f^2 \tag{2.53}$$

그림 2.20와 같이, 여기서 원심력은 타워의 비틀림(x축 주변)과 좌우 방향의 모멘트(z축 주변)도 발생시킨다는 점에 유의해야 합니다

원심력에 의한 측면 방향의 굽힘 모멘트는 힘의 팔이 b가 아닌 H+MSL이기 때문에 전방- 후방 모멘트보다 훨씬 높습니다. 질량 불균형에 작용하는 중력의 영향은 무시할 수 있다고 볼 수 있습니다.

예제 2.5 1P 하중의 스펙트럼 분석

본질적으로 특정 주파수의 정현파 함수인 하중의 스펙트럼 분석은 디랙 델타(Dirac-delta) 함수를 제공합니다. 이 함수는 $\delta(f-f_{1P})\neq 0$ (여기서 f_{1P}는 풍력 터빈의 회전 주파수)을 제외한 모든 f값에 대해 $\delta(f-f_{1P})=0$ 으로 정의됩니다.

$f=f_{1P}$에서 이 함수의 크기는 엄격하게 정의되지 않았습니다. 그러나 식 (2.54)의 조건이 적용됩니다.

$$\int_{-\infty}^{\infty}\delta(f-f_{1P})df=1$$
$$\int_{-\infty}^{\infty}M_{1P}^2(f)\delta(f-f_{1P})df=M_{1P}^2(f_{1P}) \tag{2.54}$$

이는 스펙트럼 밀도 함수의 적분이 신호의 분산, 즉 하중 진폭의 제곱을 충족한다는 것을 의미합니다. 따라서 1P 로딩의 스펙트럼은 식 (2.55)와 같습니다.

$$S_{MM,1P}=M_{1P}^2(f)\delta(f-f_{1P}) \tag{2.55}$$

정속 터빈의 경우 f_r은 일정하지만, 풍속에 따라 다른 회전 속도로 작동하는 보다 일반적인 가변 속도 풍력 터빈의 경우 회전 주파수는 허브 높이의 평균 풍속 $f_{1P}=f_{1P}(\overline{U})$ 에 따라 달라집니다. 주파수가 높을수록 아래의 적분 값도 높아집니다.

$$\overline{U}_1<\overline{U}_2\rightarrow f_1<f_2\rightarrow\int_{-\infty}^{\infty}M_{1P}^2(f)\delta(f-f_1)df\leq\int_{-\infty}^{\infty}M_{1P}^2(f)\delta(f-f_2)df \tag{2.56}$$

2.6.5 블레이드 통과 하중 (2P/3P)

바람은 타워에 항력을 발생시키며, 이는 주어진 평균 풍속에서 일정한 것으로 간주할 수 있으며, 타워의 뷔페링(Buffeting)과 와류 흘리기(Vortex shedding)를 무시하고 회전의 영향도 무시할 수 있습니다. 블레이드가 타워 앞을 지나가면 아래쪽의 바람의 흐름을 방해하고 타워의 하중을 감소시킵니다. 이 하중 손실의 주파수는 터빈 3P(블레이드가 2개인 설계의 경우 2P)의 회전 주파수의 세 배입니다. 단순화된 방법에서는 간단한 기하학적 고려 사항으로 크기를 추정합니다. 타워의 표면 영역의 상단 부분이 블레이드에 의해 부분적으로 덮여있을 때 블레이드가 아래쪽을 가리키는 위치에 있습니다($\phi=\pi$). 타워의 덮힌 부분에 대한 항력은 0으로 간주되고 블레이드는 타워에 하중 손실을 유발합니다. 아래쪽 방향에 있을 때, 블레이드 통과 효과 없이 이 상부 섹션의 총 항력 모멘트는 $z=H-L$ 에서 $z=H$ 까지 타워를 덮습니다. 블레이드 통과 효과를 제외한 이 위쪽 섹션의 총 항력 모멘트입니다:

$$M_{drag} = \int_{H-L}^{H} \frac{1}{2}\rho_a C_D D_T(z) U^2(z)(z+S)dx \quad U(z) = \overline{U}\left(\frac{z}{H}\right)^{\beta} \tag{2.57}$$

여기서 H는 평균 해수면에서의 허브 높이, L은 블레이드의 길이, ρ_a 공기의 밀도, C_D는 항력 계수, $D(z)$는 z에서 타워의 직경(하단 직경과 상단 직경 사이에서 직경이 선형적으로 감소한다고 가정), z는 수직 좌표(평균 해수면에서는 0), S는 평균 해수면 깊이, $U(z)$는 지수 풍속 프로파일을 사용한 지수법 속도 프로파일($\beta=1/7 \approx 0.143$). 블레이드의 면적과 타워 상단 부분의 면적의 비율(그림 2.16 참조)이 R_A이면 3P 모멘트 진폭을 쓸 수 있습니다:

$$M_{3P} = R_A\, M_{drag} \tag{2.58}$$

예제 2.6 3P 하중의 스펙트럼 분석

1P 하중과 마찬가지로 이 하중의 주파수는 터빈의 주어진 회전 속도에서 일정하므로 파워 스펙트럼은 디락-델타 함수입니다. 곡선 아래의 적분은 디락 델타의 진폭이 정의되지 않은 상태에서 3P 모멘트의 제곱과 같습니다. 적분은 회전 주파수에 직접적으로 의존하지 않지만 평균 풍속에 따라 달라지며, 평균 풍속과 터빈의 회전 속도는 터빈 특성을 통해 연결됩니다.

$$\begin{aligned} &\int_{-\infty}^{\infty} \delta(f-f_{3P})df = 1 \\ &\int_{-\infty}^{\infty} M_{3P}^2(f)\delta(f-f_{3P})df = M_{3P}^2(f_{3P}) \\ &S_{MM,3P} = M_{1P}^2(f)\delta(f-f_{1P}) \end{aligned} \tag{2.59}$$

2.6.6 수직(사하중) 하중

기초에 가해지는 총 수직 하중은 다음과 같이 계산됩니다.

$$V=mg \tag{2.60}$$

여기서 m은 구조물의 총 질량입니다.

$$m = m_{RNA} + m_T + m_{TP} + m_P \tag{2.61}$$

여기서 m_{RNA}는 로터 나셀의 총 질량이며, $m_T = \rho_T D_T \pi t_T L_T$ 는 타워의 총 무게, $m_{TP}=\rho_{TP} (D_P+2t_G+t_{TP}) \pi t_{TP} L_{TP}$ 는 트랜지션 피스 무게, 그리고 $m_P=\rho_P D_P \pi t_P (L_P + L_S)$ 말뚝의 질량입니다.

2.7 하중 크기 순서 계산

다음 섹션에서는 1P 하중, 3P 하중, 바람 및 파도 하중에 대한 일반적인 값에 대한 계산에 대해 설명합니다.

2.7.1 1P 하중 추정치 적용

1P 모멘트 스펙트럼을 결정하려면 로터의 질량 불균형에 대한 일반적인 값이 필요합니다. 문헌에서 연구된 다소 작은 풍력 터빈의 경우 일부 값을 사용할 수 있습니다. 2MW 베스타스 V80 터빈의 경우, 이 연구에서는 약 350-500[kgm]의 질량 불균형 값이 적용되었습니다. 3.6 MW 지멘스 풍력 터빈의 경우 불균형 값이 로터의 질량과 터빈의 직경에 비례한다고 가정하여 불균형 값을 추정했습니다. 로터의 질량 비율과 직경 비율을 계산하고 두 비율만큼 불균형을 확대합니다.

베스타스 터빈의 로터 질량은 37.5톤이고 지멘스 터빈의 로터 질량은 95톤입니다. 베스타스 터빈의 로터 직경은 80m이고 지멘스 로터 직경은 107m이므로 지멘스 SWT-107-3.6 터빈의 예상 불균형 값은 다음과 같이 추정됩니다:

$$I_{m,SWT107} = I_{m,V80} \cdot \frac{M_{SWT107}}{M_{V80}} \cdot \frac{D_{SWT107}}{D_{V80}} = 500 \cdot \frac{95}{37.5} \cdot \frac{107}{80} \approx 1694\,[kg \cdot m] \quad (2.62)$$

V80의 원래 불균형 값은 평균적으로 작동하는 풍력 터빈의 일반적인 값입니다. 상한 추정치로 I_m= 2000 [kgm]을 고려할 수 있습니다. 타워 축과 허브 중심 사이의 거리(즉, 로터 오버행)는 b=4 [m]로 추정됩니다. (로터 오버행은 그림 2.20을 참조하십시오.) 이렇게 하면 다음과 같이 계산됩니다.

불균형으로 인한 전방- 후방 굽힘 모멘트의 최대값은 다음과 같이 작성할 수 있습니다:

$$M_{1P} = 4 \cdot 4\pi^2 \cdot 2000 \cdot f^2 = 3.1583 \cdot 10^5 \cdot f^2 \quad (2.63)$$

최대 굽힘 모멘트는 다음 회전 속도에서 발생합니다. Ω = 13 [rpm], 즉 f = 0.2167 [Hz], 그 값은 M_{1P} = 0.015 [MNm]입니다.

표 2.2는 이 사례 연구에 대한 예시로 Arany 등(2015a)와 독자들은 자세한 이 게시물을 참조하시기 바랍니다. 자세한 내용은 6장의 예제 6.7과 Arany 등(2015a)를 참고하시기 바랍니다.

2.7.2 3P 하중 계산

3P 모멘트는 아래쪽을 향하는 블레이드가 덮고 있는 타워 상부의 총 항력 모멘트를 추정하고 이를 줄임으로써 결정할 수 있습니다.

표 2.2 기초에 가해지는 1P 하중으로 인한 모멘트

허브 높이에서의 평균 풍속 $\bar{U}$[m/s]	회전 속도 Ω [rpm]	전 후방 DAF [-]	1P 전 후방 머드라인 굽힘 모멘트 M_{1P} [MNm]/(DAF 포함)	좌우 DAF [-]	1P 좌우 머드라인 굽힘 모멘트 $M_{1P,\text{좌우}}$ [MNm]/(DAF 포함)
5	5.8	1.09	0.002/(0.002)	1.09	0.077/(0.084)
9	9	1.25	0.007/(0.009)	1.25	0.187/(0.234)
15	13	1.71	0.015/(0.025)	1.72	0.389/(0.669)
20	13	1.71	0.015/(0.025)	1.72	0.389/(0.669)

표 2.3 타워의 3P 하중 및 항력

풍속 $\bar{U}$ [m/s]	타워의 총 항력 [MN]	타워의 총 항력 모멘트 [MNm]	3P 주파수 [Hz]	DAF [-]	3P 힘 F_{3P} [MN] /(DAF) 포함	3P 모멘트 M_{3P} [MNm] /(DAF 포함)
5	0.0019	0.176	0.29	3.77	0.001/(0.003)	0.069/(0.262)
9	0.0062	0.570	0.45	1.23	0.003/(0.004	0.225/(0.275)
15	0.0173	1.584	0.65	0.36	0.008/(0.003)	0.625/(0.225)
20	0.0308	2.816	0.65	0.36	0.014/(0.005)	1.111/(0.401)
6.125(공명)	0.0289	0.189	0.335	10	0.001/(0.013)	0.104/(1.042)

표 2.4 수심 30m의 다양한 터빈 크기에 대한 일반적인 풍력 및 파도 하중

매개변수	단위	터빈 정격 출력 (rated power)				
		3.6 MW	3.6 MW	5.0 MW	6~7MW	8 MW
로터 직경	m	107	120	126	154	164
정격 풍속	ms^{-1}	13	13	11.4	13	13
허브 높이	m	75	80	85	100	110
허브에서의 평균 추력(바람으로부터)	MN	0.50	0.60	0.60	1.00	1.20

허브에서 최대 추력(바람으로부터)	MN	1.00	1.20	1.20	2.00	2.30
파도의 평균 머드라인 모멘트 M_{mean}	MNm	53	69	70	135	165
파도의 최대 머드라인 모멘트 M_{max}	MNm	103	136	137	265	323
수심	m	30	30	30	30	30
최대 파도 높이	m	12	12	12	12	12
일반적인 모노파일 직경	m	5.5	6	6.5	7	7.5
수평 파력	MN	3.67	4.2	4.8	5.43	6.1
파도로 인한 머드라인 모멘트	MNm	104	120	137	155	175
팩터링되지 않은 디자인 모멘트(바람+웨이브)	MNm	207	256	274	420	498

모멘트를 블레이드의 표면적과 타워 상단부의 표면적의 비율로 구합니다. 항력 모멘트는 섹션 2.3에 제시된 방법으로 추정합니다. 공기의 밀도는 ρ_a=1.225 [kg/m³], 높은 레이놀즈 수에서 관형 타워의 항력 계수는 $C_D \approx 0.5$ [-], 선형적으로 감소하는 타워의 직경은 다음과 같이 쓸 수 있습니다:

$$D(z) = D_b - (D_b - D_t) \cdot \frac{z}{H} = 5 - 2 \cdot \frac{z}{83.5} \tag{2.64}$$

여기에서 z 좌표는 타워의 길이를 따라 평균 해수면으로부터 이어지는 좌표이고, D_b 및 D_t는 각각 타워의 바닥 지름과 상단 지름입니다. 지수 바람 프로파일과 수심 S=21.5 [m]를 사용하면 모멘트는 다음과 같이 쓸 수 있습니다:

$$M_{\text{towertop}} = 0.306\overline{U}^2 \int_{31.5}^{83.5} \left(5 - 2 \cdot \frac{z}{83.5}\right) z^{2/7}(z + 21.5)dx = 4019 \cdot \overline{U}^2 \; [Nm] \tag{2.65}$$

여기서 $M_{drag} \approx 0.326$[MNm] for $\overline{U} = 9$ [m/s] 제공합니다.

블레이드의 면적과 타워의 상단 부분의 면적은 모두 사다리꼴로 근사화되며, 면적은 다음과 같이 계산됩니다:

$$\begin{aligned} A_{\text{blade}} &= \frac{(d_{\text{root}} + d_{\text{tip}})}{2} L = \frac{4+1}{2} \bullet 52 = 130\,[\text{m}^2] \\ A_{\text{towertop}} &= \frac{D_{\text{lower}} + D_{\text{top}}}{2} L = \frac{4.25+3}{2} \bullet 52 = 188.2[\text{m}^2] \end{aligned} \tag{2.66}$$

그런 다음 하중 손실의 크기는 식 (2.45)에 쓰여진 대로 근사화됩니다.

$$M_{3P} = M_{\text{towertop}} \frac{A_{\text{blade}}}{A_{\text{towertop}}} = 0.326 \cdot \frac{130}{188.2} [MNm] = 0.225[MNm] \tag{2.67}$$

타워의 항력은 전체 타워를 따라 적분하여 계산합니다:

$$M_{\text{drag}} = \int_0^H \frac{1}{2}\rho_a C_D D(z) U(z)^2 (z+S) dz \quad F_{drag} = \int_0^H \frac{1}{2}\rho_a C_D D(z) U(z)^2 dz \quad (2.68)$$

평균 풍속의 여러 값에 대한 3P 힘과 모멘트는 표 2.3에서 추정됩니다. 6.125m/s (~ 6.7rpm 회전 속도) 부근에서 DAF는 매우 높아지며 3P 모멘트는 DAF가 없는 경우보다 훨씬 더 높습니다.

2.7.3 다양한 정격의 발전 터빈을 위한 모노파일 기초의 모멘트

이 장에서 설명한 방법과 Arany 등(2015a,b, 2017)에서 개발한 방법을 기반으로 표 2.4는 3.6~8MW 범위의 터빈 5기에 대해 허브 수준에서 작용하는 풍하중으로 인한 추력의 일반적인 값을 보여줍니다. 추력은 로터 직경, 풍속, 제어 메커니즘 및 현장의 난기류에 따라 달라집니다. 모노파일의 평균 및 최대 머드라인 굽힘 모멘트도 나열되어 있습니다. 파도 하중은 말뚝 직경과 수심에 따라 크게 달라지므로 일반적인 값을 제공하기가 어렵습니다. 표 2.4에는 수심 30m, 최대 파고 12m의 비교적 가혹한 사례가 포함되어 있습니다.

파도 하중의 일반적인 값은 2~10MN이며, 바람의 추력에 추가되어야 하는 머드라인 위 수심의 약 4분의 3에서 작용합니다. 일반적인 최대 파도 주기는 약 10초입니다. 모노파일의 전도 모멘트 패턴은 그림 2.21에 개략적으로 시각화되어 있습니다. 그림에서는 바람 난기류의 피크 기간의 일반적인 값을 사용했으며, 바람 스펙트럼 데이터에서 얻을 수 있습니다.

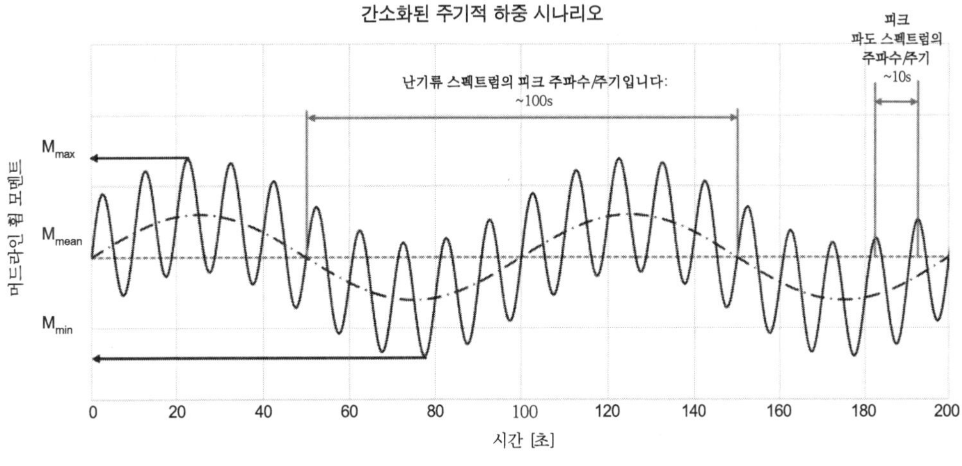

그림 2.21 바람과 파도 하중으로 인한 머드라인 모멘트, 바람과 파도가 선형을 이루는 경우

참고

그림 2.21에서는 바람과 파도 모멘트만 고려되었다는 점에 유의하시기 바랍니다. 1P 및 3P 모멘트는 약 3배 정도 낮기 때문에 무시됩니다.

2.8 더 무겁고 높은 정격의 터빈을 위한 목표 고유 주파수

그림 2.22는 2~8MW 범위의 다양한 터빈에 대한 1P 범위 주파수 플롯을 보여줍니다. 터빈 크기/정격 전력이 증가함에 따라 목표 주파수는 다음과 같습니다.

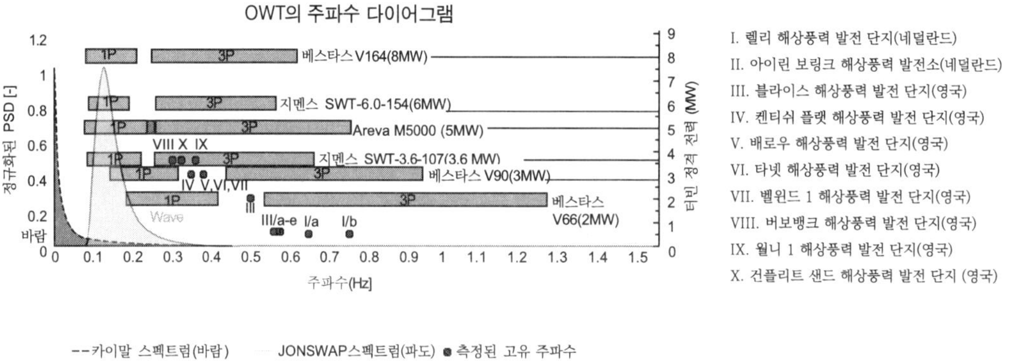

그림 2.22 더 깊은 해상과 더 큰 터빈에서 동역학의 중요성

소프트-스티프 설계는 스펙트럼의 왼쪽으로 이동합니다. 예를 들어, 3MW 터빈의 목표 주파수는 0.35Hz 범위입니다. 반면 8MW 터빈의 목표 주파수는 0.22~0.24Hz로, 파도 주파수에 매우 근접할 수 있습니다. 이는 그림 2.23에 표시된 캠벨 다이어그램을 통해서도 설명할 수 있는데, 8MW 터빈의 목표 주파수의 좁은 대역을 보여줍니다.

ASIDE

(1) 소프트-스티프 3MW 풍력 터빈 발전기(WTG) 시스템의 경우 1P 및 3P 하중은 동적(즉, 시스템 주파수 대비 하중 주파수가 1에 매우 가까운 비율)으로 간주할 수 있습니다. 풍랑의 대부분의 에너지는 낮은 주파수 변동(일반적으로 약 100초 피크 주기)에 있으며, 이는 주기적인 것으로 간주할 수 있습니다. 반면에 1P 및 3P 동적 하중은 WTG 시스템의 고유 비해 빠르게 변화하므로 WTG의 응답 능력은 특성에 따라 달라지므로 동적 분석이 필요합니다.

(2) 심해에 위치한 대형 터빈(8MW)의 경우 파도 하중이 매우 동적이며(WTG 시스템의 목표 주파수는 0.22Hz이고 대부분의 파도는 0.05-0.2Hz 주파수 범위에 있음) 설계를 제어할 수 있다는 것을 쉽게 추론할 수 있습니다.

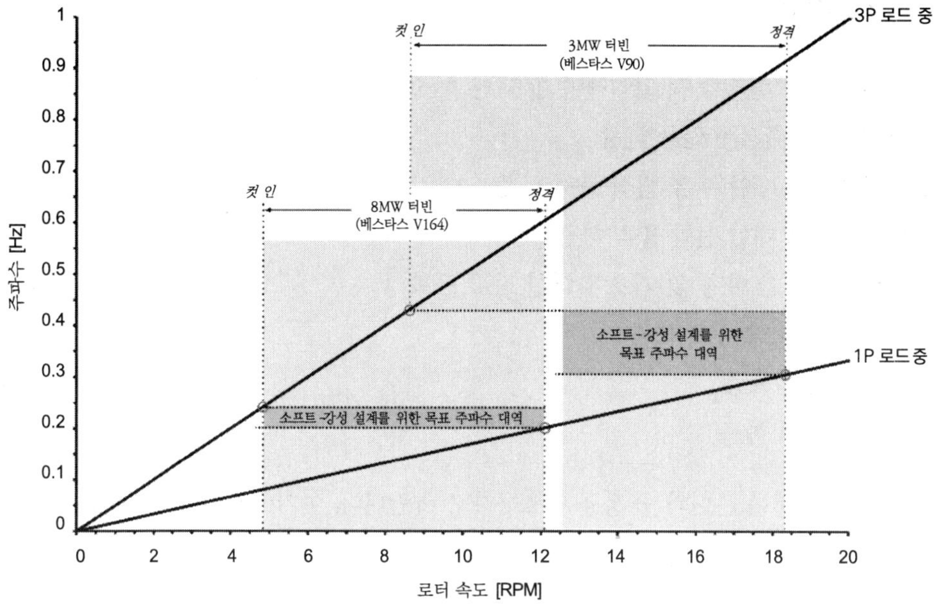

그림 2.23 3MW 및 8MW 터빈의 캠벨 다이어그램

2.9 해류 하중 (Current Loads)

해류 하중은 물 입자의 수평 이동으로 인해 하부 구조물에 작용하여 항력을 유발합니다. 여러 가지 영향이 해류의 원천이 될 수 있으며, OWT(Offshore Wind Turbine) 기초의 관점에서 가장 중요한 것은 바람으로 인한 해류와 조류입니다. 해류를 모델링하는 접근 방식은 수심에 따라 속도 프로파일을 선택하고 이를 하부 구조물에 적용하는 것입니다. 일반적으로 상부 지역의 해류 속도는 바람의 영향을 받고, 더 깊은 곳에서는 조석 및 기타 효과에 의해 영향을 받습니다. 속도는 일반적으로 해저에서 0으로 감소합니다.

유속은 불확실성이 높기 때문에 해류 하중 모델링에 대한 보수적인 접근 방식은 수심에 따라 일정한 해류 속도를 가정하는 것입니다. 유속은 50년 동안 예상되는 최대값으로 가정할 수 있으며 50년 극한 평균 풍속의 1%로 간주할 수 있습니다. 상수 프로파일을 사용하면 해류로 인한 하중을 하부 구조물에 작용하는 항력과 유사하게 추정할 수 있습니다.

2.10 기타 하중

풍력 발전 단지를 설계할 때 고려해야 할 다른 하중이 있으며 아래에 나열되어 있습니다:

(1) 블레이드에 가해지는 얼음 하중
(2) 하부 구조물에 대한 부유 빙상 충격 하중
(3) 하부 구조물에 대한 선박 충격 하중
(4) 설치 오류로 인한 하중 및 기초에 대한 잔류 응력
(5) 시동 하중 및 비상 종료 하중
(6) 지진 및 쓰나미 하중
(7) 긴급 장애 사례 하중

자세한 내용은 전문 문헌과 규정을 참조하시기 바랍니다. 여기에서는 지진 및 쓰나미 하중에 대해서만 설명합니다.

2.11 지진 하중

많은 잠재적 해상풍력 발전소 위치는 지진 활동이 활발하기 때문에 투자를 보호하기 위해 적절한 분석이 필요합니다. 해상풍력 발전 단지를 통한 풍력 에너지 생산은 오늘날 전 세계적으로 현실화되고 있습니다. 그림 2.24는 세계풍력에너지위원회(Global Wind Energy Council)의 De Risi 등(2018)에 따른 해상풍력 발전 개발 및 투자 주요 국가를 보여줍니다. 같은 그림에는 GSHAP(Global Seismic Hazard Assessment Program) 모델에 따라 50년 동안 10% 초과 가능성이 있는 최대지반가속도(PGA) 측면에서 전 세계 지진 위험 지도가 표시되어 있습니다. 미국, 중국, 인도, 동남아시아를 포함한 여러 국가가 지진 위험 지역에 속하며 파란색 선으로 표시된 섭입대(Subduction Zones)와 인접하고 있습니다. 이러한 지역에서는 규모 M9급 거대 지진이 발생할 가능성이 있습니다.

그림 2.25는 일반적인 바람, 파도, 지반 흔들림에 대한 정규화된 스펙트럼과 첫진동 모드와 더 높은 모드에 대한 동일한 주기 범위의 스펙트럼을 중첩하여 보여줍니다. 첫 번째 모드는 일반적으로 지진 지반 운동의 스펙트럼 함량이 감소하고 있지만 여전히 상대적으로 높은 기간 범위에 속하는 것을 관찰할 수 있으며, 이는 지진 시나리오의 특성 및 지역 현장 조건에 따라 달라집니다. 따라서 어떤 지진 사건과 토양 조건이 이러한 기간을 자극할 수 있는지, 그리고 더 높은 모드가 지진 거동에 중요한 역할을 하는지 이해하는 것이 필수적입니다.

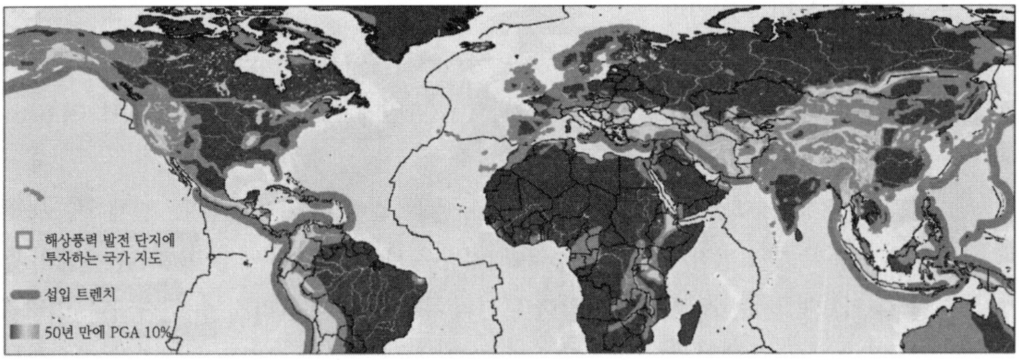

그림 2.24 해상풍력 발전 단지에 투자하는 국가 지도, 섭입 트렌치, 전 세계 지진 위험 지도, De Risi 등(2018) 참조

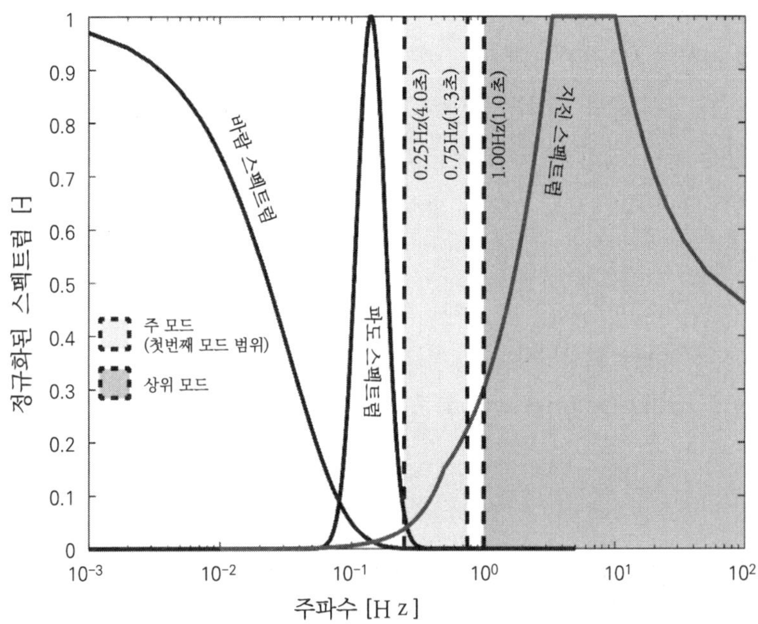

그림 2.25 바람, 파도 및 지진 지반 운동으로 인한 일반적인 정규화 된 행동 스펙트럼. 주 모드와 상위 모드에 해당하는 기존 풍력 터빈의 진동 주기 범위를 나타냅니다(De Risi et al. (2018))

지진 발생 지역의 OWT 구조 설계에는 다음 단계가 포함됩니다:

(1) 상세한 지진 위험 분석(Seismic Hazard Analysis, SHA)을 수행해야 합니다. 중요한 결과 중 하나는 결정론적 및 확률론적 형식으로 설계 수명 동안 현장에서 예상되는 PGA(Peak Ground Acceleration)입니다.

(2) 현장에서 잠재적인 지진 위험을 식별합니다. 여기에는 연쇄적인 이벤트도 포함되어야 합니다. 예를 들면 다음과 같습니다:

(a) 대규모 단층 이동의 영향

(b) 지반이 액상화(Liquefaction)되지 않은 상태에서 흔들림(Shaking). 여기에는 구조물에 대한 관성 효과(Inertial Effects) 와 기초 파일에 대한 관성 굽힘 모멘트(Inertia Bending Moment) 가 포함됩니다.

(c) 흔들림+액상화. 액상화는 말뚝의 지지되지 않는 길이를 크게 만들고 전체 구조물의 고유 진동 주기를 연장시킬 수 있습니다. 지반은 매우 빠르게 액상화되거나 시간이 걸릴 수 있으며 지반 프로파일과 입력 모션의 유형에 따라 달라질 수 있습니다. 이러한 시나리오에서는 액상화의 일시적인 영향이 말뚝의 굽힘 모멘트에 영향을 미치므로 이를 고려해야 합니다.

(d) 흔들림 + 액화 + 쓰나미

(e) 흔들림 + 산사태

(f) 다음과 지진 순서: 전진 + 본진 + 여진

(3) 사이트에 대한 입력 모션 생성은 해당 지역의 지각 구조에 따라 달라집니다. 여기에는 단층 패턴, 지진 발생지로부터의 거리, 파도의 이동 경로, 해당 지역의 지질 등이 포함됩니다. 이는 인위적으로 생성된 합성 지진 또는 이전 지진에서 기록된 지반 움직임일 수 있습니다.

(4) 사이트 반응 분석(Site Response Analysis) 은 입력 모션의 동작에 따라 지면이 어떻게 반응하는지를 분석하는 것입니다.

(5) 동적 SSI(Soil Structure Interaction)분석은 사이트 반응에 대한 지식을 계산에 통합합니다.

2.11.1 지진 위험 분석 (Seismic Hazard Analysis, SHA)

세부적인 SHA는 (i) 결정론적 지진 위험 분석(Deterministic Seismic Hazard Analysis, DSHA) 및 확률론적 지진 위험 분석(Probabilistic Seismic Hazard Analysis, PSHA)을 수행하여 지진 위험도 추정, (ii) 비선형 지반 응답 분석을 수행하여 국부적 부지 영향 평가, (iii) 위험도 지도 및 응답 스펙트럼 작성의 세 부분으로 나눌 수 있습니다.

지진 위험도 평가에는 확률론적 접근법(PSHA)과 결정론적 접근법(DSHA)의 두 가지 접근법이 일반적으로 채택됩니다. DSHA에서는 지진 데이터와 연구 지역의 지각 설정을 기반으로 특정 지진 시나리오를 가정합니다. 위험도는 해당 지역의 감쇠 특성에 따라 추정됩니다. 최악의 시나리오의 경우 DSHA가 더 유용합니다. 위험도는 진원지와 관심 지역 사이의 가장 가까운 거리와 단층의 최대 규모를 고려하여 평가됩니다.

특정 부지 또는 지역에 대한 지진 위험을 결정론적으로 평가하기 위해 가능한 모든 지진 활동의 원인을 파악하고 강한 지반 운동을 일으킬 수 있는 잠재력을 평가합니다. 원자력 발전소, 대형 댐, 대형 교량, 위험 폐기물 격리 시설, PSHA의 '캡'으로도 널리 사용됩니다. 반대로 확률론적 방법(PSHA)에서는 지진 크기, 위치, 발생 시간의 불확실성을 명시적으로 고려합니다 (단계는 그림 2.26 참조).

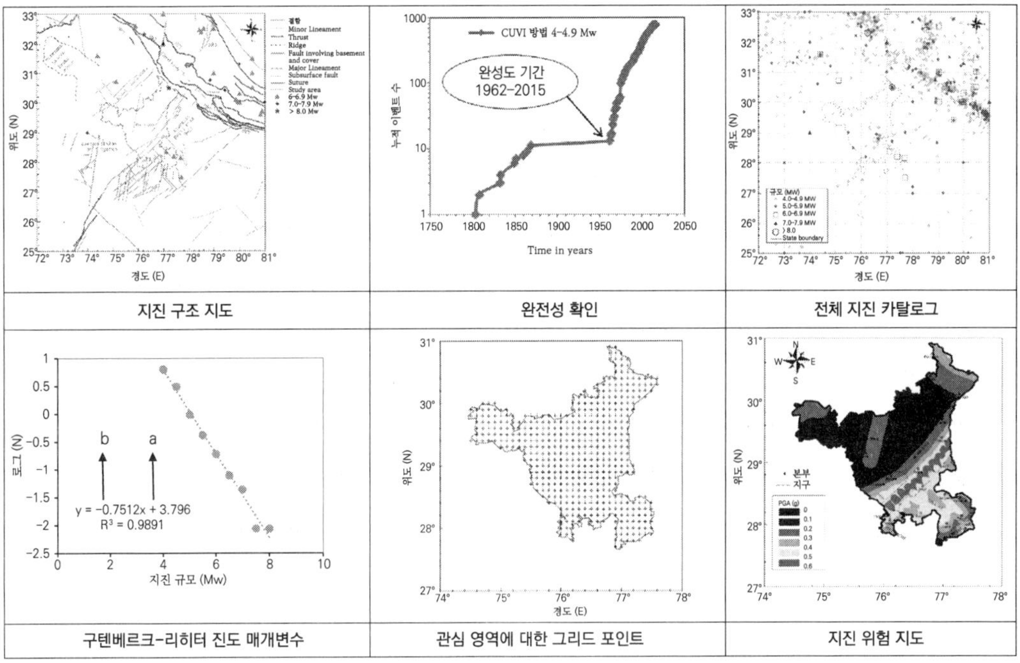

그림 2.26 PSHA의 단계[제공: 니티쉬 푸리]

SHA를 수행할 때 따르는 절차는 다음과 같습니다:

1. 관심 지점을 중심으로 반경 300~500km의 지진 연구 지역으로 간주합니다.
2. 지진이 발생한 위치, 규모, 깊이 등 모든 지각 정보와 지진 연구 지역의 단층선 위성 이미지를 수집합니다.
3. 이 모든 정보를 병합하여 지진 연구 지역의 지각 환경을 나타내는 단일 지도(지진 지형도)를 준비해야 합니다.
4. 연구 지역에 대한 지진 카탈로그를 준비하며, 여기에는 도계측기 이전 및 계측기 시대의 모든 기록이 포함됩니다. 가능한 모든 출처에서 데이터를 수집합니다. 카탈로그에서 사건의 중복성, 사건의 군집성, 완전성을 확인합니다.
5. 다양한 규모의 지진 발생률과 재현 주기를 추정하기 위해 구텐베르크-리히터(Gutenberg-

Richter) 지진도 파라미터 a와 b를 결정합니다. DSHA의 경우 이 단계를 생략할 수 있습니다.

6. 연구 지역에서 유의미한 지반 운동을 일으킬 가능성이 있는 지각 지형을 식별합니다. 또한 각 소스에 최대 관측 규모(Maximum Observed Magnitude, Mobs)를 할당합니다.
7. 연구 지역에 존재하는 모든 지진 발생원에 대한 최대 규모 잠재력(M_{max})를 계산합니다. PSHA의 경우 지진 크기의 불확실성을 고려하는 것이 중요합니다.
8. 예를 들어 국가의 경우 0.2°×0.2° 등 관심 영역에 적합한 격자를 고려하세요,
9. 각 그리드 포인트의 최단 거리를 계산합니다. PSHA의 경우는 지진 발생 위치의 불확실성을 고려하는 것이 중요합니다.
10. 연구 지역의 지각 설정을 정확하게 재현할 수 있는 적절한 지반 운동 예측 방정식(Ground Motion Prediction Equation, GMPE)을 선택합니다. 지역 GMPE를 사용할 수 없는 경우, 출처 및 부지 특성이 연구 지역과 유사한 경우 다른 지역을 위해 개발된 GMPE를 사용할 수도 있습니다. PSHA의 경우 GMPE의 인식 불확실성을 처리할 필요가 있습니다. 이는 논리 트리 접근법을 채택하여 처리할 수 있습니다.
11. 격자 지점의 위험도를 계산하려면 다양한 지진 발생원에 대한 지반 운동 파라미터를 계산하고 관심 지점에서 최대 지반 운동을 유발하는 진원을 식별합니다. 해당 격자 지점에 대해 해당 지진원의 최대 규모 잠재력을 제어 지진으로 간주합니다.
12. 사이트 증폭 계수는 선형, 등가 선형 또는 비선형 지반 응답 분석을 수행하여 추정할 수 있습니다.

2.11.2 지진 기록 선정 기준

분석에 사용되는 지반 운동 기록은 규모, 거리, 현장 조건, 진원 메커니즘, 방향성 및 SHA에서 얻은 기타 영향을 고려하여 현장의 잠재적인 지진 위험을 나타내야 합니다. 이와 관련하여 ISO 19901-2의 부록에서는 분석에 최소 4개의 기록을 사용해야 하며, 각 기록은 다음 기준에 따라 선택해야 한다고 명시하고 있습니다:

극대규모 지진(Extreme Level Earthquake, ELE) 지반 운동을 지배하는 사건의 규모와 거리를 고려할 때, 시간 이력 분석을 위한 지진 기록은 과거 사건의 카탈로그에서 선택할 수 있습니다. 각 지진 기록은 두 개의 직교 수평 성분과 하나의 수직 운동 성분을 나타내는 세 개의 3축 시간 기록 세트로 구성됩니다. 지진 기록을 선택할 때는 과거 기록의 지각 설정(예: 단층 스타일)과 현장 조건(예: 기반 암석의 경도)이 구조물 현장의 지각 설정과 일치해야 합니다.

세 가지 접근 방식이 자주 사용되는데, 이 모든 방법에는 장단점이 있으며 이 섹션의 뒷부분에서 예시를 통해 설명합니다.

2.11.2.1 방법 1: 강한 모션 기록 직접 사용

이 방법에서는 모멘트 크기 또는 최대 기반암 가속도(Peak Bed Rock Acceleration, PBRA) 라고도 하는 PGA(PPeak Ground Acceleration) 측면에서 해당 장소의 지진과 일치하도록 강한 모션을 선택합니다. 두 가지 요건을 모두 만족하는 모션을 기록하는 것은 어려울 수 있습니다. 예를 들어, 진도 6.0의 지진과 0.2g의 PBRA가 예상되는 현장의 경우 설계자는 이러한 특성과 일치하는 기록된 데이터를 찾아야 합니다. 이 방법은 스펙트럼의 모양이 특정 사이트에서 예상되는 기반암 스펙트럼과 일치할 가능성이 거의 없기 때문에 실제로는 거의 사용되지 않습니다. 이 방법은 나중에 예시를 통해 설명하겠습니다.

2.11.2.2 방법 2: 예상 최대 기반암 가속도에 대한 강한 모션 기록의 스케일링

이 방법에서는 데이터베이스에서 지진 기록을 선택하여 순간과 일치하는 지진 기록을 선택합니다. 크기를 설정한 다음 최대 진폭을 예상 PBRA에 맞게 조정합니다.

2.11.2.3 방법 3: 지능형 스케일링 또는 코드 지정 스펙트럼 호환 모션

전통적으로 지진 위험 부지는 설계 목적에 따라 스펙트럼으로 표현되어 왔습니다. 따라서 모든 내진 설계 코드 및 가이드라인에서는 관심 기간 범위 내에서 제어 설계 스펙트럼과 일치하거나 초과하도록 선택한 지반 운동 시간 이력에 대한 스케일링을 요구합니다.

그림 2.27은 단단한 토양 또는 암석에 대한 IS: 1893(2002)의 응답 스펙트럼과 대만 치치 지역 지진 모션 및 스펙트럼이 일치하는 모션을 함께 보여줍니다. 시간 기록을 확장하는 몇 가지 방법을 사용할 수 있는데, 여기에는 엄격한 수학적 계산이 필요합니다.

기본적으로 이러한 모든 방법에서 입력 모션은 강력한 모션 데이터베이스에서 선택되며, 모션은 목표 설계 스펙트럼과 일치하는 모션을 얻기 위해 이러한 방식으로 처리됩니다. 이 방법은 주파수 영역에서 수행될 수 있으며, 여기서 기록된 지상 동작의 시간-주파수 콘텐츠가 잘 일치하도록 조작됩니다. 수학적으로 이것은 Alexander 등(2014)에 따라 다음과 같이 표현할 수 있습니다: 알려진 신호 또는 입력 모션 $x(t)$를 스펙트럼과 일치하는 유사한 입력 모션 $y(t)$로 변환하는 프로세스로 추가적인 목표는 변환된 신호 $y(t)$가 일반적인 엔벨로프(Envelope), 큰 펄스의 시간 위치, 시간에 따른 주파수 내용의 변화와 같은 정지 특성이 아닌 매우 유사한 특성을 유지해야 한다는 것입니다. 다시 말해, 목표 신호 $y(t)$는 모든 의도와 목적에 따라 실제 지진과 비슷해야 합니다.

그림 2.28은 구조물에 가해지는 관성력을 추정하는 데 사용할 수 있는 다양한 유형의 지진에 대한 응답 스펙트럼을 보여줍니다. 예를 들어, 3초 주기의 풍력 터빈 구조물의 경우 스펙트

럼 가속도는 위치에 따라 달라지며 종축(Y축)에서 읽을 수 있습니다.

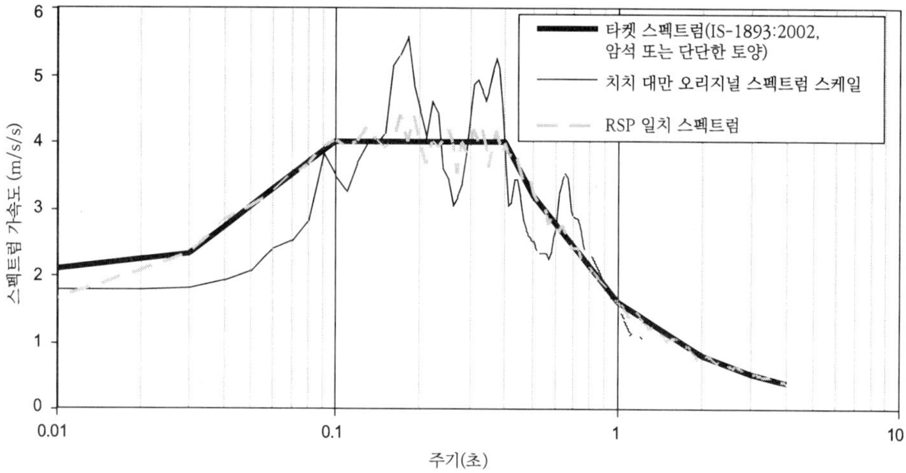

그림 2.27 코드 지정 스펙트럼과 일치하는 선택된 모션의 지진 스펙트럼 예시

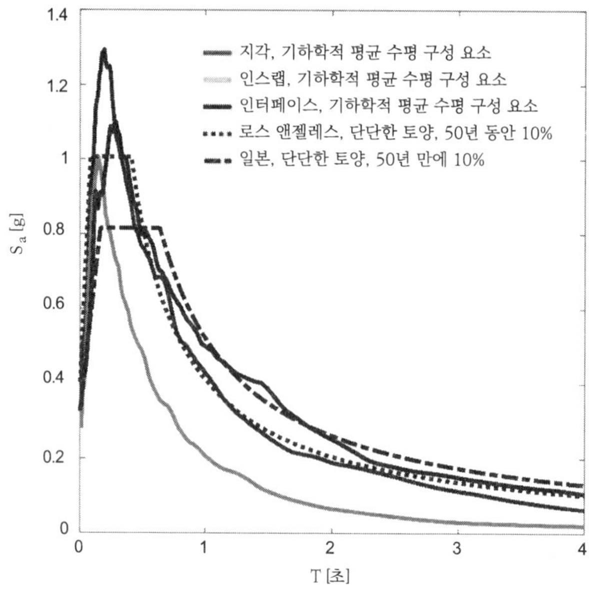

그림 2.28 다양한 유형의 지진에 대한 응답 스펙트럼

ASIDE 위에서 설명한 방식으로 입력 모션을 스케일링하는 매력

지진 공학에서 불확실성의 주요 원인 중 하나는 지진 자체, 즉 지진의 시공간적 발생률과 시계열입니다. 예측된 지반 운동 시계열에서 이러한 불확실성을 제한하는 것은 복잡한 문제입니다. 따라서 전 세계의 설계 코드는 어떤 종류의 응답 스펙트럼을 만족시키는 데 집중합니다.

그러나 중요한 인프라 프로젝트(예: 원자로 또는 교량이나 병원과 같은 중요한 구조물) 시간 이력 분석에는 지반 운동 시계열이 필요합니다. 이제 문제는 어떤 입력 모션을 선택하고 얼마나 많은 모션이 필요한가 하는 것입니다. 무작위 추출 방법은 모집단 통계의 합리적인 추정치를 얻기 위해 모든 가속도를 무작위로 샘플링하는 것입니다. 물론 이 방법이 효과적이려면 수천 또는 수십만 개의 기록이 필요합니다. 따라서 특정 지구물리학적 및 구조적 기준을 충족하는 소수의 실제 가속도계 세트에서 선택적 또는 계층화된 샘플링을 선택할 수 있습니다. 따라서 스펙트럼이 일치하는 기록이 실제로 자주 사용됩니다. 이 방법은 시간-주파수 내용을 조정하여 기록된 시계열을 수정하기 때문에 쉽게 비판을 받을 수 있습니다. 또한 대부분의 실제 지진과 달리 평평하고 매끄러운 광대역 스펙트럼과 일치하기 때문에 지나치게 보수적인 것으로 간주되기도 합니다. 스펙트럼이 일치하는 기록의 매력은 시간-이력 분석에 필요한 가속도계의 수가 적다는 점입니다.

2.11.3 부지 응답 분석(Site Response Analysis, SRA)

기반암 모션이 얻어지면, 수직으로 전파되는 전단파를 SRA를 사용하여 토양 깊이를 통해 수렴하여 부지 효과를 얻습니다. 그림 2.29는 방법론의 개략도를 보여줍니다. 이 기능을 수행하는 데는 SHAKE 91, DEEPSOIL, DMOD, EERA, Cyclic 1D와 같은 다양한 소프트웨어가 존재합니다. 액상화 퇴적물의 경우, Parra(1996)와 Yang(1999)이 개발한 액상화 토양에 대한 고급

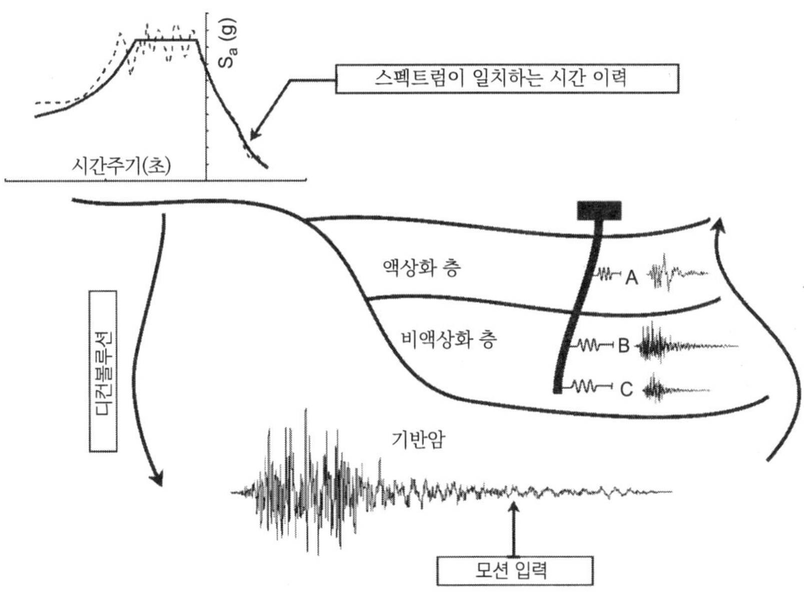

그림 2.29 지반 응답 해석의 개략도

구성 모델을 분석에 사용하기 때문에 Cyclic 1D를 사용하여 SRA를 수행할 수 있습니다. 토양의 다양한 비선형 측면을 포착하는 다양한 현장 반응 분석 프로그램의 사용에 대한 문헌은 Hashash 등(2010)에서 찾을 수 있습니다.

2.11.4 액상화

부지 응답 해석과는 별도로 지반의 액상화 여부를 예측해야 합니다. 액상화 토양에서 기초는 수평 지지력이 없는 것으로 간주해야 합니다. 따라서 타워의 길이가 효과적으로 증가하여 고유 주기가 늘어나게 됩니다. 분석 지점에서 액상화는 토양층의 깊이를 따라 하향식으로 진행되는 것으로 가정할 수 있습니다. 모달 분석(Modal Analysis)을 수행하여 지반-파일 시스템의 첫 고유 주기에 따른 액상화 깊이의 변화를 연구할 수 있습니다. 결과는 다양한 액상화 깊이에 대한 정규화된 주기의 연장을 그래픽으로 표현한 그림 2.30에 나와 있습니다. 그림 2.30에서 액상화 깊이는 D_L, L은 파일 매립 길이, T는 시간 주기, $T_{initial}$는 구조물의 초기 시간 주기를 나타냅니다. 그러나 이는 일시적인 현상이며 지진이 멈추면 지반이 다시 굳어지고 대부분의 지반 강성이 회복됩니다. 이 연구에서는 세 가지 경우를 고려합니다:

1. 액상화 후, 미국석유협회(API)에서 규정하는 지반 스프링 강성(Soil spring stiffness)은 Brandenberg(2005)에 따라 P-multiplier를 사용하여 92% 저하됩니다.
2. 액상화 지반에 대한 초기 강성 및 강도는 Railway Technical Research Institute(RTRI, 1999)에 따라 *p-y* 스프링에 제로 초기 강성과 강도를 제공합니다.

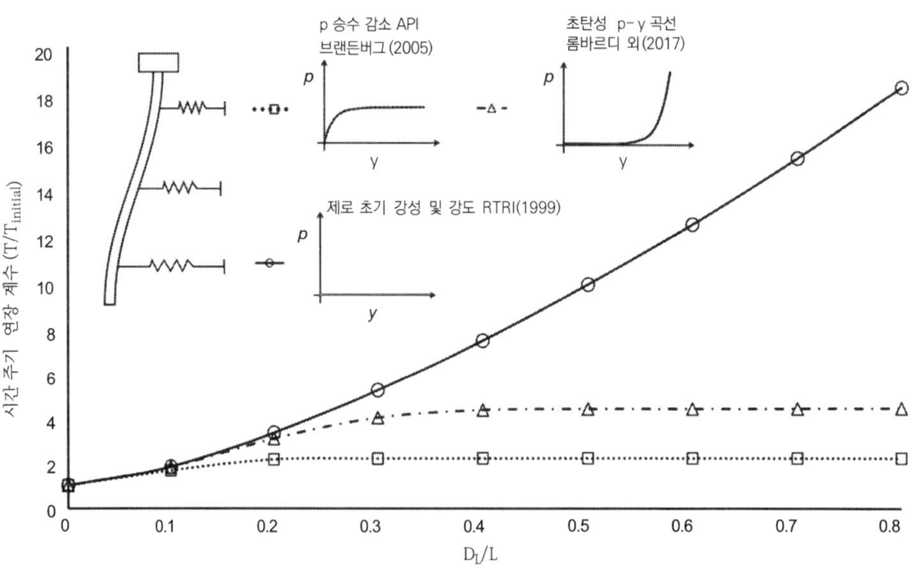

그림 2.30 주어진 파일 형상과 지반 프로파일에 따라 액상화 깊이가 달라지는 파일 주기의 신장도

3. 액상화 지반을 위한 초탄성(Hyperelastic) *p-y* 스프링(Lombardi 등(2017)).

고유값 분석이 선형적이므로, 모델에서는 지반-파일 시스템의 고유 주파수를 계산하기 위해 *p-y* 곡선의 초기 강성(감소 API, 초탄성, 영강도 API) 만 사용됩니다.

2.11.5 기초 분석

기초 분석은 일반적으로 그림 2.31과 같이 비선형 윙클러 모델(nonlinear Winkler foundation approach)을 사용하여 수행됩니다. 모델링의 다양한 세부 사항은 Dash 등(2010)에서 논의됩니다. 액상화 깊이가 추정되면 같이 적절한 모양의 윙클러 또는 *p-y* 스프링을 사용하는 것이 중요합니다.

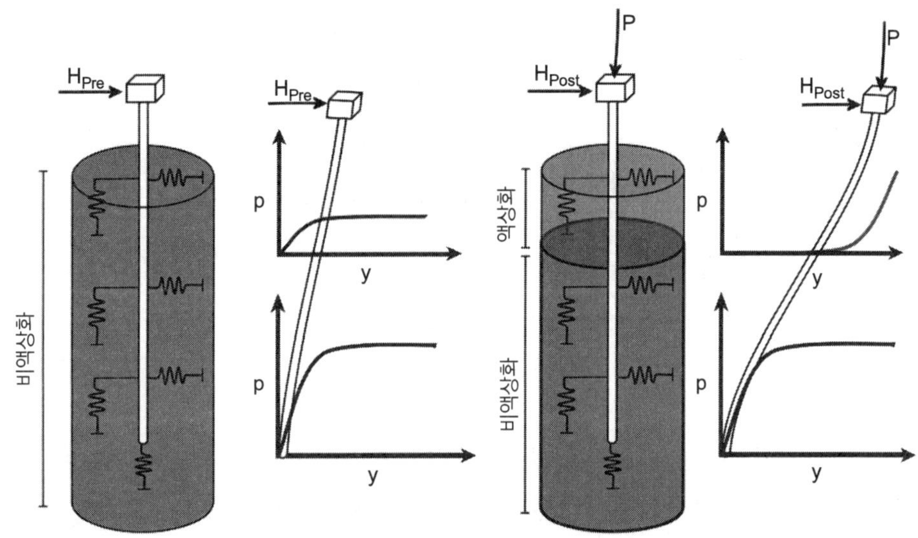

그림 2.31 비선형 윙클러 모델의 빔

비액상화와 액상화 *P-Y* 곡선은 매우 다릅니다. 지진력인 H_{Pre}(액상화 전)과 H_{Post}(액상화 후)는 전체 구조물의 시간에 따라 달라지며, 현장의 응답 스펙트럼을 기반으로 추정할 수 있습니다.

이 섹션의 목적은 제1장 1.1절에서 근해 해상풍력 발전 단지의 우수한 성능에 대해 논의한 내용을 심화하기 위한 것입니다. 지반 프로파일과 터빈 특성에 대한 이용 가능한 정보를 기반으로 계산을 수행했습니다. 데이터가 없는 경우, 광범위한 결론을 도출하기 위해 공학적 판단을 사용하여 분석을 수행했습니다. 조사의 초점은 다음 예에서 설명하는 2011년 도호쿠 지진의 지진 진동과 쓰나미 상승시 행동입니다.

예제 2.7 가미스 풍력 터빈 구조

이 풍력 단지는 가미스 풍력 단지에 위치한 2MW OWT로 구성되어 있으며, 이 연구에서는 두 가지 유형의 지진 강진이 사용되었습니다: 2011년 도호쿠 지진(Mw=9.0)과 1995년 고베 지진(Mw=6.9). 기초는 직경 3.5m, 길이 25m의 모노파일입니다. 지반은 40%에서 76%까지 다양한 상대 밀도를 가진 사질토입니다.

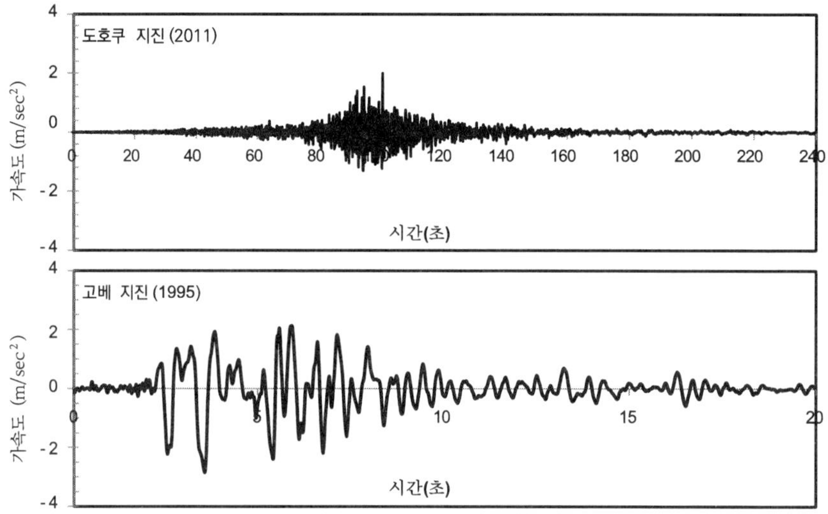

그림 2.32 가속 입력 모션

그림 2.32에 표시된 가속도 시계열이 분석에 사용되었습니다. 그림에서 에서 볼 수 있듯이 2011년 도호쿠 지진의 최대 가속도는 0.22g이고, 고베 지진(1995년)의 최대 가속도는 0.29g입니다. 도호쿠 지진은 250초의 긴 지속 시간인 반면 고베 지진은 약 20초의 지속 시간을 가졌습니다. 도호쿠 지진에 대한 자세한 내용은 Bhattacharya 등(2011a), Goda 등(2013)에서 확인할 수 있습니다. 도호쿠 지진은 섭입대 지진이며 고베 지진은 얕은 지진으로 분류됩니다. 두 지진의 PSD 함수는 그림 2.33에도 나와 있습니다. 고베 지진은 장주기 우세 지진이고 도호쿠 지진은 저주기 우세 지진입니다. 액상화를 포함한 분석을 수행하기 위해 Shadlou(2016)가 개발한 매크로 요소 방법을 사용했습니다.

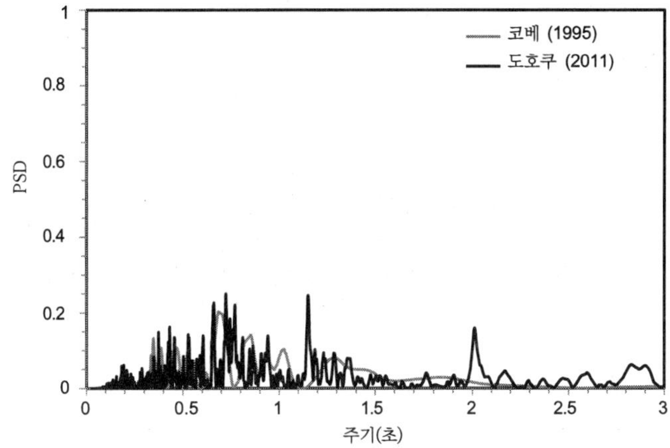

그림 2.33 이 연구에 사용된 입력 모션의 파워 스펙트럼 밀도

매크로 요소 모델을 사용한 비선형 시계열 분석 결과는 그림 2.34-2.37에 나와 있습니다. 그림에서 볼 수 있듯이 나셀에서 관측된 최대 가속도는 도호쿠 지진이 고베 지진보다 낮습니다. 도호쿠 지진과 고베 지진의 나셀 수준에서 기록된 변위에서도 비슷한 경향이 관찰됩니다. 나셀 변위는 고베 지진의 경우 30cm로 추정되는 반면, 도호쿠 지진의 경우 18cm로 추정됩니다.

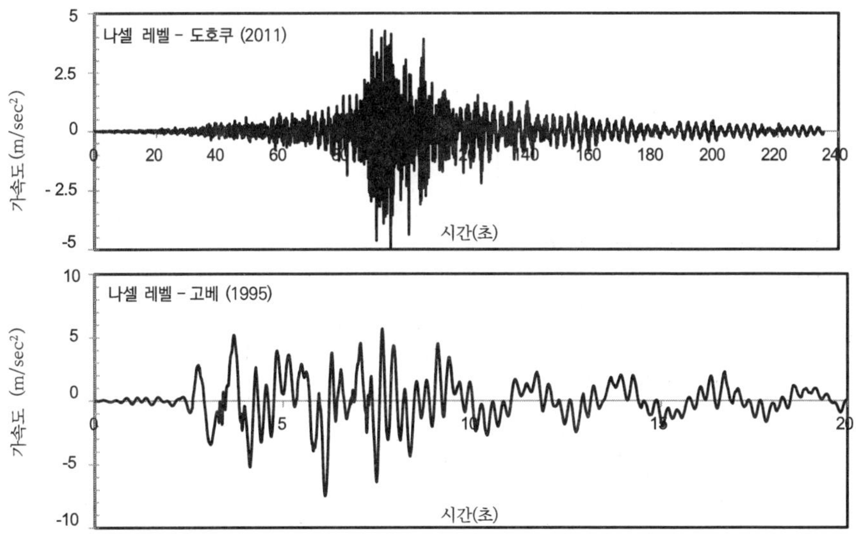

그림 2.34 두 입력 모션에 대해 나셀 레벨에서 기록된 가속도

최대 나셀 회전은 도호쿠와 고베 지진의 경우 각각 약 0.2도와 0.5도입니다. 이는 고베 지진으로 인한 수요가 도호쿠 지진보다 높다는 것을 보여줍니다.

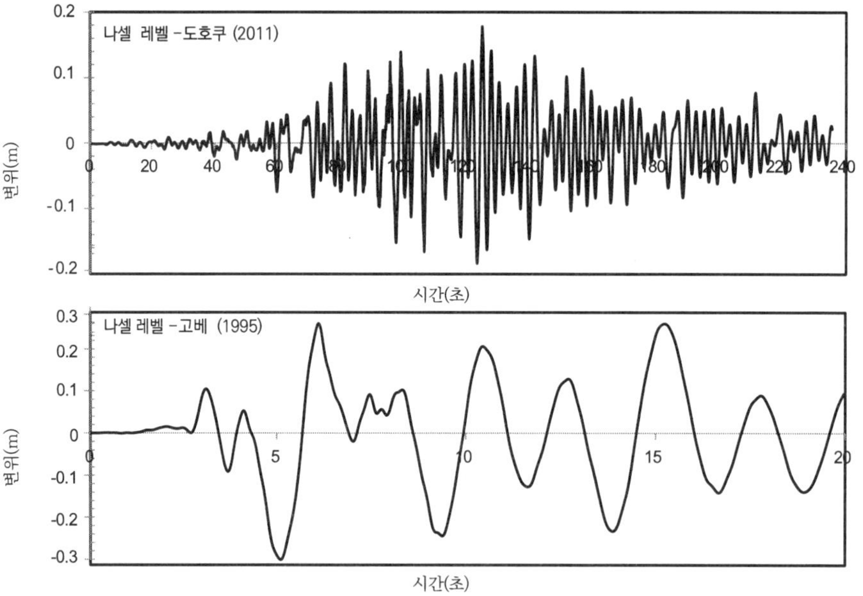

그림 2.35 나셀 수준에서 기록된 변위

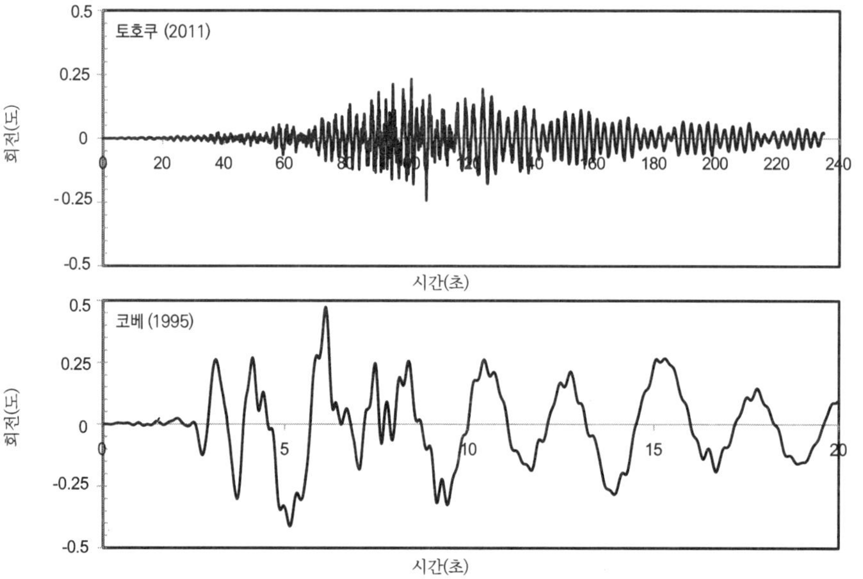

그림 2.36 두 지진에 대한 나셀의 회전

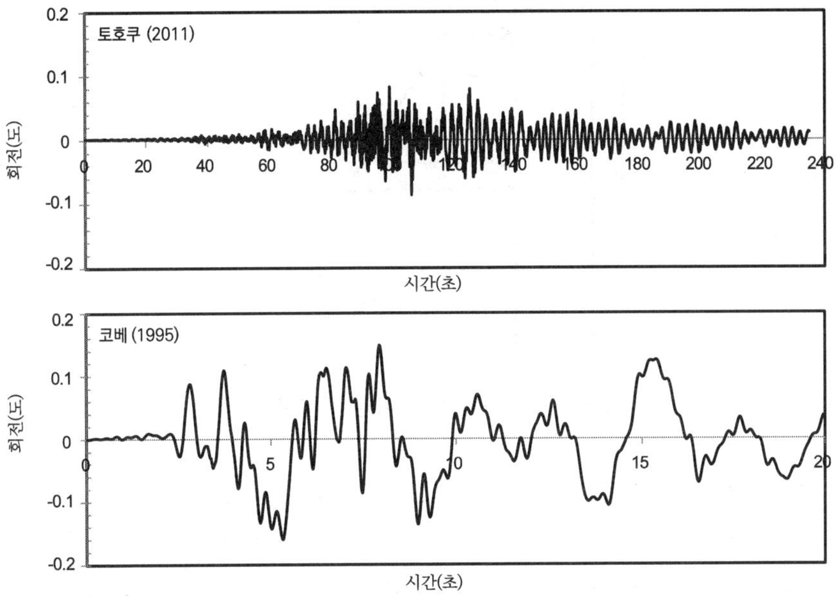

그림 2.37 지상에서 모노파일의 회전

파일 헤드에서 기록된 회전은 도호쿠와 고베의 경우 각각 0.07도 와 0.14도 입니다. 두 지진 모두 말뚝 머리 높이에서 영구적인 회전이 관찰되지 않았습니다.

일반적으로 두 가지를 언급할 수 있습니다:

1. 나셀 레벨과 기초 레벨에서의 변위와 회전은 강한 모션 특성과 지면 프로파일에 따라 달라집니다.
2. 지반이 액상화되면 침하 경향이 있을수 있으므로 주면 마찰력이 하부층으로 전달되어야 합니다.

예제 2.8 쓰나미 상승 해석 (Tsunami Run-Up Analysis)

쓰나미 상승으로 인한 가미수 풍력 발전 단지의 거동을 시뮬레이션하기 위해 다른 기법을 사용할 수 있습니다. 이 책에서는 유체 정역학 및 동역학 효과를 모델링하기 위해 ASCE 7-2016을 사용합니다. 단순화된 방법에서 쓰나미 하중은 그림 2.38과 같이 수압의 삼각형 분포와 유체역학적 효과를 나타내는 단일 형태 분포 압력으로 추정할 수 있습니다. 그림 2.38의 유체역학 항은 가변 계수 b로 정량화됩니다. 유체역학항은 $b\rho_w gD_p$ 이며, 여기서 ρ_w는 물의밀도, D_p는 상부구조의 직경입니다.

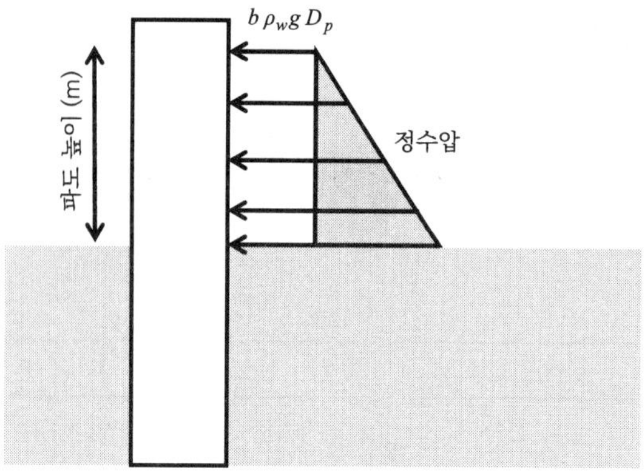

그림 2.38 쓰나미 발생에 따른 하중 현황

모노파일 기초의 회전은 SLS의 기준이 되므로(자세한 내용은 3장에서 설명), 파일 헤드에 횡력과 굽힘 모멘트를 가하고 Shadlou와 Bhattacharya(2016)가 제시하고 4장에서 제공하는 임피던스 행렬을 사용하여 회전을 계산합니다. 그림 2.39에는 다양한 *b* 값에 대한 결과가 나와 있습니다. 그림에는 서로 다른 파도 높이에 해당하는 두 영역이 표시되어 있습니다: 후쿠시마 지방(불운의 원자력 발전소 위치)과 이바라키 지방(가미스 풍력 발전소 위치)입니다. 파일 헤드 회전이 허용 가능한 구역인 가미스 풍력발전단지는 *b* 가 10인 경우에도 마찬가지입니다. 쓰나미 하중은 활발한 연구 분야이며 독자들은 유체역학 하중에 대한 전문적이고 최신 문헌을 참조하시기 바랍니다.

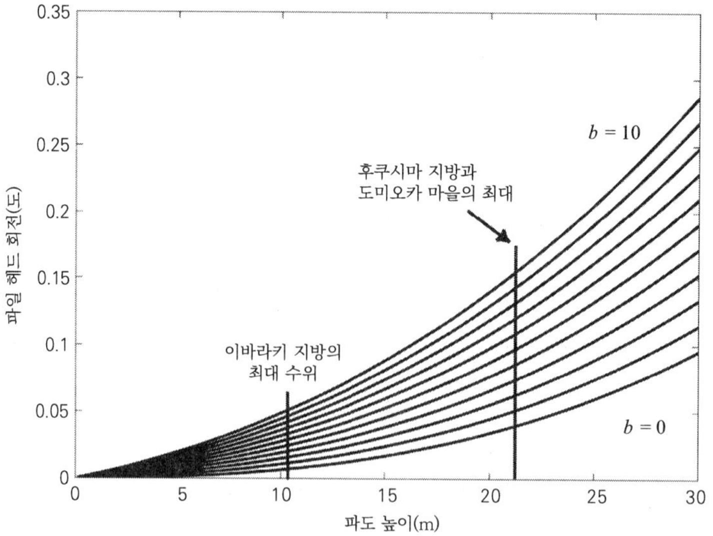

그림 2.39 2011년 도호쿠 지진 시 쓰나미 파고의 시뮬레이션 영향

액상화 효과와 쓰나미 효과를 결합할까요?

쓰나미가 OWT에 미치는 영향을 이해하려면 지진 흔들림+ 지반 액상화+ 쓰나미의 연쇄 효과를 평가하는 것이 유용할 수 있습니다. 쓰나미는 지진 발생 후 약 30분 후에 도착하므로 다음과 같은 경우 예측이 필요합니다.

지진 진동이 시작될 때부터 쓰나미가 밀려올 때까지 지층에서 간극 수압이 완전히 소멸되는 것을 의미합니다. 그림 2.40은 두 가지 극단적인 한계 [정수압 상태와 완전 액상화 상태]와 함께 진동에 의해 생성된 과잉간극수압의 등시점을 보여줍니다.

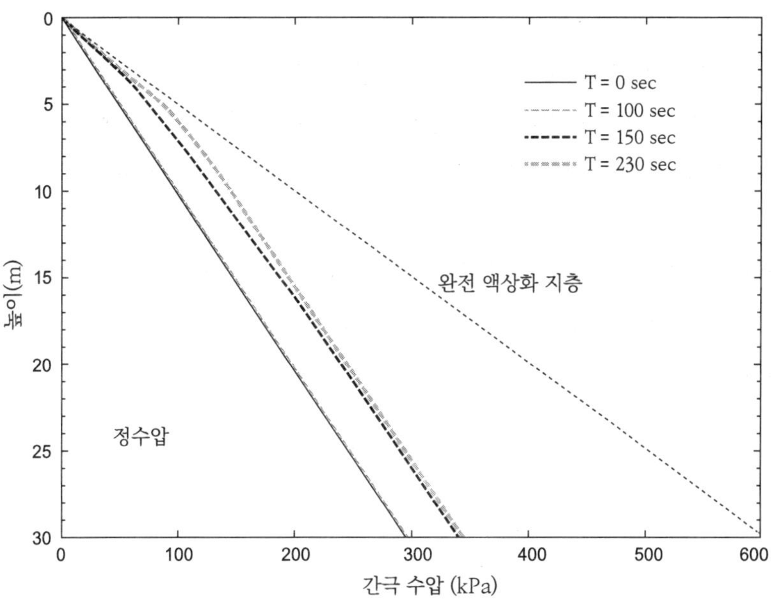

그림 2.40 지진 발생시 간극수압의 등시점은 소산과 극한값 (정수압 및 완전 액상화) 을 보임

분석 결과, 약 230초가 지나면 완전히 소멸되고 지반은 대부분의 강성을 회복한 것으로 예측됩니다. 이 특별한 경우 쓰나미 영향은 단독으로 평가할 수 있습니다.

2.12 챕터 요약 및 학습 포인트

(1) 기초 설계의 첫단계 중 하나는 목표 주파수를 정하는 것입니다. '목표 주파수'를 시각화 하려면 풍력 터빈 구조물에 작용하는 주파수의 스펙트럼을 구성해야 하며, 이를 위해서는 바람과 파도의 하중을 평가해야 합니다. 목표 주파수를 시각화하기 위해 제안된 방법은 그

림 2.4와 2.5에 나와 있으며 스펙트럼 밀도의 크기가 1로 정규화되어 있음을 알 수 있습니다. 실제로 바람과 파도는 1P와 3P보다 몇 배 더 높은 에너지를 갖습니다. 이 장에서는 몇 가지 사례 연구에 대한 규모 계산을 보여줍니다.

(2) 다양한 하중에 대한 굽힘 모멘트의 PSD 공식화의 동기는 빠른 주파수 영역 피로 손상 예측을 위한 기반을 제공하기 위해서입니다. 특히 이러한 구조물의 예비 설계 단계에서 매우 긴 시간이 소요되고 일반적으로 시간 수행되는 예비 설계 단계에서 유용합니다. 또한 구조 설계의 초기 단계에서 동역학 및 피로 해석을 통합한 OWT의 통합 설계를 장려할 수 있습니다. 주파수 도메인 방법의 예로는 Dirlik, Tovo-Benasciutti, $\alpha_{0.75}$ 방법이 있습니다.

(3) 제시된 공식과 방법은 간단한 스프레드시트를 사용하여 하중을 추정할 수 있도록 가능한 최소한의 정보를 사용하여 하중을 구하는 것을 목표로 했습니다. 제어 파라미터, 블레이드 설계, 에어로포일 특성 및 발전기 특성과 같은 정보는 이 공식에 포함되지 않습니다. 이러한 정보는 HAWC, FAST, BLADED와 같은 항공-수력-서보 탄성 분석에서 수행할 수 있습니다.

(4) 목표 주파수가 1P의 상한과 3P의 하한 사이에 있는 소프트-강성 설계의 경우 고유 주파수의 변화는 동적 증폭을 강화하여 진동 진폭을 증가시키고 구조물의 응력 및 피로 손상을 증가시킬 수 있습니다.

3.

기초 설계 시 고려 사항 및 필요한 계산

3.
기초 설계 시 고려 사항 및 필요한 계산

학습 목표

풍력 터빈 구조물은 동적 하중을 받으며 이러한 구조물의 진동 모드는 설계 고려 사항에서 중요한 역할을 합니다. 따라서 이 장에서는 진동 모드에 대한 섹션으로 시작합니다. 그런 다음 이 장에서는 한계 상태에 따른 설계 고려 사항에 대해 설명합니다: ULS (극한 한계 상태), SLS (서비스 한계 상태), FLS (피로 한계 상태)에 따른 설계 고려 사항에 대해 설명합니다. 설치와 관련된 문제도 논의합니다. 이 장에서는 설계자가 수행해야 하는 계산에 대해서도 설명합니다: 기초의 최대 지지력, 전체 시스템의 고유 주파수 처짐, 기초의 회전 등 설계자가 수행해야 하는 계산에 대해서도 설명합니다. 여기에는 허용 회전 및 처짐, 기초의 장기적인 기울기, 전체 시스템의 고유 주파수의 허용 변화, 기초 항타성 분석(Driveability) 을 포함한 기초 설치 및 지반 침식(세굴), 기울기 등과 같은 장기적인 문제도 포함됩니다. 각 섹션에서는 기초, 이론, 방법론을 몇 가지 풀이 예제와 함께 설명합니다.

3.1 소개

해상풍력 터빈은 복잡한 기계이며 구조가 동적으로 민감하게 반응합니다. 또한 까다로운 해양 환경에 위치하기 때문에 여러 유형의 설계 고려 사항이 있습니다. 설계 고려 사항을 설명하기 전에 문제의 복잡성과 다학적 (interdisciplinary) 특성을 강조하는 것이 중요합니다. 초심해에서 해양 구조물을 건설하는 것은 새로운 일이 아니며, 풍부한 레퍼런스와 경험이 있습니다. 그러나 새로운 것은 가느다란 타워의 상단에 무거운 회전 덩어리를 배치하는 대규모 해상풍력 터빈 구조물입니다. 그림 3.1은 더 무거운 터빈이 점점 더 높은 타워에 배치되는 해상풍력 터빈의 미래를 보여줍니다. 중요한 설계 동인 중 하나는 이러한 시스템의 동역학입니다. 따라서 다음 섹션에서는 이러한 구조물의 진동 모드와 이러한 진동이 전체 설계 고려 사항에 미치는 영향에 대해 설명합니다.

ASIDE

모노파일 및 다중 기초 지지 구조물을 예로 들어 설계 프로세스의 결과를 상기할 필요가 있습니다. 모노파일의 경우 기초 설계를 완성하기 위해 세 가지 속성 (길이, 지름, 두께)을 찾아야 합니다. 반면에 그림 3.2에 개략적으로 표시된 것과 같이 지지되는 구조가 여러 개인 경우 설계자는 기초의 치수뿐만 아니라 기초의 수와 기초 사이의 간격도 지정할 수 있습니다.

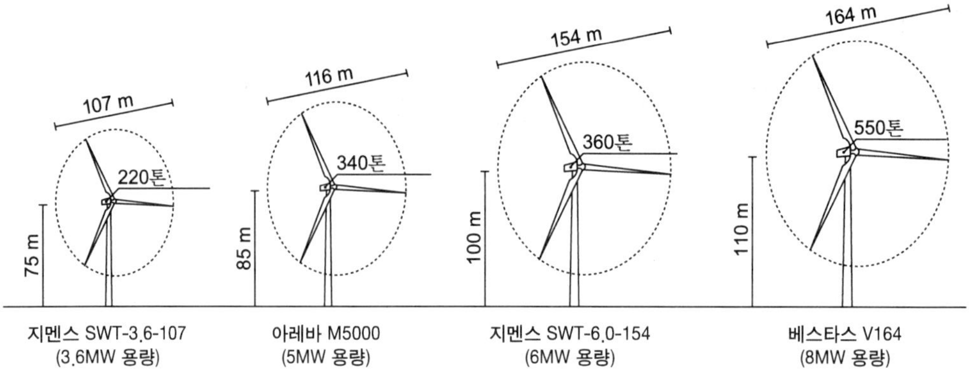

그림 3.1 해상풍력 터빈의 미래

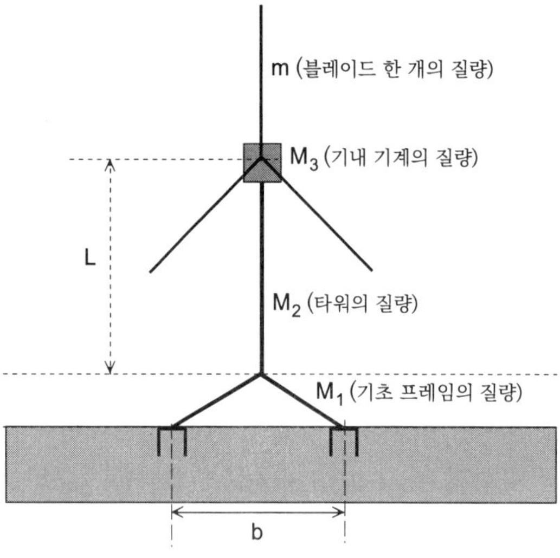

그림 3.2 설계 용어의 정의

3.2 풍력 터빈 구조물의 진동 모드

진동 모드는 기초 시스템(예: 모노파일과 같은 단일 기초 또는 여러 개의 얕은 기초 위에 지지되는 파일 그룹 또는 해저 프레임)과 상부 구조물 강성 및 질량 분포의 조합에 따라 달라집니다. 이러한 구조물의 기본 진동 모드는 크게 두 가지 유형으로 나눌 수 있습니다:

1. ***스웨이-벤딩 모드****(Sway-bending modes)* 이는 기본적으로 타워의 스웨이-벤딩 모드인 상단 로터-나셀 어셈블리(RNA) 덩어리와 함께 타워의 유연한 모드로 구성됩니다. 이러한 경우 효과적으로 기초는 타워와 비교했을 때 축 방향으로 매우 뻣뻣하고 타워가 진동합니다.

기초는 전체 시스템에 강성과 감쇠를 제공합니다.

2. ***흔들림 모드****(Rocking modes)* 이는 기초가 축방향으로 변형될 수 있는 경우(덜 단단함)에 발생하며 여러 개의 얕은 기초 위에 지지되는 풍력 터빈 발전기(WTG)에서 일반적입니다. 흔들림 모드는 타워의 유연한 모드와 결합할 수도 있습니다.

다음 섹션에서는 몇 가지 예를 통해 진동 모드에 대해 설명합니다. 이러한 측면은 Bisoi와 Halder(2014), Nikitas 등(2016, 2017), Lombardi 등(2013)에 의해 실험적, 수치적, 분석적으로 조사되었습니다. 실험 방법에서 진동 모드는 자유 진동 테스트라고도 하는 스냅백 테스트에서 얻었습니다.

3.2.1 스웨이-벤딩 모드 진동 (Sway-Bending Modes of Vibration)

기본적으로 이 형태는 기초가 상부 구조에 비해 매우 단단할 때 관찰됩니다. 모노파일에 지지되는 풍력 터빈과 파일에 지지되는 재킷은 이러한 모드를 나타냅니다. 그림 3.3은 모노파일 지지 풍력 진동 모드 개략도를, 그림 3.4는 재킷 지지 풍력 터빈 시스템의 개략도를 보여줍니다. 처음 두 모드는 간격이 상당히 넓으며 일반적인 비율은 약 4~6배라는 점에 유의하는 것이 중요합니다.

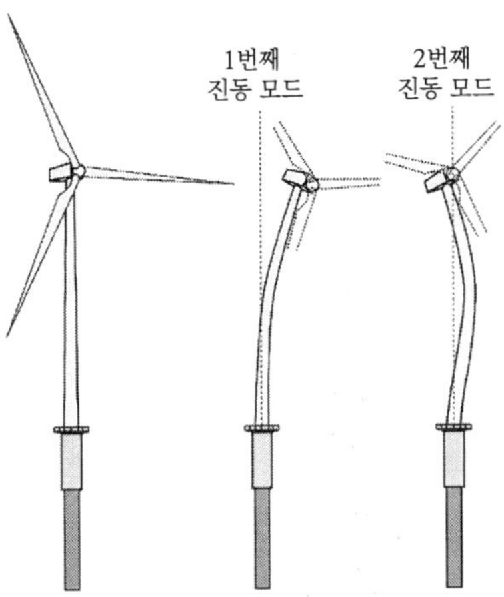

그림 3.3 모노파일 지지 풍력 터빈의 진동 모드

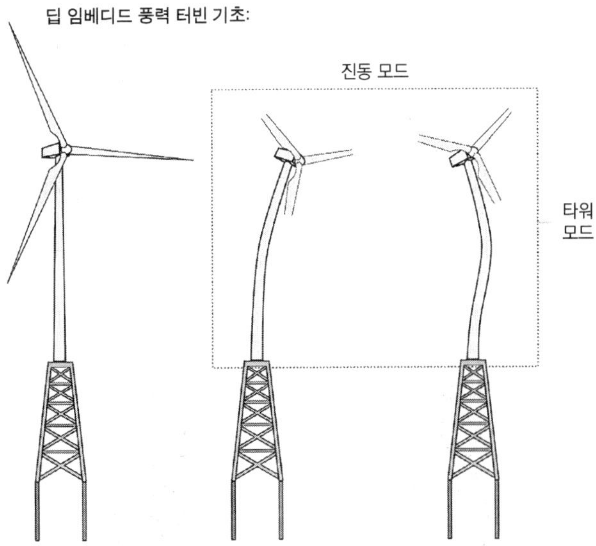

그림 3.4 말뚝에 지지되는 재킷 구조의 진동 모드 개략도

여기서 주목해야 할 점은 기초가 축 방향으로 매우 단단하다는 것입니다. 이러한 분석은 표준 소프트웨어를 사용하여 쉽게 수행할 수 있습니다.

고정 기반 캔틸리버 빔의 처음 세 가지 진동 모드는 다음과 같습니다:

$$f_n = \frac{1}{2\pi}\alpha_n^2\sqrt{\frac{EI}{ML^4}} \tag{3.1}$$

여기서 α_n은 첫 번째, 두 번째 및 세 번째 모드에 대해 각각 1.875, 4.694, 7.855 값을 갖는 모드 번호 파라미터입니다. EI는 길이 L을 갖는 빔의 휨 강성이고 M은 빔의 단위 길이당 질량입니다.

3.2.1.1 재킷 시스템 진동 모드의 수치 적용 예시

그림 3.5와 3.6은 진동 모드를 파악할 수 있는 해상풍력 터빈 시스템을 지지하는 재킷의 수치 시뮬레이션 예시를 보여줍니다. 이는 고유 솔루션(eigen solutions)을 통해 얻을 수 있습니다. 트위스트 재킷(내측 유도 구조[Inward Battered Guided Structure, IBGS]라고도 함)의 경우, 첫 번째 모드와 두 번째 모드의 주파수는 0.2678Hz이고 세 번째 모드는 1.049Hz 입니다. 처음 두 모드는 동일하며 설계자의 임무는 2장 2.2절에서 설명한 허용 가능한 ***소프트-스티프*** 영역의 좁은 대역에 이를 배치하는 것입니다. 기초의 표준 재킷에서도 비슷한 관찰 결과가 나타났습니다(그림 3.4 참조). 이 그림은 모드 모양을 시각화하기 위한 평면도 보기도 제공합니다. 재킷의 고유 주파수를 구하기 위한 **폐쇄형** 솔루션은 Jalbi와 Bhattacharya(2018)에서 개발되었습니다.

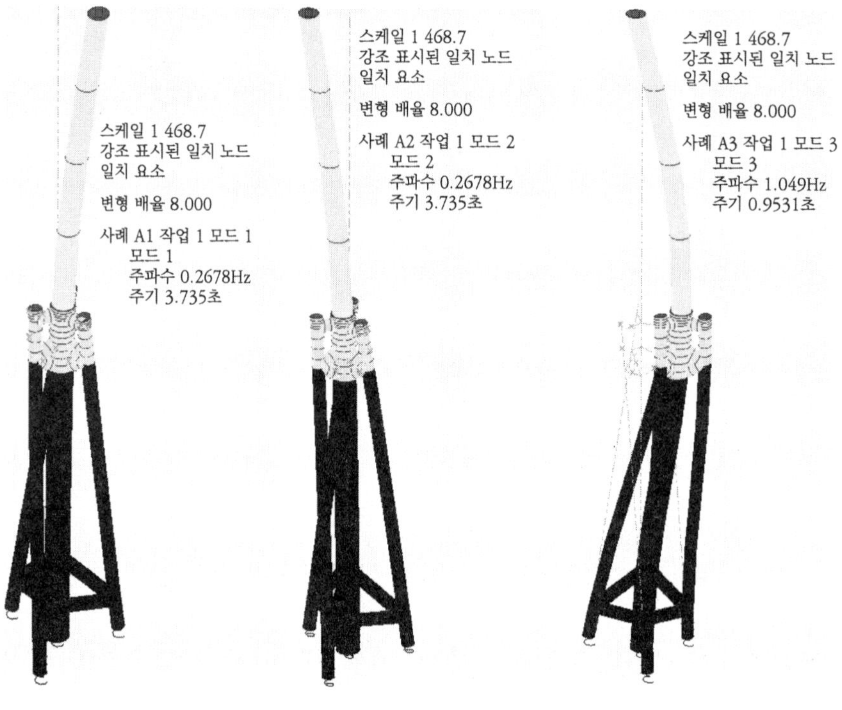

그림 3.5 트위스트 재킷의 진동 모드

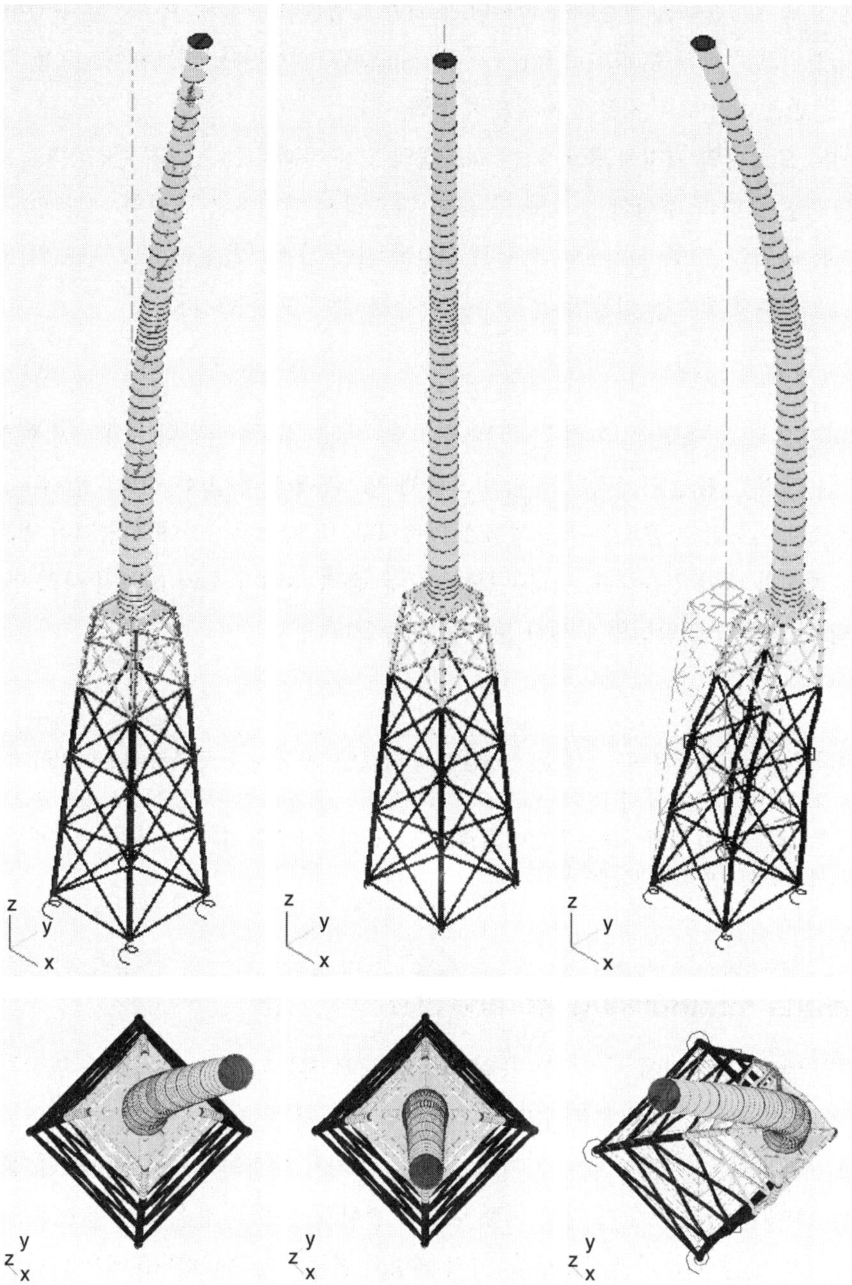

그림 3.6 표준 재킷의 진동 모드

3.2.1.2 모노파일 지지 구조의 고유 주파수 추정

목표 고유 주파수의 개념(2장의 2.2절)에 따라 전체 시스템의 고유 주파수를 원하는 대역에 배치하기 위해 다음과 같이 반복합니다.

다양한 설계 매개변수를 변경해야 합니다. 소프트웨어를 사용하여 최적화를 수행하려면 시간이 많이 걸리므로 폐쇄형(closed-form solutions) 효과적입니다. 5장에서는 고유 주파수를 계산하는 방법을, 6장에서는 실제 예제를 수행합니다.

예를 들어, 모노파일 지지형 풍력 터빈 시스템의 고유 주파수는 Arany 등(2015a, b, 2016)이 개발한 방법에 따라 추정할 수 있습니다. 이 단순화된 방법론은 간단한 캔틸레버 빔 공식을 기반으로 타워의 고유 주파수를 추정하고(고정 기반 가정), 기초와 하부 구조의 유연성을 고려하기 위해 수정 계수를 적용합니다. 이는 다음과 같이 표현됩니다.

$$f_0 = C_L C_R f_{FB} \tag{3.2}$$

여기서 C_L 및 C_R은 측면 및 회전 기초 유연성 계수이고, f_{FB}는 타워와 트랜지션 피스(TP)의 길이에 따른 다양한 강성을 고려한 타워의 고정 베이스(캔틸레버) 고유 주파수입니다. 이 공식은 효과적으로 기초가 제공하는 유연성을 보여줍니다. 이 방법은 5장에 설명되어 있으며 6장에는 적용 예시가 나와 있습니다. Arany 등(2016)은 풍력 터빈 구조의 10가지 사례 연구를 통한 검증 및 검증과 함께 방법의 상세한 도출을 제공합니다.

ASIDE

아직 건설되지 않은 구조물의 진동 모드는 스케일 모드 테스트에서 가장 잘 연구됩니다. 따라서 제안된 많은 기초 유형은 안정된 실험실 바닥에서 축소 모형 테스트를 사용하여 연구되었습니다. 실험 관찰을 통해 중요한 설계 고려 사항이 된 흥미로운 사실이 밝혀졌습니다. 이러한 관찰 결과는 나중에 분석 방법과 수치 시뮬레이션을 사용하여 검증되었습니다.

3.2.2 흔들림 모드(Rocking Modes) 진동

여러 개의 얕은 기초 위에 지지되는 풍력 터빈의 경우 흔들림 모드의 기초가 일반적입니다(예: 여러 개의 버킷형 기초 위에 풍력 터빈 구조물이 지지되는 그림 3.7 참조). 그림 3.8은 해저 프레임 또는 재킷이 얕은 기초 위에 지지되는 다른 세 가지 유형의 축소 모델 테스트를 보여줍니다. 그림 3.9에는 타워 모드가 강성 진동 모드와 결합될 수 있는 흔들림 진동 모드의 개략적인 표현이 나와 있습니다. 기본적으로 두 가지 유형의 진동이 있습니다: (i) 매우 단단한 재킷의 흔들림 모드, (ii) 타워의 유연한 모드.

이론적으로 각 흔들림 모드에 대해 타워에는 두 가지 유연한 모드가 있을 수 있습니다. 이는 축소 모델 테스트를 통해 관찰되었으며 Bhattacharya 등(2013a, b, 2017a)에서 보고되었습니다. 기초는 다른 평면에 대해 흔들릴 수 있으며, 이는 주축의 방향, 즉 면적의 두 번째 모멘트 차이가 가장 큰 방향에 따라 결정됩니다. 그림 3.9는 타워 모드가 흔들림 모드와 상호 작용할 수 있는 진동 모드를 보여주는 단순화된 다이어그램으로, 타워가 기초의 흔들림 모드를 따를 수도 있고 따르지 않을 수도 있습니다. 기초의 흔들림 모드는 타워의 유연한 모드와 상호 작용하기 때문에 복잡할 수 있으며 이를 피해야 한다는 것을 보여줍니다.

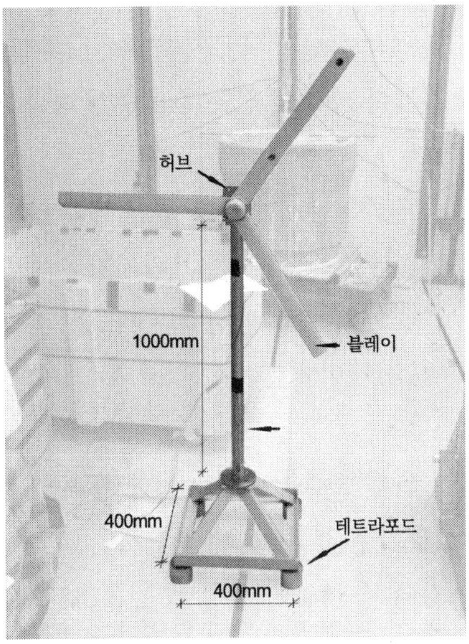

그림 3.7 테트라포드 기초의 축소 모형

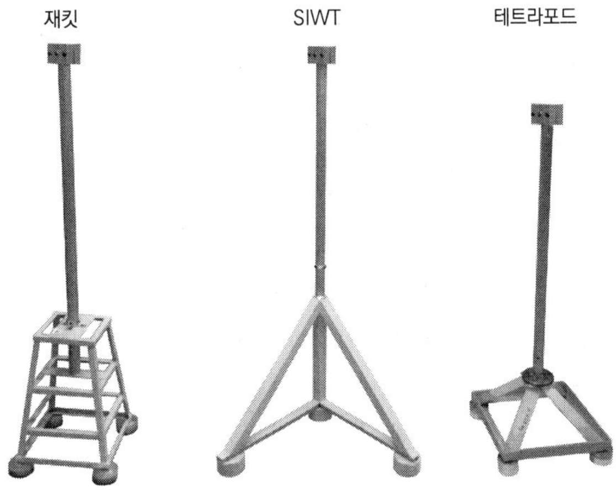

그림 3.8 다양한 구성 기초

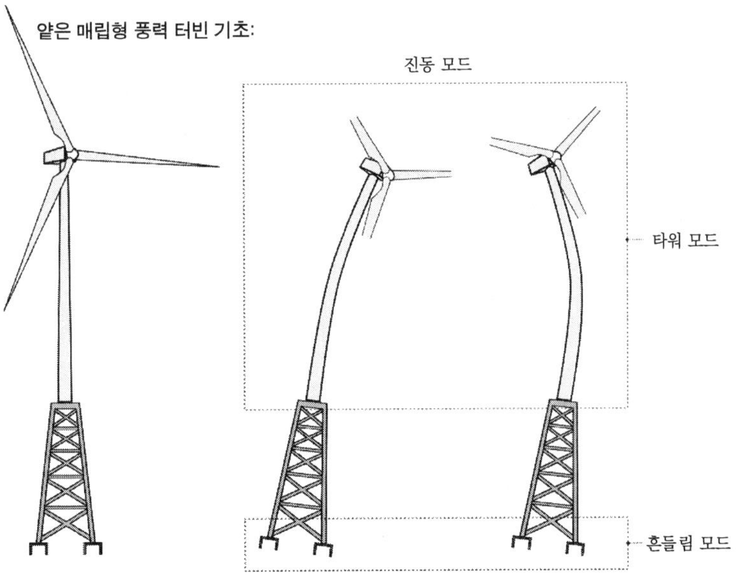

그림 3.9 진동 모드의 흔들림

아래에서 세 가지 사례를 설명합니다:

1. 그림 3.7에 표시된 것과 같은 대칭형 테트라포드 기초에 지지되는 풍력 터빈 해석을 위한 단순화된 모델이 그림 3.10과 3.11에 설명되어 있습니다. Bhattacharya 등(2013a,b)의 연구에 따르면 각 지지대 아래에 동일한 기초가 있더라도 두 개의 진동 주파수가 밀접한 간격을 두고 존재합니다. 이는 지반의 변동성과 관련된 기초의 수직 강성이 다르기 때문입니다. 그러나 수천 번의 하중과 진동 사이클이 지나면 이렇게 간격이 가까운 진동 주파수가 하나의 피크로 수렴할 수 있습니다.
2. ***비대칭 삼각대 기초*** 그림 3.12에는 1장 그림 1.31에 표시된 개념에서 영감을 얻은 예가 나와 있습니다. Bhattacharya 등 (2013a,b) 에 보고된 연구에 따르면 주파수는 가깝지만 수백만 사이클의 하중을 받는 두 가지 진동 모드가 있으며, 이 두 개의 밀접한 간격의 피크는 수렴하지 않는 것으로 나타났습니다. 이는 기초가 두 개의 직교 평면에서 서로 다른 두 가지 강성을 가지고 있기 때문입니다.
3. ***대칭 삼각대 기초*** 대칭 삼각대의 진동 모드를 이해하기 위해 그림 3.13과 3.14에 표시된 삼각형 기초에서 테스트를 수행했습니다. 자유 진동 테스트가 수행되었으며 일반적인 결과는 그림 3.15에 나와 있습니다. 이 모드는 물리학에서 잘 알려진 '맥놀이 현상'과 같은 것으로, 감쇠가 낮은 두 개의 매우 닫힌 간격의 진동 주파수에서 가능합니다.

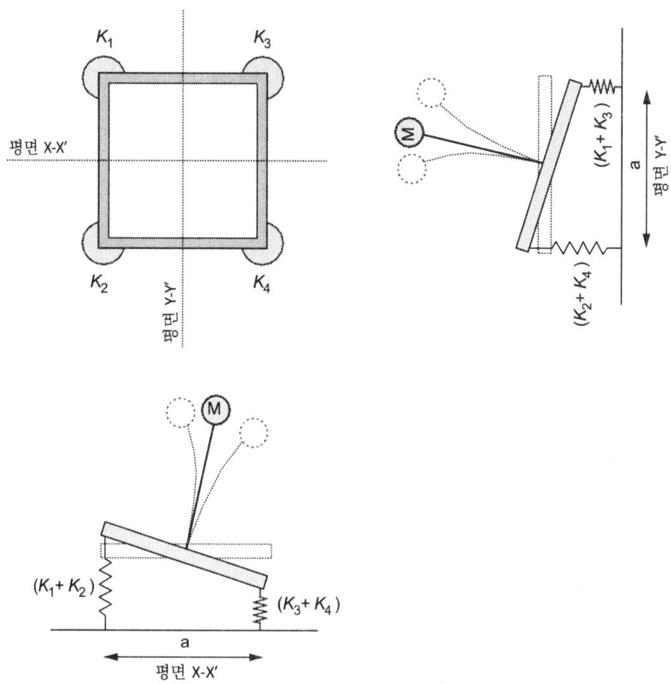

그림 3.10 X-X' 및 Y-Y' 평면에 대한 대칭형 테트라포드의 흔들림 모드

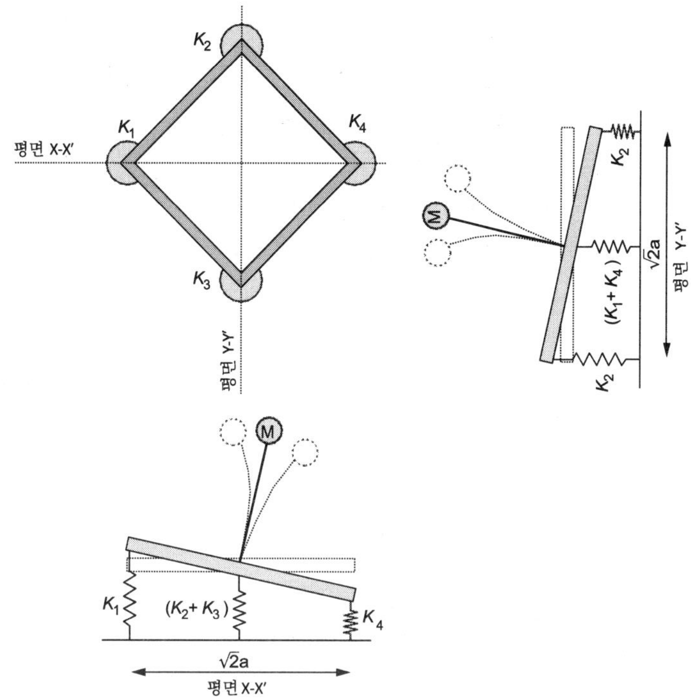

그림 3.11 대각선 평면에 대한 흔들림 모드

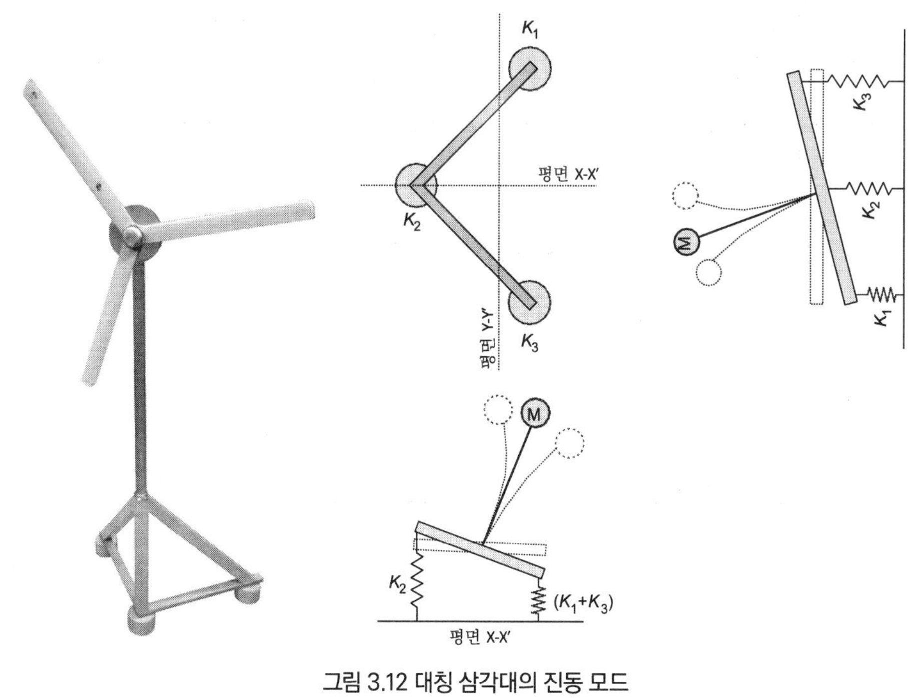

그림 3.12 대칭 삼각대의 진동 모드

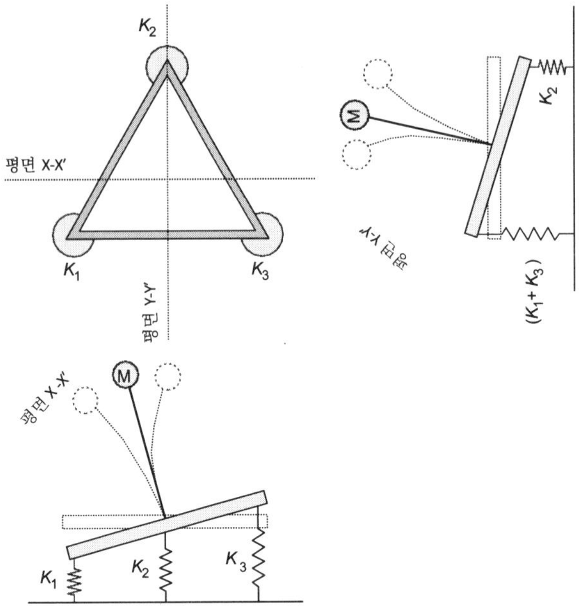

그림 3.13 대칭 기초

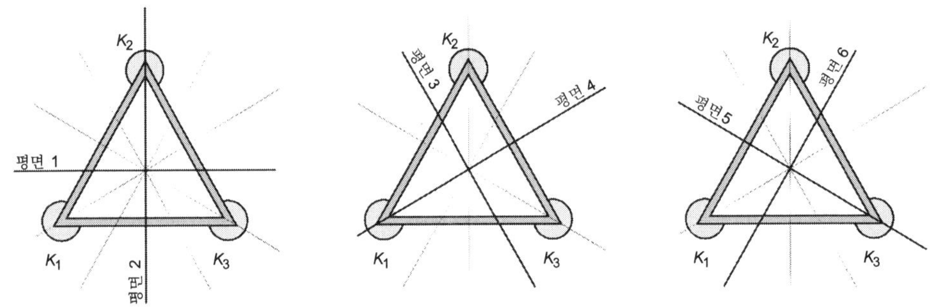

그림 3.14 진동 평면

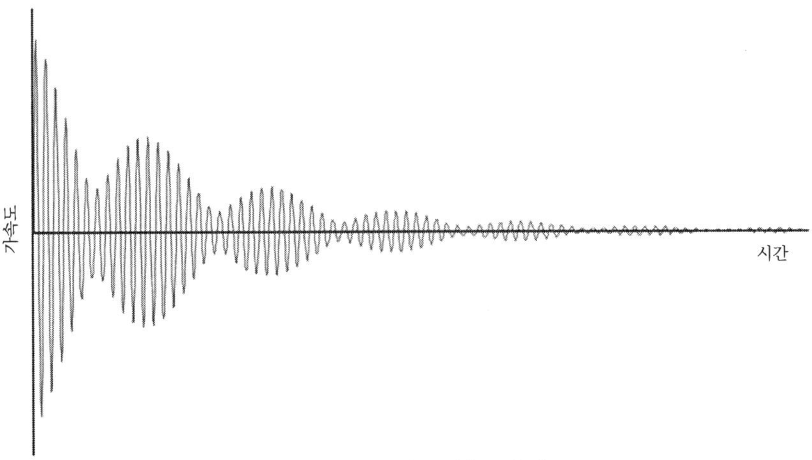

그림 3.15 자유 진동 가속도 응답

2장 그림 2.4 및 2.5에서 전체 시스템의 설계 최초고유 주파수가 1P와 3P 사이를 목표로 하는 것을 고려할 때 다음 사항이 중요합니다.

두 가지 진동 모드가 서로 밀접한 간격을 두지 않는 것이 좋습니다. 따라서 실제로는 비대칭 시스템을 피하는 것이 좋습니다. 이전 사례 연구에서도 대칭형 테트라포드가 대칭형 삼각대보다 댐핑이 더 높다는 것을 알 수 있습니다. 맥놀이 현상은 댐핑이 낮고 간격이 가까운 두 가지 모드에서 전형적으로 나타나는 현상임을 알 수 있습니다. 중력 기반 기초는 흔들림 모드를 나타내며 타워 유연 모드와도 상호작용할 수 있습니다.

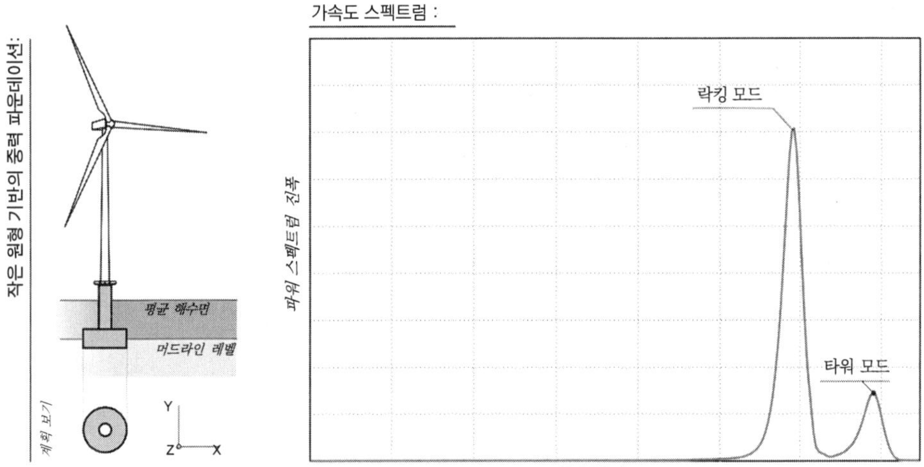

그림 3.16 작은 원형 중력 기반 기초의 진동 모드

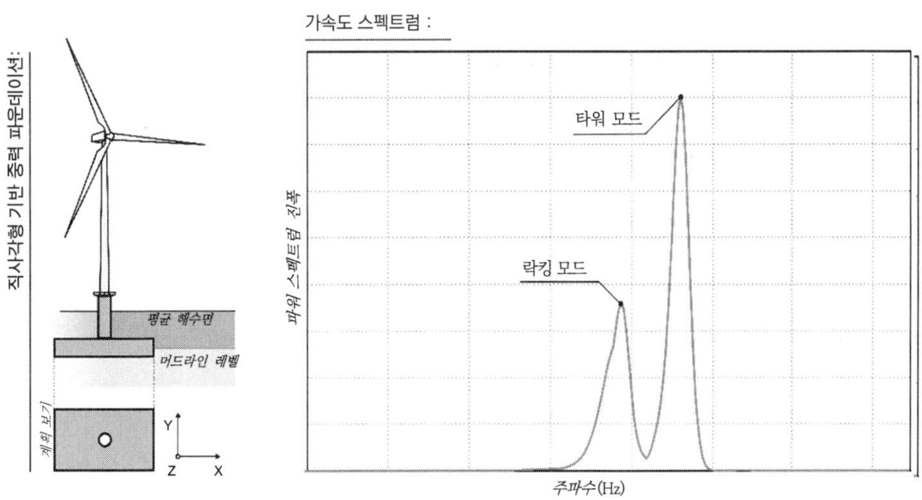

그림 3.17 직사각형 모양의 GBS의 진동 모드

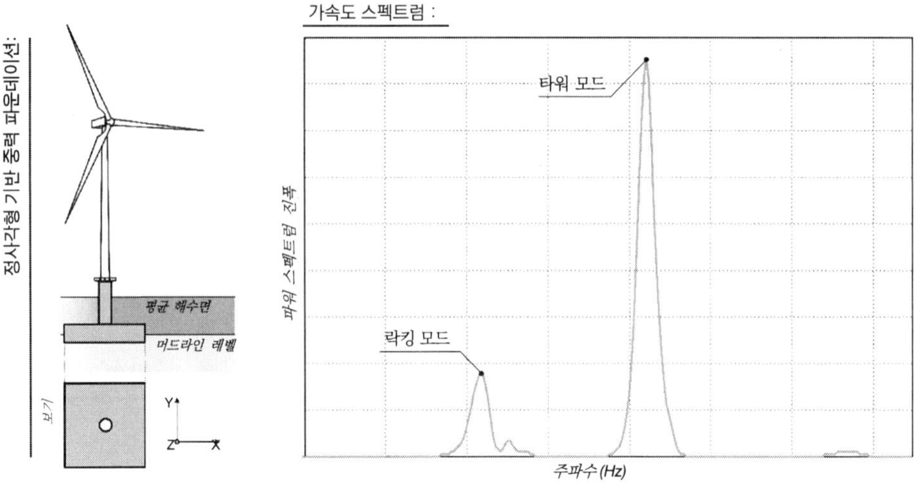

그림 3.18 정사각형 GBS의 진동 모드

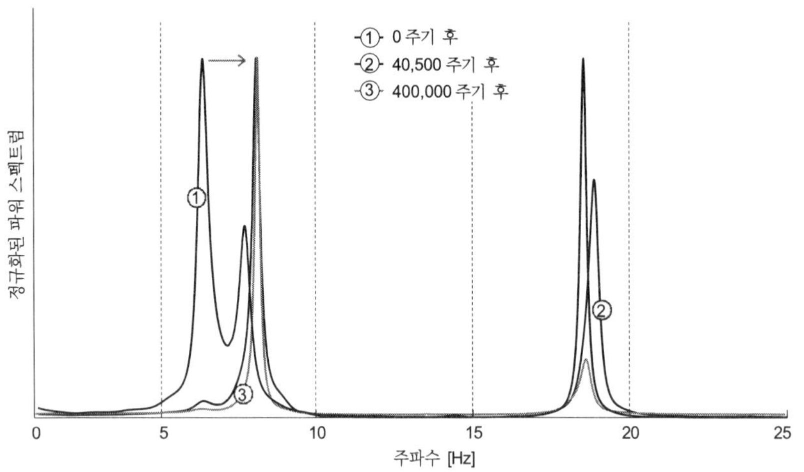

그림 3.19 하중 주기에 따른 모노파일 지지 풍력 터빈의 진동 모드 변화

그림 3.16- 3.18은 소규모 모델 테스트에서 관찰된 진동 모드의 개략적인 다이어그램을 보여줍니다. 그림 3.19는 소규모 테스트에서 관찰된 하중 주기에 따른 기초의 고유 주파수 변화를 보여줍니다.

3.2.3 모노파일/모노 케이슨의 진동 모드와 다중 진동 모드의 비교

모노파일과 같은 깊은 기초는 흔들림 모드, 즉 처음 두 진동 모드의 간격이 넓게 나타나는데, 일반적인 비율은 4 대 5입니다. 그러나 얕은 기초(예: 석션 케이슨의 테트라포드 또는 삼각대)에 지지되는 여러 개의 포드 기초는 두 개의 주요 평면에서 흔들림 모드를 나타냅니다(물론 직교). 그림 3.20은 축소 모델 테스트에서 얻은 하중 스펙트럼 다이어그램에 표시된 모노파일 지지 풍력 터빈과 테트라포드 기초의 동적 응답을 보여줍니다.

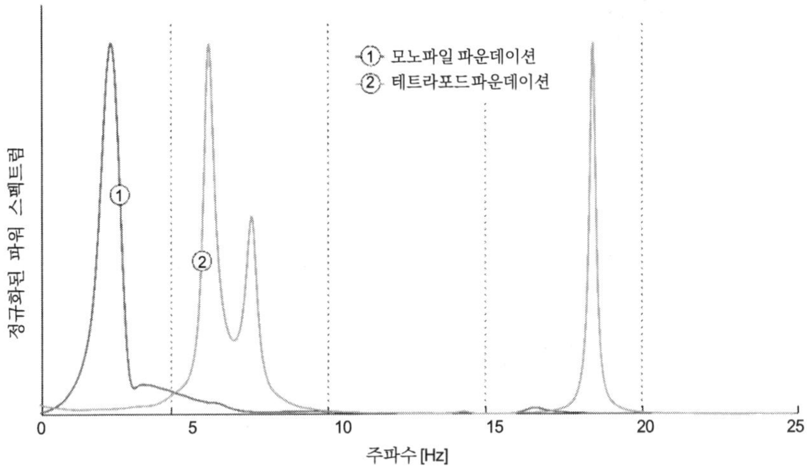

그림 3.20 석션 케이슨(기초는 그림 3.8 참조) 및 모노파일에 대한 테트라포드 기초의 자유 진동 응답

3.2.4 흔들림을 피해야 하는 이유

여러 말뚝의 기초 (대칭 또는 비대칭)는 두 개의 주축에서 진동 모드에 해당하는 두 개의 밀접한 간격의 고유 주파수를 나타냅니다. Soft-stiff 설계의 경우 그림 3.21에 표시된 것처럼 좁은 간격으로 맞추어야 합니다. 또한 5장에서 설명하겠지만, 지반 구조 상호 작용(SSI)에 따르면, 두 스펙트럼 피크는 반복되는 하중 주기에 따라 변화합니다. 또한 대칭형 테트라포드(비대칭형 삼각대는 아님)의 경우 이 두 피크는 모래 퇴적물에 수렴합니다. 피로 설계 관점에서 멀티포드 기초의 두 스펙트럼 피크는 환경 하중(바람과 파도)의 광대역 특성에 의해 여기될 수 있는 주파수 범위를 넓혀 모션 범위에 영향을 미칩니다. 따라서 대칭형 기초의 경우 두 피크가 수렴하는 경향이 있으므로 시스템 수명(고장까지의 주기 수)이 효과적으로 늘어날 수 있습니다. 그러나 비대칭 기초의 경우 두 피크가 수렴하지 않기 때문에 시스템 수명에 계속 부정적인 영향을 미칠 수 있습니다. 따라서 설계자는 비대칭 기초보다 대칭 기초을 선호해야 합니다.

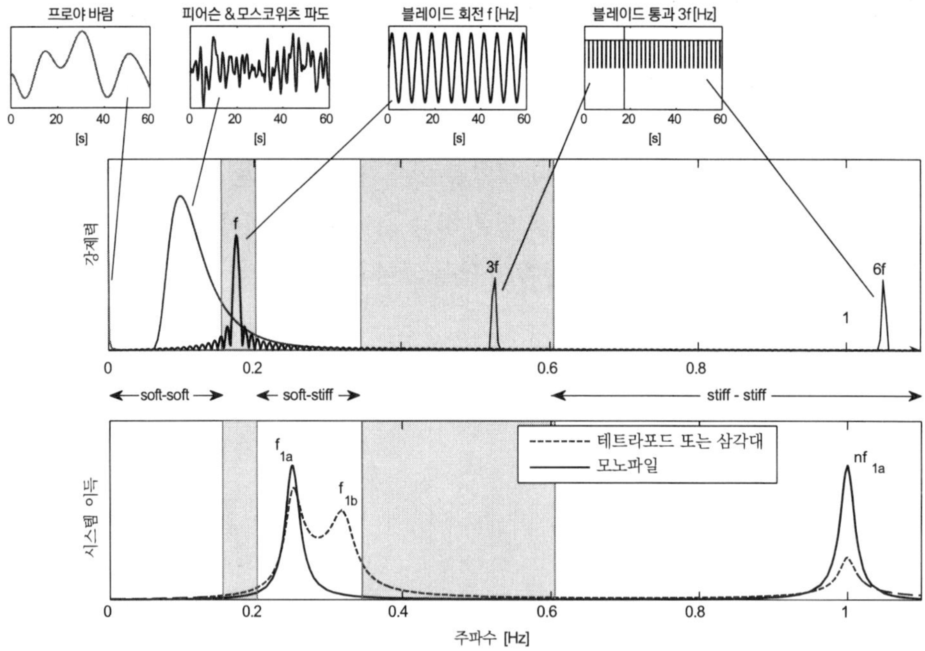

그림 3.21 좁은 간격에 두 개의 피크 맞추기

3.3 공명의 효과: 동등한 문제에 대한 연구

해상풍력 터빈은 새로운 유형의 구조물이기 때문에 다른 분야로부터 배우는 것이 중요합니다. 이 섹션에서는 특정 주파수를 피하는 것의 중요성을 보여주기 위해 헬리콥터를 예로 들어 설명합니다. 그림 3.22는 지상 공진으로 잘 알려진 헬리콥터 공진 문제의 정지 사진을 보여주며, 동영상은 YouTube에서 확인할 수 있습니다. 헬리콥터 로터의 불균형으로 인해 회전으로 인한 진동이 랜딩 기어의 헬리콥터 흔들림 주파수와 위상을 같이하게 됩니다. 이는 붕괴로 이어지며, 이 실험은 그림 3.23에 개략적으로 나와 있습니다. 헬리콥터가 두 개의 착륙 패드(스키드)를 중심으로 흔들리기 시작합니다.

공진을 통해 유도된 응력이 재료와 연결부의 강도를 초과하여 고장을 일으킬 때까지 지속됩니다. 그림 3.24에 개략적으로 표시된 것처럼 헬리콥터 지상 공진과 재킷 지지형 해상풍력 터빈은 둘 다 무거운 회전하는 상단 질량을 지지한다는 점에서 유사점이 있습니다. 고려 중인 동작이 흔들림이므로 지지대의 수직 강성이 지배적인 매개변수입니다.

그림 3.22 헬리콥터의 지상 공명

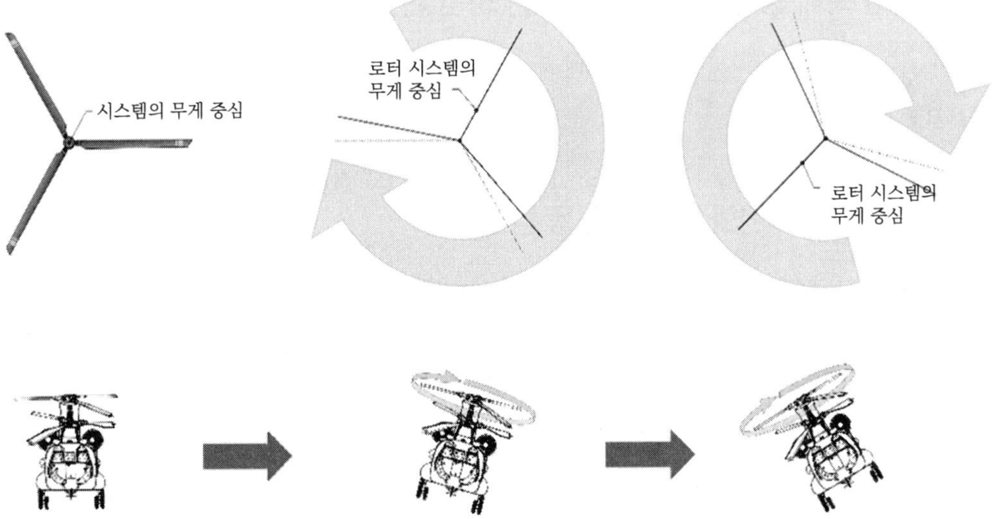

그림 3.23 헬리콥터 로터의 RPM에 따라 조정되는 헬리콥터의 흔들림 동작

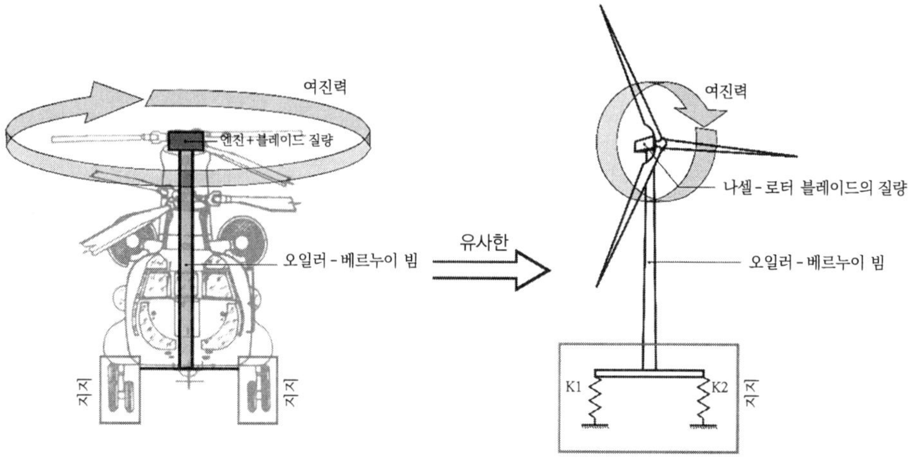

그림 3.24 헬리콥터와 해상풍력 터빈 구조의 유사점

재킷 구조의 경우 시작 시점에 수직 강성(kN/m)이 동일하지 않을 수 있습니다. 따라서 K_1 및 K_2로 표시됩니다. 공명은 다음과 같아야 한다는 것이 분명합니다.

피할 수 있으며, 이는 재킷 지지형 풍력 터빈의 동적 동작의 미묘한 측면을 이해하는 것이 중요하다는 점을 강조합니다. 공진은 FLS(피로 한계 상태) 및 SLS(서비스 한계 상태)에 영향을 미칠 뿐만 아니라 O&M(운영 및 유지보수)에도 영향을 미칩니다.

3.3.1 독일 북해 풍력 터빈에서 관찰된 공진 현상

Hu 등(2014)은 풍력 터빈의 공진에 대해 보고했습니다. 이에 대해서는 5장에서 자세히 설명합니다.

3.3.2 해상풍력 터빈의 구조적 진동 감쇠

해상풍력 터빈의 고유 주파수는 강제 주파수에 가깝기 때문에 손상 누적을 제한하고 조기 유지보수를 피하려면 댐핑이 매우 중요합니다. 따라서 댐핑과 관련된 문제에 대한 논의가 필요하며, 해상풍력 터빈의 전후 및 좌우 진동에서 실용적인 설계를 위해 이상화할 수 있습니다.

두 축(X와 Y)에 대한 스웨이-벤딩(또는 흔들림) 진동간의 주요 차이점은 바람 방향에서는 회전하는 블레이드가 공기 흐름과 상호작용하여 발생하는 높은 공기역학적 감쇠로 인해 더 높은 감쇠가 예상된다는 것입니다. 반면, 좌우 방향의 경우 공기역학적 댐핑이 훨씬 낮습니다.

미작동(주차 또는 공회전) 상태의 OWT는 전방- 후미에서 좌우 방향과 유사한 공기역학적 감쇠를 갖습니다. 풍하중은 풍향 방향으로 작용하기 때문에 가장 높은 하중 진폭은 앞쪽- 뒤쪽 동작에서 예상됩니다. 이는 수심 30m 미만의 수심에 있는 대부분의 풍력 터빈의 경우 풍 하중이 주된 하중인 반면, 중심해 또는 심해에 있는 매우 큰 직경의 모노파일의 경우 파도 하중이 동일하거나 더 클 것으로 예상되기 때문입니다. 풍력 터빈의 요 메커니즘으로 인해 풍향 및 풍향 방향이 동적으로 움직이고 고정되어 있지 않으므로 기초는 OWT의 수명 동안 모든 방향에서 횡풍 및 풍향 하중을 모두 받게 된다는 점에 유의할 필요가 있습니다. 따라서 두 방향의 진동을 모두 분석하는 것이 중요하다는 결론을 내릴 수 있습니다.

첫 번째 휨 모드의 감쇠를 경험적으로 또는 이론적으로 고려한 연구로는 Camp 등(2004), Tarp-johansen 등(2009), Versteijlen 등(2011), Damgaard와 Andersen(2012), Damgaard 등(2013), Shirzadeh 등(2013) 등이 있습니다. 이러한 연구와 기타 추정치를 바탕으로 다른 데이터가 없는 경우 다음과 같이 감쇠 비율 기여도를 평가할 것을 권장합니다:

- ***구조적 댐핑*** : 0.15- 1.5%. 구조적 감쇠의 값은 다음과 같은 형태의 에너지 소산을 통한 재료 감쇠(일반적으로 강철) 외에도 구조의 연결부(용접 연결부, 그라우팅 연결부 등)에 따라 달라집니다. (hysteretic damping)
- ***지반 댐핑*** : 0.444 - 1%. 지반-구조물 상호 작용(SSI)으로 인한 댐핑의 원인에는 지반의 히스테리시스 (재료) 댐핑, 파도 복사 댐핑(기하학적 소산), 그리고 훨씬 적은 범위에서 간극 유체 유도 댐핑이 있습니다. 파도 복사 감쇠와 간극 유체 유도 감쇠는 1Hz 미만의 여기에서는 무시할 수 있는 수준이므로 이 연구에서는 히스테리시스 감쇠가 지배적입니다. 지반 감쇠는 지반의 유형과 변형률 수준에 따라 달라집니다.
- ***유체역학적 댐핑*** : 0.07- 0.23%. 유체 역학적 항력으로 인한 파도 복사 및 점성 댐핑의 결과입니다. 풍력 터빈의 저주파 진동에서 하부 구조의 상대 속도가 낮기 때문에 속도의 제곱에 비례하는 점성 감쇠는 일반적으로 매우 낮습니다. 더 큰 기여도는 상대 속도에 비례하는 파도 복사 감쇠에서 발생합니다.
- ***공기역학적 감쇠*** : 작동 중인 터빈의 전방- 후방 방향 1- 6%, 정지 중인 터빈 또는 맞바람 방향 0.06- 0.23%. 공기 역학적 감쇠는 풍력 터빈 구조와 주변 공기 사이의 상대적인 속도의 결과입니다. 공기 역학적 감쇠는 특정 풍력 터빈에 따라 달라지며, 풍력 터빈 로터의 공기 탄성 분석에 널리 사용되는 블레이드 요소 운동량(Blade Element Momentum, BEM) 이론에 내재되어 있습니다. 또한 특정 풍력 터빈의 크기는 터빈의 회전 속도에 따라 달라집니다.

첫 번째 진동 모드의 총 감쇠는 일반적으로 좌우 진동 또는 정지 또는 공회전 중인 터빈의 경우 1~4% 사이입니다. 반면, 풍력 터빈이 전-후 방향으로 작동하는 경우 총 감쇠는 2~8% 사이입니다.

3.4 풍력 터빈 구조물의 허용 회전 및 처짐

허용 회전 및 처짐은 SLS, 즉 터빈 시스템에 부과된 작동 허용 오차에 해당합니다. 이러한 제한은 터빈 시스템의 수명 기간 동안 허용되는 총 처짐, 순간 처짐 및 회전의 부등침하 및 축적된 허용 회전을 명시합니다. 과도한 처짐 또는 침하는 발전기 및 기어박스와 같은 비구조적 구성 요소에 악영향을 미칠 수 있습니다. 이 장의 이 섹션에서는 이러한 고려 사항을 강조합니다. 터빈의 안전한 작동이라는 관점에서 엄격한 요구사항의 가능한 이유를 확인할 수 있으며 표 3.1에 나열되어 있습니다:

표 3.1 엄격한 수직성 요구 사항의 가능한 이유

가능한 문제 영역	문제 설명
블레이드 – 타워 충돌	터빈이 기울어지면 블레이드의 초기 처짐으로 인해 블레이드-타워 간극이 줄어들 수 있습니다. 맞바람 장비의 경우 이러한 효과는 그림 3.25와 같이 블레이드가 아래쪽을 향하는 위치에서 극단적으로 휘어질 때 타워 충돌 위험을 증가시킬 수 있습니다. 블레이드-타워 충돌은 심각한 위험이므로 반드시 고려해야 합니다. 타워 충돌을 방지하기 위해 풍력 터빈 제조업체는 로터의 메인 샤프트에 5~6° 의 기울기 각도를 적용합니다.
에너지 생산량 감소	머드라인의 기울기는 바람이 로터에 '비스듬히' 부딪히게 하여 풍력 터빈의 총 에너지 생산량을 감소시킵니다.
요 모터	제한된 요 모터 용량으로 인해 중력을 거슬러 로터를 위로 돌려야 할 때 터빈이 바람을 향해 요잉하는 것을 막을 수 있습니다.
요 브레이크	요 브레이크가 로터를 위쪽을 향하는 위치에 유지하지 못할 수 있습니다.
요, 피치 및 메인 베어링	나셀 레벨의 기울기는 베어링의 하중 방향과 크기를 변경하여 피로 수명을 줄이거나 이동 기준에 영향을 줄 수 있습니다.
유체 레벨 및 냉각수 이동	나셀 레벨의 기울기는 터빈의 냉각 시스템을 방해할 수 있습니다.
휨 모멘트 증가	터빈의 기울기로 인해 타워, 모노파일과 트랜지션 피스의 그라우팅 연결, 모노파일 자체의 굽힘 모멘트를 증가하게 됩니다.

1. 과도한 회전의 중요한 문제 중 하나는 블레이드에 의한 타워 충돌의 위험과 일정한 출력을 제공하기 위한 요 시스템 제어의 어려움입니다. 머드라인 기울기로 인한 블레이드의 사전 구부러짐으로 인해 블레이드-타워 간 간격이 감소하여 타워 충돌 위험이 증가할 수 있습니다(그림 3.25 참조). 로터-나셀 어셈블리를 '오르막길'로 돌려야 할 때 요 모터의 용량으로 인해 터빈이 바람을 향해 요잉하지 못할 수 있습니다. 또한 요 브레이크가 RNA를 위쪽 위치에 유지하지 못할 수도 있습니다.
2. 또한 전력 생산량 감소, 지지 구조의 굽힘 모멘트 증가, 베어링 수명 단축, 냉각 유체 레벨 또는 움직임 문제와 같은 관련 문제도 있습니다. 이러한 문제는 설계 개선으로 그 중요성이 줄어들고 있습니다.

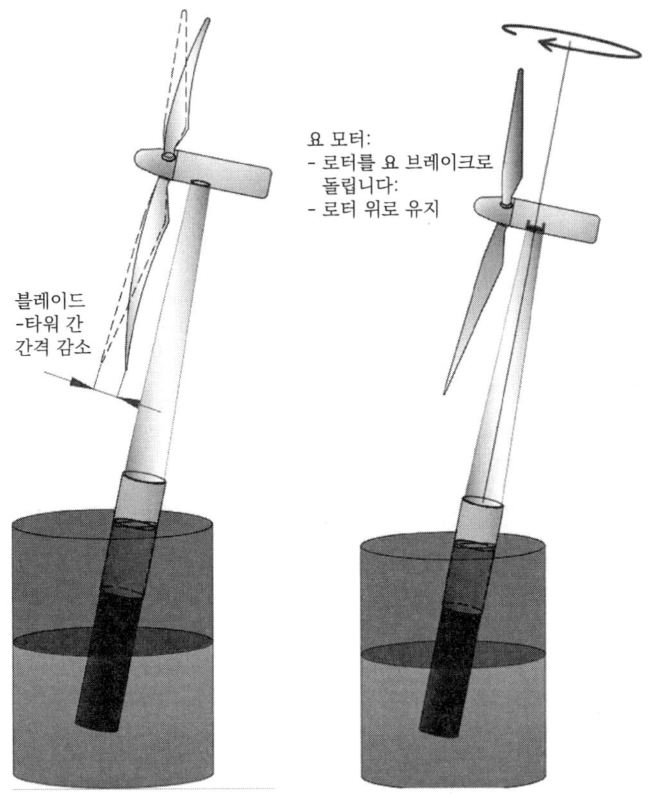

그림 3.25 머드라인에서 높은 회전이 발생하는 기계적 문제(Part 1)

3.4.1 머드라인 레벨에서의 현재 회전 제한

SLS 기준과 관련하여 몇 가지 특정 요구 사항을 충족해야 하며, 가장 중요한 것은 기초 레벨/파일 헤드(머드라인)와 나셀 레벨에서의 최대 처짐 및 회전(틸트)입니다. 총 회전을 평가할 때는 해상풍력 터빈(OWT)의 설계 수명 동안 주기적 및 동적 하중으로 인해 발생하는 누적된 영구 회전뿐만 아니라 초기 값도 고려해야 합니다.

DNV(Det Norske Verita) 코드(DNV 2010a,b)는 허용 회전에 대해 0.25° 및 0.5°의 일반적인 한계를 제시하며 '변형 허용치는 일반적으로 풍력 터빈의 작동에 대한 시각적 요구 사항 및 요구 사항에서 파생된다'고 명시하고 있습니다.

서비스 가능성 기준은 육상 풍력 기술에서 비롯된 풍력 터빈의 작동에 대한 '터빈 제조업체 요구 사항'으로 보이며, 이는 일반적인 고층 구조물(예: 고층 빌딩)과 매우 유사합니다. 모노파일 지지 구조물에 대한 매우 낮은 경사각 요구 사항은 최대 7°의 경사각이 허용되는 부유식 OWT 기술에 비추어 볼 때 특히 지나치게 조심스러운 것으로 보입니다.

ASIDE

(1) 액상화 취약성이 있는 지진 발생 지역에서는 틸팅이 중요한 설계 고려 사항입니다. 일반적으로 8~16m의 토양은 중등도에서 강도의 지진에 의해 느슨하거나 중간 밀도의 액상화될 수 있습니다. 이렇게 되면 기초의 회전 강성(K_R)이 감소하여 침하뿐만 아니라 더 높은 기울기를 유발할 수 있습니다.
(2) 세굴은 기초의 근입심도를 크게 줄일 수 있습니다. 또한 기초의 회전 강성(K_R)을 줄입니다.

3.5 국제 표준 및 실무 규범

기초 설계에 필요한 고려 사항은 유형(고정식 또는 부유식 시스템), 현장 위치(바람과 파도의 기후 및 해저 조건), 해양 계약업체의 가용성 및 전문성, 경제성, 계약 및 투자자 유형(정부 또는 민간), 경제 유형(선진국 또는 개발도상국)에 따라 달라집니다. 그러나 이 장의 목적은 역학 요건에 중점을 두고 과학적 고려 사항을 논의하는 것입니다. 해당되는 경우, 해양 설치 및 건설에 대한 일반적인 고려 사항을 간략하게 논의하고 추가 읽을거리를 제안합니다(그림 3.26).

디자인 기준 및 고려 사항은 일반적으로 다음을 기반으로 설정됩니다:

1. ***디자인 코드*** 가장 중요한 것은 다음과 같습니다: 국제전기기술위원회(IEC) 규정, IEC61400-3 및 IEC61400-22, DNV '해상풍력 터빈 구조물 설계' 지침(DNV 2014), 독일 로이드(GL) Windenergie의 '해상풍력 터빈 인증 지침', ISO 표준, 미국석유협회(API) 코드, 유로코드, 영국 표준(BSI) 및 독일 BSH 코드.
   a. 영국표준협회(British Standards Institute, BSI)는 영국 런던에 본사를 둔 비즈니스 서비스 제공업체입니다. 대부분의 분야에 대한 표준을 제공할 뿐만 아니라 영국 산업계에서는 해상풍력 터빈의 설계 및 건설에 사용하기 위한 일련의 간행물도 제작했습니다. 이러

한 규정은 BS EN 61400-3 및 BS EN 61400-22이며, 앞서 언급한 IEC 규정(BSI - 영국표준협회 2009, BSI - 영국표준협회 2011)에서 많은 부분을 차용하고 자세히 설명합니다.

b. DNV는 1864년에 설립된 노르웨이 선급 협회로 해양 산업을 위한 수많은 표준과 지침을 만들어 왔습니다. 북해에서 해상풍력 발전이 등장하면서 DNV는 DNV-OS-J101 및 DNV-OS-J201과 같은 재생 에너지 부문에 대한 표준을 만들기 시작했습니다(Det Norske Veritas 2009, 2013).

c. GL은 함부르크에 본사를 둔 독일 선급 협회입니다. DNV와 마찬가지로 GL도 해상풍력 터빈의 설계 및 건설에 대한 지침을 제공하는 일련의 규정을 제정합니다(Germanischer Lloyd 2012). 최근 DNV와 GL이 합병하여 하나의 선급으로 통합되었지만, 현재까지 각 기관에서 발행하는 표준은 분리되어 있습니다.

d. API는 석유 및 가스 산업에 규제 서비스를 제공해 온 무역 협회입니다. 해상풍력 터빈 설계에 관한 구체적인 규정은 없지만, 기존 해상 프로그램에 대한 지침은 주목할 가치가 있습니다(미국석유협회 2007).

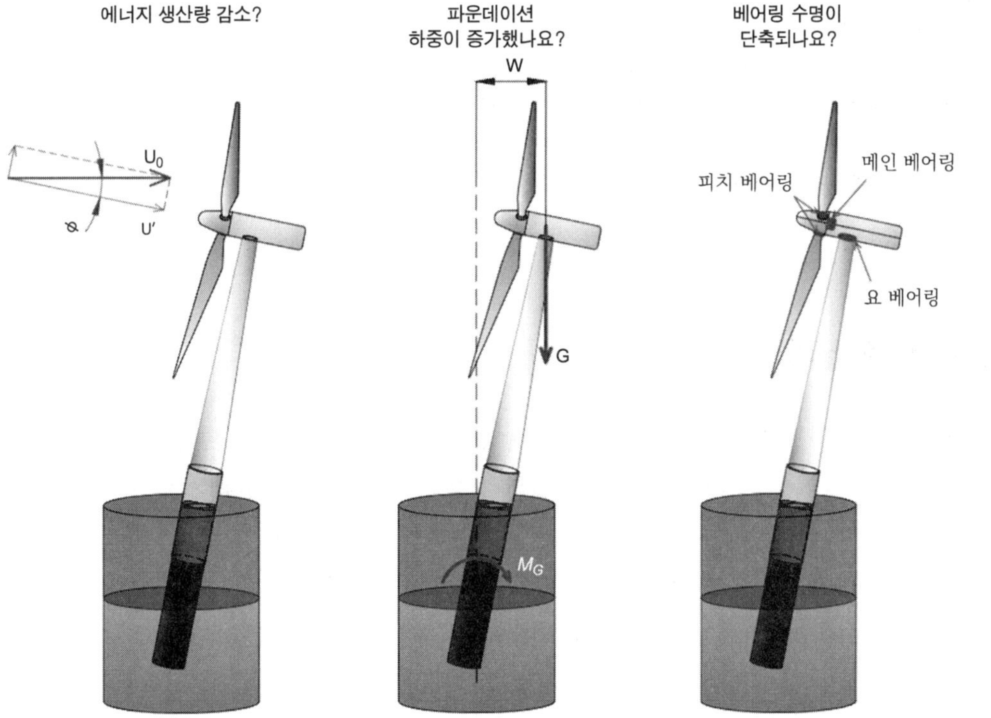

그림 3.26 머드라인에서 높은 회전으로 인한 기계적 문제(Part 2)

2. ***인증 기관*** 일반적으로 인증 기관은 설계가 건전한 엔지니어링과 확실한 증거/테스트 결과에 의해 뒷받침되는 경우 설계 지침에서 벗어나는 것을 허용합니다.
3. ***고객*** 때때로 고객이 지정된 컨설턴트에 따라 추가 요구 사항을 제시할 수 있습니다.
4. ***터빈 제조업체*** 풍력 터빈 제조업체는 일반적으로 엄격한 SLS 요구 사항 또는 고유 주파수 요구 사항을 부과합니다. 또한 예상 허브 높이도 터빈 유형과 부지에 대한 요구 사항입니다. 타워 치수 또한 기초 설계에 입력되는 경우가 많으며 일반적으로 터빈 공급업체에서 제공합니다.
5. 내진과 같은 특수 설계의 경우 ISO 표준 및 유로코드 8을 사용할 수 있습니다. 독자들은 또한 '*기초의 내진 설계*'라는 제목의 교과서를 참조할 수 있습니다: 내진 설계에 대한 지침은 Bhattacharya 등(2018)의 내진 설계: *개념과 적용*이라는 교과서를 참조하세요.

ASIDE

> 이러한 구조물은 새로운 유형의 구조물이며, 효율적인 설계 및 시공과 O&M 비용 절감을 위한 대대적인 혁신이 진행되고 있습니다. 그러나 장기적인 성과에 대한 실적은 제한적이며, 그 결과 현재 설계 고려사항은 매우 보수적인 경우가 많습니다. 이러한 실적 부족과 제한된 모니터링 데이터로 인해 유사한 문제가 발생하고 있는 다른 분야로부터 배울 필요가 있습니다. 미래의 추세에 따르면 터빈은 점점 더 대형화/무거워지고 있으며 더 높은 곳에 설치해야 하므로 더 높은 타워가 필요할 것입니다. 그림 3.1은 크기 측면에서 해상풍력 터빈의 미래를 보여줍니다. 지금까지는 세계에서 가장 큰 회전 기계입니다. 이 문제와 매우 관련이 있는 특별한 고려 사항, 즉 성능 기반 설계 측면에서 터빈이 고장난 것으로 간주되는 조건에 대해 논의하는 것이 중요합니다. 이러한 맥락에서 1장에서 논의한 이상적인 기초의 정의를 기억하는 것이 중요합니다.

3.6 한계 상태의 정의

한계 상태는 구조물-기초 어셈블리가 더 이상 지정된 성능 요구 사항을 충족하지 못하는 상태를 말합니다. 해상풍력 터빈 애플리케이션의 경우, 바로 이러한 한계 상태입니다: (i) 극한 한계 상태(Ultimate Limit State, ULS), (ii) 서비스 한계 상태(Serviceability Limit State, SLS), (iii) 피로 한계 상태(Fatigue Limit State, FLS), (iv) 사고성 한계 상태(Accidental Limit State, ALS).

3.6.1 극한 한계 상태(Ultimate Limit State, ULS)

ULS는 최대 하중 전달 저항과 관련이 있으며, (i) 과도한 항복 및/또는 좌굴(즉, 구조적 저항의 손실), (ii) 구성 요소의 고장(예: 연결부의 취성 파괴), (iii) 결과적인 메커니즘(예: 강체 거동, 뒤집힘, 전도)으로 인한 구조(전체 또는 일부)의 정적 평형 상실 등 여러 이유로 인해 도달할 수 있는 한계치입니다.

기초의 주요 목적은 설계 수명 동안 모든 하중을 풍력 터빈 구조물에서 허용 변형 범위 내에서 안전하게 지반으로 전달하는 것입니다. 설계 계산을 통해 기초에 가해지는 최대 하중이 선택한 기초의 용량보다 훨씬 낮은지 확인해야 합니다. 이 계산은 지반의 최종 강도, 즉 강도 유형 계산에 가장 크게 의존합니다.

설계의 첫 번째 단계는 가능한 모든 설계 하중 사례로 인해 기초에 가해지는 최대 하중(주로 전도 모멘트, 횡하중 및 수직 하중)을 추정하는 것으로, 이는 2장에서 다룹니다. 그런 다음 하중을 선택한 기초의 지지력과 비교해야 합니다. 예를 들어, 모노파일에 대한 ULS 실패의 두 가지 사례를 보여주는 그림 3.27a,b를 참조하세요. 그림 3.27a의 경우, 기초 주변의 지반의 지지력 상실로 인해 기초가 수평력을 상실하고 결국에는 기초가 뿌리째 뽑히게 됩니다. 반면, 그림 3.27b는 모노파일의 전도 모멘트가 말뚝의 소성 모멘트 전달 능력을 초과하여 말뚝에 플라스틱 힌지가 형성되어 말뚝이 파손되는 경우를 보여줍니다. 직경이 작은 말뚝의 재킷도 이와 매우 유사합니다. 그림 3.28은 2장에서 설명한 부유식 풍력 터빈을 지지하는 앵커 파일에 대한 ULS 사례 중 일부를 보여줍니다. 반면에 그림 3.29는 두 가지 유형의 고장 메커니즘(전도, 즉 강체 회전과 미끄러짐/전도)이 묘사된 앵커 파일에 대한 ULS 사례를 보여줍니다.

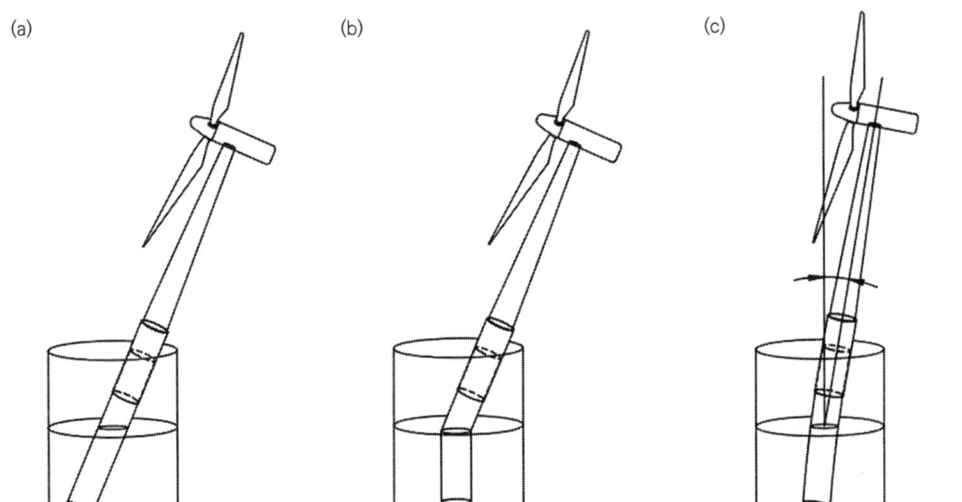

ULS: 기초의 횡방향 지지력을 초과하여 파괴된 경우(지반 파괴)

ULS: 기초의 플라스틱 힌지를 통한 파괴 (기초 항복 파괴)

SLS: 기울기 각도가 허용 값을 초과함 (사용성 파괴)

그림 3.27 ULS 및 SLS 파괴의 예

3.6.2 서비스 한계 상태(Serviceability Limit State, SLS)

SLS는 풍력 터빈의 정기적이고 정상적인 사용과 관련된 허용 기준에 해당하며, 여기에는 (i) 지지 구조물과 지원되 구조물 사이의 하중 분포를 변경하는 2차 영향을 초래하는 과도한 변형, (ii) 비구조적 구성 요소의 기능을 위협하는 과도한 진동, (iii) 장비의 한계를 초과하는 변위, (iv) 풍력 터빈의 견딜 수 없는 기울기를 유발하는 기초와 지반의 부등침하, (v) 온도에 의한 과도한 변형이 그것입니다.

또한 SLS는 증폭 가능성으로 인해 2장에서 설명한대로 목표 고유 주파수(고유 주파수)와 직접 연결됩니다. 이러한 계산을 위해서는 전체 시스템의 고유 주파수(고유 주파수)를 예측해야 합니다. 고유 주파수는 진폭이 매우 작은 진동과 관련이 있으므로 선형 고유 값 분석이 적합하며 초기 기초 강성 예측이 필요합니다. 따라서 기초의 강성을 결정하는 것은 중요한 설계 단계입니다.

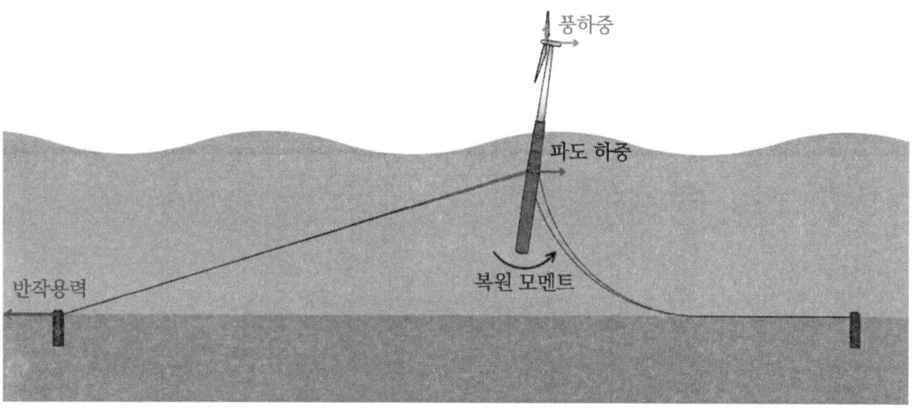

그림 3.28 스파형 부유식 풍력 터빈 구조의 ULS 하중

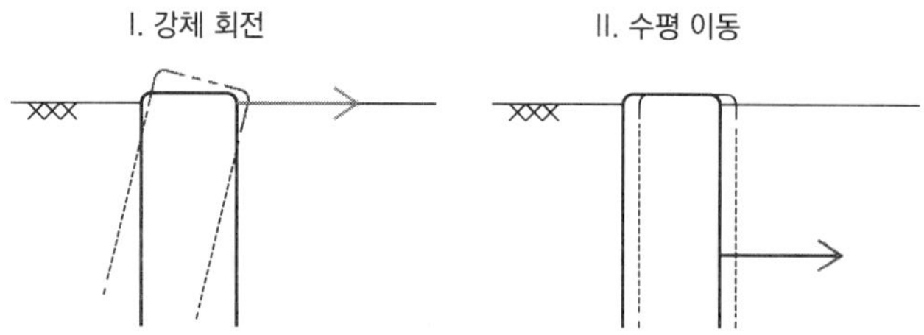

그림 3.29 부유식 시스템용 앵커 파운데이션 설계를 위한 ULS 사례

3.6.3 피로 한계 상태(Fatigue Limit State, FLS)

FLS는 반복 하중으로 인한 누적 손상과 관련이 있습니다. 모노파일의 경우, 이를 위해서는 피로 수명을 예측해야 할 뿐만 아니라 장기간의 주기적 하중이 미치는 영향도 예측해야 합니다. 다시 말하지만, 이 단계에서는 기초의 강성이 필요합니다.

3.6.4 사고성 한계 상태(Accidental Limit State, ALS)

ALS는 잠재적인 사고 또는 예상치 못한 하중(예: 선박 충격)으로 인해 글로벌 또는 로컬 구조의 무결성이 손실될 수 있는 상황을 고려합니다.

3.7 한계 상태에 영향을 미치는 기타 디자인 고려 사항

이 섹션에서는 세굴, 부식, 해양 성장 등 한계 상태에 영향을 미치는 설계 고려 사항에 대해 설명합니다.

3.7.1 세굴

기초 주변의 해저가 국부적으로 낮아지는 현상인 세굴은 본질적으로 토양의 퇴적물 이동 또는 침식이며 파도와 해류로 인해 발생합니다. 세굴은 기초가 세굴 깊이까지 지지력을 잃게 만들어 기초의 구조적 안정성에 영향을 미칠 수 있으므로 중요한 설계 고려 사항입니다. 세굴은 일반적으로 그림 3.30에 표시된 것처럼 평형 깊이 S와 세굴 확장 Ls로 정량화됩니다.

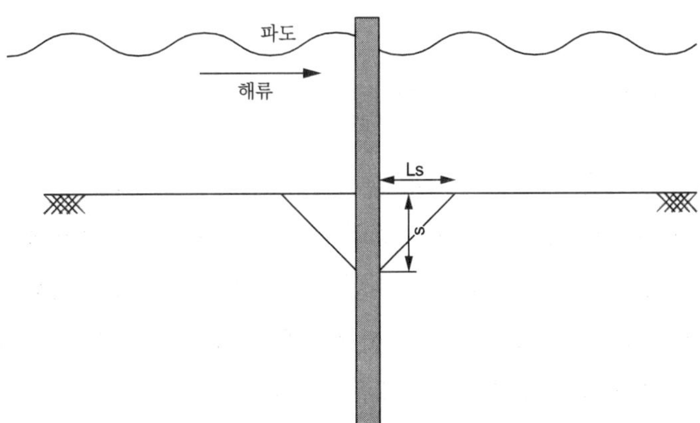

그림 3.30 세굴 용어의 정의

세굴 깊이는 현재 유속에 따라 달라지며, 말뚝에서 멀리 떨어진 불교란 모래가 움직이기 시작하는 임계 유속이 있습니다. 현재 임계값보다 낮으면 세굴이 발생하지 않고 해저가 안정적으로 유지됩니다. 그러나 유속이 증가하면 세굴이 발생하기 시작합니다.

표 3.2는 문헌 및 설계 표준에 근거한 세굴 깊이에 대한 경험적 공식을 요약한 것입니다. 직경이 큰 모노파일에 이러한 표현식을 사용할 때는 보정되지 않았을 수 있으므로 주의해야 합니다.

표 3.2 세굴 깊이 공식

게시	흐름 조건	관계
Sumer 등(1992)과, DNV-OS-J101(2014)에 채택됨	정상 해류 KC →∞	$\frac{S}{D_P} = 1.3$
Sumer 등(1992)과, DNV-OS-J101(2014)에 채택됨	파도 KC ≥ 6	$\frac{S}{D_P} = 1.3\{1 - \exp[-0.03(KC - 6)]\}$

표 3.2에 제시된 방정식은 다음 방정식에 의해 주어진 큘레건-카펜터(Keulegan-Carpenter, KC) 번호에 의해 적용됩니다:

$$KC = \frac{U_{\max} T}{D_P}$$

여기서 $U_{\max}$는 바닥면에서 궤도 속도의 최대값, T는 파주기, D_P는 파일 직경입니다. DNV 코드에서는 선형 이론을 사용하여 바닥면에서 궤도 속도를 구할 것을 권장합니다.

*KC*는 진동하는 유체 흐름에서 물체에 대한 관성력보다 항력의 상대적 중요성을 나타내는 비차원적인 수치입니다. 계획되지 않은 유지보수를 피하기 위해 세굴 보호 조치를 취하는 경우가 많습니다.

예제 3.1 풍력 터빈 기초에서 관찰된 세굴 깊이

Whitehouse 등(2011)은 10개 풍력 발전 단지에서 115개의 측정값을 종합적으로 연구했으며, 각 풍력 발전 단지에서 다양한 시간과 위치에서 여러 번 측정값을 측정했습니다. 결과는 그림 3.31에 S/D 및 h/D의 비차원 형태로 표시되어 있으며, 여기서 D는 말뚝의 직경입니다. 그림 3.32는 버킷 기초 설치가 완료된 후 서로 다른 시점의 세 지점에서의 세굴 조사를 보여줍니다. 그림에서 S는 최대 세굴이고 D는 버킷의 직경입니다.

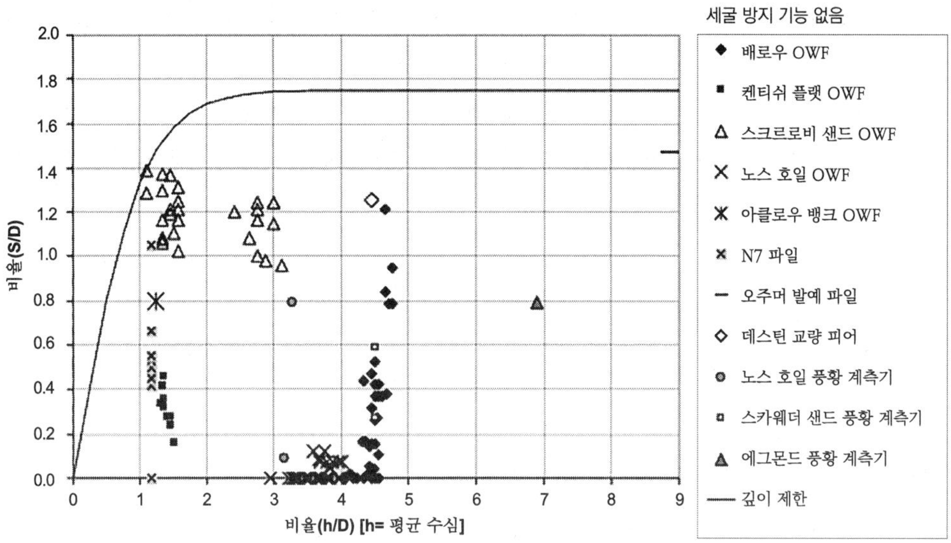

그림 3.31 현장 사례 기록에서 관찰된 세굴 깊이, Whitehouse 등(2011) (출처: Elsevier의 허가를 받아 복제)

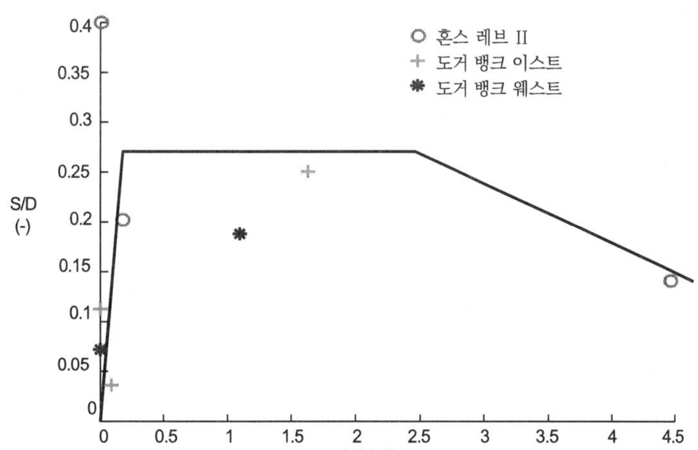

그림 3.32 버킷 기초 주변에서 관찰된 세굴 현상, Stroescu 등(2016)

3.7.2 부식 (Corrosion)

해양 환경에서 파일은 부식에 취약하며 이는 장기적인 성능과 피로 수명에 영향을 미칩니다. DNV와 같은 현행 설계 표준과 문헌에서는 설계 시 고려해야 할 다양한 방법을 제시하고 있습니다:

1. 부식 허용치, 즉 설계 수명 동안 기초 두께의 감소를 보상하기 위해 설계 시 추가되는 추가

기초 두께입니다. 부식 허용치는 DNV에 따라 연간 최소 0.1mm인 부식 속도를 기준으로 합니다.

2. 아연 페인트와 같은 코팅 시스템을 사용합니다.
3. 음극 보호 (Cathodic protection)는 강철 표면이 전기화학 전지의 음극 역할을 하도록 하여 표면의 부식을 방지하는 기술입니다.

3.7.3 해양 성장 (Marine Growth)

해양에 잠긴 구조물을 둘러싼 동식물(박테리아, 식물, 동물 등)은 해양 성장을 일으킬 수 있습니다(그림 3.33 참조). 이는 무게를 증가시키고 형상과 표면 질감에 영향을 미치며 부식 속도에 영향을 미치기 때문에 구조물 설계에 영향을 미칩니다. 해양 성장은 설치 직후 구조물에 서식하는 갯지렁이, 바나클레스, 산호, 말미잘 등으로 인해 발생할 수 있습니다. 성장의 두께와 속도는 염분, 산소 발생량, pH, 해류, 해수면 아래 구조물의 온도, 수명, 방향, 깊이 등 다양한 요인에 따라 달라집니다. 구조적으로는 전체 시스템의 동적 분석을 수행할 때 기초의 총 질량과 관련하여 추가 무게를 고려해야 합니다. 두께가 증가하면 유체 역학적 하중도 증가합니다. 현장 데이터가 없는 경우 표 3.3에 제공된 DNV 권장 사항을 지침으로 사용할 수 있습니다. 이 값은 노르웨이 및 영국 해역을 기준으로 하며 해상풍력 터빈 기초의 구조적 성능에 대한 해양 성장의 크기와 영향에 대한 지표를 제공하기 위해 제공됩니다.

표 3.3 해양 성장

평균 수위 아래 깊이 (m)	해양 성장 두께(mm)	
	중앙 및 북해	노르웨이 해상
−2 ~ 40	100	60
>40	50	30

3.8 모노파일타입 기초의 그라우팅 연결 고려 사항

추가로 다음 사항을 고려해야 합니다:

- 모노파일, TP, 타워 간 연결 설계
- 30년간의 불확실한 바람과 파도 조건에 따른 장기적인 기울기 고려 사항

모노파일 유형의 기초의 경우 트랜지션 피스는 상부 구조물에서 파일로 높은 굽힘 모멘트를 전달하기 위한 것입니다. 이를 위해 그라우트가 채택되었습니다.

그림 3.33 말뚝 주변의 해양 성장 [출처: Foundation Zone]

이전 석유 및 가스 프로젝트 경험, 신속한 시공, 명백한 비용 절감을 위해 대부분의 초기 유럽 프로젝트에 사용되었습니다. 그 후, 이러한 그라우트가 침하되고 균열이 발생하여 모노파일에 의도한 성능을 제공하지 못하는 것으로 관찰되었습니다. 다시 분석한 결과, 이러한 설계의 대부분은 보강 전단 키가 제외되어 많은 유럽 프로젝트에서 비용이 많이 드는 재시공이 이루어졌고 일부에서는 법적 다툼이 발생하기도 했습니다.

이러한 맥락에서 수십 년 동안 석유 및 가스(Oil & Gas) 플랫폼 재킷은 API가 설계한 그라우트 연결부를 사용했다는 점을 언급해야 합니다. Oil &Gas 재킷의 경우 그라우트 연결부는 주로 축방향 하중을 전달합니다. 이와는 대조적으로 OWT 구조물은 축 방향 하중과 별도로 주기적인 전도 모멘트를 받기 때문에 그라우트의 응력은 축 방향, 주기적 휨 및 전단의 조합입니다. 그라우팅 연결부의 거동은 여전히 활발한 연구와 업계 모범 사례의 영역이며, 따라서 코드가 지속적으로 업데이트되고 있습니다.

다른 연결 옵션은 다음과 같습니다:

- 볼트 플랜지 연결(예: 스크르로비 샌즈 풍력 발전 단지)
- 원뿔형 TP 섹션을 솔루션으로 사용

3.9 재킷 타입 기초의 설계 고려 사항

현재 23~60m 범위의 심해에서 해상풍력 터빈을 지원하기 위해 여러 개의 기초 위에 지지되는 재킷 또는 해저 프레임이 설치되고 있습니다 (예: 보쿰 리프그룬트 1(독일, 수심 23~29m), 알파 벤투스 오프쇼어(독일, 수심 28~30m), 애버딘 해상풍력 단지(스코틀랜드, 수심 20~30m)). 일반적인 설계는 깊은 기초(파일) 또는 얕은 기초(석션 케이슨) 위에 지지되는 3발 또는 4발 재킷입니다. 현재 사용 중인 재킷의 높이는 수심과 파도에 따라 높이가 결정되는 30~35m 사이입니다. 그러나 최근에는 재킷의 높이가 최대 70m까지 높아져 더 큰 규모의 터빈(14~20MW)을 심해에서 사용할 수 있습니다. 그림 3.34는 최근의 해양 개발에서 영감을 얻은 세 개의 다리가 있는 재킷의 개략도를 보여줍니다.

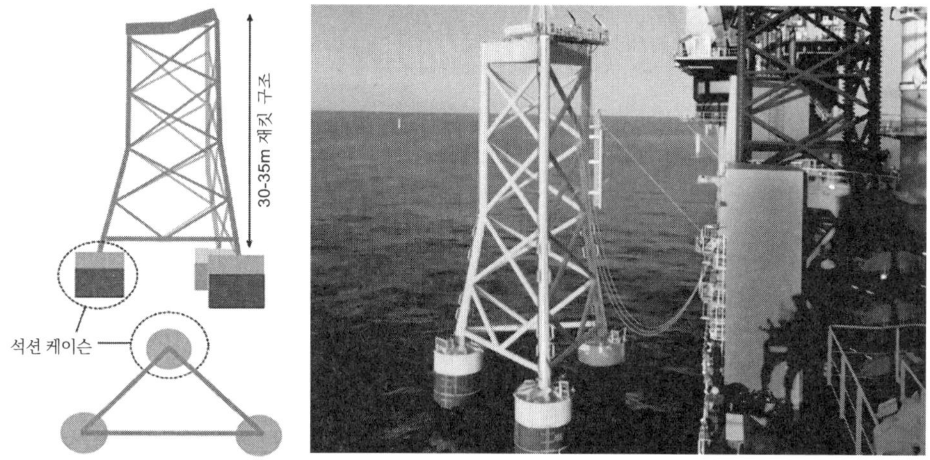

그림 3.34 석션 케이슨에 지지되는 세 개의 다리가 있는 재킷의 개략도
[출처: DONG Energy(현재 Orsted) 및 Carbon Trust 해상풍력 가속기 프로젝트]

재킷은 (i) 기초의 수직 강성과 측면 상부 구조 강성의 비율, (ii) 재킷-타워 지오메트리의 종횡비라는 두 가지 파라미터를 최적화하여 흔들림 없는 솔루션으로 설계해야 합니다. 수직 기초 강성 값의 값이 낮고 종횡비가 낮으면 흔들임 모드의 진동이 촉진됩니다. 반면, 높은 종횡비(타워의 베이스가 더 넓음)와 함께 기초의 수직 강성이 높으면 스웨이-벤딩 모드가 촉진됩니다. 흔들림에서 스웨이-벤딩으로의 전환은 비선형적이며 종횡비뿐만 아니라 기초의 수직 강성 비율과 재킷-타워 구성의 측면 강성 비율에 따라 달라진다는 것을 수 있습니다.

다른 측면으로는 재킷의 접합부 설계와 피로 설계가 있습니다. 용접부는 주기적으로 점검해야 합니다.

3.10 부유식 터빈의 설계 고려 사항

부유식 해상풍력 발전 단지(Floating Offshore Wind Farms, FOWF s)는 지난 10년간 많은 실증 프로젝트를 통해 솔루션으로 부상하고 있습니다. 설계 고려 사항에는 계류 반경, 해저 관통, 필요한 앵커 크기, 포러너의 길이, 앵커링(운송 및 설치, [T&I]) 비용에 영향을 미치는 앵커링 시스템의 선택이 포함되어 있어 상당한 영향을 미칩니다. 부유식 풍력 터빈 플랫폼에는 다양한 설계 옵션이 있으며, 가장 중요한 것은 안정화 유형(스파, 세미 서브, 텐션 레그 플랫폼, 세미 스파), 계류 시스템 유형(카테나리, 타이트 또는 텐션 레그), 앵커 유형(중력 앵커, 드래그 앵커, 파일 앵커, 석션 케이슨). 또한 포러너 및 계류 체인 유형(체인, 로프, 케이블 등)중요한 고려 사항입니다.

계류 시스템 설계에서 가장 일반적인 접근 방식은 해상 유지 해석(즉, 계류 시스템을 포함한 플랫폼의 역학 운동 해석)과 앵커 시스템 설계를 분리하는 것입니다. 즉, 예상 앵커하중을 얻고 앵커가 플랫폼의 항해에 미치는 영향을 고려하지 않고 앵커를 선택할 수 있습니다.

지금까지 하이윈드와 같은 부유식 풍력 터빈 개념의 테스트에는 카테나리(catenary) 계류 라인이 가장 일반적으로 선택되어 왔습니다. 카테나리 계류 라인의 경우 플랫폼의 유체 역학 운동 분석을 통해 해저에 이론적 앵커 포인트(Theoretical Anchor Point, TAP)를 결정합니다. TAP는 플랫폼의 수명 동안 계류 라인의 움직임이 예상되지 않는 지점입니다. 이 지점에서 계류 라인 장력을 측정할 수 있으므로 앵커 하중을 계산하고 그에 따라 앵커를 선택할 수 있습니다. 이를 위해서는 다양한 유형의 앵커에 대해 다음을 평가해야 합니다:

- 하중 전이 프로세스
- 파괴 메커니즘
- 앵커 크기 및 무게
- 필요한 해저면 준비
- 필수 해저면 면적
- 현장의 토양 조건이 프로젝트 초기 단계에서 미치는 영향과 이에 대한 가용 지식
- T&I
- 포러너 유형 및 길이
- 장기적인 행동
- 전체 앵커링 비용

3.11 내진 설계

내진 설계의 측면은 2장에 설명되어 있습니다. 하지만 두 가지 중요한 고려 사항이 있습니다:

1. 예상되는 강한 움직임에 대한 지반의 반응입니다. 지반은 두 가지 방식 중 하나로 반응할 수 있습니다; 모션을 증폭시키거나(현장 증폭) 일부 지층이 액상화될 수 있습니다. 경험상 느슨하거나 중간 밀도의 모래 토양과 점토층은 일반적으로 모션을 증폭시킵니다.
2. 지지 토양의 특성(강도 및 강성)이 변하면 풍력 터빈 구조의 응답이 달라집니다. 이러한 특성을 평가하고 구조물에 영구적인 변형이 발생하지 않도록 허용해야 합니다.

3.12 설치, 해체 및 견고성

이러한 고려 사항을 통해 기초를 설치 및 제거할 수 있는지, 시스템에 적절한 중복이 있는지 확인할 수 있습니다. 그림 3.35는 설치된 풍력 발전 단지를 보여줍니다.

그림 3.35 설치 후 런던 어레이 풍력 발전 단지

3.12.1 기초 설치

대형 모노파일 설치는 현재 (i) 물 위에서 유압 또는 진동 해머, (ii) 수중 유압 해머, (iii) 다양한 지반 조건에서 드릴-드라이브-드릴 작업, (iv) 드릴 및 그라우트 등의 방식으로 수행됩니다.

드릴링 방식과 비교하면 말뚝을 박는 것 (드라이빙)이 더 빠르며 날씨에 상대적으로 덜 민감합니다. 하지만 드라이빙은 파일 헤드가 손상될 수 있으며 수직성에 문제가 있을 수 있습니다. 예상대로 드릴-드라이브는 드라이빙 보다 속도가 느리며 드라이빙 작업으로 필요한 관통 깊이에 도달하지 못한 경우에 사용됩니다. 엔지니어가 수행해야 하는 몇 가지 계산이 있으며, 이에 대해서는 다음에 설명합니다(그림 3.36).

그림 3.36 런던 어레이 풍력 발전 단지에서 파일 드리이빙(항타) (제공: London Array)

3.12.1.1 파일 항타성 분석

1차원 파도 방정식 해석은 항타 장비에 대한 파일 응답을 시뮬레이션하는 데 사용됩니다. 이 분석은 충돌 순간부터 램이 파일 캡과 파일 헤드에 에너지를 전달하기 시작하고 에너지 파가 빠른 속도로 파일을 통과하기 시작한다는 가정을 기반으로 합니다. 이 파도는 파일 축을 따라 세로 방향으로 작용하는 1차원 파도으로 가정합니다. 파도의 진폭은 전달되는 에너지에 따라 달라집니다. 해머, 말뚝, 지반 전체 시스템에서 에너지 손실로 인해 파도의 진폭은 아래로 이동하는 동안 감소합니다. 파도이 말뚝 끝에 도달한 후에도 충분한 에너지가 남아 있으면 말뚝이 지반으로 침투하기 시작합니다. 모든 에너지가 소진되면 말뚝은 침투를 멈추고 영구 세트에 도달합니다. 한 번의 타격에 대한 이 세트는 프로그램으로 계산할 수 있으며, 이는 반복적인 프로세스입니다. 이 프로그램에는 지반 저항력 (Soil Resistance to Driving, SRD)에 대한 초기 추측이 필요합니다. 일반적으로 정적 지지력 데이터는 SRD의 초기 추측을 결정하는 데 사용됩니다. 분석의 다음 단계에서는 나머지 모든 파일 및 해머 매개변수를 일정하게 유지하면서 SRD를 변경하고 해당 영구 세트를 조합합니다. 이렇게 얻은 영구 세트와 해당 SRD를 비교하면 타격 횟수 저항 곡선을 얻을 수 있습니다. 항타 저항 곡선은 특정 파일, 해머 및 토양 조건에 대한 타설 횟수와 SRD 간의 관계를 보여줍니다. 이러한 분석을 수행할 수 있는 프로그램(GRLWEAP, CAPWAP)이 많이 있습니다.

분석의 결과는 항타시 응력, 해머 성능 및 총 항타 시간의 예측입니다. 이러한 연구를 통해 설계자는 특정 파일 및 지반 조건에 맞는 해머 요구 사항을 최적화할 수 있습니다.

3.12.1.2 지연으로 인한 재 항타(Restriking)시 지반 저항력(SRD) 증가 예측

파일 설치 중에는 여러 가지 이유로 운전을 중지했다가 다시 시작해야 하는 경우가 많습니다. 쿠션이나 해머를 교체하거나 팔로워를 추가하는 등의 작업을 수행합니다. 이러한 지연은 일반적으로 몇 시간에서 최대 몇일간 지속됩니다. 설계 단계에서는 연속 주행 중 SRD와 지연 중에 발생할 수 있는 지반의 셋업(Set up) 양을 모두 예측하여 해상에서 가져온 해머가 모든 상황을 충족하기에 충분한지 확인해야 합니다. 이는 해상 파일 설치 작업에서 중요한 설계 고려 사항입니다. 설치의 정량화를 위한 경험적 관계가 제안되었는데, 그러한 사례 중 하나는 표 3.4를 참조하세요. 지반의 셋업 현상은 주로 침하, 응력 완화, 지반 노화라는 세 가지 메커니즘 또는 물리적 프로세스에 따라 달라집니다. 이론적으로 이러한 모든 메커니즘/과정은 말뚝이 지반을 관통하는 즉시 작동하기 시작합니다. 그러나 특정 지반 조건에서 위의 과정 중 어떤 것이 우세한지, 각 과정이 얼마나 오래 지속되는지, 각 구성 요소가 관찰된 전체 설정에 기여하는 정도는 아직 불확실합니다. 대부분의 항타 말뚝의 지지력은 항타 후 시간이 지남에 따라 증가한다는 광범위한 증거가 있습니다(Bhattacharya 등(2009b) 참조).

3.12.1.3 파일 설계 시 좌굴 고려 사항

파일은 시공 과정에서 발생하는 잔류 응력으로부터 자유롭고 직선이라고 가정할 수 없습니다. 직진성을 벗어난 (그림 3.37 참조) 것 외에도 파일은 벽이 얇아 국부 좌굴에 취약할 수 있습니다(그림 3.38 참조).

표 3.4 시간에 따른 파일 지지력 예측을 위한 경험적 공식

참조	방정식	토양 유형	참고
Skov and Denver (1988)	$Q_t = Q_0 \left\{A.\log_e\left(\frac{t}{t_0}\right)+1\right\}$ 여기서 Q_t 및 Q_0은 각각 시간 t 와 t_0의 파일 지지력입니다.	모래와 점토	모래: A= 0.2, t_0= 0.5 점토: A= 0.6, t_0= 1.0
Huang (1988)	$Q_t = Q_{EOD} + 0.236$ $\{1 + \log_e(t)(Q_{\max} - Q_{EOD})\}$	상하이 연약지반	Q_t = t 시점의 파일 지지력 $Q_{\max}$ = 최대 파일 지지력 Q_{EOD} = 항타 종료 시 파일 지지력(EOD).
Guang-Yu (1988)	$Q_t = Q_{EOD}(0.372S_t + 1)$	연약지반의 항타말뚝	Q_{14} = 파일 지지력(14일) S_t = 토양의 민감도
Svinkin (1996)	$Q_t = A \cdot Q_{EOD} \cdot t^{0.1}$	모래	A= 1.4, t= 1.025

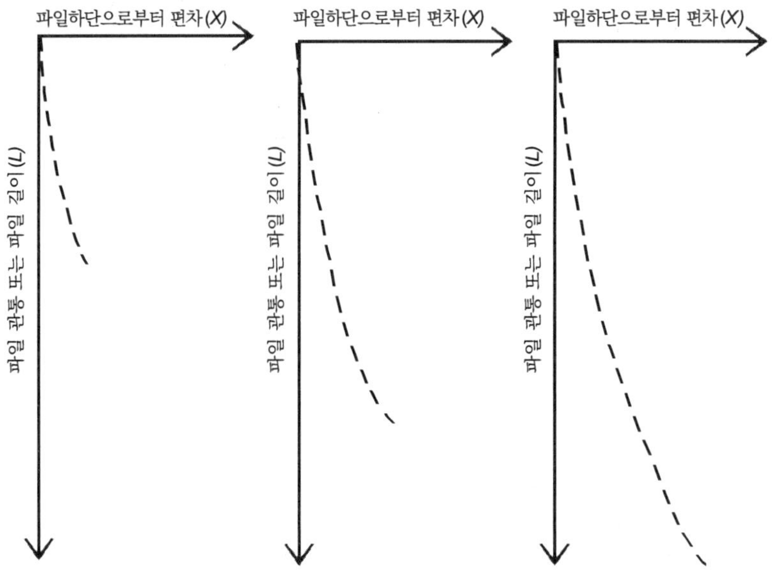

그림 3.37 항타 말뚝의 불완전성

말뚝이 항타 중 내부 치수의 점진적 폐쇄로 인해 붕괴된 여러 사례에서 관찰되었으며, 그 시작 메커니즘은 국부 좌굴입니다. 따라서 설계 방법은 국부 좌굴과 전체 좌굴 간의 상호 작용도 고려해야 합니다. 그림 3.39는 일반적인 해상 파일 설치를, 그림 3.40은 파일 스틱업을 보여줍니다. 말뚝이 슬리브에 설치되면 파도 하중과 해머 무게로 인한 횡력의 작용에 따른 말뚝의 좌굴 가능성을 확인하는 것이 중요합니다.

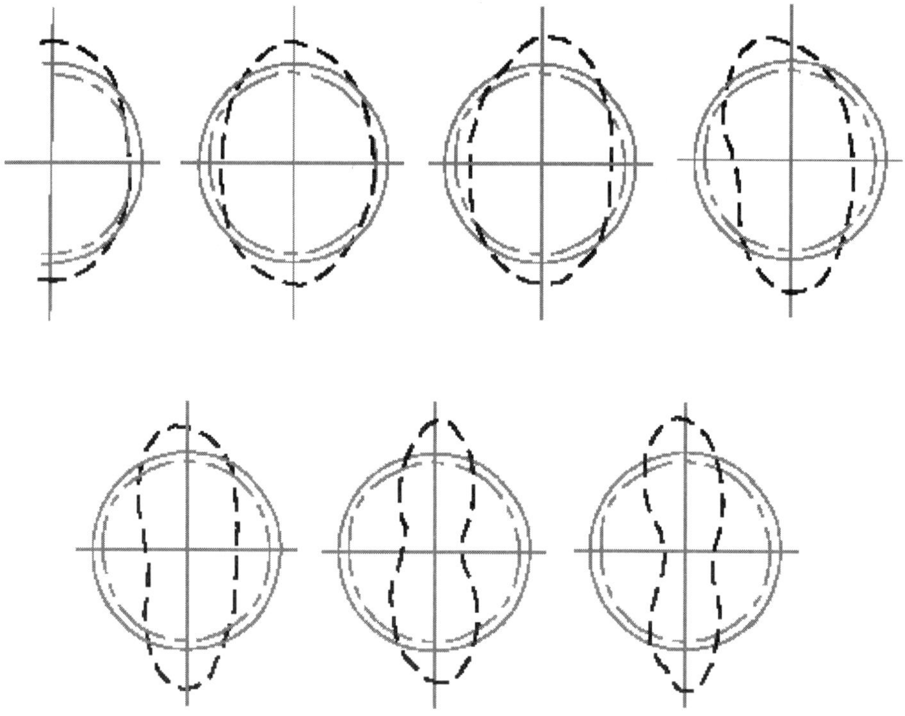

그림 3.38 말뚝 선단 좌굴. 이 그림은 파일 팁의 초기 변형에 따른 항타 중 파일 붕괴로 이어지는 단면의 변화를 보여줍니다.

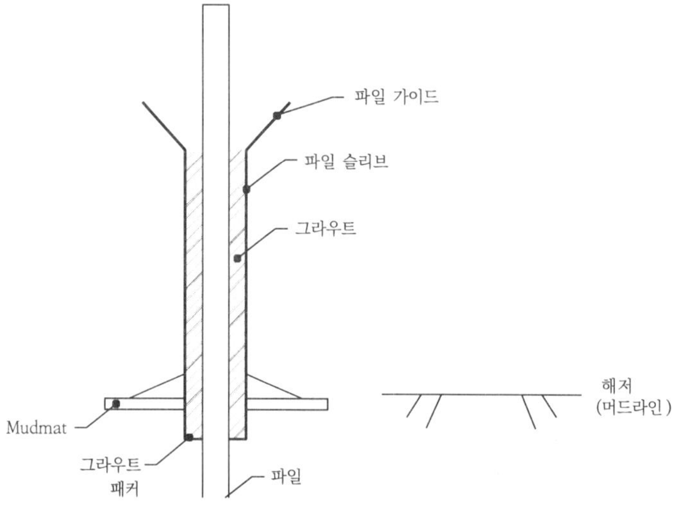

그림 3.39 일반적인 해상 파일 설치

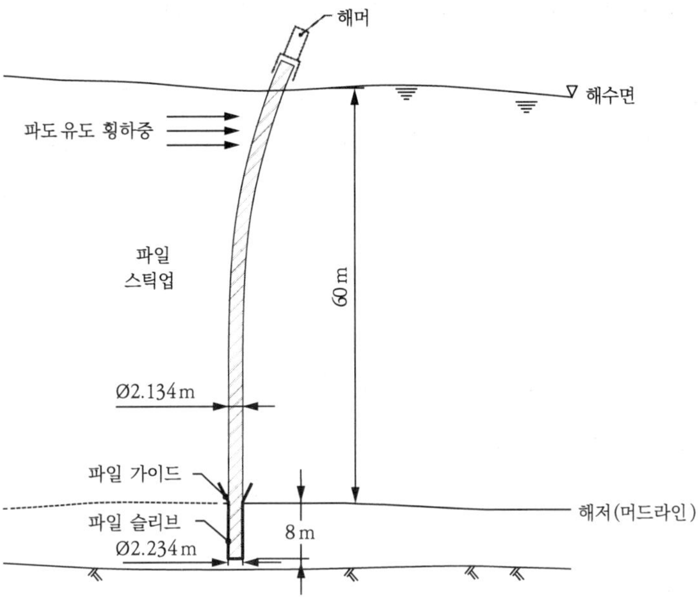

그림 3.40 파일 스틱업

종종 부착물 (Attachments)은 운송 및 리프팅에 사용되며(그림 3.41 참조), 이러한 부착물이 말뚝 항타에 미치는 영향을 평가할 필요가 있습니다. 좌굴 고려 사항에 대한 자세한 내용은 Bhattacharya 등(2005) 및 Aldridge 등(2005)에서 확인할 수 있습니다.

그림 3.41 운송 및 리프팅을 위한 파일 부착물

예제 3.2 북해 현장 (Beatrice & Amethyst Site)의 파일 항타 기록 분석

Bhattacharya 등(2009b)은 북해의 두 현장에서 항타한 강관 말뚝에 대한 53개의 말뚝 항타 기록을 분석했는데, 지반 조건이 모래와 과압밀 점토 지층으로 구성되어 있고 일반적으로 500-800 kPa의 전단 강도를 갖는 경질에서 매우 단단한 점토를 상당량 함유하고 있습니다. 주요 결론은 다음과 같습니다:

1. 항타 기록은 조밀한 모래와 매우 단단한 과압밀 점토에서 강관 말뚝의 항타가 지연되는 동안 지반의 지지력이 증가(셋업)하는 것을 명확하게 보여줍니다.
2. 말뚝이 머드라인 아래 35~50m까지 관입된 상태에서 지연된 경우 관찰된 총 말뚝 지지력의 증가는 24시간 지연 후 20~60% 정도입니다.
3. 말뚝이 머드라인 아래 약 17~27m 지점에서 관입된 상태에서 지연되는 경우 관찰된 총 말뚝 지지력의 증가는 24시간 기준 60% 정도입니다.
4. 짧은 시간 지연된 경우 계산된 셋업 계수(Set-up factors) 가 더 분산되어 있고, 10시간 미만의 경우 40%에서 240% 사이의 셋업 계수가 관찰됩니다.

위의 정보는 북해 프로젝트에서 파일 설치를 계획할 때 사용할 해머 제품군을 선택하는 데 유용할 수 있습니다.

3.12.2 석션 케이슨 설치

석션 케이슨 설치는 두 가지 단계로 진행됩니다.

3.12.2.1 첫 번째 단계

이 단계에서는 케이슨과 부착된 구조물의 부력 자체 무게가 케이슨을 해저면으로 밀어 넣습니다. 이 부력 자체 무게는 주면 마찰력과 고리 지지력의 조합에 의해 저항됩니다. 케이슨은 케이슨 스커트의 충분한 부분이 퇴적물에 묻혀 구조물의 자체 무게와 동등한 저항을 생성할 때까지 해저면으로 계속 가라앉게 됩니다. 이 설치 과정에서 케이슨 뚜껑에 밸브가 열려 있어 케이슨이 둘러싸고 있는 공간에서 물이 흘러나올 수 있도록 합니다. 케이슨에 충분한 수압이 발생하면 케이슨을 둘러싼 퇴적물에서 외부 배관 고장이 발생할 수 있습니다. 설계 고려 사항 중 하나는 케이슨 뚜껑 내에 충분한 배수 용량을 확보하여 배수 밸브를 더 많이 설치하는 것이 않도록 하는 것입니다.

3.12.2.2 두 번째 단계

이 설치 단계에서는 케이슨 뚜껑과 토양 플러그 사이에 있는 공동에 있는 물을 펌핑하는 작업이 수행됩니다. 이 빈 공간에서 물을 펌핑하는 작업은 두 가지로 이루어집니다. 첫 번째는 하중을 증가시켜 케이슨을 해저로 효과적으로 끌어당기는 것입니다. 두 번째는 케이슨 고리 주변과 케이슨 스커트 안쪽의 토양을 느슨하게 하는 토양 덩어리에 상향 유압 구배를 만드는 것입니다. 이 석션은 케이슨 내부의 퇴적물의 보일링(boiling)을 방지하기 위해 제한적으로 이루어져야 합니다. 이렇게 해도 케이슨은 자체 중량 설치로 달성한 것보다 더 많이 설치됩니다. 경우에 따라서는 석션을 적용하지 않고 케이슨을 설치할 수도 있습니다(1단계만 해당). 이 경우 충분히 큰 과재하중을 적용하면 됩니다. 설치 과정을 보여주는 단순화된 그림이 그림 3.42에 나와 있습니다.

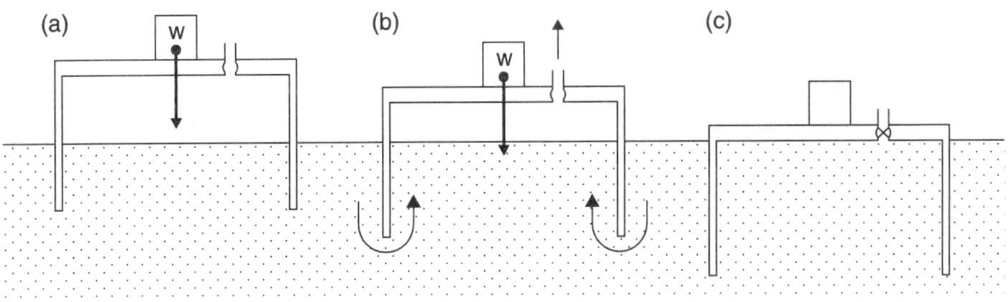

그림 3.42 석션 케이슨 설치 단계, (a) 자체 무게, (b) 석션 보조, (c) 설치된 상태

석션 케이슨의 설치 하중에 대한 주요 참고 자료는 Houlsby와 Byrne(2005a,b)이 작성한 논문 시리즈에서 나왔습니다. 이러한 추정치는 이론에 기반하며 실험적으로 얻은 데이터에 대해 확증되었습니다. 두 논문 모두 모래와 점토에서의 케이슨 설치에 대한 결정적인 가이드를 제공합니다.

3.12.3 블레이드 조립

블레이드는 두 가지 방식으로 조립할 수 있습니다: (i) 각 블레이드가 개별적으로 부착된 경우(그림 3.43 참조) (ii) : 모든 블레이드가 조립되어 들어 올려 설치됩니다. 런던 어레이 풍력발전소의 그림은 그림 3.43을 참조하세요.

여러 파일에서 지원되는 재킷 또는 해저 프레임의 경우 두 가지 방법이 있습니다:

1. 해저 템플릿을 먼저 해저에 배치하고 템플릿을 사용하여 정확한 위치에 파일링(사전 파일링(pre-piling)이라고도 함)을 수행합니다. 그런 다음 재킷을 운반하고 재킷 다리와 파일 연결부를 그라우팅합니다.

2. 재킷을 운반한 다음 머드 매트를 사용하여 해저에 깔아 놓습니다. 그런 다음 말뚝을 박습니다.

그림 3.43 런던 어레이 설치

그림 3.44 영국 - 오몬드 사이트 [사진 제공: A2SEA]

그림 3.45는 독일의 알파 벤투스 해상풍력 발전 단지의 심해 설치 사진을 보여줍니다.

그림 3.45 템플릿을 사용한 설치 [출처: 알파 벤투스 해상풍력 발전 프로젝트]

3.12.4 해체 (Decommissioning)

에너지 인프라의 해체는 지속가능성의 관점에서 점점 더 중요한 설계 고려 사항이 되고 있습니다. 이 장의 이 섹션에서는 모노파일을 해체한 네덜란드 렐리 풍력 발전소 해체 사례 연구를 제공합니다. 설명이 필요한 모든 사진이 제공됩니다. 이러한 맥락에서 해상 설치에 관한 현행 법률에 대한 개요를 제공할 필요가 있습니다.

영국의 경우, 해양 구조물의 해체는 영국 법률과 사용되지 않는 해양 설치물의 처리에 관한 OSPAR 결정 98/3(OSPAR 위원회 1998)에 의해 규제됩니다. 그러나 해양 말뚝의 철거는 법적으로 의무화되어 있지 않습니다. 일반적으로 말뚝은 자연 해저로부터 약 3미터 아래에서 적절한 거리를 두고 해저 아래로 절단됩니다.

사례 3.3 Lely 풍력 발전소 해체

1992년에 건설된 Lely 풍력 발전소(약 800m에 위치한 IJsselmeer의 2MW 터빈 4개)는 22년 동안 전기를 생산했으며 2017년에 완전히 해체되었습니다. 크레인 바지선과 예인선이 사용되었습니다.

터빈과 타워 섹션을 해체합니다(그림 3.46-3.51 참조). 모노파일은 진동 해머를 사용하여 인발 하였습니다 (그림 3.52-3.55 참조).

그림 3.46 WTG 설치 근처에 배치된 해양 선박과 크레인
출처 및 제공: 디에세코 그룹 - ICE, PVE 및 볼트만과 바텐폴

그림 3.47 나셀과 로터의 리프트
출처 및 제공: 디에세코 그룹 - ICE, PVE 및 볼트만과 바텐폴

그림 3.48 타워의 리프트, 첫 번째 섹션
출처 및 제공: 디에세코 그룹 - ICE, PVE 및 볼트만과 바텐폴

그림 3.49 타워의 리프트, 두 번째 섹션
출처 및 제공: 디에세코 그룹 - ICE, PVE 및 볼트만과 바텐폴

그림 3.50 선박의 상부 구조
출처 및 제공: 디에세코 그룹 - ICE, PVE 및 볼트만과 바텐폴

그림 3.51 모노파일을 지상에서 제거하는 데 사용되는 진동 해머
출처 및 제공: 디에세코 그룹 - ICE, PVE 및 볼트만과 바텐폴

그림 3.52 진동 해머와 함께 사용되는 파워 팩

그림 3.53 모노파일 제거

그림 3.54 선박의 모노파일 리프트

그림 3.55 선박의 모노파일

3.13 챕터 요약 및 학습 포인트

해상풍력 터빈은 강성이 낮고(결과적으로 유연하며 고유 주파수가 낮은) 새로운 유형의 해양 구조물이며, 따라서 동적 하중에 민감합니다. 해양 석유 및 가스 설치 기초에 사용할 수 있는 설계 지침은 해상풍력 터빈 기초 설계에 직접 외삽/보간할 수 없습니다.

3.13.1 모노파일

모노파일은 주로 최대 30m의 수심에서 WTG를 지지하는 데 사용되어 왔지만, 더 깊은 수심에서 모노파일을 사용하는 것에 대한 논의가 진행 중입니다. 이는 'XL' 모노파일이라고 합니다. 계산에 따르면 수심 45m에는 물론 지반 조건에 따라 다르지만 직경 10m, 무게 1200t의 모노파일이 적합할 수 있습니다. 그러나 다음과 같은 이유로 사용 여부는 불확실합니다:

- 장기적인 기울기를 예측할 수 있는 주기적 설계가 코드화되어 있지 않습니다.
- 기초 시스템에 redundancy가 부족하여 단일 지점 파괴가 발생할 가능성이 높습니다.
- 설치 비용과 적절한 전문 선단이 부족합니다.
- 기초, 트랜지션 피스, 타워 연결

이러한 측면 중 일부는 아래에서 자세히 설명합니다.

1. ***Redundancy 부족*** 모노파일은 '전도 모멘트'에 저항하는 구조물이며, 크게 두 가지 구성 요소가 있습니다: (i) 허브 레벨에서 추력 작용으로 인해 발생하는 전도 모멘트, (ii) 파도 하중으로 인한 전도 모멘트입니다. 또한 이 두 모멘트는 서로 다른 두 평면에서 작용할 수 있으며 하루 중 시간과 계절에 따라 지속적으로 달라집니다. 모노파일은 단단한 말뚝으로 말뚝 주변의 토양이 무너지면, 즉 강체가 움직이면 기초가 무너질 수 있습니다. 기초가 기울기 시작하면 이를 바로잡는 데 많은 비용이 듭니다.
2. ***모노파일의 주기적(Cyclic) 설계*** 주기적/동적 하중 하에서 모노파일의 반응은 잘 이해되지 않았으며 실무 지침에 대한 지침이 부족합니다. 주기적 설계가 잘못되면 모노파일이 장기적으로 기울어질 수 있습니다. 기울기가 허용 한계를 초과하면 터빈을 정지해야 할 수 있습니다. 모노파일 설계는 일반적으로 말뚝이 플라스틱 힌지로 인해 파괴될것으로 예상되는 유연한 말뚝 설계를 위해 보정된 API 설계 절차를 사용하여 수행됩니다.
3. ***모노파일 설치와 관련된 문제*** 대형 모노파일을 설치하려면 적합한 선박과 특수 중장비가 필요합니다. 다른 문제로는 소음, 말뚝 선단 좌굴. 드릴링 아웃, 그라우팅 연결 등이 있습니다. 현장에 약한 암석(미사암/사암/이암)이 있고 지역 지질학상 얕은 깊이의 암반이나 단단

한 빙하 지반일 경우, 드라이브-드릴-드라이브 기술이 필요할 수 있으며 이에 따라 비용과 일정이 늘어날 수 있습니다. 여기서 항타 (드라이브)는 피로 수명을 단축시킨다는 점을 명심해야 합니다.

3.12.2 유연한 말뚝의 재킷

심해 적용을 위한 재킷형 구조물에 대한 관심은 상당히 높지만 필요한 강재의 양이 많아 비싸다는 인식이 있습니다. 그러나 파일로 지지되는 재킷은 해양 오일 & 가스 산업에서 우수한 성능을 입증한 실적으로 인해 안전한 솔루션으로 간주될 수 있습니다. 해양 오일 & 가스 산업에서는 운전이 용이하고 필요한 선박을 쉽게 구할 수 있는 길고 유연한 말뚝(최대 직경 2.4m)을 사용하고 있습니다 (모노파일 설치용 선박과는 상대적으로 대조적). 이러한 측면은 말뚝 항타 관련 건설 시간 비용을 절감할 수 있으며 말뚝 설치에 대형 선박이 필요하지 않습니다. 그러나 재킷 설치에는 많은 비용 소요됩니다. 요구 사항 중 하나는 최소한의 강철을 소비할 수 있도록 재킷을 최적화하는 것입니다. 재킷에는 일반 재킷과 트위스트 재킷의 두 가지 유형이 있습니다. 일반 재킷에 비해 트위스트 재킷의 장점은 접합부 수가 적기 때문에 피로 문제가 적다는 것입니다.

3.13.3 석션 케이슨의 재킷

석션 케이슨 재킷은 흔들림 모드 진동을 피할 수 있도록 설계해야 합니다.

4.

지반조사 및 주기적 하중 하에서의 지반 거동

4. 지반조사 및 주기적 하중 하에서의 지반 거동

학습 목표

이 장에서는 기초 설계를 수행하기 위한 파라미터를 얻기 위해 필요한 지반 조사 및 테스트에 대해 설명합니다. 이 장에서는 설계 파라미터를 얻는데 사용할 수 있는 지반 실험 장치에 대해서도 설명합니다. 현장 조사 및 지반 실험에 관한 많은 교과서가 있으므로 이 장에서는 이러한 주제를 자세히 다루지 않습니다. 그러나 이러한 주제에 대한 참고 자료는 학습 안내를 위해 제공됩니다.

4.1 소개

2장에서 설명한 대로 기초 설계에는 지반 프로파일뿐만 아니라 바람, 파도, 자연 재해(예: 지진)를 포함한 현장별 지형 재해에 대한 정보도 필요합니다. 그러나 이 장에서는 지반 조사, 즉 기초 관련 설계에 필요한 데이터 및 지반 파라미터에 대해 설명합니다. 지반과 관련된 현장 조사는 다음과 같은 경우에 필요합니다:

1. ***터빈 지지 구조물 및 해상 변전소 구조물의 기초 설계*** 일반적인 풍력 발전 단지 레이아웃은 1장을 참조하세요.
2. ***케이블 경로*** 1장에서는 풍력 발전 단지의 레이아웃을 보여주며, 발전된 전기를 육상 그리드로 전송하기 위한 두 가지 유형의 케이블 (Inter-Array Cable 과 Export Cable)이 있습니다. 설계를 위해 케이블 경로를 따라 조사가 필요합니다. 주요 고려 사항은 세굴 예측, 케이블 보호, 물의 탁도 변화입니다. 물의 탁도 변화는 어류 개체수에 영향을 미쳐 환경에 영향을 미칩니다.
3. ***설치 선박의 해저 앵커링과 함께 기초 설치 계획 및 분석*** 예를 들어, 잭업 선박은 기초 설치에 사용되며, 잭업 선박 Leg Penetration Analysis (LPA) 에는 상세한 지반 프로파일이 필요합니다. 다른 예로는 기초 설치에 필요한 석션 압력 (Suction pressure) 이나 파일 항타를 위한 진동/충격 에너지 등이 있습니다.
4. ***사면 안정성 또는 가스성 토양의 존재 등 풍력 발전소 부지의 지리적 위험*** 지진 분석에는 지반의 액상화 예측과 부지 반응 분석 (Site Response Analysis)이 필요합니다.

이러한 모든 측면에 대한 자세한 내용은 이 책의 목적과 범위를 벗어납니다. 해양 부지 특성화 및 지반 조사에 관한 많은 서적과 전문 보고서가 있으며, 자세한 내용은 여기에서 참조할 수 있습니다. 이 장의 목적은 지반-구조물 상호작용(SSI) 분석을 포함하여 예비 및 상세 설계 계산에 필요한 지반 파라미터에 대해 논의하는 것입니다. 이러한 파라미터를 구하는 실험 방법에 대해 논의하고 가능한 경우 추가 참고 자료도 제시합니다.

지반 관련 문제는 설치로 인한 예상 비용의 불확실성과 이와 관련된 문제로 인해 가장 큰 프로젝트 리스크 중 하나입니다. 예를 들어, 설치 지연은 자본 지출(CAPEX) 비용, 프로젝트 일정, 따라서 수익성에 직접적인 영향을 미칩니다. 종종 시공 방법론은 건강 및 안전 문제와 환경 피해로 이어질 수 있으며, 이는 결과적으로 개발자에 대한 부정적인 홍보뿐만 아니라 벌금으로 이어질 수 있습니다. 위의 모든 문제는 현장에 대한 지식을 활용하면 가능한 한 피할 수 있습니다. 이 토론의 목적은 철저한 현장 조사의 중요성을 강조하기 위한 것입니다.

4.2 현장 조사를 통해 식별해야 하는 위험 요소

지반 관련 위험은 풍력 발전 단지의 위치에 따라 다릅니다. The Society for Underwater Technology, SUT(2014)는 위험을 세 가지 유형으로 분류합니다:

1. ***인공적인 위험*** 해저에 있거나 매설되어 있는 석유 및 가스 파이프라인, 통신 케이블, 난파선, 잭업 발자국, 불발탄(Unexploded Ordnance, UXO) 등 기존 인프라가 그 예입니다.
2. ***자연적인 해저 위험*** 여기에는 이름에서 알 수 있듯이 암석 노두, 해저 지형, 큰 지름의 바위, 불안정하고 가파른 경사면 등이 포함됩니다.
3. ***지하 지질학적 위험*** 예를 들면 급변하는 지층, 매몰된 수로, 해저 근처의 화성암 침입, 지각 단층, 가스 수화 지대, 가스 토양 존재 등이 있습니다.

종합적인 위험 목록은 SUT(2014)를 참고하시기 바랍니다. 위험을 파악한 후에는 프로젝트에 미치는 위험과 영향을 평가해야 합니다.

4.2.1 통합 지반 모델 (Integrated Ground Model)

기본적으로 통합 지반 모델은 의미 있는 방식으로 정보를 관리하고 분류하여 지반 리스크를 파악하고 프로젝트의 다양한 이해관계자에게 전달할 수 있는 방법입니다. 이해관계자의 예로는 투자자, 실사(Due Diligence) 담당자, 보험사 또는 손해사정사(underwriters), 인증기관, 자산 소유자 등이 있습니다. SUT(2014)는 지반 모델을 부지의 구조 지질학, 지형학, 퇴적학, 지층학, 지반 위험 및 지질 공학적 특성을 포함하는 정보 데이터베이스로 정의합니다.

지반 모델 개발과 지반 위험 관리는 관련 데이터를 수집한 다음 의미 있는 방식으로 해석하고 제시하는 반복적인 프로세스입니다. 지반 모델은 더 많은 정보가 수집됨에 따라 지속적으로 업데이트됩니다.

해양 지반 데이터(지질학, 지구물리학, 지반공학)를 얻는 데는 선박을 동원해야 하므로 비용이 많이 듭니다. 따라서 일반적으로 풍력 발전 단지 개발이라는 사업적 결정이 내려질 때까지 지반 모델은 완성되지 않습니다. 지반 모델은 지속적인 과정이며 위성 이미지와 데스크탑 스터디를 통해 시작할 수 있습니다.

ASIDE

지반 모델링은 해상풍력 발전 단지 개발의 결정적인 요소인 경우가 많습니다. 예를 들어, 영국 대서양 어레이 풍력 발전소 프로젝트는 지반 관련 불확실성 때문에 진행되지 못했습니다. 풍력 발전 단지 개발자는 프로젝트가 확정되기 전에 비용이 많이 드는 부지 조사를 수행하는 것을 피하는 경우가 많지만, 해상 개발 입찰 과정에는 리스크를 통합해야 하며, CAPEX 및 OPEX 비용을 예측하기 위해 어느 정도 노력을 기울여야 합니다. 네덜란드 정부는 입찰 절차가 시작되기 전에 납세자의 비용으로 광범위한 현장 조사를 실시합니다. 이러한 방식으로 입찰자에게 어느 정도 확실성이 보장됩니다.

4.2.2 기초 설계에 필요한 사이트 정보

일반적인 해상풍력 발전 단지는 넓은 간격의 터빈으로 구성되며 수심과 지질의 변화가 예상될 수 있습니다. 따라서 조사는 케이블을 설치할 수 있는 합리적인 경로와 함께 넓은 지역을 대상으로 이루어집니다. 타당성 조사를 수행하고 세부 설계를 작성하기 위해서는 다양한 정보와 데이터가 필요합니다. 표 4.1에는 필수적인 것들이 나열되어 있습니다.

ASIDE **중국 해상풍력 발전소 개발**

1장의 그림 1.2c는 중국의 해상풍력 발전 단지 개발 현황을 보여줍니다. 중국은 풍부한 해상풍력 에너지 자원을 보유하고 있습니다. 준펑(2012)에 따르면 중국 해안 지역은 해발 50m, 수심 5~25m 이내에서 200GW의 풍력 발전 용량을 보유하고 있지만 태풍, 지진, 연약 해저 조건이 문제입니다. 중국 동부 해안은 지진이 발생하기 쉽고 진원지가 해안 육지에서 연안 해저로 이어지는 대륙붕에 위치할 수 있어 해상풍력 발전 단지에 추가적인 위험을 초래할 수 있습니다. 이러한 경우 2장에서 설명한 확률론적 지진 위험 분석(PSHA)은 불확실성을 정량화할 수 있는 합리적인 접근 방식입니다.

바람 정보(예: 허브 레벨의 풍속)는 터빈의 에너지 생산량을 예측 할 수 있습니다. 파도 정보는 구조물에 가해지는 하중을 추정하는데 필요합니다. 반면에 지반 정보, 즉 풍력 발전 단지 위 지반의 변동성은 기초 설계와 건설 단계에 필요합니다.

ASIDE **혼스 레브 (Horns Rev) 풍력 발전소의 Unexploded Ordnance (UXO)**

불발 폭발물은 완전히 않은 폭발물입니다. 예를 들면 공중 투하 폭탄, 수류탄, 대공 미사일, 발사체 등이 있습니다. 데스크탑 연구 중에 1944년 독일군 기록에서 지뢰가 있었다는 사실을 발견했으며, 그 중 두 개의 지뢰는 혼스 레브 3 근처에 있었고, 1차 세계대전 당시 사용되었으며, 크기가 매우 작았습니다.

표 4.1 사이트 정보 및 사이트 정보가 필요한 이유

데이터 유형	필요한 정보	디자인 목적의 데이터 사용에 대한 참고 사항
메타오션 데이터: 여기에는 풍력 발전소 위치의 기상 및 해양 조건이 포함됩니다.	일반적으로 수집되는 주요 정보는 다음과 같습니다: (a) MSL (Mean Sea Level) 상공에서 선택한 고도에서의 풍속 및 방향 (바람의 상승)입니다. 데이터는 1시간 평균, 10분 평균, 3초 돌풍 으로 구성됩니다. (b) 유의미한 최대 파고 및 해당 주기. 파도의 방향도 기록됩니다. (c) 현재 조류 프로파일과 방향 (d) 수심과 조수 및 해일로 인한 수위 변화.	기초 하중 계산에는 풍속, 파도 높이 및 주기, 유속, 수심이 필요합니다. 조류 데이터는 케이블 경로의 예측 및 세굴 설계에 필요합니다. 피로 수명 계산에는 파도 및 바람(크기 및 주파수) 데이터가 필요합니다. 단방향 또는 양방향 측면에서 하중의 특성을 이해하려면 바람과 파도 데이터가 필요합니다.
지진 및 쓰나미 위험	역사적으로 발생한 단층을 포함한 현장 주변 단층의 위치 및 특성. 자세한 내용은 2장을 참조하세요.	이는 PHSA(확률론적 지진 위험도 평가) 및 DSHA(결정론적 지진 위험도 평가)에 필요합니다. 출력은 지진 하중 추정을 위한 지진 위험 매개변수입니다. 기초 주변의 지반 침하(있는 경우)를 추정합니다.
사면 안정성 및 해저 이동성 (seabed mobility)	해당 지역 주변 해저의 경사면. 침하 이력, 즉 해저에 석유 및 가스 저류층이 있는지 또는 가스가 있는 토양이 있는지 여부.	해저 이동성에 따라 프로젝트 수명 기간 동안 영향을 받는 범위와 이러한 문제를 방지하는 데 필요한 세굴 보호 조치가 결정됩니다.
지질학, 지구물리학, 지반공학의 조합인 부지 특성화	깊이에 따른 지반의 강도 및 강성 프로파일입니다. 5장 및 6장에 표시된 모노파일 강성의 단순화된 계산을 위해서는 (a) 직경 한 개 깊이에서 지반의 강성, (b) 깊이에 따른 지반 강성의 변화라는 두 가지 파라미터가 필요합니다.	ULS 계산에는 지반의 강도, 즉 기초의 지지력이 필요합니다. 지반의 강성은 고유 주파수 계산 및 변형에 필요한 기초 강성 예측에 필요합니다.
기타 고려 사항	해양 성장 연구, 부식, 및 현장별 고려 사항을 고려해야 합니다. 예를 들어, 유럽 해역에는 여전히 많은 UXO가 존재합니다. 환경 연구가 필요할 수 있습니다.	용량 및 하중 수요에 대한 장기 예측.

세 번째 지뢰는 2차 세계대전 당시 사용된 LMB 지뢰로 폭발력이 700kg에 달했습니다. 이 지뢰는 덴마크 국방사령부(DDC) 해군 참모부 소속 특수부대가 처리했으며, 2016년에 와이어와 기폭장치를 사용하여 통제된 방식으로 지뢰를 폭파했습니다. 그림 4.1은 UXO를 보여주며 자세한 내용은 Vattenfall(2016)에서 확인할 수 있습니다.

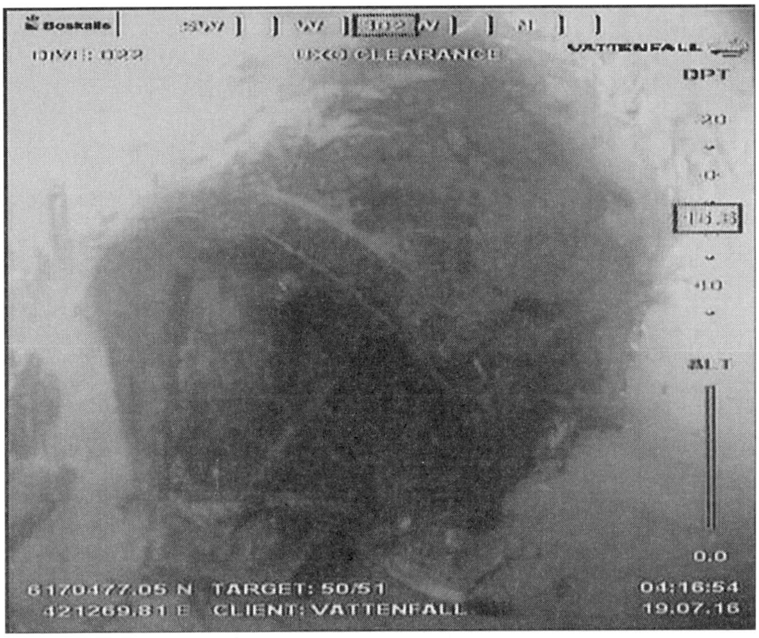

그림 4.1 혼스 레브 풍력 발전 단지의 UXO [사진 제공: 바텐폴]

4.2.3 최적화된 사이트 특성화의 정의

지반 엔지니어링 분야는 넓은 지역을 포괄하며 해양 현장 조사 선박의 동원과 관련된 상당한 비용이 발생합니다. 따라서 계획 단계에서 프로젝트에 필요한 데이터와 지반 샘플을 한 번의 선박 동원으로 얻을 수 있도록 프로젝트의 필요와 요구 사항을 이해하는 것이 필요합니다. 기초 설계를 위해 주요 요구 사항은 설계 지반 프로파일을 개발하고 각 토양 지층에 지반 파라미터를 할당하는 것입니다. 이는 전문성이 요구되는 가장 중요한 단계 중 하나입니다. 섹션 4.3에서는 설계 지반 프로파일의 일반적인 예를 제공합니다.

4.3 해상 지반 프로파일의 예

4.3.1 북해 해상 지반 프로파일

이 섹션에서는 몇 가지 해양 위치의 일반적인 지반 프로파일의 예를 제공합니다. 그림 4.2와 표 4.2는 Bhattacharya 등(2009)에 따른 북해 현장의 설계 지반 프로필을 보여줍니다. 사이트의 위치는 그림 4.3에 나와 있습니다.

유럽 풍력 발전 단지의 다른 지반 프로파일은 5장에서 설명합니다.

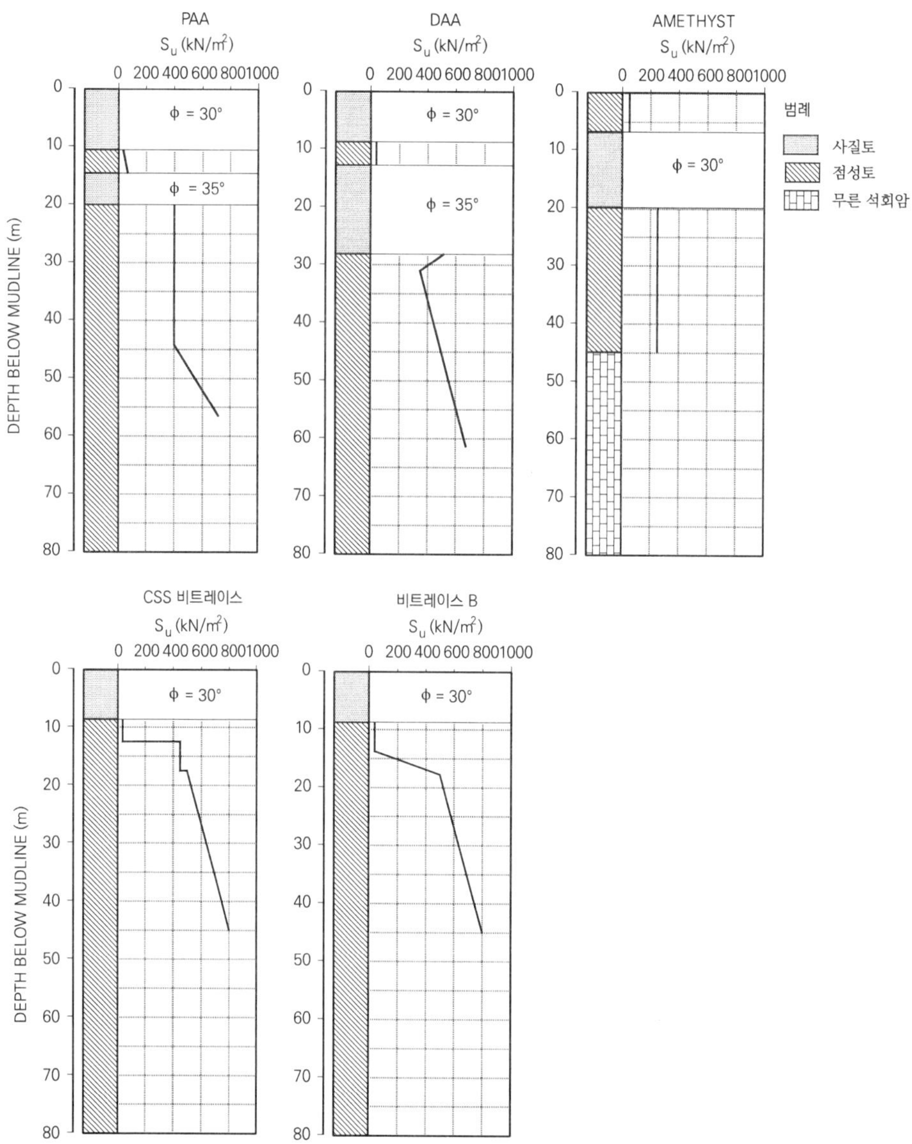

그림 4.2 북해 연안 지반의 예(설계 프로파일). 이러한 사이트의 위치는 그림 4.3을 참조하십시오.

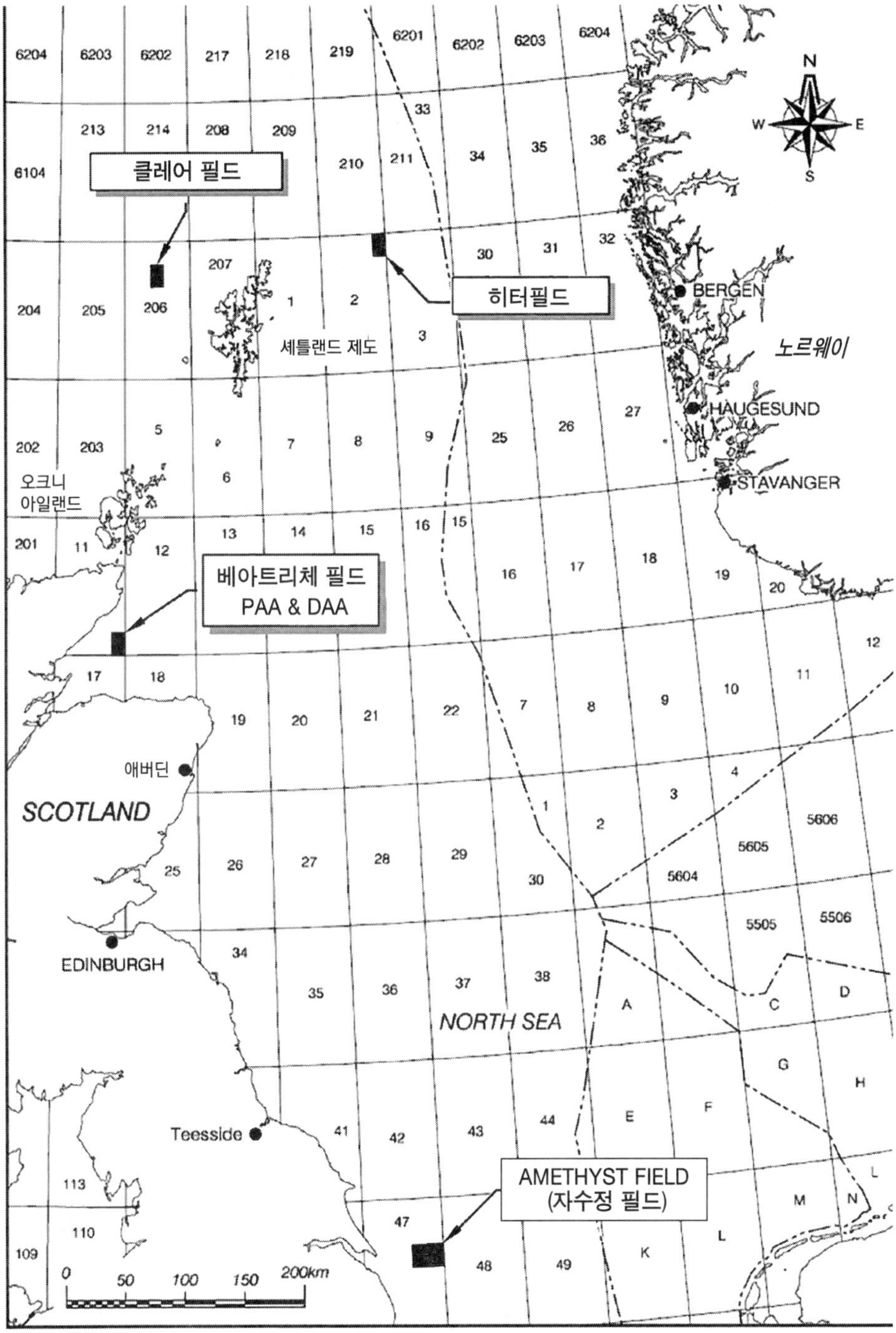

그림 4.3 오프쇼어 사이트의 위치

표 4.2 현장의 지반 프로파일

시험 장소 및 시간	관련 토양층(일반)
베아트리체, PAA 재킷 사이트	0.0-9.0m 모래 (ϕ =~ 30°) 9.0-12.5m의 연질에서 단단한 점토; (40-50 kPa) 12.5-17m/29m 모래 (ϕ =~ 35°) >17m/29m 매우 단단한 점토(400-700 kPa)
베아트리체, DAA 재킷,	0.0-8.5m 모래(ϕ =~ 30°) 8.5-12.5m의 연질에서 단단한 점토(40-50 kPa) 12.5-29.0m 모래 (ϕ =~ 35°) 12.5-15.0m 경질 점토(40-500kPa) >29m 매우 단단한 점토(400-700kPa)
자수정 필드	0.0-7.0 m의 단단한 점토(40-150 kPa) 7.0-20.0 m 중간 고밀도 모래 (ϕ =~ 30°) 20.0-45.0 m 단단한 점토 (~ 250 kPa) >45.0m 매우 약한 분필
베아트리체 필드(북해), 블록 11/30,	0.0~8.6m 중간에서 고밀도 모래(ϕ =~ 30°) 8.6-12.6 m 연질에서 단단한 점토 (~ 40 kPa) 12.6-17.6 m 경질 점토(400-500 kPa) >17.6~45m 경질~매우 경질 점토(500~800kPa)
베아트리체 필드(북해), 블록 11/30, B 재킷(CSS 인접)	0.0-9.0m 매우 고운 모래에서 모래(ϕ =~ 30°) 9.0-14.0 m 부드러운 모래의 매우 미사질 점토 (~ 40 kPa) 14.0~18.0m 경질 점토(40~500kPa) >18.0m 경질에서 매우 경질 점토(500-800 kPa)

4.3.2 중국 개발의 지반 프로파일

중국 해역에는 해상풍력 진행 중인 네 가지 주요 해역이 있습니다: (i) 보하이 해(폐쇄해), (ii) 서해, (iii) 동중국해, (iv) 남중국해 . 일반적으로 중국 해역의 지반 조건은 북유럽과 달리 퇴적층에 연약 지반입니다.

예를 들어 보하이 해는 북중국 평야에 자리 잡은 저지대로, 지반은 산과 서해에서 가져온 퇴적물로 이루어져 있으며 부드러운 실트질 점토 또는 점토질 실트입니다. 시추공은 일반적으로 지질학에 널리 사용되는 방법입니다.

보하이 해에는 시추공에 대한 많은 기록이 있으며, 대표적인 지반 프로파일 (위부터 아래까지)은 다음과 같습니다:

1. ***부드러운 점토 실트*** (Layer 1) 이 층의 깊이는 다양하지만 일반적으로 보하이 해 서부의 경우 0~7.4m입니다.
2. ***진흙 점토에서 미사 점토*** (Layer 2) 이 층에서는 점토가 부드러운 점토에서 딱딱한 점토로 변화하고 있으며, 진흙, 미사 (silt), 느슨한 모래로 이루어져 있습니다. 점토층의 깊이는 보하이 해 서부(두께 2.5-9.0m), 보하이 해 중부(두께 4.0-10.0m), 진저우(두께 2.7-14.8m), 쑤이중(두께 0.8-5.8m)에 따라 다릅니다.
3. ***미사질 점토*** 점토 및 느슨한 모래의 조합 (Layer 3). 이 층의 두께는 보하이 서부에서 2.5-7.0m로 다양합니다.
4. ***고운 모래와 미사*** 이 층의 주요 재료는 고운 모래와 실트가 결합된 모래입니다.
   모래와 점토. 강성은 중간 밀도의 모래입니다. 보하이 해 서쪽 바다의 두께는 4.0-15.0m, 보하이 해 중심부는 4.0-13.0m, 진주는 3.0-15.0m, 쑤이중은 0-14.2m입니다.
5. ***점토*** 이 층에서 점토는 매우 단단하고 단단하며 약간의 미사질 점토와 결합되어 있습니다. 보하이 해 서부의 두께는 2.0-18.0m, 보하이 해 중부는 3.0-15.0m, 진주는 3.0-17.0m, 쑤이중은 0-15.0m입니다.
6. ***고운 모래와 미사*** 이 층의 주요 재료는 고운 모래이며, 얇은 미사질 점토와 결합되어 있습니다. 강성은 매우 조밀합니다. 보하이 해 서부의 두께는 5.0-11.0m, 보하이 해 중부는 6.0-15.0m, 진주는 7.0-15.0m, 쑤이중은 12.0-18.0m입니다(그림 4.4 참조).

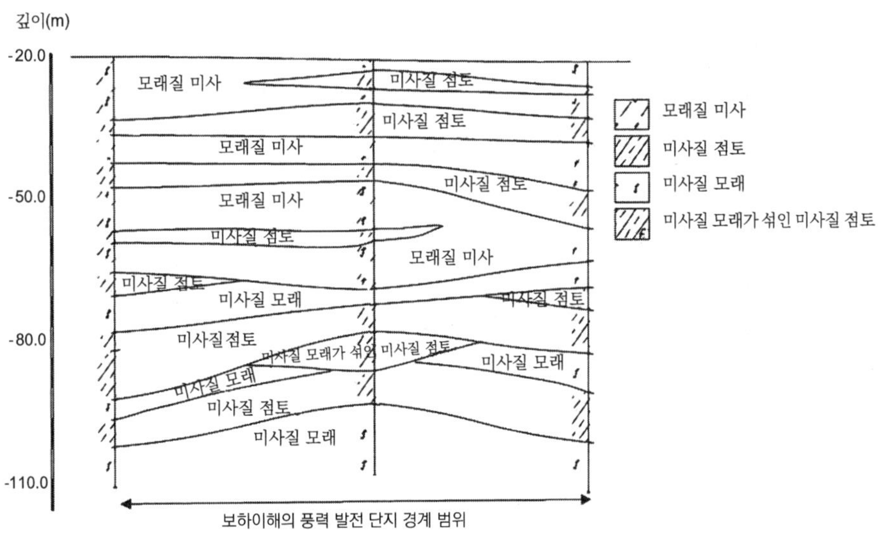

그림 4.4 보하이해 풍력 발전 단지의 지반 프로파일

반면, 그림 4.5는 서해의 지반 프로필을 보여주며, 지반 프로파일은 가변적이기 때문에 위험을 최소화하기 위해 상세한 현장 조사가 필요하다는 것을 알 수 있습니다.

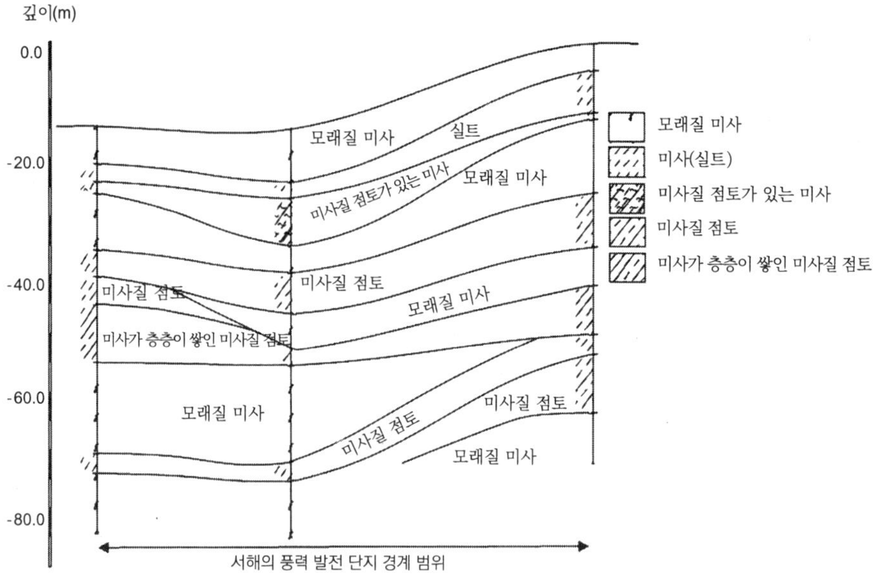

그림 4.5 서해의 극한 지형을 보여주는 지반 프로파일

그림 4.6과 4.7은 다른 두 개의 중국 해역에 대한 지형도를 보여줍니다.

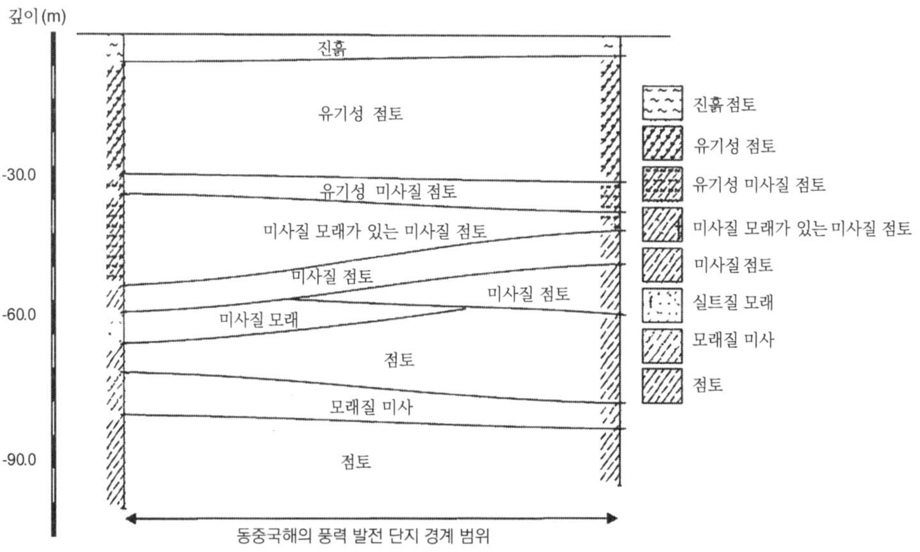

그림 4.6 동중국해의 지형 단면도

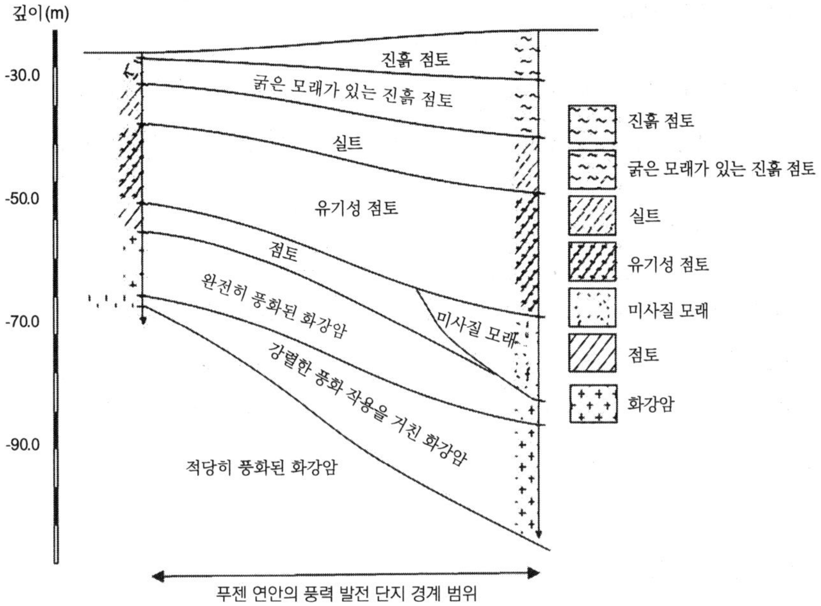

그림 4.7 푸젠 해(대만 해협) 연안의 지형 단면도

표 4.3은 남중국해의 지형도를 보여줍니다. 일반적인 관찰이 가능합니다. 중국 해역의 지반 프로파일은 가변적이며 다음과 같은 중요성을 보여줍니다.

종합적인 현장 조사의 결과입니다(표 4.3). 자세한 내용은 Bhattacharya 등. (2017)에서 확인할 수 있습니다.

표 4.3 남중국해의 지반 프로파일

위치 번호	깊이(m)	토양
1	0-4.2	미사질 점토
	4.2-19.4	적층 토양
	19.4-40.0	미사질 점토
2	0-3.0	모래질 토양
	3.0-7.4	미사질 점토
	7.4-27.0	적층 토양
	27.0-35.3	미사질 점토
3	0-1.9	미사질 점토
	1.9-2.6	미사질 모래
	2.6-5.5	미사질 점토
	5.5-9.0	모래질 토양
	9.0-15.0	적층 토양
	15.0-39.8	미사질 점토
4	0-1.5	모래질 토양
	1.5-4.9	미사질 점토
	4.9-7.0	미사질 모래
	7.0-13.7	적층 토양
	13.7-25.4	미사질 점토
	25.4-40.6	모래질 토양

4.4 지반 조사 개요

해상풍력 발전 단지의 부지 조사는 지리학적, 지구물리학적, 지반 공학적 세 가지 범주로 나눌 수 있습니다. 이를 통해 종합적인 통합 지반 모델을 개발할 수 있습니다.

4.4.1 지질학 연구

1장에서는 에너지 생산량을 극대화하려면 해상풍력 발전 단지가 넓은 면적을 차지해야 한다는 것을 보여주었습니다. 어떤 경우에는 면적이 20×6.5km에 달할 정도로 넓습니다. 지질학적 형성 역사를 기반으로 한 연구는 부지 투자 계획의 기초가 될 수 있습니다. 지질 조사는 일반적으로 데스크탑 스터디로 시작하여, 처음의 지반 모델을 만드는 데 사용됩니다.

4.4.2 지구물리 조사

여기에는 전문 선박을 동원하여 해저 표면과 해저를 매핑하고 생성된 데이터를 지반 모델을 업데이트하는 데 사용할 수 있습니다.

표 4.4 지구물리 조사의 유형

지구물리 장비	설계 데이터	비고
다중빔 음파탐지기 (Multi-Beam Echo Sounderr, MBES)	전체 풍력 발전 단지와 케이블 경로의 수심과 해저 지형을 파악합니다.	수심 측량으로 일반적으로 선체에 센서를 장착하여 선박의 움직임을 보정합니다. 측량 선 간격은 현장에 따라 다릅니다.
측면주사 음파탐지기 (Side scan sonar, SSS)	해저 지형 기록	음향 이미지를 제공합니다.
지층탐사기 (Sub-bottom Profiler)	지반 프로파일 및 지질	해저 해상도(예: 핑거, 스파커, 부머)에 따라, inter array & export cables을 위한 얕은 해저 또는 지질모델에서 더 깊은 층의 상관관계에 필요합니다.
자력계 / 그라디오미터	불발탄(UXO)	철 물체 주변의 자기장의 변화를 매핑하는데 사용됩니다.

지구물리학 조사는 지반 현장 조사와 함께 수행할 수 있습니다. 표 4.4는 지구물리 조사에 필요한 지구물리 장비 목록과 획득한 설계 데이터/정보를 보여줍니다. 지구물리 조사는 종종 최종 사업 내려지기 전에 수행됩니다.

DNV-OS-J101은 해저 위치에서 측량의 선 간격은 풍력 터빈 구조물의 설계 및 설치에 중요한 모든 지층을 감지하기에 충분해야 한다고 제안합니다. 또한 부드러운 충전재로 매립된 채널이 있는지도 조사할 것을 권장합니다. 해저케이블 경로 조사에 사용되는 정렬 차트의 예는 그림 4.8에 나와 있습니다. 이 차트에는 수심 측정, 해저 지형, 해저면 프로파일, 자력계, 경로 계획 및 서비스 차트가 표시됩니다.

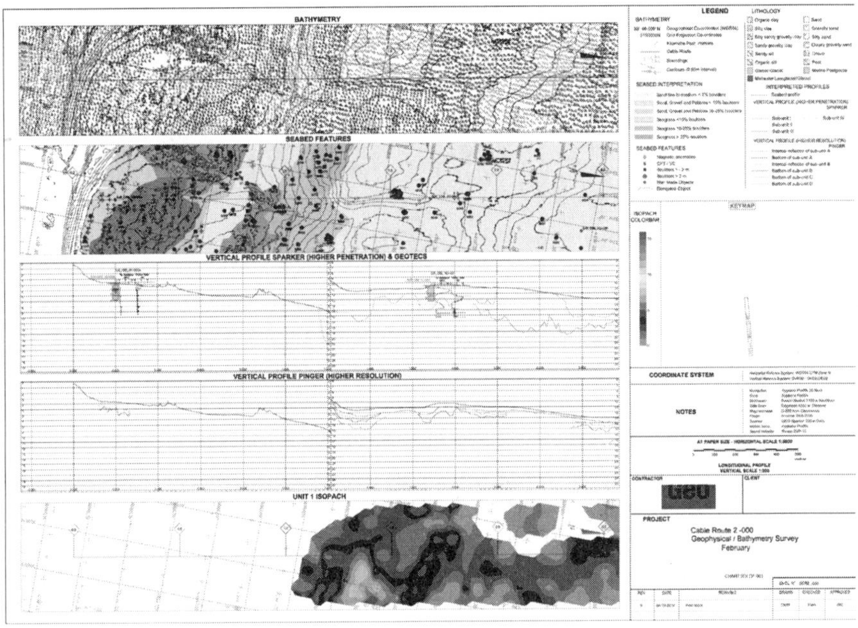

그림 4.8 케이블 경로에 대한 정렬 차트 [사진 제공: GEO, 코펜하겐]

4.4.3 지반 조사

필요한 현장 지반 조사는 사용될 기초 컨셉에 따라 결정되며, 수심, 해당 지역의 지질 및 환경 조건에 따라 달라집니다. 이 과정에서 시추공에서 현장 테스트 및 샘플 회수를 위한 프로젝트의 요구 사항에 따라 선박이 선택됩니다. 일반적으로 현장 조사에는 침투에 대한 지반의 저항을 측정하기 위해 콘 관입시험(Cone Penetration Test, CPT)이 포함됩니다(시추 로그의 예는 그림 4.11 참조). 선박의 선택은 다양한 요인에 따라 달라지며, 중요한 요인에 대한 요약은 표 4.5에 나와 있습니다.

선박의 유형에 대한 자세한 내용은 Dean(2010), SUT(2014), Rattley 등(2017)에서 확인할 수 있습니다. 지반 조사는 다음과 같은 설계들을 위한 엔지니어링 파라미터를 제공합니다: (i) 기초 및 설치; (ii) 정의된 경로를 따라 inter-array와 export cables, (iii) 서비스 한계 상태(SLS) 및 피로 한계 상태(FLS) 측면에서의 장기 예측.

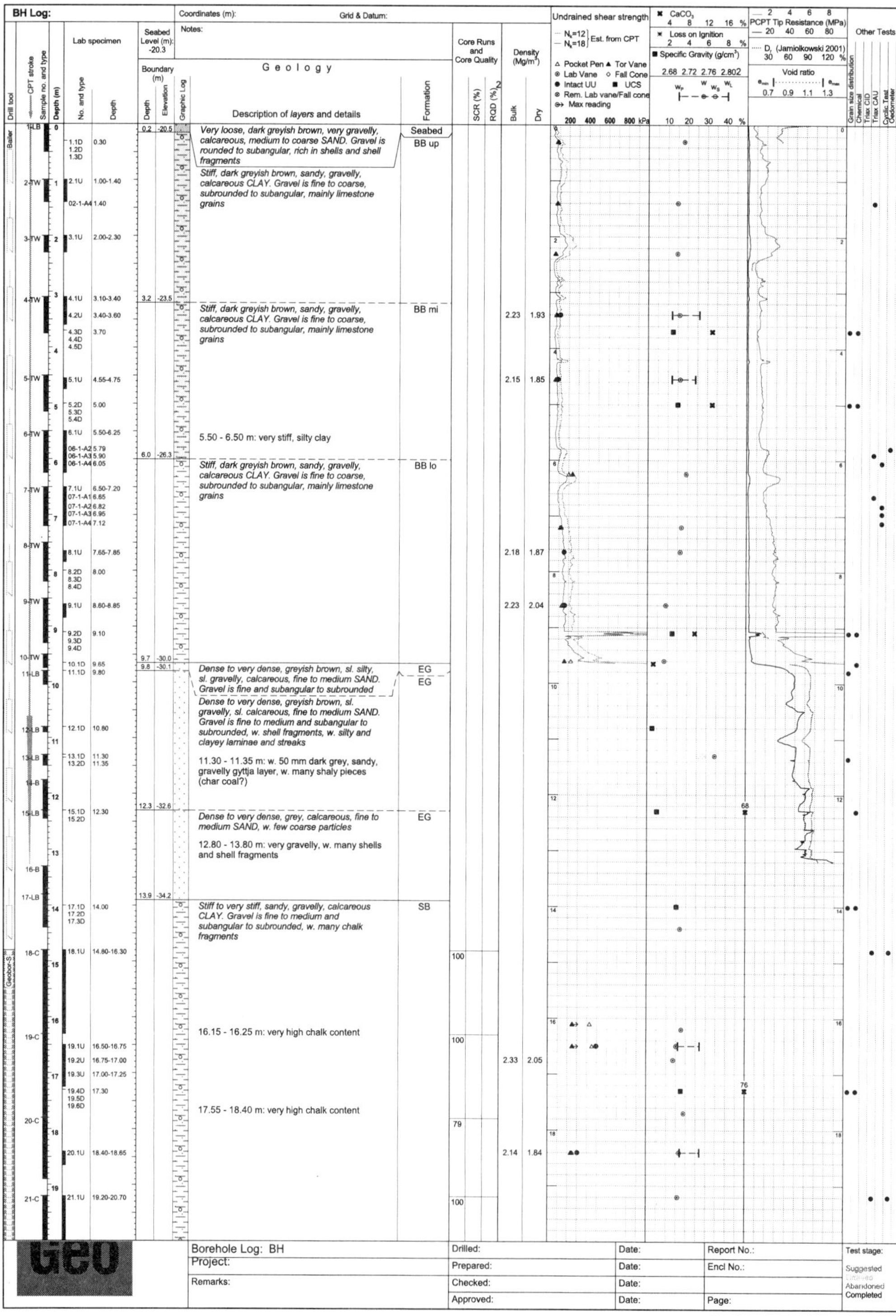

그림 4.11 시추 주상도 일반적인 예

표 4.5 선박 선택

사이트 유형	선박
얕은 수심(일반적으로 15~20m 미만)과 양호한 해저 조건	잭업이 적합하며 표준 육상 장비를 사용할 수 있습니다.
수심 20m 이상	동위치 제어 시스템(dynamic positioning system)을 갖춘 바지선 또는 선박
파고가 높은 사이트	히브 보상기(heave compensators)가 있는 앵커 선박

몇 가지 예는 다음과 같습니다:

인장 및 압축 시 말뚝의 축 방향 지지력, 횡하중 말뚝 설계를 위한 *p-y* 곡선, 말뚝 항타 관입성(Pile Driveability), 얕은 기초의 지지력 등을 확인할 수 있습니다.

일반적으로 현장 지반조사 캠페인에는 다음과 같은 작업이 포함됩니다:

1. 기초 유형에 따라 파일 깊이까지 CPT를 실시합니다. 침투 깊이에 대한 잠정적인 지침은 다음 섹션에 나와 있습니다.
2. 시추공을 통해 선택한 위치에서 샘플을 채취합니다.
3. 작은 변형 강성의 현장 측정에는 압력계, 팽창계 또는 지진 콘을 사용할 수 있습니다.
4. 실험실 테스트(표 4.6)는 필요한 테스트 목록을 제공합니다. 그러나 이 목록은 완전한 목록이 아닙니다.

ASIDE

해양 현장 조사는 특수 장비와 선박이 필요한 까다로운 작업입니다. 이는 매우 비용이 많이 들고 지속적인 혁신이 필요합니다. 유럽 해역의 1GW 풍력 발전 단지에 대한 종합적인 해양 조사에 드는 일반적인 비용은 300만 달러에서 500만 달러입니다. 따라서 가장 가능성이 높은 기초와 케이블 경로를 고려하여 잘 계획하고 지시해야 합니다. 계획 단계에서는 지질학 기반의 데스크 탑 연구가 도움이 될 수 있습니다. 지구물리학적 방법은 넓은 범위를 커버할 수 있다는 장점이 있으며, 큰 그림을 그리고 지질 기반 연구를 강화하는데 도움이 됩니다. 또한 토양 강성의 강한 대비를 보여주는 지층을 감지할 수 있습니다. CPT를 이용한 현장 테스트는 지반의 강도를 정량적이고 지속적으로 측정할 수 있습니다. 시료 채취와 테스트는 재료를 시각화하고 필수 특성화를 수행해야 하기 때문에 대체할 수 있는 방법이 없습니다. X-선 회절, 탄소-14 데이터 분석, 주사 전자 현미경(SEM)과 같은 고급 방법은 종종 토양, 광물학, 시료의 노화 등을 찾아내는데 사용됩니다. 교란된 시료에 대한 테스트는 재구성을 기반으로 쉽게 수행할 수 있습니다. 그러나 해양에서는 특히 매우 부드러운 퇴적물이 있는 경우 교란되지 않은 시료 회수가 매우 어렵습니다. 종종 압력이 완화되면서 용해된 가스가 토양에서 나와 지반 조직을 파괴합니다.

표 4.6 다양한 계산에 필요한 엔지니어링 파라미터

지반의 설명 및 인덱스 속성	아터버그 한계, 최대 및 최소 공극률, 시료의 수분 함량	이는 기본적인 특성이며 많은 공학적 상관관계가 이러한 특성을 기반으로 합니다. 이러한 테스트는 종종 탐사 선박의 현장에서 수행됩니다.
지반의 강도 특성	마찰 각도(피크 및 임계 상태 각도), 흙의 비배수 전단강도. 다음 장치를 사용할 수 있습니다: 직접 전단 상자, 3축압축 장비(예: CU/UU 테스트, 압밀/비압밀 비배수)	이러한 파라미터는 ULS 계산에 필요합니다. 응력-변형률 그래프는 SLS 및 FLS 계산에 필요합니다.
지반의 강성 특성	현장 강성을 측정할 수 있습니다. 실험실 테스트의 경우 공진주 시험, 벤더 요소가 있는 3축 또는 반복 3축, 반복 단순 전단 장치와 같은 장치를 사용할 수 있습니다.	작은 변형률에서의 강성(G_{max})은 고유 주파수를 추정하는 데 중요한 매개변수 중 하나입니다.
투수성 및 압밀 파라미터	3축 테스트 또는 투수성 시험기 또는 CPT를 사용할 수 있습니다.	투수성 정보는 SSI 상호 작용이 배수되었는지 또는 배수되지 않았는지 평가하는 데 필요합니다.
액상화 잠재력	반복 3축 테스트를 수행하여 액상화 주기 및 액상화후 거동을 파악	이 분석을 통해 액상화 깊이를 예측할 수 있습니다. 다단계 3축 테스트(첫 번째 주기적 하중과 단조로운 하중)로 액상화후 거동을 파악할수 있습니다.
열 전도성	열 바늘 방식 (Thermal needle method)를 사용해야 합니다. 방법에 대한 자세한 미첼과 카오(1978), 파루키(1981, 1982)에서 확인할 수 있습니다.	케이블 절연 및 보호 설계에 필요합니다.
화학 성분	다양한 매설부품에 부식을 일으킬 수 있는 가스가 많은 토양 및 기타 화학 물질을 확인해야합니다.	케이블 보호 설계
댐핑 속성	공진주 시험 및 반복 하중 장치(반복 3축 및 반복 단순 전단).	댐핑 전체 시스템의 동적 분석에 필요합니다.

4.5 콘 관입 시험 (CPT)

1950년대 네덜란드에서 처음 개발된 더치 콘 테스트(Dutch Cone Test) 라고도 하며, 가장 많이 사용되는 현장 조사 도구 중 하나입니다. 이 테스트는 끝이 아래를 향하도록 계측된 콘(마찰 슬리브와 함께)을 제어된 속도(일반적으로 15-25mm/s)로 땅속으로 밀어 넣는 것으로 구성됩니다.

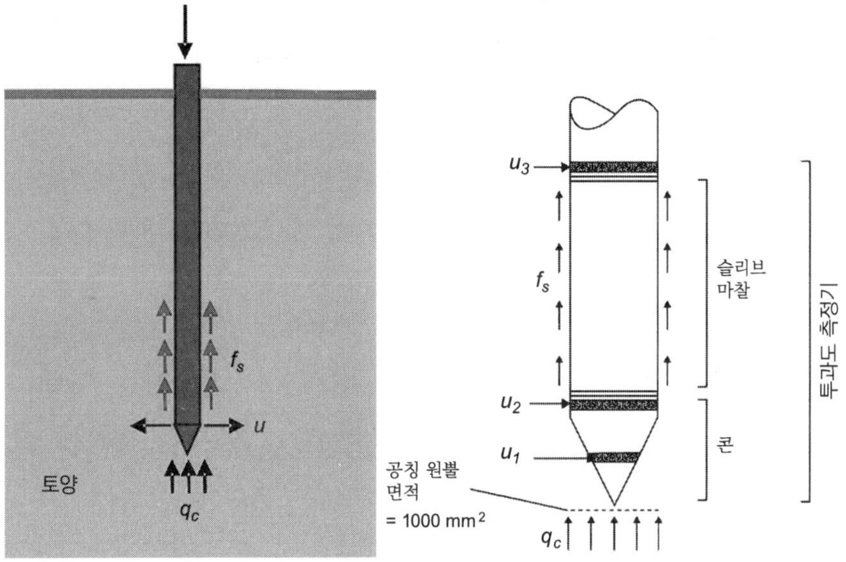

그림 4.9 CPT 테스트

표준 원뿔의 정점 각도는 60° , 단면적은 10cm²로 직경 3.56cm에 해당합니다 (그림 4.9). 전기 트랜스듀서는 콘이 지반을 침투할 때 콘 팁의 지반 저항을 측정합니다. 슬리브를 따라 마찰 저항도 측정됩니다. CPTU로 알려진 CPT의 또 다른 변형은 선단관입저항(q_c), 주면 마찰력(f_s), 침투 중에 발생하는 간극수압(u)을 동시에 측정합니다. 포화토, 특히 입자가 고운 토양에서 과도한 간극 수압이 발생하면 선단 저항 q_c 값이 감소합니다. 지반에 따라 측정된 슬리브 마찰 f_s와 팁 저항 q_c의 비율이 다릅니다. 입자가 거친 토양은 q_c가 높고 f_s가 낮습니다. 반면에 입자가 고운 토양은 f_s가 높고 q_c 가 낮습니다. 지반을 분류하기 위한 표준 상관관계와 보정 차트가 존재합니다(그림 4.10 참조). CPT 데이터를 해석하려면 전문 지식이 필요하며, 독자들은 Lunne 등(1997)와 Robertson 등(1986)를 참조하시기 바랍니다.

표 4.7은 선단 저항(q_c)과 내부 마찰 각도 ϕ(°) 사이의 관계에 대한 예비 가이드를 제공합니다. 이 가이드는 최대 약 10~15m 깊이의 굳지 않은 노화되지 않은 모래에 적용된다는 점에 유의해야 합니다.

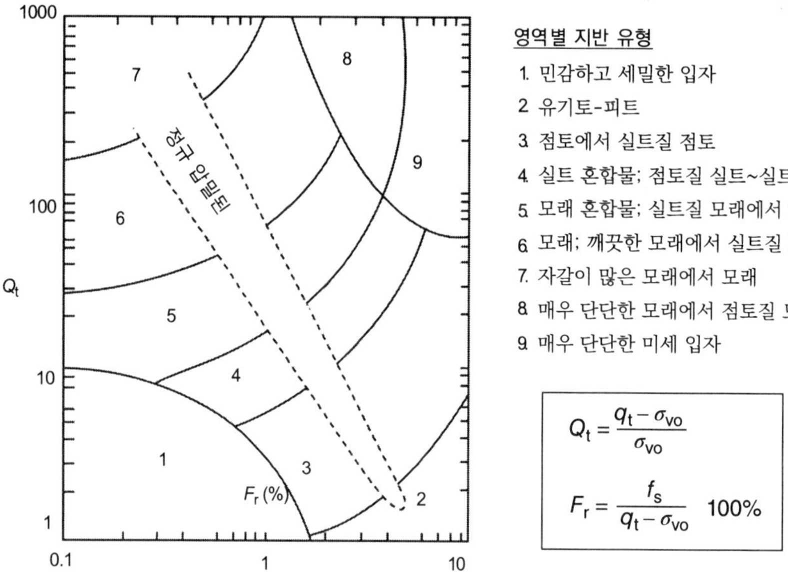

그림 4.10 CPT에 따른 지반 분류

표 4.7 콘 저항과 내부 마찰 각도의 상관관계

콘 저항, q_c (MPa)	모래 다짐	상대 밀도, D_r (%)	내부 마찰 각도, ϕ (°)
<2	매우 느슨한	<15	20-25
2-5	느슨	15-35	25-30
5-15	중간 조밀	35-65	30-35
15-30	조밀	65-85	35-40
>30	매우 조밀함	85-100	>40

CPT 테스트 결과는 지반의 강도와 강성을 추정하는 데에도 사용할 수 있습니다. 지반 강도를 추정하고 비배수 전단 강도(S_u)를 평가하려면 CPT q_{net}의 순 저항(보정 콘 저항에서 수직 응력을 뺀 값)을 원뿔 계수(N_{kt})로 나눈 값이며 다음과 같습니다.

$$S_u = \frac{q_t - \sigma_v}{N_{kt}} \tag{4.1}$$

여기서 북해의 일반적인 N_{kt} 계수는 15-20입니다.

강성 측면에서 여러 연구자들이 제안한 경험적 방정식을 사용하여 전단 속도와 전단 계수를 추정할 수 있습니다. 몇 가지 예가 아래에 나와 있습니다:

선단 저항은 다음 관계 중 하나를 사용하여 서로 다른 모래의 전단 계수를 결정하는 데 사용할 수 있습니다. Rix와 Stokoe(1991), Mayne과 Rix(1993):

$$G_o = 1634(q_c)0.25(\sigma_v\,')^{0.375} \tag{4.2}$$

$$G_o = 406(q_c)^{0.695}(e)^{-1.13} \tag{4.3}$$

여기서 e는 흙의 공극률입니다:

선단 저항은 주어진 전단 속도(V_s)를 결정하는 데에도 사용할 수 있습니다.

$$V_s = 277(q_c)^{0.13}(\sigma_v{}')^{0.27} \tag{4.4}$$

ASIDE

독자에게 상관관계 사용에 대한 주의를 환기시킵니다. 상관관계는 유효 범위를 초과하여 사용해서는 안 됩니다.

4.6 기초 설계를 위한 최소한의 현장 지반 조사

DNV, 미국석유협회(API), SUT(2014) 등 많은 실무 규정 및 모범 사례 가이드에서 최소 현장 지반 조사 요건에 대한 지침을 제공하며, 이 섹션에서는 이를 요약하여 설명합니다. 풍력 발전 단지 내 풍력 터빈 구조물의 경우, 잠정적인 최소 지반 조사 프로그램에는 네 가지 측면이 포함될 수 있습니다:

1. 모노파일을 기반으로 하는 고정식 시스템의 경우 터빈 위치당 1회 CPT 테스트. 석션 버킷 및 플로팅/앵커 기초와 같은 기타 기초의 경우, 각 석션 버킷 또는 앵커 위치당 하나의 CPT가 필요합니다.
2. 실내시험을 위한 시료 채취하기 위해 풍력 발전 단지가 포함된 지역의 각 구석에서 충분한 깊이까지 시료를 시추합니다. 이는 지반의 가변성에 대한 기초를 제공합니다.
3. 발전단지 중앙에 추가 시추를 하면 해당 지역의 비균질성에 대한 추가 정보를 얻을 수 있습니다.
4. 지반 조건이 매우 다양한 경우, 풍력 터빈 위치당 하나 이상의 시추공 또는 하나 이상의 CPT가 필요할 수 있습니다.

샘플링을 통한 CPT 및 샘플 시추와 같은 현장 테스트는 적절한 깊이로 수행해야 합니다. 다음과 같이 권장됩니다:

- 재킷형 기초의 가늘고 유연한 말뚝의 경우, 해저에서 말뚝의 예상 깊이에서 말뚝 직경의 3배를 더한 연속 CPT를 권장합니다.
- 직경이 더 큰 모노파일의 경우 해저에서 말뚝의 예상 깊이에서 연속 CPT에 말뚝 직경의 0.5배를 더하는 것이 좋습니다.

- 중력 기반 시스템의 경우, 제안된 구조물의 중앙에 샘플 시추공 또는 깊은 연속 CPT 시추공이 있으며, 시추공의 수와 깊이는 현장 인근의 지반 변동성에 따라 달라집니다. 이는 침하 예측을 위해 필요합니다.
- 잭업 설치 선박의 경우, 풍력 터빈 발전기(WTG) 기초에 대해 수행된 CPT가 종종 사용됩니다. 그렇지 않은 경우 최소 스퍼드캔 직경 1.5배 이상의 깊이를 사용하는 것이 좋습니다.

4.7 실내 시험

해양 샘플을 채취한 후에는 가능한 한 많은 정보를 얻기 위해 실내 시험을 수행해야 합니다. 5장에서는 지반- 구조물 상호 작용이 이러한 장기적인 성능에 중요한 역할을 한다는 것을 보여줄 것입니다. 따라서 고급 지반 시험이 필요합니다. 시험 유형은 기초 유형과 하중의 특성에 따라 다릅니다. 실내시험 비용은 그것을 얻는 데 필요한 비용과 비교했을 때 무시할 수 있는 수준이라는 점을 언급해야 합니다.

4.7.1 표준/정기 실내시험

가장 일반적으로 사용되는 테스트 방법은 직접 전단 및 링 전단 테스트, 단순 전단 테스트, 3축 압축 및 압밀 시험입니다. 자세한 내용과 방법론은 관련 교과서를 참고하시기 바랍니다. 몇 가지 예로는 Dean(2010), Mitchell과 Soga (2005), Head(2006), Randolph와 Gourvenec (2011)이 있습니다. 표 4.8에는 이러한 테스트를 통해 얻을 수 있는 지반 파라미터에 대한 요약이 나와 있습니다.

표 4.8 일반적인 실내시험

시험 이름	시험 설명	설계 요구 사항
직접 전단 시험	전단 강도 파라미터를 결정합니다. 수평으로 분할된 개방형 금속 상자로 구성되며, 상자의 한 부분이 다른 부분에 대해 상대적으로 움직일 수 있습니다. 상자에 특정 밀도로 흙을 붓고 상자의 한 부분이 다른 부분에 대해 상대적으로 이동합니다. 흙은 두 부분으로 나뉜 상자의 경계를 따라 얇은 영역에서 파괴되도록 설계 되었습니다. 이 장치를 일반적으로 전단 상자라고 합니다.	배수 테스트는 일반적으로 전단 상자에서 수행됩니다. 마찰 각도 (ϕ), 팽창 각도, 비배수 전단강도 등의 매개변수를 얻을 수 있습니다. 직접 전단 시험은 배수조건을 통제할수 없습니다. 즉, 간극수압을 측정할 수 없습니다. 비배수 전단 강도는 지반을 매우 빠르게 전단하여 (즉, 테스트를 매우 빠르게 실행하여) 대략적으로 추정할 수 있으며, 샘플은 특정 평면에서 파괴하고 반드시 가장 약한 평면에서 실패하지는 않습니다.

3축 압축 시험	원통형 지반 샘플을 다양한 배수 조건과 함께 구속압을 가할 수 있는 곳에서 테스트합니다. 즉, 배수/비배수 상태입니다. 부피 변화/간극 수압 변화와 함께 지반의 변형을 측정할 수 있습니다. 가장 큰 장점은 지반이 현장에서 경험하는 다양한 응력 및 변형 경로를 시뮬레이션할 수 있다는 점입니다.	지반의 응력-변형률 특성, 전단 강도 및 간극 수압에 따른 부피 변화를 얻을 수 있습니다. 지반 샘플의 측정할 수 있습니다. 다음 매개변수를 얻을 수 있습니다: 마찰 각도 (ϕ), 점착력/비배수 전단강도 (S_u) 응력- 변형률 곡선의 기울기로부터 전단 계수(G)를 구합니다.
압밀 시험 (Oedometer)	지반 원반에 수직으로 압력을 가하여 시간 의존적인 지반의 압축성을 구하는 것입니다.	지반의 압축성
링 전단 시험	환형 지반 샘플을 비틀어 원형 전단면을 유도합니다.	점토의 잔류 마찰 각도

4.7.2 해상풍력 터빈 분야를 위한 고급 실내 시험

2장에서 설명한 것처럼 기초에 가해지는 하중은 동적일 뿐만 아니라 반복적입니다. 따라서 이러한 하중 조건에서 지반의 거동을 이해하는 것이 필요합니다. 실용적인 관점에서 볼 때 엔지니어링 실무에서 쉽게 구할 수 있고 널리 사용되는 세 가지 유형의 장치는 벤더 요소가 있는 반복 삼축, 반복 단순 전단(CSS) 및 공진주 장치입니다.

4.7.2.1 반복 삼축 시험

삼축 시험은 가장 널리 사용되는 다목적 전단 강도 시험입니다. 이름에서 알 수 있듯이 시편은 유체 압력에 의해 세 방향으로 압축 응력을 받습니다. 시료가 실패하면 로딩 램에 의해 시료 상단에 축 방향으로 (단조롭게 또는 반복적으로) 추가적인 수직 응력이 가해집니다. 배수, 비배수, 압밀 비배수, 다단계 등 다양한 유형의 테스트를 할 수 있습니다. 삼축 테스트 장치의 기본 기능은 그림 4.12에 나와 있습니다. 그림 4.13은 서리 고급 지반 공학 연구소(Surrey Advanced Geotechnical Engineering)의 반복 삼축 세트를 보여줍니다. 삼축 시험 절차에 대한 자세한 내용은 교과서를 참고하시기 바랍니다. 이 장치는 포화 입상 재료의 반복적 액상화 문제를 연구하기 위해 지진 공학 실무에서 널리 사용됩니다. 지반의 반응은 스트레스 경로 그래프($p'-q$)를 그려서 전송하며, 여기서 p'와 q는 각각 평균 유효 응력과 축차 응력이며 정의는 아래와 같습니다

$$p' = \frac{\sigma_1' + \sigma_2' + \sigma_3'}{3} \tag{4.5}$$

$$q = \sigma_1' - \sigma_3' \tag{4.6}$$

여기서 σ'_1 및 σ'_3 은 각각 최대 및 최소 주 유효 응력입니다. 삼축 테스트에서는 중간 및 최소 주 응력이 다음과 같다고 가정합니다. (즉, $\sigma'_3 = \sigma'_2$)

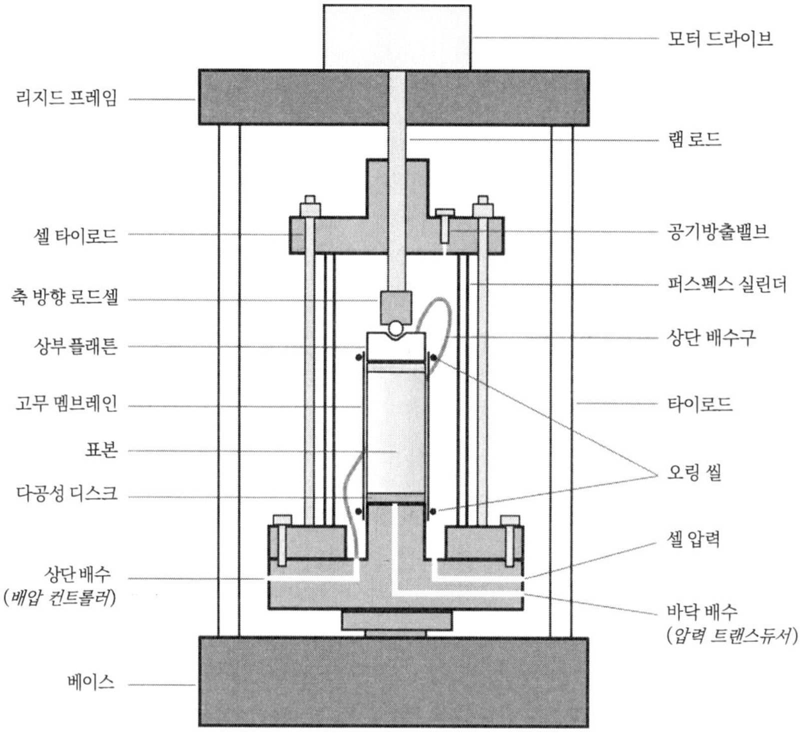

그림 4.12 삼축 장치의 개략도

일반적으로 유효 삼축 평면(q- p')에서 압축 및 신장 사이클이 모두 수행됩니다. 그림 4.14에는 지진 하중을 시뮬레이션하기 위한 비배수 조건에서 반복적 삼축 장치의 예가 나와 있으며, 재료가 액상화 상태에 도달하기 위해 비배수 조건에서 필요한 사이클 수가 평가되고 유효 응력 경로가 기록됩니다. 테스트 중에 시료 내의 간극수압과 축 방향 변형률을 모두 기록할 수 있습니다(그림 4.13 및 4.14).

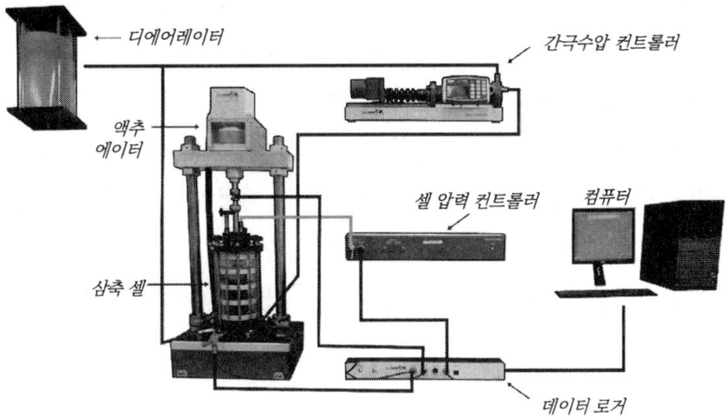

그림 4.13 SAGE 실험실의 테스트 시스템 개략도

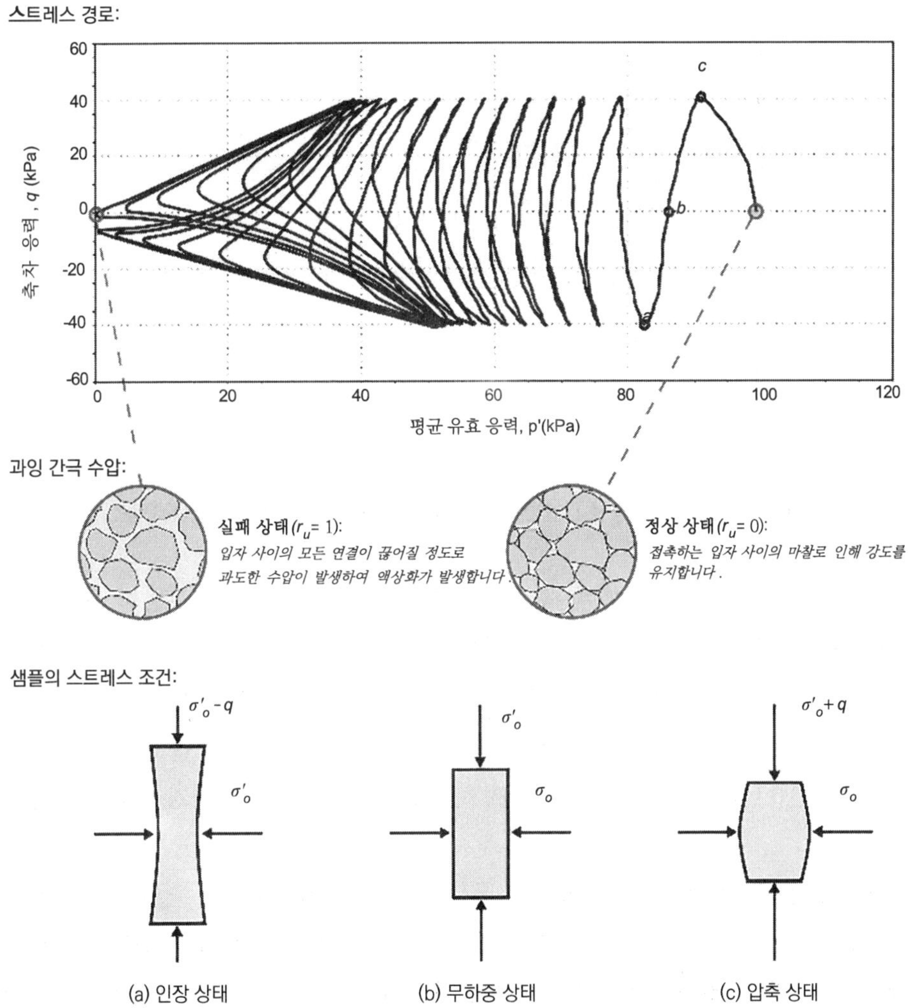

그림 4.14 비배수 반복 삼축 시험의 일반적인 결과

지반에 가해진 하중에 따라 하중 단계를 생성하거나 재현할 수 있습니다. 예를 들어, 그림 4.15는 극단적인 지반 액상화 사례를 시뮬레이션하기 위해 다단계 지반 요소 테스트에 적용된 테스트 체계의 모식도를 보여줍니다. 이 테스트에서는 지반 시료를 액상화하기 위해 처음에는 특정 주파수와 진폭의 비배수 응력 제어 정현파 주기적 하중을 적용했습니다. 시료가 액상화되면 반복적 하중을 중단하고 비배수 상태에서 변형률 제어 단조 하중을 가했습니다. 이렇게 하면 액상화된 모래의 응력-변형률 곡선을 얻을 수 있습니다. 그림 4.16은 액상화를 연구하기 위해 아삼 모래(Assam, 인도) 에 대한 다단계 테스트 결과를 보여줍니다. 다단계 테스트의 예는 Rouholamin 등(2017) 및 Dammala 등(2017)를 참고하시기 바랍니다.

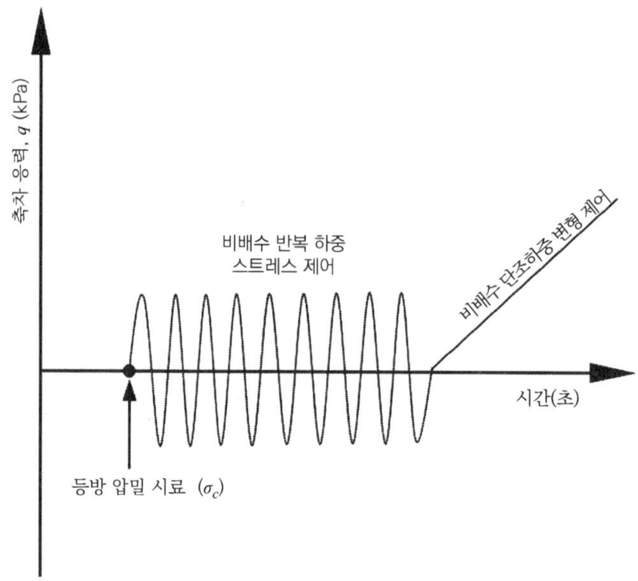

그림 4.15 지진으로 인한 극한 하중 조건을 연구하기 위해 다단계 요소 테스트에 채택된 테스트 체계

벤더 요소는 파도 전파 기법을 통해 시료의 전단파 속도를 구하는 데 사용할 수 있습니다. 반복적 삼축 시험은 해상풍력 터빈과 관련된 문제에 두 가지 방식으로 적용할 수 있습니다:

1. 벤더 요소와 함께 반복적 삼축 장치를 사용하여 극심한 폭풍이 장기적인 성능에 미치는 영향을 연구할 수 있습니다. 폭풍에 해당하는 지반 샘플에 주기적 하중을 가하여 응력 이력을 재현할 수 있습니다. 하중이 끝나면 단조 하중을 가하여 잔류 지반 강성 및 강도를 구할 수 있습니다.
2. 문헌에 따르면 순수 점토나 순수 모래와 같은 표준 지반의 거동은 어느 정도 확실하게 예측할 수 있습니다. 그러나 중간 토양, 즉 모래질 실트 또는 실트질 모래 또는 점토질 실트의 거동을 예측하는 것은 샘플이 점토와 같이 거동할지 모래와 같은 거동할지가 주요 문제이기 때문에 예측하기가 어렵습니다. 즉, 세립분 함량이 다양한 토양의 거동은 예측하기 어렵기

때문에 이러한 경우 반복 삼축 시험이 유용합니다. 이는 수백만 사이클의 하중의 영향으로 인한 거동을 결정하는 것은 지반 내 간극 수압의 축적이므로 장기 거동을 예측하는 데 큰 영향을 미칩니다.

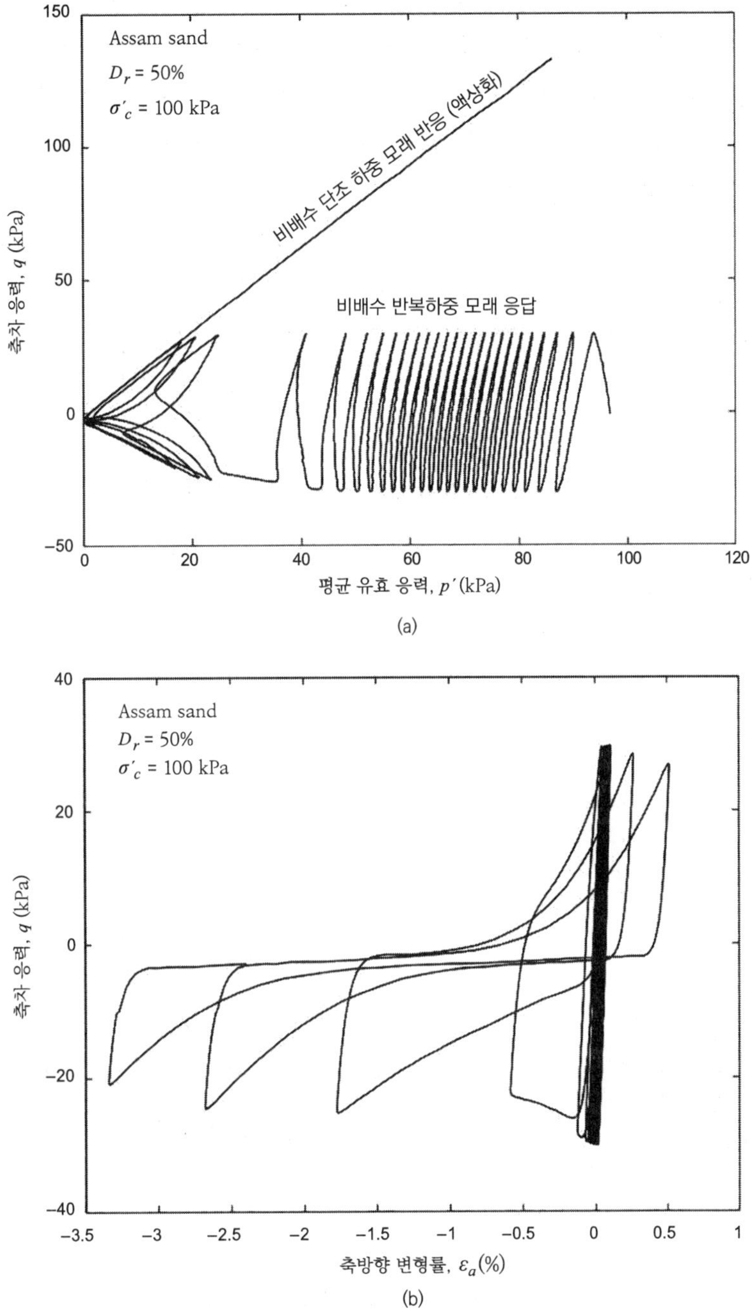

그림 4.16 아삼 모래 반복 삼축 다단계 테스트 (a) 응력 경로, (b) 반복 단계 중 축차응력 대 축방향 변형률.

4.7.2.2 반복 단순 전단시험

그림 4.17은 SAGE 실험실에서 가져온 시료 전단 패턴의 개략도와 함께 CSS (cyclic simple shear) 장치를 보여줍니다. 이 장치는 두 개의 전기/기계식 동적 액추에이터를 사용하여 반복하중 (수직 및 수평 방향 모두)을 가할 수 있습니다. 서보 모터 내의 엔코더를 사용하여 수직 및 수평 변위를 측정할 수 있습니다. 정현파, 정사각형, 삼각형,톱니, 하버사인 (haversine) 등 다양한 파형도 적용할 수 있습니다. 이 장치는 사용자가 정의한 파형을 적용할 수도 있습니다. 현재 해상풍력 터빈의 경우 사용자가 정의한 함수를 사용하여 임의의 바람과 파도 하중을 시뮬레이션할 수 있습니다. 이 장치는 해상풍력 터빈 기초의 장기적인 성능을 연구하기 위해 Nikitas 등(2016)에서 사용되었습니다. 이 연구에서는 변위를 기록하고 피드백 제어의 효과를 검증하기 위해 외부 LVDT(linearly varying differential transformer, 차동 변압기)도 사용했습니다. 최대 ±5kN의 하중을 양방향으로 가할 수 있으며 수평 이동은 최대 25mm, 수직 이동은 15mm입니다. 반복 단순 전단시험 장치는 지반에 가해지는 큰 변형 수준의 영향을 연구하기에 충분합니다. 따라서 배수 및 비배수 조건에서 반복 전단 응력의 영향을 연구할 수 있습니다. 하중은 최대 5Hz의 주파수에서 적용될 수 있습니다. 이 장치는 전단 변형을 수평 방향으로 반복시키면서 일정한 수직 압밀 응력을 유지하여 실리카 모래(북해의 전형적인 모래)의 반복적 거동을 조사하는데 사용되었습니다. 일반적인 결과는 그림 4.18과 4.19에 나와 있습니다. 신중하게 설계하고 수행한 테스트는 장기적인 성능을 예측하는데 유용할 수 있습니다.

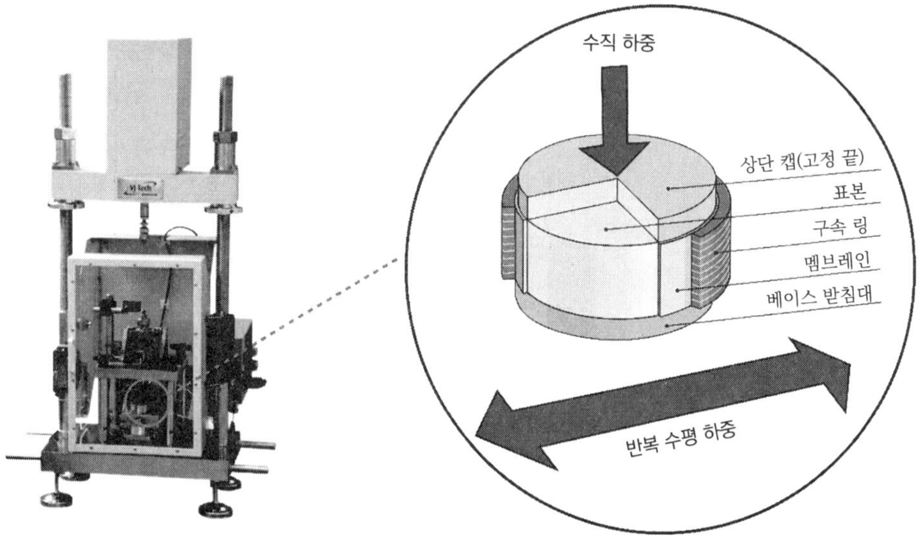

그림 4.17 반복 단순 전단 시험을 위한 설정

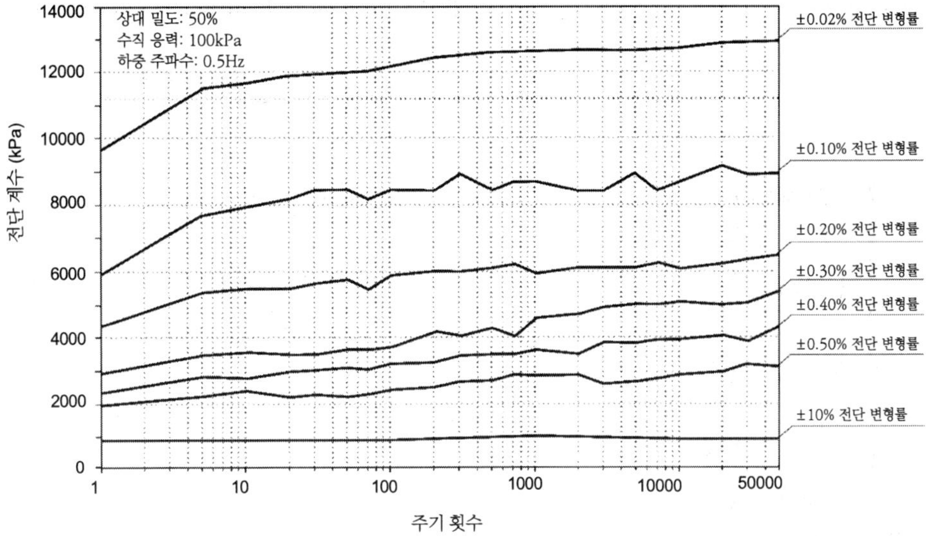

그림 4.18 CSS 장치에서 얻은 붉은 언덕 모래의 결과

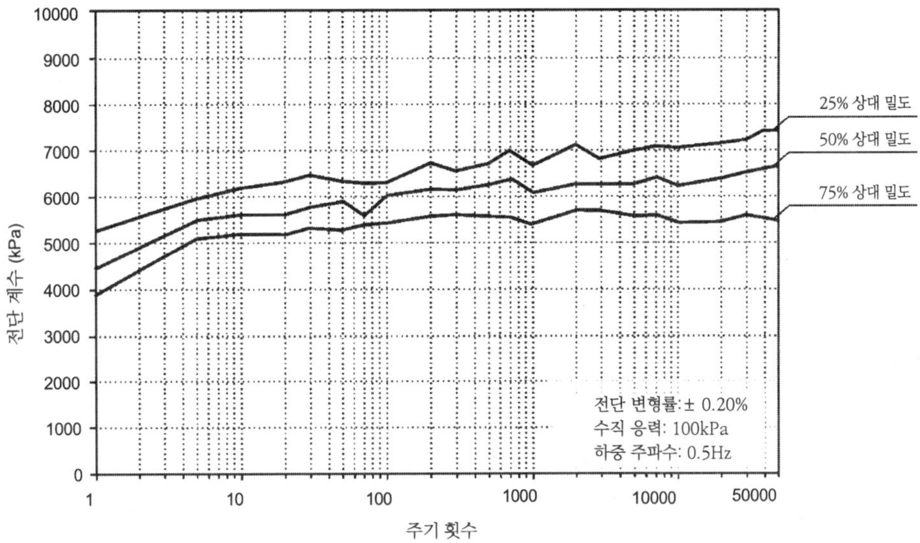

그림 4.19 CSS 장치의 결과

지반-구조물 상호 작용에 대한 자세한 내용은 5장을 참조하시기 바랍니다. 터빈의 다양한 하중 조건에서 지반에 가해지는 변형률 수준은 5.5장에서 확인할 수 있습니다.

4.7.2.3 공진주 시험(Resonant Column Test)

이 장치는 다양한 변형률 수준에 대한 강성 변화를 매핑하는데 사용할 수 있습니다. 이 테스트의 기본 원리는 원통형 지반 시료가 공진 상태(즉, 피크 응답)에 도달할 때까지 조화롭게 야기되는 프리즘 막대에서의 파도 전파 이론입니다. 그림 4.20은 지반 시료의 개략도를 보여줍니다.

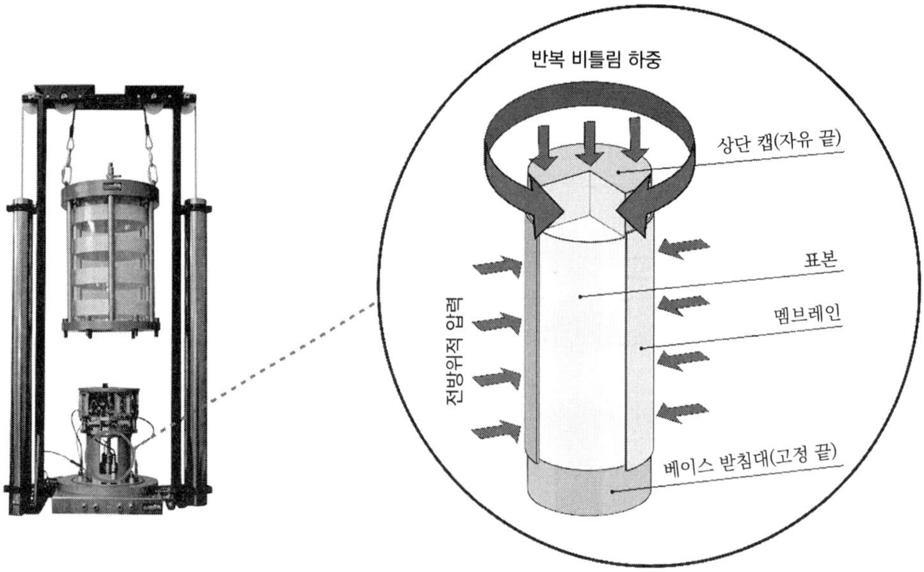

그림 4.20 공진주 시험 레이아웃의 개략도, 서리 대학교 SAGE 연구소에서 사용하는 공진 컬럼 장치

공진주 시험을 통하여 광범위한 변형률 수준에 대한 지반의 전단 계수와 감쇠 비율을 결정할 수 있습니다.

이 기법은 1930년대 도쿄대학교에서 Ishimoto와 Lida(1936)와 Ishimoto와 Lida(1937)에 의해 처음 개발되었습니다. 공진주는 1960년대에 들어서야 Hall과 Richart(1963), Hardin과 Richart(1963), Drnevich 등(1967)과 같은 저자들의 연구를 통해 더 널리 사용되기 시작했습니다.

지난 수십년간 공진주 시험의 적용 범위를 넓히기 위해 개선과 발전이 이루어졌습니다. 여기에는 지반 원소에 대한 이방성 응력의 적용(Hardin와 Music 1965, Hardin와 Black 1966), 원소의 속이 비어 있는 테스트를 위한 장치 개조(Drnevich 1967), 테스트 표본 전체에 대한 수정 (Anderson와 Stokoe 1978, Stokoe와 Lodde 1978) 및 높은 변형률(Alarcon 등 1986, Isenhower 등 1987, Ampadu와 Tatsuoka 1993) 테스트에 대한 수정이 포함되었습니다.

그림 4.20은 특정 유형의 공진주 장치를 보여주며, 고정이 없는 구성을 사용하여 직경 50mm, 길이 100mm의 지반 샘플을 사용합니다. 이 배열은 필요한 수학적 도출이 매우 간단하기 때문에 연구에서 가장 널리 사용되는 공진주 배열입니다. 이러한 배열에서 원통형 지반 요소는 상단 캡에 연결된 동적 구동 시스템에 의해 비틀림으로 야기됩니다. 그림 4.21에서 단

순화된 도식을 볼 수 있습니다. 공진주 시험을 통해 가속도계를 사용하여 자유 진동 감쇠 곡선(로그 감소)에서 지반의 감쇠비(D)를 측정할 수 있습니다. 그림 4.22와 4.23은 공진 기둥 테스트의 일반적인 결과를 보여줍니다.

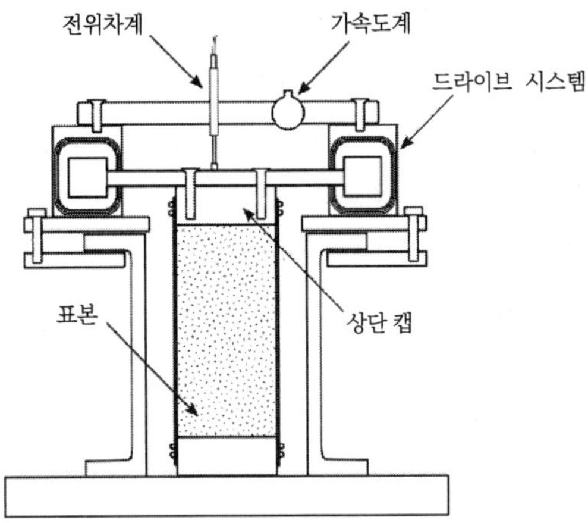

그림 4.21 공진주 시험 장치의 단면도

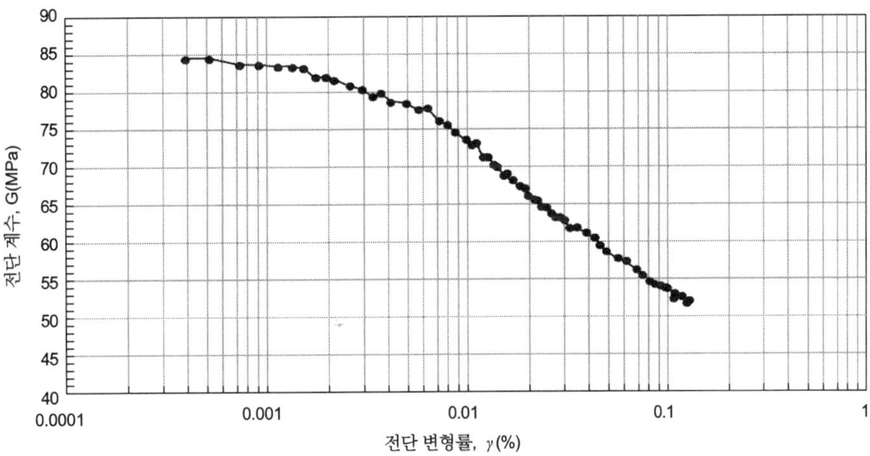

그림 4.22 Redhill-110 모래에서 공진주 시험을 통해 측정한 전단 변형률-전단 계수 그래프

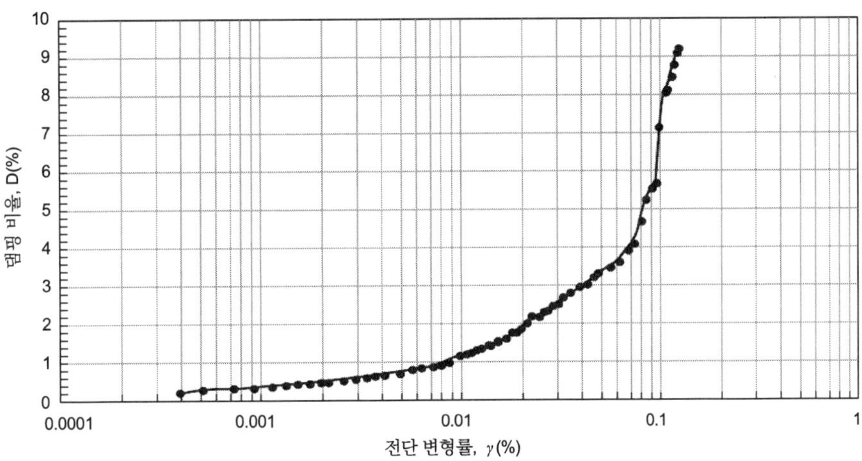

그림 4.23 Redhill-110 모래에서 공진주 시험을 통해 측정한 전단 변형률 감쇠비 그래프

4.7.2.4 Intermediate Soils 테스트 (Test on Intermediate Soils)

그림 4.24와 4.25는 야마구치 대학(일본)에서 다양한 세립분 함량을 가진 네 가지 유형의 토양에 대한 공진주 시험 결과를 보여줍니다. 그래프는 변형률 수준에 따른 강성 및 감쇠의 변화를 예상대로 보여줍니다. 그림 4.25는 변형률 수준에 따른 누적된 간극 수압을 보여줍니다. 흥미로운 점은 0.6-0.85의 $G_{eq}/G_{\max}$에 해당하는 변형률 수준에서 간극 수압이 형성되기 시작하며 이때부터 점진적인 파괴가 시작된다는 점입니다.

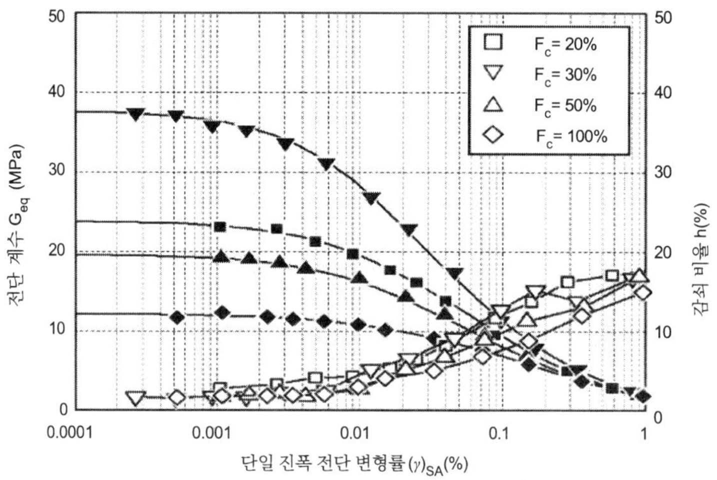

그림 4.24 변형률 수준이 다른 지반의 강성 및 감쇠 특성

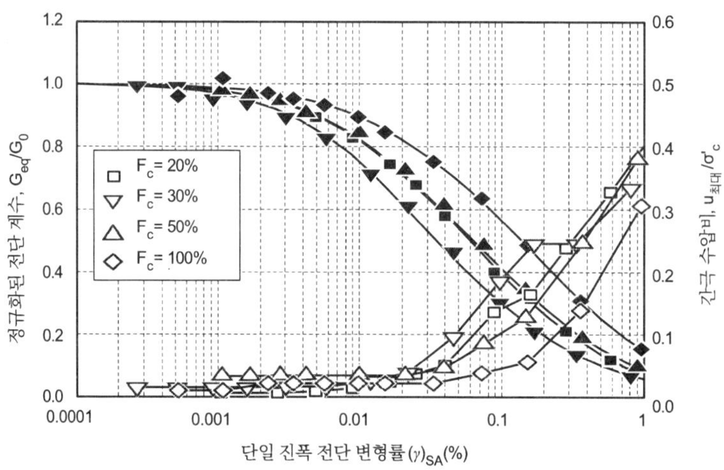

그림 4.25 변형률 수준에 따른 간극 수압 축적

4.8 반복 하중 하에서의 지반 거동 및 고급 실내 시험

반복 및 동적 하중 하에서 지반의 거동은 여전히 활발히 연구되고 있는 분야입니다. 지반 동역학 문제는 그림 4.26과 같이 변형률 레벨의 크기, 하중의 빈도, 반복의 횟수에 따라 분류할 수 있습니다. 그림 4.27은 다양한 종류의 지반 동역학 문제를 보여주며, 이 문제를 완전히 다루려면 교과서 전체가 필요합니다.

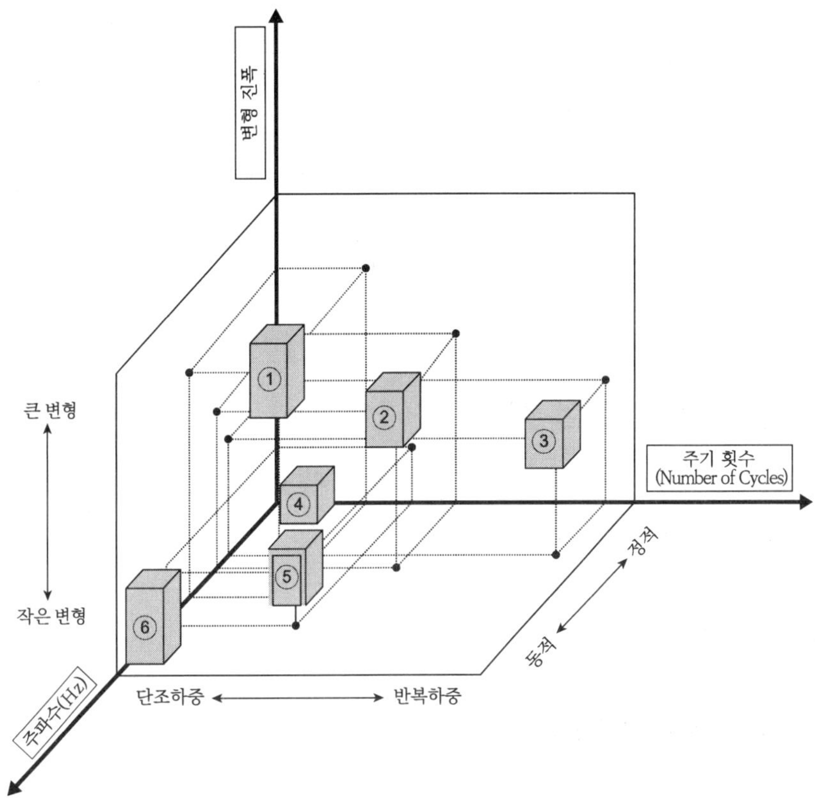

그림 4.26 주파수, 주기 수, 변형률 수준이라는 세 가지 매개변수에 따른 지반 동역학 문제의 분류

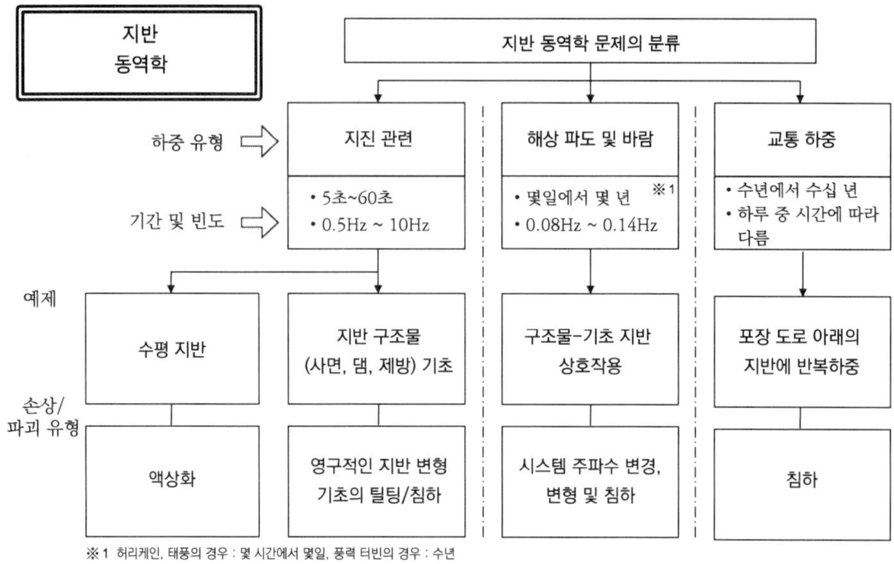

그림 4.27 지반 동역학 문제의 분류

4.8.1 지반 동역학 문제의 분류

이 섹션의 주요 목적은 해상풍력 터빈 문제와 관련된 이슈를 요약하는 것입니다. 수치에 대한 설명은 그림 4.26에 나와 있습니다:

1. 큰 변형률, 낮은 사이클 수, 낮은 주파수(0.5 ~ 10Hz)를 특징으로 하는 지진 하중
2. 해양 구조물의 하중
3. 교통 하중
4. 지하수면의 변화로 인한 지반의 변형
5. 파일 항타 및 다짐
6. 높은 주파수, 매우 낮은 사이클 수, 작은 변형이 특징인 충격 하중 (폭발)

4.8.2 지반 거동의 중요한 특성

중간 정도의 반복 하중을 받는 모든 지반은 점진적으로 다져지고, 공극 수압이 발생하며, 연약해집니다. 느슨한 모래와 같은 파괴 가능한 지반은 배수가 되지 않으면 액상화될 수 있습니다. 따라서 한 번의 전체 하중 사이클에서 생성된 간극수압이 다음 하중 사이클 전에 부분적으로만 소멸될 수 있으므로 반복적인 하중 조건의 빈도는 중요합니다.

점토의 경우 강도와 강성이 저하됩니다. 강성 저하 정도는 변형률 수준과 하중 주기 횟수의 함수입니다. 광범위한 실험실 및 현장 연구를 통해 이러한 하중 하에서 점토의 거동에 대한 여러 측면이 명확히 밝혀졌습니다(예: Vucetic와 Dobry(1991) 참조). 강성 저하는 토양의 가소성 지수(Plasticity Index, PI)와 상관관계가 있습니다. 지반의 특정 반복 변형에 대해 소성 점토가 많을수록 열화가 덜 나타납니다. 그림 4.28은 다양한 PI와 OCR (Over Consolidation Ratio) 을 가진 점토에 대한 변형률 제어 시험에서 발표된 16개의 실험 데이터 세트를 기반으로 한 그래프를 보여줍니다. 그래프에서 PI 0은 모래를 나타내고 PI 200은 플라스틱성이 높은 멕시코 시티 점토를 나타냅니다. 멕시코 시티 점토는 0.1%의 반복 전단 변형률까지 비선형성이 거의 나타나지 않습니다

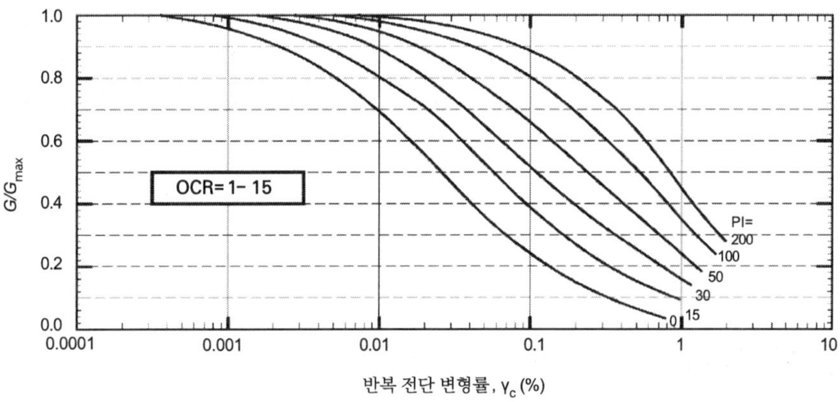

그림 4.28 NC 및 OC 점토에 대한 G/G_{max} vs 반복 전단 변형률 간의 관계 [출처: Vucetic와 Dobry(1991)]

G_{max}는 작은 변형률에서의 시컨트(secant) 전단 계수입니다. 그림 4.29는 정상 압밀 점토(OCR =1)에 대해 다양한 사이클 수(N = 1, 10, 100, 1000)에 대한 저하가 G/G_{max}에 미치는 영향을 보여줍니다.

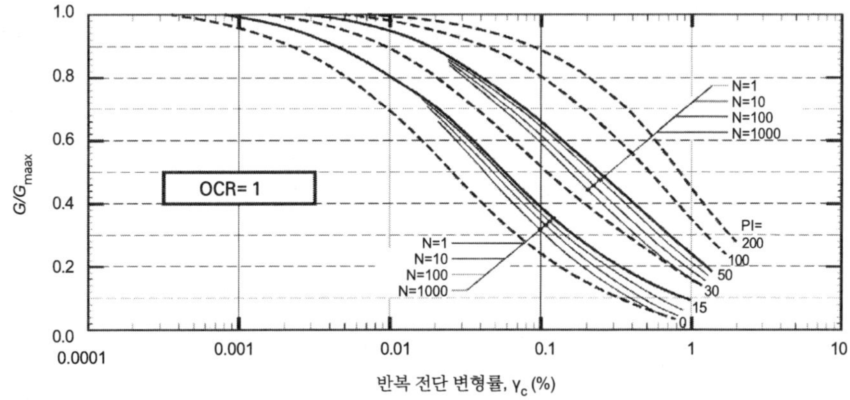

그림 4.29 PI가 다르고 사이클 횟수가 다른 지반에 대한 반복 강성 저하가 G/G_{max} vs 반복 전단 변형률에 미치는 영향 [출처: Vucetic와 Dobry(1991)]

지반 시스템을 분석할 때는 지반 거동의 세 가지 중요한 특징을 고려해야 합니다:

1. 지반은 전단 응력이 증가함에 따라 강성이 점진적으로 감소하는 비선형 재료로, 매우 높은 전단 응력 수준에서는 소성 변형이 일어납니다.
2. 지반은 비탄성 물질입니다. 따라서 반복 하중을 받으면 전단 변형률이 증가함에 따라 증가하는 히스테리 댐핑(에너지 손실)을 나타냅니다.
3. 강도, 강성 및 간극 수압을 포함한 지반 특성은 반복적인 하중 주기에 의해 영향을 받을 수 있습니다. 이는 특히 하중이 계속 가해지면 간극 수압이 증가하여 액상화가 발생할 수 있는 포화된 모래와 실트와 관련이 있습니다.

다섯 가지 주요 특성(벌크 밀도, 강성, 재료 감쇠, 강도, 반복 하중으로 열화)이 동적 하중을 받는 지반 구조 시스템의 응답을 결정합니다. 벌크 밀도는 동적 하중 하에서 지반의 관성에 영향을 미칩니다. 전단 계수에 의해 주로 정의되는 강성은 시스템의 자연 자유도와 응답을 결정합니다. 댐핑은 에너지 소산의 척도로, 댐핑이 높을수록 에너지 손실이 커지므로 응답이 작아집니다.

4.9 예비 설계를 위한 일반적인 지반 물성치

동적 해석을 수행할 때, 특히 프로젝트 초기 단계에서는 모든 지반 정보가 가용하지 않을수 있습니다. 표 4.9는 다른 데이터가 없는 경우 예비 설계에 사용할 수 있는 다양한 표준 파라미터를 제공합니다. 더 많은 상관관계에 대한 자세한 내용은 Bhattacharya 등(2019)의 부록 A를 참조하시기 바랍니다.

표 4.9 예비 설계에 사용할 수 있는 일반적인 지반 물성치

구분	밀도	내부마찰각(°)	su(kPa)	G_{max} (MPa)
자갈	조밀	40	-	230
모래	느슨	30	-	10
	보통	32.5	-	20
		35	-	55
실트	-	25	-	10
점토	연약	-	25	2
	단단함	-	50	30
	매우 단단함	-	100	60
암반	머드스톤	-	-	2150
	사암	-	-	3100
	화강암	-	-	15700

4.9.1 실내시험에서 얻은 지반의 강성

지반의 초기 강성(즉, 작은 변형률에서의 지반 강성)은 설계에 중요한 매개변수입니다. 실내시험에 따르면 최대 전단 계수(G_{max})는 다음과 같습니다.

$$G_{max} = 625\frac{(OCR)^k}{0.3+0.7e^2}\sqrt{p_a.\sigma'_M} \tag{4.7}$$

식 (4.7)을 다른 형태로 표현하면 $G_{max} = 625\ F(e)\ (OCR)^k\ p_a{}^{0.5}\ (\sigma_M{}')^{0.5}$

여기서 $F(e)$는 간극비 함수이고 k는 PI에 따라 달라지는 OCR 지수이며 표 4.10에 나와 있습니다.

표 4.10 OCR 지수의 변화(Hardin와 Drnevich 1972)

PI	0	20	40	60	80	100
k	0	0.18	0.3	0.41	0.48	0.5

Hardin(1978)은 $F(e) = 1/(0.3 + 0.7e^2)$를 제안했고, Jamiolkowski 등(1991) 는 $F(e) = 1/e^{1.3}$을 제안했습니다. G_{max}, p_a와 $\sigma_M{}'$ 모두 같은 단위로 표현해야하며 p_a는 대기압 입니다.

Ishibashi와 Zhang (1993)는 세립자 토양에 대한 전단계수 G와 G_{max} 관계를 다음과 같이 제시하였습니다.

$$G/G_{max} = K \cdot \sigma'^{m}_{m}$$
$$K = 0.5 \cdot \left\{1 + \tanh\left[\ln\left(\frac{0.000102+n}{\gamma}\right)^{0.492}\right]\right\}$$
$$m = 0.272 \cdot \left\{1 - \tanh\left[\ln\left(\frac{0.000556}{\gamma}\right)^{0.4}\right]\right\} \cdot \exp(-0.0145 \cdot PI^{1.3}) \tag{4.8}$$
$$n = \left\{\begin{array}{cc} 0 & for\,PI = 0 \\ 3.37\times10^{-6}\cdot PI^{4.404} & for\,0 < PI \le 15 \\ 7.0\times10^{-7}\cdot PI^{1.976} & for\,15 < PI \le 70 \\ 2.7\times10^{-5}\cdot PI^{1.115} & for\,PI > 70 \end{array}\right\}$$

여기서 σ'_m은 평균 주 유효 응력, γ은 전단 변형률

점성토의 경우 Weiler(1988)가 요약한 G_0/S_U, PI, OCR 간의 관계를 표 4.11에 사용할 수 있습니다.

위에서 제안한 이론 외에도 Seed와 Idriss(1970)는 모든 입상 재료의 낮은 변형 강성을 설명

하기 위해 단순화된 방정식을 도출했습니다. 모든 공식은 구속압과 간극비의 영향을 크게 받기 때문에 이러한 요소만 고려하여 다음과 같이 도출했습니다;

$$G = 1000\,K_2\,\sqrt{p'} \tag{4.9}$$

여기서, p' : 평균 국부 유효 응력 [kN m^{-2}]

K_2 : 지반 탄성 계수 (soil modulus coefficient) [-]

탄성률 K_2 자체는 여러 가지 모래에서 실험적으로 도출되었습니다. 낮은 변형률 조건 ($\gamma < 10^{-3}$ %)에서 지반 탄성계수는 간극비에만 의존한다는 것이 밝혀졌습니다(Seed 등 1984). K_2의 일반적인 값은 가이드라인에서 가져온 표 4.12에 자세히 나와 있습니다. 독자들은 업데이트된 상관관계도 참조할 수 있습니다.

표 4.11 G_{max}/s_U 값

PI (%)	OCR		
	1	2	5
15-20	1100	900	600
20-25	700	600	500
34-45	450	380	300

표 4.12 여러 일반적인 모래에 대한 지반 탄성계수(Det Norske Veritas 2002)

토양 유형	K_2
느슨한 모래	8
조밀한 모래	12
매우 조밀한 모래	16
매우 조밀한 모래와 자갈	30-40

4.9.2 점성토의 반복 하중 설계 실무 지침

그림 4.30 (Vucetic,1994)은 완전 포화된 점성토에 대한 변형률에 따른 정규화된 시컨트 강성의 변화를 나타낸것입니다. 강성 저하가 없고 지반의 거동이 실질적으로 선형 탄성인 임계 선형 전단 변형률인 γ_{tl} 이 존재하여 반복 하중으로 인한 지반 구조의 영구적인 미세 구조 변화가 없는 변형률 수준이 존재한다는 것이 인정됩니다. 변형 수준이 γ_{tl} 이상으로 증가하면 지반은 비선형적으로 행동하고 그 결과 지반의 시컨트 전단 계수가 감소합니다. γ_{tl}의 값은 선형 임계 전단 변형률이 G_{sec}/G_{max}의 비율 0.99에 해당한다고 가정할 때 시컨트 전단 계수 감소 곡선 (그림 4.30에 개략적으로 표시)으로부터 추정할 수 있습니다. γ_{tv}로 표시되는 체적 임계 전

단 변형률 수준(Vucetic 1994)으로 알려진 임계 전단 변형률의 또 다른 값이 존재하며, 그 이상에서는 지반 조직의 영구적인 미세 구조 변화가 발생합니다. 즉, γ_{tv}를 초과하면 간극수압 축적으로 인해 지반이 분해될 수 있습니다. 삼축 응력 공간에서 이 상태는 '복구 가능 영역'과 '소성 영역' 사이의 경계에 해당합니다(Jardine 1992). γ_{tv}는 시컨트 전단 계수 감소 곡선으로부터 평가할 수 있습니다. 그러나 적용에 따라 두 가지 값(즉, 0.85 및 0.60)의 $G_{sec}/G_{\max}$ 비율이 자주 사용됩니다. 0.85 값은 영구 변형이 예상되는 시컨트 전단 계수의 저하를 나타냅니다. 반면에 0.6은 과도한 간극수압의 축적을 기준으로 정의됩니다. 이 두 값은 γ_{tv}의 상한 및 하한 값을 나타낼 수 있으며, 상한 값은 필요할 수 있는 가장 높은 직경을 제공합니다.

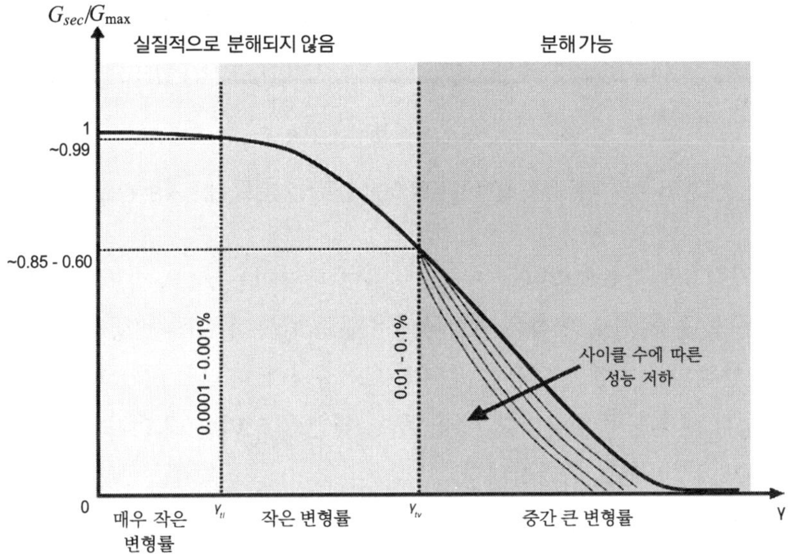

그림 4.30 반복 비배수 하중을 받는 완전 포화 점토의 시컨트 전단 계수 감소 곡선

반면에 하한은 필요한 최소 직경을 제공합니다. 그림 4.24와 4.25에 제시된 그래프가 간극수압의 축적을 보여주는 것은 흥미롭습니다. 그림 4.30은 임계 변형률의 개략적인 표현을 보여주는 반면, 그림 4.31은 Okur와 Ansal(2007)에 따라 PI가 9~40인 터키 점토 샘플 10개를 대상으로 수행한 반복 삼축 시험에서 얻은 일반적인 실험 데이터를 플롯한 것입니다.

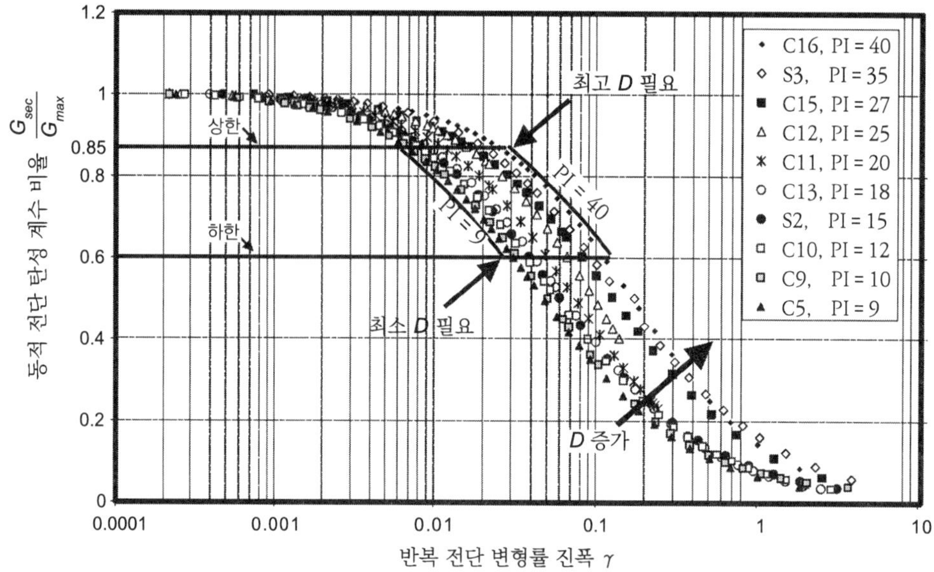

그림 4.31 PI가 다른 터키 점토 샘플에 대한 실험적 시컨트 전단 계수 감소 곡선

그림 4.31은 각각 0.85와 0.60의 $G_{sec}/G_{\max}$ 비율에 해당하는 γ_{tv}의 상한과 하한을 보여줍니다. 실험 결과는 높은 PI 시료가 작은 변형률에서 선형 반복적 응력-변형률 반응을 보이고 큰 변형률에서 덜 분해되는 경향이 있음을 분명히 보여줍니다. 따라서 PI가 높은 점토는 체적 임계 전단 값이 높다는 특징이 있습니다. 예를 들어, 하한을 고려할 때 PI가 9에서 40으로 증가하면 γ_{tv}는 0.025에서 0.15로 증가합니다.

그림 4.32는 PI가 9~100인 18가지 종류의 점토에 대한 체적 임계 전단 변형률 값(γ_{tv})을 집계한 것입니다. 실험 데이터는 Kim & Novak(1981), Kokusho 등(1982), Vucetic & Dobry(1988), Georgiannou 등(1991), Lanzo 등(1997), Stokoe 등(1999), Massarsch (2004), Okur & Ansal(2007), Yamada 등(2008)에서 발표한 연구로부터 수집한 것입니다. 같은 그림에서, 조사된 PI 범위에 대해 γ_{tv}를 평가하기 위한 두 가지 선형 상관관계도 제시되어 있습니다(9 <PI<100). 그림 4.32의 플롯을 도출하는데 사용된 실험 데이터는 표 4.13에 나와 있습니다.

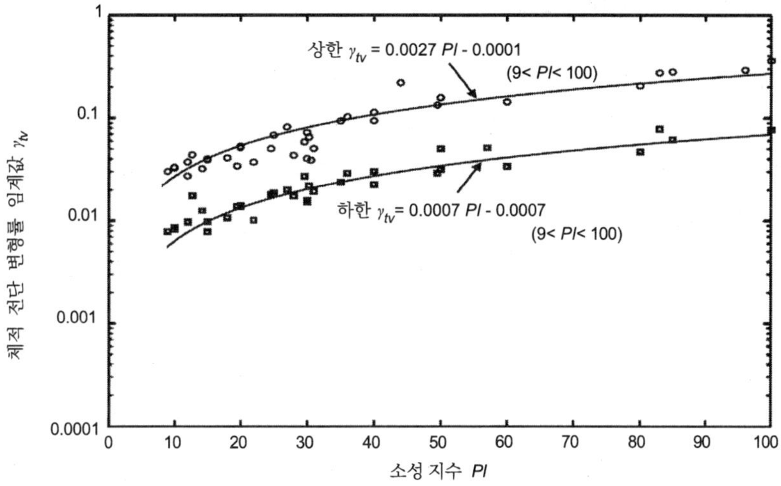

그림 4.32 다양한 PI에 대한 체적 전단 변형률 임계값

표 4.13 그림 4.31의 그래프와 관련된 데이터

토양 이름	PI	OCR	테스트 장치	참조
윈저 미사질 점토	30	2.7	공진주 시험	Kim과 Novak 1981
웰리스버그 미사질 점토	25	5.1	공진주 시험	Kim과 Novak 1981
해밀턴 점토질 미사	12	5.8	공진주 시험	Kim과 Novak 1981
사르니아 미사질 점토	14	1.8	공진주 시험	Kim과 Novak 1981
테가누마의 충적암 점토	44, 57, 58, 83, 96	NC	반복 삼축	고쿠쇼 1982
실험실에서 만든 점토	15, 30, 50, 100	NC	명시되지 않음	부세틱과 도브리 1988
발레리카 클레이	31	OC	공진주 시험	조지아누 등 1991
피에트라피타 점토	30	OC	공진주 시험	조지아누 등 1991
토디 클레이	28	OC	공진주 시험	조지아누 등 1991
실험실에서 만든 점토	22	3	직접 단순 전단	Lanzo 등 1997
가소성 점토 (fat clay)	36	명시되지 않음	명시되지 않음	Stokoe 등 1999
명시되지 않음	10, 20, 40, 60, 80	명시되지 않음	명시되지 않음	Massarsch 2004
터키 점토	9, 10, 12, 15, 18, 20, 25, 27, 35, 40	NC	반복 삼축	오쿠르와 안살 2007
아리아케 점토	44	NC	중공 실린더	야마다 등 2008a
오나다 점토	50	NC	중공 실린더	야마다 등 2008a

4.9.3 해상풍력 터빈 기초에 적용

모노파일 옆 지반의 변형 수준, 즉 발현된 전단 영역의 변형은 지반의 기본 특성인 체적 임계 변형(γ_{tv})과 비교할 수 있으며 지반 시험에서 얻을 수 있습니다.

5장의 5.5절에서는 지반 변형을 계산하는 방법을 소개하고 발현된 영역의 변형이 이 임계 변형을 초과하는 경우 성능 저하가 예상됨을 소개합니다. 이 개념은 Osman 과 Bolton(2005)이 개척한 발현 강도 설계(Mobilizable Strength Design, MSD) 개념과 매우 유사하며, 메커니즘(변형 영역 또는 전단 영역)의 평균 변형률을 토양의 요소 테스트와 연결합니다. 위의 개념은 Lombardi 등(2013)에 의해 실험적으로 유효하다는 것이 입증되었습니다.

설계를 위한 모노파일의 직경 선택: 5장에서는 모노파일의 직경이 클수록 주변 토양의 평균 변형률이 낮아진다는 것을 보여줄 것입니다. 따라서 더 큰 직경의 파일을 선택하면 성능이 저하됩니다. 설계자는 지반의 변형 수준이 점성토 경우 γ_{tv}를 초과하는 경우 강성 감소를 위한 적절한 허용치를 고려해야 합니다.

4.10 사례 연구: 중국 해역의 극심한 바람과 파도 하중 조건

태풍은 특히 서해와 남중국해 지역에서 풍력 터빈의 고장이나 붕괴로 이어질 수 있습니다. 태풍은 블레이드 파손, 제동 시스템 손상, 타워의 기울어짐, 과도한 회전 기초 등 풍력 터빈 시스템에 부정적인 영향을 미칠 수 있습니다. 그러나 태풍의 직접적인 영향은 가장 약한 부품 (예: 블레이드 및 나셀)이 손상될 수 있는 전력 공급 및 비상 정지입니다. 따라서 중국 해역의 바람 상태를 이해하는 것이 필요합니다. 이 섹션에서는 간략한 요약을 제공합니다:

- ***보하이 해*** : 중국 보하이 해의 총 면적은 약 77,284km^{2}이며 서쪽, 중간, 진저우, 수중 등 네 부분으로 분류됩니다.

  보하이 해는 중국에서 유일하게 중국 내해 지역으로 평균 수심 약 18m의 얕은 바다로, 겨울철에는 시베리아에서 찬 공기가 유입되어 평균 풍속이는 약 6~7m/s 입니다. 반면 여름철에는 서태평양에서 따뜻한 기류가 유입되어 평균 풍속이 4~5m/s. 8월에는 풍속이 매우 낮습니다. 이 바다에서 풍력 발전 단지는 진저우에 위치하고 있으며 우세합니다. 풍속이 빠른 풍향은 남동쪽과 남서쪽이며 연평균 풍속은 7.21m/s (높이 100m 이상)입니다. 보하이 해에서는 태풍과 사이클론이 자주 발생하지 않으며 내내 바람의 상태가 안정적입니다. 보하이 해는 추운 기후를 가지고 있으며 겨울철에는 해안선 근처의 육지가 3~4개월 동안 거의 얼어붙습니다.

- ***서해*** : 서해의 총 면적은 380,000km²이며 산둥성, 장쑤성, 한반도로 구성되어 있습니다. 서해에는 많은 해상풍력 발전 단지가 건설되어 있습니다. 서해의 북쪽에서 남쪽으로 이어지는 해안선입니다. 겨울에는 바람이 안정적이지만 여름에는 바람의 크기와 방향이 다양합니다. 태풍이 매우 빈번합니다.
  여름철 서해 남쪽에 위치한 상하이 지역 전역에 걸쳐 있습니다. 서해 북부의 연평균 풍속은 6.80~6.88m/s이지만 남쪽은 이보다 훨씬 더 커서 평균 7.45~7.55m/s 입니다.
- ***동중국해***: 동중국해의 총 면적은 770,000km²이며 다음과 같이 구성됩니다. 일본과 대만의 대륙 해안선. 많은 해상풍력 발전소 프로젝트가 있습니다. 항저우만에 위치해 있습니다. 항저우만 출구에서 100m 높이에서 테스트한 연평균 풍속은 일반적으로 약 9.6~9.8m/s 입니다. 그러나 매년 5월부터 9월까지 여름철에 태풍이 자주 발생하는 시기에는 풍속이 불안정하고 그 값은 14m/s 이상으로 상당히 큽니다. 사이클론 효과는 매우 중요하며 설계에 영향을 미칩니다.

- ***대만 해협*** : 대만해협은 중국 남부의 남중국해와 연결된 동중국해의 한 부분입니다. 강한 바람이 여름철에 발생하여 해안선을 따라 도시와 구조물에 피해를 입힙니다. 일반적으로 여름철 태풍은 남동쪽에서 발생하며 풍속이 매우 빠르고 높이도 훨씬 큽니다. 대만 해협의 연평균 풍속은 약 11.5-13m/s 이며 태풍이 오면 20m/s 이상입니다. 매년 태풍은 경제에 큰 피해를 가져오는 주요 자연 재해이며 대만 해협 양쪽에 각각 위치한 대만, 푸젠성, 저장성에 있는 구조물입니다.

- ***남중국해*** : 남중국해의 총 면적은 약 3 500,000km²입니다. 대부분 남중국 대륙에 둘러싸여 있으며, 북동쪽으로는 대만 해협, 남쪽으로는 남중국해에 둘러싸여 있습니다.
  서쪽에서 싱가포르 해협까지. 대부분의 프로젝트는 최근 몇 년 동안 새로 지어졌거나 건설 중입니다. 또한 강풍이 불고 비가 오는 경우도 흔합니다.
  매년 여름에 물이 부족합니다. 남중국해의 연평균 풍속은 9~11m/s입니다. 태풍이 오면 풍속은 17m/s 이상입니다(높이 100m 기준). 표 4.14는 중국의 바람 조건을 요약한 것입니다.

표 4.14 중국 해역의 바람 조건 요약(단위: m/s)

바다 이름	풍속 범위(m/s)	평균 풍속(m/s)
보하이 해	6.4-8.2	7.45
서해(북쪽)	6.8-7.5	6.86
서해(남쪽)	7.0-8.2	7.48
동중국해	7-11	9.68
대만 해협	11.5-13	12.04
남중국해	8.8-9.8	9.18

4.10.1 저장성의 태풍 관련 피해 현황

동중국해 서쪽에 위치한 저장성은 1997년(풍력발전단지 프로젝트 시작 시점) 이후 23번의 태풍을 겪으며 수억 달러의 경제적 손실을 입었습니다. 2006년 8월 10일 태풍 사오마이의 영향에 대해 논의하는 것이 흥미롭습니다. 풍속 68m/s로 많은 풍력 발전 단지를 황폐화시켰습니다. 반세기 만에 중국을 강타한 가장 강력한 태풍입니다. 104명이 사망하고 최소 190명의 이재민이 발생했습니다.

또한 도시를 정전시키고 동남부 지역의 5만 이상의 가옥을 부숴버렸습니다. 그림 4.33은 태풍이 발생하기 전 저장성 허딩산 풍력발전단지의 모습과 태풍이 지나간 후의 항공사진을 보여줍니다. 태풍으로 인해 5개의 타워 붕괴(600kW 터빈)를 포함하여 28개의 풍력 터빈 구조물과 블레이드가 파괴되었으며 총 약 7천만 위안의 손실이 발생했습니다(그림 4.34-4.36).

그림 4.33 허딩산 풍력발전단지(태풍 사오마이 발생 전)와 태풍이 지나간 후의 조감도 [사진 제공: 리종 왕 교수]

그림 4.34 태풍 사오마이로 인한 블레이드 및 타워 손상 [사진 제공: 리종 왕 교수]

그림 4.35 연결 손상

그림 4.36 기초 손상

4.10.2 파도 조건

보하이 해, 서해, 동중국해, 남중국해는 중국 해안선을 따라 북쪽에서 남쪽으로 활 모양으로 서로 연결되어 있습니다. 열대 및 아열대 몬순 기후도 중국해의 파도에 영향을 미칩니다. 따라서 중국 해상풍력 발전 단지 프로젝트에서 파도는 설계에 영향을 미치는 주요 요소입니다. 남중국해의 파도 높이 분포는 넓기 때문에 가변적입니다. 남중국해 북동쪽과 인도차이나 반도 남동쪽에서 높은 파고가 발생하며, 파도 높이는 약 2.4~2.6m입니다.

최대 유의파고 높이가 루손 해협 서쪽의 2.8m보다 큽니다. 상대적으로 북쪽의 유의미한 파고는 2m 미만이며, 파고 주기는 6~10초로 비슷한 파고 분포를 보입니다. 표 4.15는 중국 해역의 파도 높이와 주기 분포를 보여줍니다.

표 4.15 중국 해역의 파도 높이와 주기

	지역	파도 높이(m)	파도 기간(초)
보하이 해	보하이 해 해협	1.2	4.8
	기타	<1	<4.5
서해	북쪽	1.2	5
	중앙	1.4	5
	남쪽	1.6	6
동중국해	상하이 해안선	1.6	6
	저장성 해안선	1.8	7
	대만 해협	2.4	9
남중국해	루손 해협	2.8	10
	인도-중국 반도	2.6	8
	기타	< 2	6

챕터 요약 및 학습 포인트

1. 계산을 위한 신뢰할 수 있는 엔지니어링 파라미터를 확보하는 것은 가장 중요한 작업 중 하나입니다. 풍력 발전 단지 설계에는 지질학, 지구물리학, 지반 공학 연구가 필요합니다. 이러한 연구를 통합하여 지반 모델을 구성할 수 있습니다.
2. 해상풍력 터빈의 지반 구조 상호 작용은 복잡합니다. 5장에서는 실행 가능한 솔루션 중 하나가 동원/변형 구역에서 토양의 변형을 추정하는 것임을 보여줄 것입니다. 이 장에서는 광범위한 변형의 지반 거동에 대해 설명합니다.
3. 다양한 변형에 따른 지반의 거동을 이해하기 위해 수행할 수 있는 실내 시험에 대해 설명합니다.

5.

지반-구조물 상호 작용
(Soil-Structure Interaction)

5. 지반-구조물 상호 작용(Soil-Structure Interaction)

학습 목표

1. 지반-구조물 상호작용(SSI)은 크게 세 가지 방식으로 풍력 터빈 시스템의 전반적인 거동에 영향을 미칩니다: (i) 하중이 상부 구조물에서 지반으로 전달되는 방식과 어떤 조건에서 구조물이 붕괴/파손될지 여부. 이는 ULS와 밀접한 관련이 있습니다. (ii) 전체 시스템의 진동 모드, 즉 풍력 터빈 시스템이 주기적으로(반복적 또는 동적으로) 지반에 하중을 가하는 방식, (iii) 수명 기간 동안 구조물에 작용하는 수많은 하중 사이클의 영향을 고려하는 장기 성능 예측.
2. 이 장의 목적은 기초의 강성이 여러 중요한 계산의 핵심임을 보여주기 위한 것입니다. 여기에는 전체 풍력 터빈의 고유 주파수, 변형(서비스 한계 상태[SLS]), 피로, 장기 변형 예측 등의 요소가 포함됩니다.
3. 기초 설계는 강성 계산에 의해 결정된다는 것을 알 수 있습니다. 따라서 기초 강성을 추정하는 다양한 방법이 표시됩니다. 단순화 방법 (포켓 계산기나 스프레드시트를 사용할 수 있는 폐쇄형 솔루션 기반의 10분 방법), 표준 방법(기존 코드 기반 방법을 사용할 수 있는 1시간 방법), 고급 방법(숙련된 수치 모델러와 고품질 지반 테스트 데이터가 필요한 1주일 방법)으로 분류됩니다.
4. 이러한 구조는 모니터링 데이터가 제한적인 새로운 구조이므로 현장 기록이 부족합니다. 공개 도메인에서 사용 가능한 현장 기록도 실험 결과와 비교하는 데 사용됩니다. 독자들은 이 주제에 대한 최신 연구를 참조하시기 바랍니다.

해상풍력 터빈(Offshore Wind Turbine) 지지 구조물의 SSI는 본질적으로 복잡한 하중으로 인해 기초와 지지 지반이 상호 작용하는 것입니다. 독자들은 하중에 대한 논의는 2장을 참조하시기 바랍니다. 이 장에서는 현재 사용 중이거나 제안된 기초용 SSI의 다양한 측면을 검토합니다. 풍력 터빈 구조물에 작용하는 하중의 반복적이고 동적인 특성으로 인해 지배적인 SSI는 전체 구조물의 전체 진동 모드에 크게 좌우됩니다. 이 장에서는 다양한 SSI와 사용 가능한 계산 방법에 대해 설명합니다.

5.1 해상풍력 터빈을 위한 지반-구조물 상호작용(SSI)

SSI는 크게 세 가지 방식으로 영향을 받습니다:

1. ***하중 전달 메커니즘*** 하중은 상부 구조물에서 기초를 통해 지반으로 전달되며, 이것이 지반에서 응력이 생성되는 지반-구조물 상호 작용입니다. 모노파일은 재킷과는 매우 다르게 지반에 하중을 가 합니다. 모노파일의 경우 전도 모멘트와 횡하중으로 인한 횡파일-지반 상호작용(Lateral Pile-Soil Interaction, LPSI)이 주요 상호작용입니다. 반면 재킷의 경우 주

요 상호 작용은 축 방향 하중 전달입니다. 따라서 SSI는 기초의 선택과 본질적으로 파일 주변의 지반이 어떻게 하중을 받는지에 따라 달라집니다. 이 주제에 대한 자세한 내용은 2장의 2.5절을 참조하시기 바랍니다. 여기에서는 주로 기초 설계를 위한 극한 한계 상태(ULS) 기준을 안내합니다.

2. ***진동 모드*** 진동 모드는 기초의 유형, 즉 기초가 하나의 얕은 기초인지, 몇 개의 얕은 기초를 합친 것인지, 하나의 깊은 기초 또는 몇 개의 깊은 기초를 합친 것인지에 따라 달라집니다. 기본적으로 기초가 수직으로 매우 단단하다면 타워의 유연한 모드인 스웨이-벤딩 모드가 예상됩니다. 반면에 얕은 기초 위에 지지되는 풍력 터빈 발전기(WTG)는 흔들림 모드가 기본 모드로 나타납니다. 이는 저 주파수이며 주축과 일치하는 두 개의 밀접한 간격이 있는 모드가 있을 것으로 예상됩니다. 간격이 가까운 두 모드는 FLS(피로 한계 상태)에 영향을 미칠 수 있는 맥놀이 현상과 같은 추가적인 설계 문제를 일으킬 수 있습니다. 자세한 논의는 3장의 3.2절에서 확인할 수 있습니다.

3. ***장기적인 성능*** 이러한 구조의 장기적인 성능을 때는 SSI를 이해하는 것이 중요합니다. 2장과 3장의 논의에 따르면 SSI는 반복적일 뿐만 아니라 동적일 수 있으며 다음 세 가지 주요 장기 설계 문제에 영향을 미칩니다:
   (a) 바람, 파도 및 1P(로터 주파수) 및 2P/3P(블레이드 통과 주파수)에서 발생하는 수백만 사이클의 하중이 결합된 작용에 따라 기초가 점진적으로 기울어질지 여부를 결정합니다. 그림 2.21은 모노파일형 기초에 작용하는 중간선 굽힘 모멘트의 단순화된 추정치를 보여 주며, 반복 하중이 비대칭이며 현장 조건, 즉 상대적인 바람 및 파도 성분에 따라 달라진다는 것을 알 수 있습니다. 기초가 허용치 이상으로 기울어지면 SLS 기준에 따라 불합격으로 간주되어 터빈 제조업체의 보증을 받지 못할 수 있다는 점을 언급해야 합니다.
   (b) 지반에 반복적인 또는 동적 하중이 가해지면 지반의 특성이 변화하여 기초의 강성이 달라질 수 있다는 것은 문헌을 통해 잘 알려져 있으며 4장에서 논의한 바 있습니다. 풍력 터빈 구조는 기초에서 강성을 도출하며, 고유 주파수의 변화로 인해 설계/목표 값에서 벗어나 시스템이 강제 주파수에 가까워질 수 있습니다. 이 문제는 특히 연강성 설계(즉, 전체 시스템의 고유 또는 공진 주파수가 1P의 상한과 3P의 하한 사이에 위치)의 경우 고유 주파수의 증가 또는 감소가 강제 주파수에 영향을 미치기 때문에 더욱 심각합니다. 이로 인하여 예기치 않은 공명을 일으킬 수 있으며, 이는 수년간의 서비스 손실로 이어질 수 있으므로 피해야 합니다.
   (c) 바람과 파도의 정렬 불량 측면을 고려하여 터빈의 장기적인 거동을 예측합니다. 바람과

파도 하중은 서로 다른 방향으로 작용할 수 있습니다. 바람이 불면 파도가 발생하며, 이상적으로는 파도와 바람이 동시에 작용해야 합니다. 그러나 운영 요구 사항(예: 안정적인 전력 확보)으로 인해 로터가 우세한 방향(요 작용)에서 벗어나야 하는 경우가 많으며, 이로 인해 바람과 파도의 정렬이 잘못될 수 있습니다.

5.1.1 풍파(바람-파도) 오정렬과 하중 방향성의 중요성에 대한 논의

3장에 이어 기초 설계의 가장 중요한 설계 동인(design drivers) 은 궁극적, 피로 및 서비스 가능성 한계 상태 요구 사항입니다. ULS 설계에는 바람과 파도가 정렬되어 있다는 가정이 허용됩니다. 그러나 장기 평가할 때는 바람과 파도 하중의 방향성을 통합해야 합니다. 이는 Arany(2017)에서 제시한 바와 같이 확률론적으로 수행하여 OWT 기초의 장기 성능을 평가할 수 있습니다. 환경 상태는 바람 및 파도 매개변수, 풍향, 풍파 정렬 불량을 나타내는 상호 의존적 변수의 베이지안(Bayesian) 네트워크로 표현됩니다. 터빈의 수명 동안 발생하는 환경 상태의 수는 간단한 몬테카를로(Monte Carlo) 방법을 통해 생성되며, 각 환경 상태에 대한 손상을 평가하기 위해 고속 주파수 도메인 접근 방식이 사용됩니다. 전체 수명 시뮬레이션을 여러 번 반복하여 파일 주변의 다양한 방향에 대한 수명 손상 확률 분포를 설정합니다. 하중 방향성을 고려한 수명 손상은 바람과 파도를 일직선으로 가정했을 때보다 현저히 감소하는 것으로 나타났습니다.

이 중요한 측면은 그림 5.1에서 고정 좌표와 이동 좌표의 사용을 통해 설명합니다. ξ 및 η 방향의 표기는 각각 풍향(fore-aft, 앞뒤) 및 횡풍(side-to-side, 좌우) 방향에 대해 소개합니다. 추가로 소개하는 내용은 다음과 같습니다. 공간에 고정된 또 다른 좌표계는 남북 방향 Y (Y 값이 북쪽을 가리킴)와 동서 방향 X (X값이 동쪽을 가리킴)입니다. 기초에 하중을 논의할 때 ξ 및 η 방향은 공간, 즉 두 좌표계 (ξ,η)와 (X,Y)에 고정되어 있지 않습니다. 원점은 같지만 항상 일치하지는 않습니다. 이는 (ξ,η) 좌표계가 양수인 ξ축이 로터 평면에 거의 수직인 (나셀 경사각 무시) 나셀 요각 ϕ로 회전하고 평균 풍속 방향을 가리키기 때문입니다. (나셀 요 정렬 불일치 무시). 기초에 대한 피로 하중을 분석해야 할 때 설계자가 고려해야 하는 방향은 (X,Y) 시스템의 하중이며, 기초가 나셀과 함께 회전하지 않는다는 것을 인식하기 때문에 중요합니다. 또한 위의 효과로 인해 터빈의 수명 기간 동안 풍향 및 횡풍 하중 프로세스로 인해 (X,Y) 좌표계의 모든 하중 방향(예: 모노파일 원주 주변의 모든 섹션)이 하중 사이클을 받는다는 점을 강조하는 것이 중요합니다.

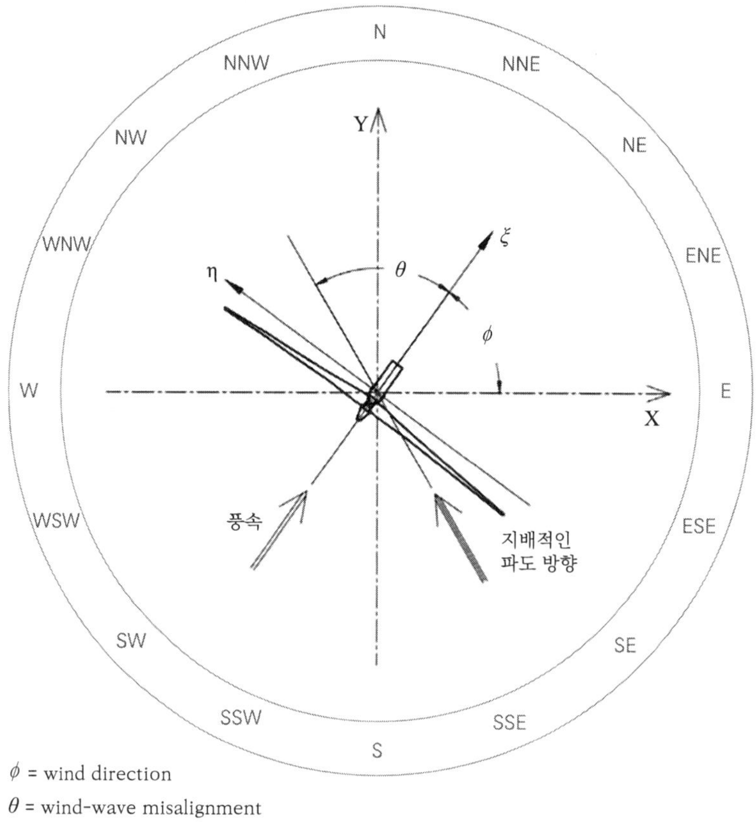

그림 5.1 공간 고정(X,Y) 및 요각 추종(ξ,η) 좌표계

가장 가혹한 하중(동역학 포함)이 바람을 따라 바람, 파도 및 해류와 함께 작용하는 것을 입증할 수 있다면 이 하중 시나리오를 ULS 목적으로 사용하는 보수적인 방법입니다.

원형 대칭 기초(예: 모노파일, 케이슨 또는 원형 중력 기반 구조물)의 경우 풍파 오정렬뿐만 아니라 일반적인 하중 방향도 무시할 수 있습니다. 또는 원형 대칭이 없는 하부 구조물(재킷, 삼각대, 부유 구조물 등)의 경우 가장 심한 단일 하중 방향을 선택할 수 있습니다. 그러나 수명 기간 동안의 하중 사이클 수를 평가할 때 모든 하중 사이클이 동일한 방향으로 발생한다고 가정하면 구조물이 받는 총 피로 손상 또는 실제로 누적된 기울기 또는 처짐을 유발하는 총 하중 사이클 수를 지나치게 보수적으로 추정할 수 있습니다. 따라서 구조의 동적 특성을 유발할 수 있는 메커니즘을 이해하고 분석을 통해 예측할 수 있는지 여부를 파악하는 것이 중요합니다. 거동을 연구하는 효과적이고 경제적인 방법(즉, 실제 문제의 이면에 있는 물리학을 이해하는 것)은 유사 관계를 유지하면서 수백만 개의 주기적 횡하중을 실험실 조건에서 신중하고 신중하게 설계된 축소 모델 테스트를 수행하는 것입니다. 독자들은 OWT 기초의 분석 및 설계를 위한 규모 모델 테스트에 대해 논의한 Bhattacharya 등(2018)을 참조하시기 바랍니다. 주기적이고 동적 지반-구조물 상호작용(DSSI)의 다양한 측면을 이해하기 위해 상당한 양의 연구가 수행되었습니다(예: Leblanc 등(2009), Lombardi 등(2013), Bhattacharya 등(2013a,b), Bhattacharya (2014a,b) 참조).

연구에 따르면 SSI를 평가하려면 해상풍력 터빈의 하중뿐만 아니라 전체 시스템의 진동 모드도 이해해야 합니다.

수년간의 해양 엔지니어링 사례를 통해 기초로의 하중 전달에 대한 명확성을 확보할 수 있었습니다. 기초의 지지력을 추정하는 방법이 개발되어 실무 규정이 나와 있습니다. 여기서 지지력이란 기초의 최종 하중 전달 능력을 의미합니다. 이 장에서는 일반적으로 사용되는 기초의 예와 함께 추가 참고 자료가 제공됩니다. 진동 모드는 기초와 지지 지반의 상호 작용을 결정합니다. 또한 기초와 지반의 상호 작용을 이해하면 지반 실내 시험과 이를 다양한 상호 작용에 통합하는 수치 해석을 통해 기초의 장기적인 거동을 예측할 수 있습니다.

5.2 SSI의 현장 관찰 및 소규모 실내 시험에서 얻은 교훈

해상풍력 터빈에 대한 모니터링이 제한적이라는 것은 이러한 구조물의 동적 특성이 시간에 따라 변할 수 있으며 피로 및 공명 현상으로 인해 구조물의 무결성이 손상될 가능성이 있음을 나타냅니다. 여기에 몇 가지 예가 나와 있습니다.

5.2.1 전체 시스템의 고유 주파수 변화

Bhattacharya 등(2013a,b), Yu 등(2014), Guo 등(2015), Cox 등(2014)이 수행한 스케일 모델 테스트에 따르면 풍력 터빈 시스템의 고유 주파수는 동적 지반-구조물 상호작용으로 인해 변화할 수 있습니다. 트위스트 재킷 기초 위에 지지되는 혼시(Hornsea) 풍황계측 기상탑의 고유 주파수 변화는 Lowe(2012)에 의해서도 보고되었습니다. 설치 후 3개월이 지나자 고유 주파수가 초기 값인 1.28-1.32Hz에서 1.13-1.15Hz로 떨어졌으며, 그림 5.2에 개략적으로 표시되어 있습니다. 반면에 그림 5.3은 Kuhn(2000)에 따른 Lely 풍력 발전소의 결과를 보여줍니다. 이 그림에서 주파수의 설계값은 0.4Hz이고 6년 후 측정값은 0.63Hz입니다.

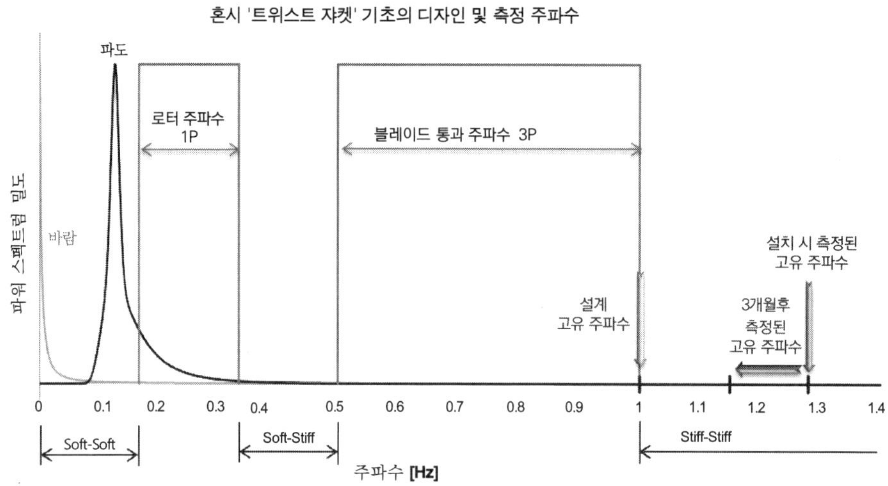

그림 5.2 풍황계측 기상탑 를 지지하는 트위스트 재킷의 고유 주파수 변화

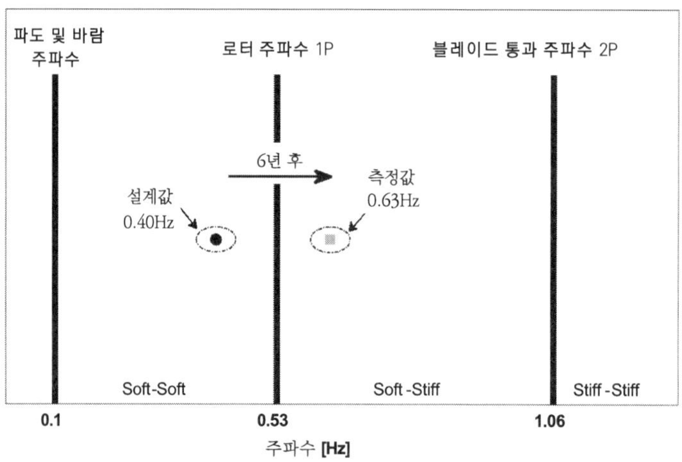

그림 5.3 쿤(2000)에서 보고한 Lely 풍력 발전소의 6년 간격 내 주파수

5.2.2 두 개의 고유 주파수가 밀접하게 배치된 진동 모드

3장에서 설명한 것처럼 스케일 모델 테스트에서 관찰된 것처럼 특정 유형의 구조에 대해 여러 공명 피크가 있을 수 있습니다. 이는 서로 다른 진동 모드에 해당하는 고유 주파수가 밀접한 간격을 두고 있음을 나타냅니다. 이는 북해에서 운영 중인 여러 석유 회사가 후원하는 확장 계측 프로그램에 선정된 브렌트 B 콘딥 플랫폼(그림 5.4 참조)에서 관찰되고 기록되었습니다. 가속도를 기록하고 Hansteen(1980)에 따라 주파수 영역에서 결과를 플롯 했습니다. 첫번째 두개의 진동 모드는 1.78초(0.56Hz) 및 1.72초(0.58Hz)로, 두 수평 방향의 휨 모드를 나타냅니

다. 세 번째 모드인 1.19초(0.84Hz)는 비틀림 진동 모드에 해당합니다.

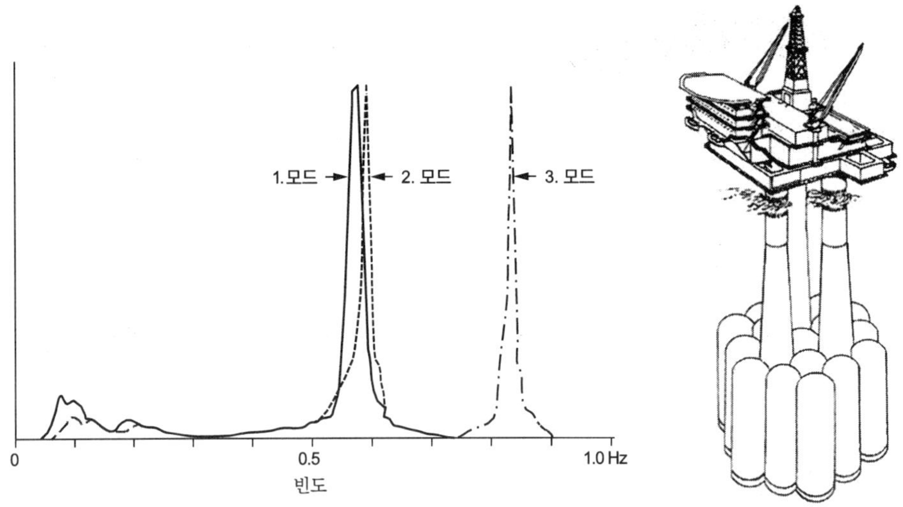

그림 5.4 Hansteen(1980)의 브렌트 B 콘딥 플랫폼과 Oide와 Anderson(1984)의 콘딥 플랫폼에서 관측된 여러 피크와 이미지

그림 5.4에 표시된 콘딥(콘크리트 해양 구조물) 구조의 몇 가지 측면에 대해 논의하는 것이 흥미롭습니다. 이 기초는 전체적으로 19개의 셀로 구성되어 있습니다.

직경 100m의 구조물은 45m 깊이의 단단한 과압밀 점토 위에 일부 조밀한 모래 층을 포함하고 있습니다. 이 구조물은 100년 동안 30m의 파고를 견딜 수 있도록 설계되었습니다.

5.2.3 풍속에 따른 고유 주파수 변화

그림 5.5에는 월니 1 (Walney 1) 현장에서 Siemens SWT-3.6-107 3.6MW 터빈의 설계와 실제 고유 주파수 간의 측정된 차이를 개략적으로 나타낸 그림이 나와 있습니다. 두 가지 두드러진 특징이 있습니다: (i) 구조물의 복잡성과 계산 방법의 불확실성 (주로 지반 강성 측정) 을 고려할 때 예측과 실측 사이의 6% 차이는 합리적입니다. (ii) 약 14m/s까지 높은 풍속에서 고유 주파수에서 산란이 증가합니다.

풍속이 증가하면 기초의 모멘트 증가하여 지반의 변형률이 증가합니다. 4장에서 설명한 것처럼 변형률이 증가하면 지반의 강성은 감소하고 댐핑은 증가합니다. 또 다른 흥미로운 점은 바람이 풍속이 14m/s 이상으로 증가하면 제어 동작(피치 또는 요 제어)이 시작되고 기초에 가해지는 하중이 증가하지 않는다는 점입니다. 이는 그림 5.5의 산란의 감소를 설명할수 있습니다.

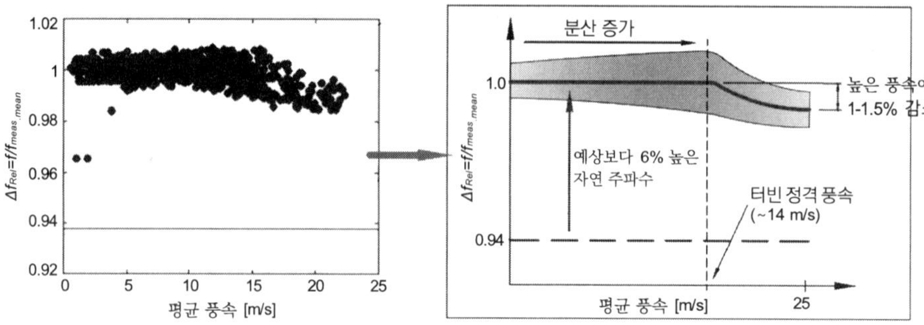

그림 5.5 월니 현장에서 측정 및 예측된 고유 주파수. 왼쪽의 그림은 Kallahave 등(2012)에서 제공한 것이며, 해석은 오른쪽의 개략도에 나와 있습니다.

5.2.4 관찰된 공진

독일 북해의 한 풍력 터빈 현장에서 운영 조건에서 공진이 보고되었습니다. 그림 5.6은 Hu 등 (2014)에 기초한 주파수 영역 플롯을 보여줍니다. 공진에 대한 설명은 고유 주파수가 1P 및 3P에 근접하기 때문입니다.

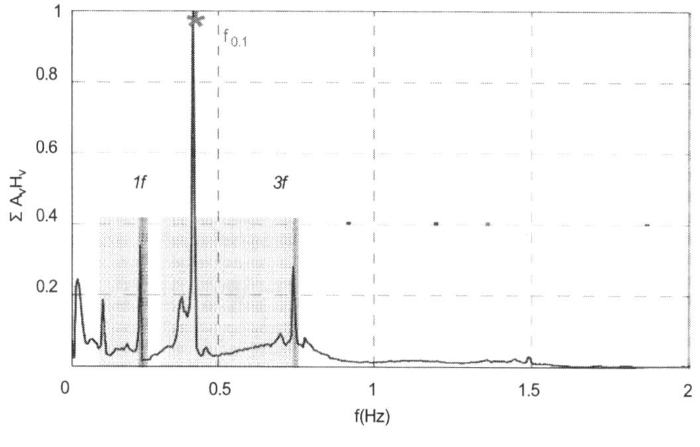

그림 5.6 Hu 등(2014) 이후 독일 북해에서 관측된 공진 현상

5.3 극한 상태(Ultimate Limit State) 계산 방법

3장에 제시된 설계 고려 사항과 5.1절에 제시된 논의를 바탕으로 이 섹션에서는 필요한 다양한 ULS 계산을 소개합니다. ULS는 기초 설계에 매우 중요하며 일반적으로 첫 번째 단계입니

다. 이러한 많은 교과서에서 제공되므로 여기서는 반복하지 않습니다. 주목할 만한 교과서 및 단행본으로는 Dean(2010), Randolph와 Gourvenec(2011), Encyclopaedia of Maritime와 Offshore Engineering (2018), Salgado(2006) 등이 있습니다.

5.3.1 고정식 구조물의 얕은 기초 ULS 계산

1장 1.5.1절에서는 WTG 구조물을 위한 다양한 유형의 얕은 기초에 대해 설명하였습니다. 얕은 기초는 지반 상태가 양호한 경우 깊은 기초의 좋은 대안이 될 수 있으며, 안정성은 무게에 따라 달라집니다.

종종 재킷식은 파일항타 전에 얕은 기초(기본적으로 mudmat라고 하는 철판) 위에 지지됩니다. 얕은 기초의 모양은 직사각형, 정사각형 또는 원형일 수 있습니다. 심지어 멀티셀 형태일 수도 있으며, 머드매트의 경우 모양이 불규칙할 수도 있습니다. 하중 지지력을 향상시키기 위해 기초에 스커트를 부착하는 경우가 많습니다. 이러한 기초에 작용하는 하중은 수직 하중(V), 모멘트(M), 수평 하중(H)입니다. 이러한 기초에 대한 분석은 Terzaghi의 지지력 방정식을 적용, 수정 및 확장하여 수행됩니다. 식 (5.1)에 의해 주어진 원래의 지지력 방정식은 균질 퇴적물 표면에 놓인 스트립 기초(즉, 긴 벽 아래의 기초)와 수직 하중(V)에 대해서만 개발되었습니다. 해양 기초는 항상 횡하중(H)과 전도 모멘트(M)를 받으며 다양한 모양을 가질 수 있고 대부분의 경우 해저에 매립됩니다. 방정식 (5.1)은 Terzaghi(1943)에 의해 처음 제안되었으며, 이후 Meyerhof(1956)는 기초의 매립을 고려하기 위해 약간 수정된 지지력 방정식을 제안하였습니다. Hansen(1970)은 이론적 기초 거동에 기반하여 지지력 계수에 대한 몇가지 변경사항을 설명했습니다. 이러한 모든 방법을 통해 일반화된 지지력 방정식은 영국표준협회(BSI)(2004) 및 DNV(Det Norske Veritas)와 같은 거의 모든 규범에 상세히 설명되어 있습니다. 방정식 (5.2)는 일반화된 형태를 보여줍니다.

$$\frac{V}{A} = q_{ult} = c'N_c + \gamma z N_q + \frac{1}{2}\gamma B N_\gamma \tag{5.1}$$

$$q_{ult} = c'N_c b_c s_c i_c + \gamma z N_q b_q s_q i_q + \frac{1}{2}\gamma B N_\gamma b_\gamma s_\gamma i_\gamma \tag{5.2}$$

여기서,

q_{ult}	극한 지지력	(N m^{-2})
c'	점착력	(N m^{-2})
z	기초 깊이	(m)
B	기초 폭	(m)
γ	지반 단위 중량	(N m^{-3})

N_c, N_q, N_γ	(기초) 지지력 계수	(-)
b_c, b_q, b_γ	(기초) 경사 계수	(-)
s_c, s_q, s_γ	(기초) 형상 계수	(-)
i_c, i_q, i_γ	경사 계수	(-)

이 단순화된 접근법에서는 먼저 다음 섹션에서 설명하는 유효 면적 접근법을 통해 기초의 면적을 줄임으로써 일반화된 하중 문제(V, M, H)를 (V, H) 문제로 변환합니다. (V, H) 문제는 경사계수 i_c, i_q, i_γ 통해 고려됩니다.

5.3.1.1 유효 면적 접근법을 통해 (V, M, H) 하중을 (V, H) 하중으로 변환하기

모멘트(M) 는 수직력의 함수로 고려할 수 있으며, 설계 하중이 적용되는 중심선으로부터의 편심 거리입니다. 이는 다음과 같이 간단히 표현할 수 있습니다:

$$e = \frac{M}{V} \tag{5.3}$$

여기서,			
	M	모멘트	(Nm)
	V	수직 하중	(N)
	e	편심 하중 지점	(m)

편심 하중을 고려할 때는 기초 면적을 줄여야 하는데, 이 줄어든 면적을 유효 기초 면적이라고 합니다. 유효 면적은 기하학적 중심이 결과 하중의 중심과 일치하도록 정의됩니다. 원형 파운데이션의 경우 유효 면적은 다음 공식으로 계산할 수 있습니다:

$$A_{eff} = 2\left[\frac{D^2}{4} arccos\left(\frac{2e}{D}\right) - e\sqrt{\frac{D^2}{4} - e^2}\right] \tag{5.4}$$

여기서,			
	A_{eff}	유효 기초 면적	(m^2)
	D	케이슨 직경	(m)
	e	편심 하중 지점	(m)

이 감소가 어떻게 적용되는지에 대한 예는 그림 5.7에 나와 있습니다. 이는 미국석유협회(API) 및 DNV 규정에서 권장하는 방식입니다.

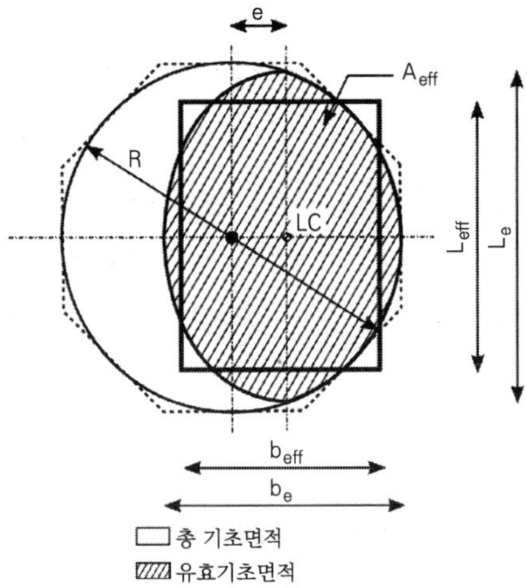

그림 5.7 Det Norske Veritas(2013)에 따른 유효 기초 면적 방법

5.3.1.2 지지력에 대한 항복 표면 접근법

이전 섹션에서 설명한 수정된 지지력 계수 접근 방식에서는 각 하중 조건(V, M, H)을 개별적으로 고려합니다. 그러나 한 하중 방향의 용량은 다른 하중 방향의 용량과 본질적으로 연결되어 있다는 것은 분명합니다.

즉, 세 가지 유형의 하중을 모두 지탱하는 기초를 둘러싼 동일한 지반 요소입니다. Houlsby와 Martin(1992)은 소성 이론을 사용하여 V, M, H 하중에 대한 통합 접근법을 개발했습니다. 이 방법은 해양 기초의 항복면을 개발하는 구조 공학적 접근법(축 방향과 휨 결합 또는 재료의 응력 조합)과 유사합니다. 연구에 따르면 항복면의 모양은 럭비공 모양이며 그림 5.8에 나와 있습니다. (V, M, H) 공간의 표면의 모든 점은 항복점, 즉 소성 변형이 발생하는 지점입니다.

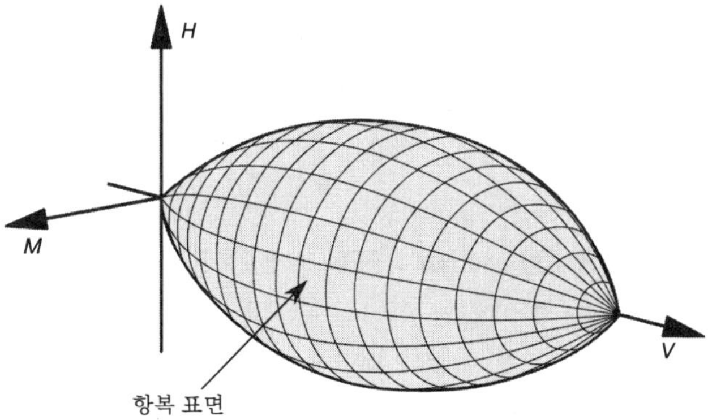

그림 5.8 럭비공 파괴 표면(출처: Villalobos 등 (2009))

5.3.1.3 초 가소성 모델

항복면 내의 거동을 특성화할 수 있습니다. 그러나 기초에 하중이 증가함에 따라 항복면은 그에 따라 확장될 것으로 예상되며, 이러한 성장은 소성 방식으로 발생합니다. 이러한 확장을 설명하기 위해서는 적절한 변형 경화 법칙을 고려해야 합니다. 이러한 이론을 초 가소성(hyper-plasticity) 이론이라고 합니다. 변형 경화에 대한 이론적 근거를 제공하기 위해 Gottardi와 Houlsby(1995)는 간단한 하중 침투 테스트 중에 발생하는 변형 경화를 고려했습니다. 이는 고급 분석 방법입니다.

5.3.2 석션 케이슨 기초에 대한 ULS 계산

석션 케이슨의 다양한 변형이 적합한 기초로 이용될수 있으므로 더 자세히 설명합니다. 케이슨은 단단한 매립형 물체로 간주할 수 있으며, 모멘트 하중을 가하면 케이슨은 벽/스커트의 휨 유무에 관계없이 강체로서 단일 지점을 중심으로 회전합니다. 모멘트 외에도 케이슨은 수직 하중에 의해 침하되거나 횡하중으로 인해 변형될 수 있습니다. 예비 설계의 경우 간단한 해석 방법으로 충분할 때가 많으며, 그림 5.9는 Butterfield 등(1997)에 따른 일반화된 부호 규칙을 보여줍니다. 모노 케이슨의 경우 모멘트 전달 능력이 중요하며 회전 지점은 이러한 계산과 관련이 있습니다. 회전 지점은 기초 레벨 기초 위, 즉 케이슨 스커트의 경계 내에 있다고 가정합니다.

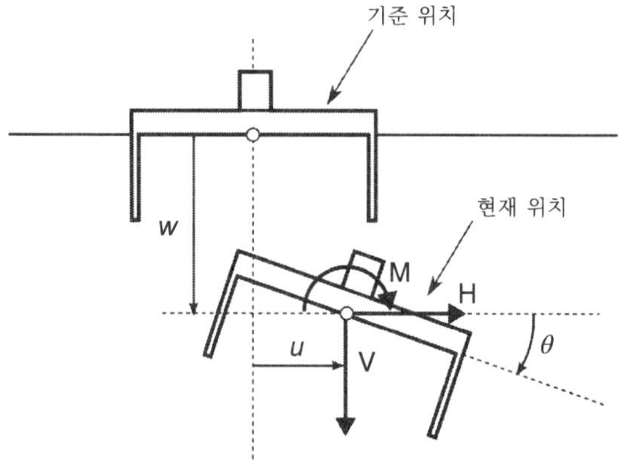

그림 5.9 Butterfield 등(1997)의 표준화된 기호 규칙

모멘트 하중을 가했을 때 편향된 모양은 케이슨 스커트를 나타내는 두 개의 평행 벽의 회전으로 설명할 수 있습니다. 그림 5.10에 표시된 것처럼 두 평행 벽의 회전은 원래 케이슨의 회전과 동일합니다. 석션 케이슨의 지지력에 대한 일반적인 설명은 일련의 다른 하중 조

건에서 이러한 기초의 극한 지지력을 예측하는 간단한 방법을 제공하기 위해 Byrne(2000), Villalobos(2006), Schakenda 등(2011), Cox와 Bhattacharya(2017), Cox(2015) 등 많은 연구 그룹에서 고려되었습니다. 유한 요소법을 사용하여 신뢰할 수 있는 솔루션을 얻을 수도 있습니다.

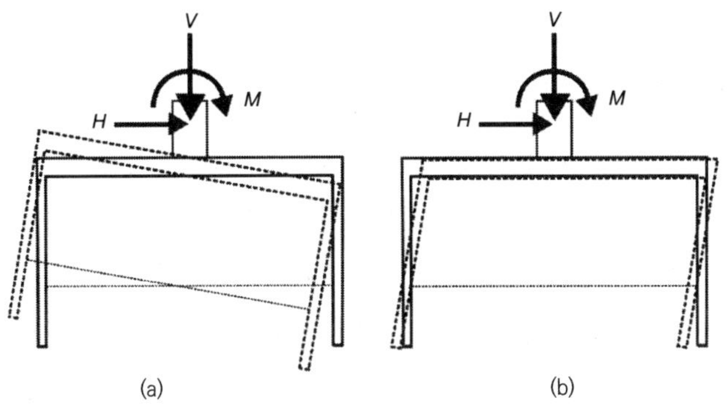

그림 5.10 케이슨 모멘트 하중 (a) 케이슨의 실제 처짐, (b) Schakenda 등(2011)의 계산 목적에 따른 가정된 처짐

5.3.2.1 석션 케이슨 기초의 수직 지지력

일반적인 경우 지지력 방정식을 단순화하여 줄일 수 있습니다. 따라서 사질토 지반 위의 케이슨에 대한 방정식은 다음과 같습니다:

$$V' = \frac{1}{4}\pi D^2 \left(\gamma' z N_q + \frac{1}{2}\gamma' D N_\gamma\right) \tag{5.5}$$

여기서, V' 기초의 수직 지지력 (N)

D 케이슨 직경 (m)

일반적으로 지지력 방정식(보정 계수 포함)은 기초 지지력을 잘 모델링하는 것으로 알려져 있습니다. 설치 중에 발생하는 케이슨 내 지반 플러그의 들뜸으로 인해 실제로 발현된 마찰 각도를 사용해야 한다는 점에 유의해야 합니다. 최대 마찰 각도를 사용하면 용량이 과도하게 추정될 수 있습니다. Villalobos(2006)는 케이슨 기초의 수직 용량에 대한 경험적 계산을 도출했습니다. 이는 케이슨의 수직 이동에 저항하는 선단 지지력과 주면 마찰력의 합계를 기반으로 합니다:

$$V' = \frac{\pi D^2}{4}\sigma'_v + D\gamma' z(k_p - k_a)(2z_m - z)\tan\delta \tag{5.6}$$

여기서, V' 기초의 수직 지지력 (N)

σ'_v 유효 수직 토압 ($N\ m^{-2}$)

z	기초 깊이	(m)
k_p	수동 토압계수	(-)
k_a	주동 토압계수	(-)
z_m	케이슨 회전 지점까지의 깊이	(-)
δ	지반-구조 인터페이스 마찰각도	(°)

5.3.2.2 석션 케이슨의 인장 지지력

케이슨이 다중포드 (multi-pod) 배열 또는 앵커로 사용되는 경우 수직 인장 지지력도 고려해야 합니다. 케이슨의 인장 지지력은 두 가지 개별 하중 지지 메커니즘 중 하나에 기인할 수 있습니다. 고주파 하중에서는 케이슨 스커트 주변과 내부에 음의 간극수압과 석션이 발생할 수 있으며, 이는 하중 속도와 주변 지반의 투수성에 따라 달라집니다. 저주파 하중 상황에서 인장 지지력은 단순히 케이슨 스커트에 작용하는 마찰 성분과 기초의 역방향 지지력의 합이 됩니다. 이에 대해서는 6장의 예제 6.11에서 자세히 설명합니다.

5.3.2.4 석션 케이슨의 수평 지지력

일반적으로 기초의 수평 지지력의 도출은 잘 합의되어 있습니다. 하중에 대한 저항은 단순히 기초와 지지 토양 사이에 발생하는 마찰력입니다. 이 일반화된 미끄럼 저항은 여러 저자에 의해 제시되었으며 DNV 규정(Det Norske Veritas 2013)에 다음과 같이 자세히 설명되어 있습니다:

$$H < A_{eff} \cdot c' + V \cdot \tan\phi \tag{5.7}$$

여기서,			
	H	수평 지지력	(N)
	A_{eff}	유효 기초 면적	(m²)
	ϕ	내부 마찰각	(°)

매립형 기초의 경우 케이슨 스커트에 작용하는 수동 토압 저항의 추가 저항 지지력을 이미 고려한 마찰 지지력에 추가로 고려할 수 있다고 가정하는 것이 합리적입니다. 처음에 이러한 공식은 순수 수평 하중을 받는 석션 케이슨에 대해 Byrne(2000)에 의해 도출되었으며, 이러한 조건에서 케이슨의 지지력은 다음과 같이 정의되었습니다:

$$H = V\ \tan\phi' + \frac{\gamma' D z^2}{2}(k_p - k_a) \tag{5.8}$$

여기서,			
	H	기초의 수평 지지력	(N)
	V	기초의 수직 지지력	(N)

D	케이슨 직경	(m)
z	기초 깊이	(m)
k_p	수동 토압계수	(-)
k_a	주동 토압계수	(-)

이 공식은 알려진 깊이에서 기초의 회전을 고려하여 Villalobos(2006)에 의해 수정되었으며 아래에 나와 있습니다.

$$H = V \tan\phi' + \frac{\gamma' D}{2}(k_p - k_a)(2\alpha^2 - z^2) \tag{5.9}$$

여기서, α 케이슨 회전 깊이 (m)

이러한 모든 경우에 수직 무게는 부력 구조물과 케이슨 스커트 안에 포함된 흙의 부력 무게를 합한 값입니다.

$$V = V' + \frac{\gamma' h \pi D^2}{4} \tag{5.10}$$

분석 결과, 구조물의 수직 사하중이 증가하면 수평 지지력을 더 크게 확보할 수 있다는 것이 분명해졌습니다.

5.3.2.4 석션 케이슨의 모멘트 지지력

수직 및 수평 기초 지지력 도출과 달리 케이슨 기초의 모멘트 지지력의 실제 정의에 대해서는 상당한 양의 논쟁과 분석이 있었습니다. 제안된 모든 방법은 이전 방법보다 약간 더 복잡합니다. 복잡성이 증가했음에도 불구하고 솔루션 간의 차이는 미미하며 모두 예비 추정치에 적합합니다. 하중 전달 능력은 측면 토압 분포, 벽면의 주면 마찰력, 편심 수직 하중, 기본 미끄럼 표면의 마찰력을 기반으로 추정됩니다. 중첩의 원리를 사용하여 각 개별 구성 요소의 영향을 결합하여 기초 지지력에 대한 전체 추정치를 제공할 수 있습니다. 그림 5.11은 Vaitkunaite 등(2012)의 공식을 기반으로 한 공식을 보여줍니다.

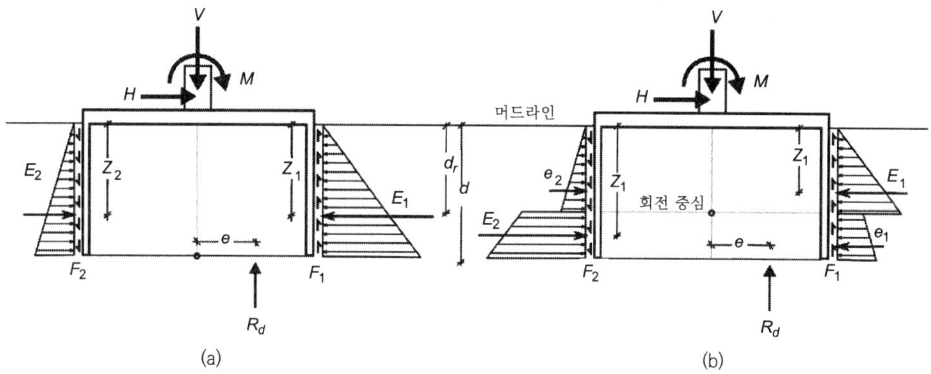

그림 5.11 케이슨 모멘트 용량(Vaitkunaite등 2012)에서 설명하는 케이슨 모멘트 용량 (a) 바닥에서의 회전; (b) 중간 지점에서의 회전

두 벽을 개별적으로 고려하면 쿨롱 토압 이론을 적용할 수 있습니다. 평형을 사용하여 바닥의 한 지점을 중심으로 회전하는 석션 케이슨의 모멘트 용량에 관한 계산은 다음과 같습니다:

$$M = R_d \cdot e + E_d \frac{D}{2} \tan\phi + E_1(z - z_1) - Hz - E_2(z - z_2) \tag{5.11}$$

이는 다음과 같은 형식으로 표현할 수 있습니다.

$$M = V \cdot e + \frac{\gamma' z^2 \overline{D} D}{4}(k_p + k_a)\tan\phi + \frac{\gamma' z^3 \overline{D}}{6}(k_p - k_a) - H \cdot z \tag{5.12}$$

여기서, M 기초의 모멘트 지지력(Nm)

V, R_d	기초 순간 수직 지지력	(m)
z	기초 깊이	(m)
$\overline{D}$	유효 기초 직경	(m)
k_p	Coulomb 수동 토압계수	(-)
k_a	Coulomb 주동 토압계수	(-)
z_1	수동력 지점까지 깊이	(m)
z_2	주동력 지점까지 깊이	(m)

이 공식은 다양한 회전 깊이를 고려하여 평가할 수 있습니다. Ibsen과 MBD 해양 전력 A/S가 제안한 전체 도출 및 설계 방법론은 Schakenda 등(2011)가 제출한 특허 출원서에서 확인할 수 있습니다.

비슷한 방식으로 Villalobos(2006)도 석션 케이슨 기초의 모멘트 저항 능력에 대한 회전 중심 이동의 영향을 고려했습니다. Ibsen과 유사한 분석 방법을 사용하여 회전 강도에 대한 대체 공식을 얻었습니다(그림 5.10 참조). Ibsen과 달리 Villalobos는 토양 플러그와 주변 토양 덩어리 사이에서 발생하는 마찰 저항을 포함했습니다(그림 5.12 참조).

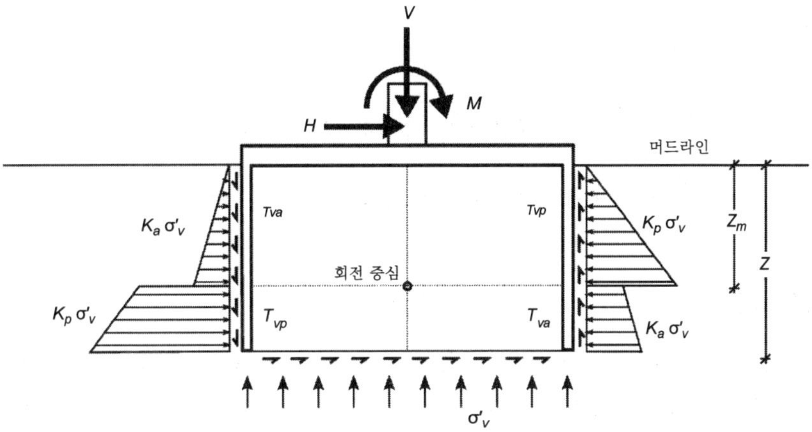

그림 5.12 Villalobos (2006)가 설명한 케이슨 모멘트 지지력

각각의 개별 변수의 중첩을 고려하면 석션 케이슨 기초의 지지력은 아래와 같습니다.

$$M = \frac{D\gamma'(k_p - k_a)}{3}(z^3 - 2z_m^3) + \frac{1}{2}D^2\gamma'(k_p + k_a)[(z - z_m)^2 + z_m^2]\tan\delta + \frac{z^2\gamma'\pi D^2}{4}\tan\phi' \tag{5.13}$$

Cox(2014)는 Villalobos (2006)의 솔루션을 개선했으며, 그 모델은 그림 5.13에 제시되어 있습니다. Villalobos의 계산에서 케이슨 바닥의 수직 토압 분포는 그 면적에 걸쳐 균일하다고 가정했습니다.

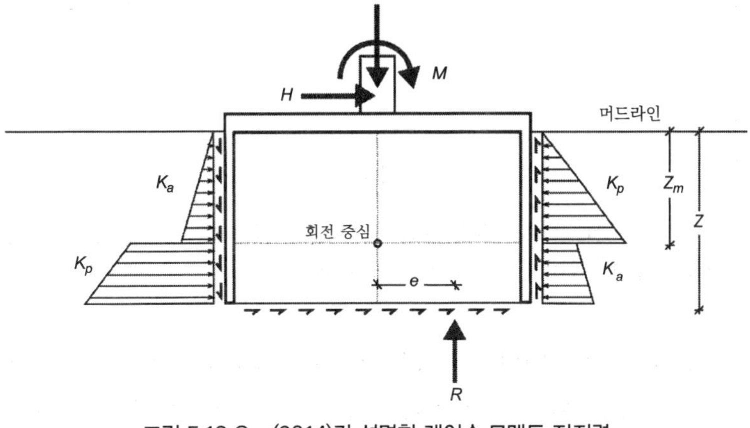

그림 5.13 Cox(2014)가 설명한 케이슨 모멘트 지지력

하중 프로파일에 대한 편심을 고려하면 달성할 수 있는 추가 하중 전달 용량을 고려할 수 있습니다. 바닥을 따라 전단의 마찰 효과는 여전히 고려되며 평균 하중을 사용하여 생성된 마찰을 계산합니다:

$$\begin{aligned} M = & \frac{\gamma' z^2 D^2 \tan\delta}{2\pi}(k_p + k_a) + V[e + (z - z_m)\tan(\phi)] \\ & + \frac{D\gamma'}{6}[z_m{}^3 + (z - z_m)^2(2z + z_m)](k_p - k_a) - Hz_m \end{aligned} \tag{5.14}$$

5.3.2.5 회전 중심

제안된 세 가지 유형의 모멘트 공식을 고려하면 회전 깊이의 변화가 기초 지지력에 영향을 미칠 수 있음이 분명합니다. 회전 깊이의 변화가 케이슨의 지지력에 미치는 영향을 그림 5.14에서 Cox(2014)의 예를 들어 살펴봅니다. 회전 깊이의 변화에 따른 해당 모멘트 지지력을 확인할 수 있습니다. 실용적인 목적을 위해 회전 깊이는 최소 케이슨 지지력은 기초가 회전할 수 있는 깊이입니다. 그러나 이는 회전이 작고 액티브 존과 패시브 존이 완전히 형성되었다고 가정합니다.

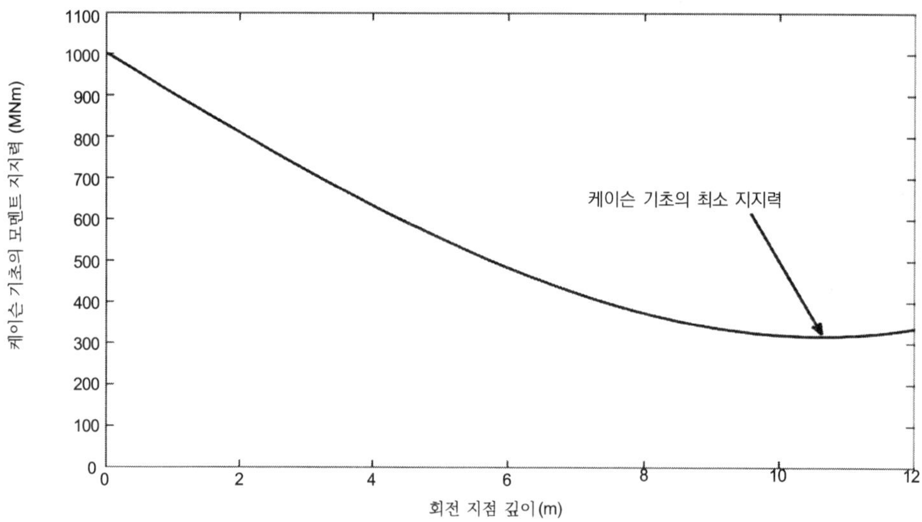

그림 5.14 Cox(2014)가 설명한 모멘트 지지력 공식에 따른 이론적 석션 케이슨의 모멘트 지지력 변화(D= 12m, Z= 12m). 출처: 박사 학위 논문의 허가를 받아 복제

위의 가정을 사용하여 Cox(2014)는 주어진 기하학적 및 토양 매개변수에 대한 회전 깊이를 계산하는 공식을 개발했습니다. 이는 기본적으로 모멘트 방정식을 미분하고 최소값을 구하는 것을 기반으로 합니다. 회전 중심은 다음 방정식을 사용하여 계산할 수 있습니다:

$$\alpha_{min} = \sqrt{\frac{D\gamma' z^2(k_p - k_a) + 2H + (2V')\tan\phi'}{2D\gamma'(k_p - k_a)}} \tag{5.15}$$

여기서, V' 기초 수직 지지력 (N)

α_{min} 케이슨 회전 깊이(최소 지지력에서) (m)

일반적인 계산에 따르면 얕은 케이슨(Z/D 비율이 0.5인 경우)의 회전 깊이는 대략 케이슨의 바닥에 있고 가로 세로 비율이 큰 경우 회전 중심은 비례적으로 위쪽으로 이동합니다.

5.3.2.6 케이슨 벽 두께

석션 케이슨의 두께는 설치 및 운영 중 좌굴에 견딜 수 있도록 설계되어야 합니다. 케이슨 구조에 작용하는 수직, 수평, 모멘트 및 압력 하중과 같은 모든 힘을 평가하고 케이슨 구조가 적절하게 저항할 수 있도록 설계해야 합니다. 케이슨이 좌굴되지 않도록 적절한 케이슨 두께를 사용하도록 명시하는 설계 지침은 DNV-OS-C202(Det Norske Veritas 2010a)에 나와 있습니다.

이 표준은 일반적으로 얇은 벽의 선박 설계에 업계 전반에서 사용되지만, LeBlanc(2009)에 의해 석션 케이슨 설계에 이 규정을 적용할 수 있는지에 대한 논의가 있었습니다. 이러한 불확실성은 Wilhelmshaven 석션 케이슨 OWT의 실패에 근거합니다. 이 사례에서는 케이슨이 설치 중 설치 선박 중 하나에 부딪힌 후 좌굴되었습니다. LeBlanc(2009)의 후속 분석 결과, 석션 케이슨과 같이 벽이 얇은 용기의 원형에 사소한 결함이 있으면 좌굴 하중이 현저히 감소할 수 있다는 사실이 밝혀졌습니다.

5.3.3 파일 설계를 위한 ULS 계산

말뚝 기초에 대한 ULS 계산에는 일반적으로 세 가지 유형의 계산이 필요합니다:

1. ***축방향 파일 지지력***(지반) : 여기서 극한 하중은 말뚝의 선단 지지력과 주면 마찰력이 완전히 발현되었을 때 말뚝이 파괴되는것과 일치하며, 결국 과도한 침하로 말뚝의 파괴됩니다. 일반적으로 축 방향 파일 헤드 변위가 파일 직경의 10%를 초과하는 경우 극한 지지력에 도달한 것으로 간주할 수 있습니다. 계산에는 지반 파라미터(일반적으로 강도 파라미터)와 말뚝의 형상(길이, 직경, 벽 두께)이 필요합니다.
2. ***축방향 파일 지지력***(구조) : 파일 상부의 과도한 세굴 또는 지진으로 인해 순간적으로 액상화되는 지층으로 인해 말뚝이 측면으로 지지되지 않는 경우 좌굴(오일러형 전단 좌굴)이 발생할 수 있습니다. 지진 발생 지역에서는 이 점을 반드시 고려해야 합니다. 길고 가늘고 얇

은 두께를 가진 파일은 특히 취약합니다.

3. ***파일 단면의 구조 지지력***(*소성 모멘트, M_P 및 첫 항복 모멘트, M_Y*): 말뚝의 재료가 항복하기 전에 말뚝 단면이 지탱할수 있는 최대 모멘트를 나타냅니다. 이는 파일 형상(직경, 벽 두께) 및 재료 특성(항복 강도)의 함수입니다. 예제 문제는 6장(예제 6.11)에 나와 있습니다.
4. ***파일의 모멘트 지지력*** (*지반*) 이는 모노파일 설계에 중요하며, 이 상태에서는 파일을 둘러싼 지반이 파괴가 됩니다.

5.3.3.1 파일 축 방향 지지력 (정역학적)

말뚝의 파괴 하중 또는 극한 하중은 말뚝의 매립 길이에 따른 주면 마찰력과 과 말뚝 선단의 선단 지지력을 합한 값입니다. 수학적으로 주면 마찰력은 말뚝의 원통형 표면에 대한 전단 응력의 적분이고 선단 지지력은 말뚝 팁에 대한 일반 응력의 적분입니다. 전부는 아니지만 대부분의 해양 파일은 벽이 얇은 강철 단면이며, 폐쇄형(closed-ended, 플러그형이라고도 함) 또는 개방형(open-ended, 언플러그형이라고도 함)일 수 있습니다. 폐쇄형 말뚝의 경우 말뚝이 마치 단단한 단면인 것처럼 구동되므로 말뚝 전체 면적의 말단 선단 지지력과 외부 말뚝 표면의 주면 마찰력, 두가지 성분으로 구성됩니다. 반면에 개방형 조건의 경우 말뚝이 흙의 플러그 주위를 절단하고 플러그는 지면에서 거의 고정된 상태로 유지됩니다. 이 경우 환형 단면의 선단 지지력, 외부 파일 표면의 주면 마찰력, 내부 파일 표면의 주면 마찰력이라는 세 가지 측면이 있습니다. 그림 5.15는 한 가지 특정 사례를 보여줍니다.

말뚝이 폐쇄형으로 또는 개방형을 거동하는지 구분하는 것은 매우 어렵습니다(그림 5.15).

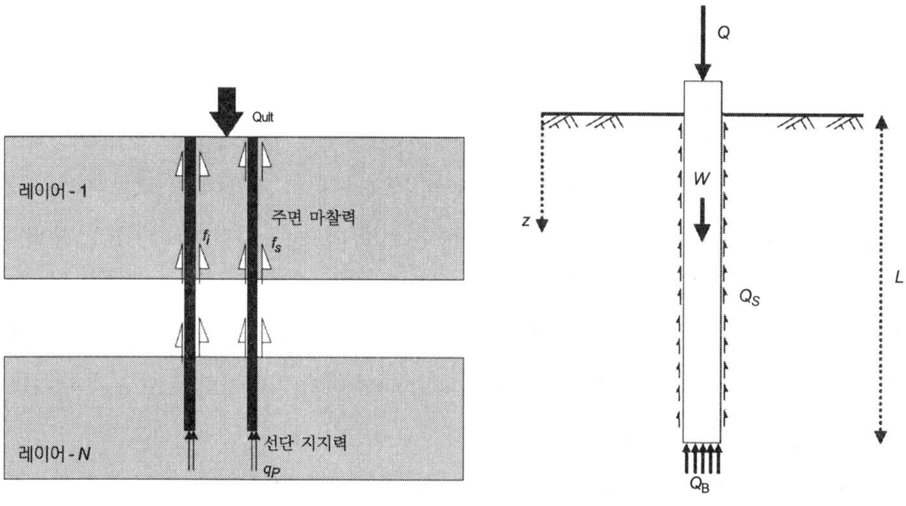

그림 5.15 파일의 정역학적 지지력 (좌측 개방형, 우측 폐쇄형)

따라서 대부분의 관행에서는 두 가지 경우에 대해 축방향 용량을 고려하고 둘 중 더 낮은 값을 적용하는 실용적인 접근 방식을 취합니다.

개방형 강관 파일의 수직 지지력은 공식 (5.16)은 아래와 같습니다.

$$Q_{ult} = \sum_{1}^{N} f_S \cdot A_S + \sum_{1}^{N} f_i \cdot A_i + q_P \cdot A_w \tag{5.16}$$

여기서, Q_{ult} = 극한 지지력

f_s = 단위 주면 마찰력(파일 외부)

A_s = 파일 외부 주면 면적

f_i = 단위 주면 마찰력(파일 내부)

A_i = 파일 내부 주면 면적

q_p = 단위 선단 지지력

A_w = 파일 선단 면적

N = 지층의 수

폐쇄형의 경우는 아래식 Eq. (5.17)과 같습니다.

$$Q_{ult} = \sum_{1}^{N} f_S \cdot A_S + q_P \cdot A_P \tag{5.17}$$

여기서, A_p = 파일 선단 면적

파일의 지지력을 계산하는 방법에는 여러 가지가 있으며 주목할 만한 방법은 다음과 같습니다: API, NGI, Fugro, UWA(University of Western Australia) 및 ICP(Imperial College Pile) 방법.

API 방법은 직경이 작은 파일에 널리 사용되며 실내 시험 및 현장 조사에서 매개변수를 얻을 수 있습니다. 다음은 *API-RP2A-WSD 2000* 의 21번째 버전에서 발췌한 것입니다 (RP (Recommended Practice)는 권장 실무 지침, WSD (working stress design)는 허용 응력 설계법을 의미함). 독자들은 이러한 목적을 위해 최신 실무 지침 또는 모범 사례 가이드를 참조하시기 바랍니다. 그러나 계산의 기본은 동일하게 유지됩니다.

사질토에 대한 파라미터 - API 방법 (표 5.1)

단위 주면 마찰력

$$f = K \cdot \sigma'_v \cdot \tan\delta \tag{5.18}$$

여기서, K = 수평 토압계수

σ'_v = 연직 유효응력

δ = 지반과 파일 사이의 마찰각

단위 선단 지지력

$$q_u = \sigma'_v \cdot N_q \tag{5.19}$$

여기서, N_q = 말뚝 지지력 계수

K = 0.8 (unplugged)와 1.0 for plugged

σ'_v = 연직 유효응력(파일 선단)

점성토에 대한 파라미터 – API 방법

단위 주면 마찰력

$$f = \alpha \cdot S_u \tag{5.20}$$

여기서, α = 무차원 계수

S_u = 비배수 전단강도

단위 선단 지지력

$$q_u = 9 \cdot S_u \tag{5.21}$$

API (2000) 방법은 아래와 같이 제안합니다.

Case 1:

For $S_u < \sigma'_v$

$$\alpha = \frac{1}{2}\left(\frac{S_u}{\sigma'_v}\right)^{-\frac{1}{2}} \tag{5.22}$$

Case 2:

For $S_u > \sigma'_v$

$$\alpha = \frac{1}{2}\left(\frac{S_u}{\sigma'_v}\right)^{-\frac{1}{4}} \tag{5.23}$$

표 5.1 API의 거친 입자 토양에 대한 설계 매개변수[a)]

밀도	지반 유형	토양-파일 마찰 각도(도)	최대 주면 마찰력 (kPa)	Nq	최대 선단 지지력 (MPa)
매우 느슨함 느슨함 보통	모래 모래-실트[b)] 실트	15	47.8	8	1.9
느슨함 보통 조밀	모래 모래-실트[b)] 실트	20	67.0	12	2.9
보통 조밀	모래 모래-실트[b)]	25	81.3	20	4.8
조밀 매우 조밀함	모래 모래-실트[b)]	30	95.7	40	9.6
조밀 매우 조밀함	자갈 모래	35	114.8	50	12.0

a) 현장 콘 테스트와 같은 자세한 정보를 사용할 수 있는 경우 값과 한도를 수정할 수 있습니다.
b) 모래-실트는 일반적으로 모래 분이 증가함에 따라 강도 값이 증가합니다.

간단한 계산을 위해 개방형 말뚝의 내부와 외부에 동일한 주면 마찰력이 작용한다고 가정할 수 있습니다. 말뚝의 수직 지지력을 매우 상세하게 다룬 훌륭한 교과서가 있습니다. Randolph와 Gourvenec (2011)이 그 중 하나입니다.

5.3.3.2 파일 축 방향 지지력 (구조)

좌굴 불안정성 측면에서 허용되는 축 방향 하중은 다음에 따라 달라집니다:

- 세굴 및 액상화로 인해 지지되지 않을 가능성이 있는 말뚝의 길이
- 지지되지 않는 영역의 아래 및 위 말뚝의 경계 조건
- 말뚝 휨 강성(EI)

좌굴 하중은 아래와 같이 기본 오일러 방정식을 사용할 수 있습니다. 독자들은 Bhattacharya 등(2005)의 논문을 참조하시기 바랍니다.

$$P_{all} = \frac{\pi^2 \mathrm{EI}}{L_{eff}^2}$$

여기서 L_{eff}는 유효 좌굴 길이 입니다. 고정 헤드 파일(즉, 일반적인 재킷 파일)의 경우 L_{eff}는 L입니다. 반면, 헤딩이 자유로운 파일(즉, 모노파일)의 경우 L_{eff}는 $2L$입니다.

말뚝의 유효좌굴 길이는(L)는 세 항을 더하여 추정할 수 있습니다: 세굴 깊이+ 액상화 구간 깊이+ 말뚝의 지지되지 않은 길이의 바닥에서의 고정 깊이(Depth of fixity). 자세한 조사가 없는 경우 파일 직경의 3배로 고려할수 있습니다. 계산에 대한 자세한 내용은 Bhattacharya와 Goda(2013)를 참조하시기 바랍니다.

5.3.3.3 파일 단면 구조 지지력

소성모멘트(M_P)와 1차 항복 모멘트(M_Y)를 구하는 방법은 6장의 예제 6.10에 나와 있습니다. 또한 말뚝 단면은 일반 및 국부 좌굴이 있는지 확인해야 하며, 이 섹션에서는 이에 대한 지침을 제공합니다. 2장에서 설명한 방법에 따라 총 굽힘 모멘트를 계산할 수 있습니다. 이는 각각에 의한 굽힘 모멘트를 합산하고 DNV 2010a,b에 규정된 대로 환경 하중 계수 γ_L = 1.35를 적용하는 방식입니다.

$$M_y = (M_U + M_W) \cdot \gamma_L$$

ULS는 말뚝이 먼저 파괴할지 토양이 먼저 파괴할지를 결정하기 때문에 말뚝의 길이에 따라 달라집니다. Poulos와 Davis 1980에서 제안한 단순화된 방법론에 따르면 말뚝이 먼저 항복하여 파괴한다고 권장합니다. 그런 다음 말뚝이 견딜 수 있는 극한 전도 모멘트는 다음과 같이 간단히 계산합니다:

$$\mathrm{M_y} = \frac{2f_{yk}I_P}{D_P}$$

여기서 f_y = 355 MPa는 말뚝 재료의 항복 강도입니다. $M_y < M_y$ 인 경우는 말뚝이 최대 하중을 견딜 수 있습니다.

일반 및 국부 좌굴 압축 및 굽힘 모멘트에 따른 막대 좌굴(Bar Buckling) 의 경우, Germanischer Lloyd(2005) 코드에서는 다음 공식을 규정하고 있습니다:

$$\frac{N_d}{\kappa N_p} + \frac{\beta_m M_d}{M_p} + \Delta n \leq 1.0$$

여기서 N_d는 설계 축력, κ 는 막대 좌굴에 대한 감소 계수, N_p는 소성 압축 저항, β_m은 막대 좌굴에 대한 모멘트 계수, M_d는 설계 굽힘 모멘트, $M_p = W_p f_y / \gamma_M$ 는 소성 모멘트 저항으로 W_p는 플라스틱 단면 계수, γ_M= 1.1은 재료 안전 계수입니다. 다음 방정식을 사용하여 각 항을 계산할 수 있습니다.(기호의 의미는 명명법과 코드를 참조하세요.)

$$\kappa = \frac{1}{\Phi + \sqrt{\Phi^2 - \bar{\lambda}^2}} \leq 1 \text{ for 세장비 } \bar{\lambda} > 0.2, \text{와 } \kappa = 1 \text{ for } \bar{\lambda} \leq 0.2 \quad (5.24)$$

여기서,

$$\Phi = 0.5 \cdot [1 + \alpha \cdot (\bar{\lambda} - 0.2) + \bar{\lambda}^2] \quad \bar{\lambda} = \frac{L_{PT}/r_P}{\sqrt{E_P/f_{yk}}} \quad \alpha = 0.21 \text{ (파일 불완전 계수)}$$

$$W_p = \frac{D_P^3 - (D_P - 2t_P)^3}{6} \qquad \Delta n = 0.25\kappa\bar{\lambda}^2 \leq 0.1$$

국부(쉘) 좌굴도 점검해야하며 Germanischer Lloyd (2005)에 따르면 다음 공식을 사용할 수 있습니다.

$$\left(\frac{\sigma_x}{\sigma_{xu}}\right)^{1.25} + \left(\frac{\sigma_\phi}{\sigma_{\phi u}}\right)^{1.25} \leq 1.0 \tag{5.25}$$

여기서, σ_ϕ는 설계 원주(후프) 응력, $\sigma_{\phi u}$ 는 쉘 좌굴의 극한 원주 응력, σ_x는 설계 축 방향 응력, 그리고 σ_{xu} 는 좌굴에 대한 극한 축 방향 응력입니다. 다음 방정식을 사용하여 각 항을 계산할 수 있습니다. 축 방향 응력에 대한 쉘 좌굴 응력은:

$$\sigma_{xu} = \frac{\kappa_2 f_{yk}}{\gamma_m} \tag{5.26}$$

여기서, κ_2=1.0 for $\bar{\lambda}_{sx} \leq 0.25$, κ_2=1.233-0.933$\bar{\lambda}_{sx}$ for $0.25 < \bar{\lambda}_{sx} \leq 1.0$, $\kappa_2 = 0.3/\bar{\lambda}_{sx}^3$ for $1.0 < \bar{\lambda}_{sx} \leq 1.5$,와 $\kappa_2 = 0.2/\bar{\lambda}_{sx}^2$ for $\bar{\lambda}_{sx} \geq 1.5$, with $\bar{\lambda}_{sx} = \sqrt{f_{yk}/\sigma_{xi}}$와 σ_{xi} 는 축방향 응력에 대한 이상적 좌굴 응력

$$\sigma_{xi} = 0.605 \cdot C_X E \frac{t_P}{R_P} \tag{5.27}$$

여기서,

$$C_X = 1.0\frac{\sigma_{M_t}}{\sigma_x} + C_{XN}\frac{\sigma_N}{\sigma_x},$$

$$C_{XN} = 1 + 1.5\left(\frac{R_P}{L_P}\right)^2 \frac{t_P}{R_P} \quad \text{for} \quad \frac{L_P}{R_P} \leq 0.5\sqrt{\frac{R_P}{t_P}},$$

$$C_{XN} = 1 - \frac{0.4\frac{L_P}{R_P}\sqrt{\frac{t_P}{R_P}} - 0.2}{\eta} \geq 0.6 \quad \text{for} \quad \frac{L_P}{R_P} > 0.5\sqrt{\frac{R_P}{t_P}}$$

η=1 (양쪽 끝이 단순 지지된 경우), η=3 (한쪽 끝이 단순 지지되고 한쪽 끝이 고정된 경우), η=6 (양쪽 끝이 고정된 경우)

안전율은 다음과 같이 계산됩니다.

$$\gamma_m = 1.1 \text{ for } \bar{\lambda}_{sx} \le 0.25,$$

$$\gamma_m = 1.1\left(1 + 0.318\frac{\bar{\lambda}_{sx} - 0.25}{1.75}\right) \text{ for } 0.25 < \bar{\lambda}_{sx} < 2.0$$

$$\gamma_m = 1.45 \text{ for } \bar{\lambda}_{sx} \ge 2.0$$

원주 응력에 대한 극한 쉘 버클링 응력은 다음과 같습니다.

$$\sigma_{\phi u} = \frac{\kappa_1 f_{yk}}{\gamma_M} \tag{5.28}$$

여기서, κ_1=1.0 for $\bar{\lambda}_{s\phi} \le 0.4$, κ_1=1.274-0.686 $\bar{\lambda}_{s\phi}$ for 0.4< $\bar{\lambda}_{s\phi}$ < 1.2, $\kappa_1=0.65/\bar{\lambda}^2_{s\phi}$ for $\bar{\lambda}_{s\phi} \ge 1.2$ with $\bar{\lambda}_{s\phi}=\sqrt{f_{yk}/\sigma_{\phi i}}$.

원주 응력에 대한 이상적인 좌굴 응력은 다음과 같습니다.

$$\sigma_{\phi i} = 0.92 \cdot C_\phi \sqrt{\frac{R_P}{t_P}} \text{ for short to medium length piles } \frac{L_P}{R_P} \le 1.63 C_\phi \sqrt{\frac{R_P}{t_P}}, \text{ and}$$

$$\sigma_{\phi i} = E_P\left(\frac{t_P}{R_P}\right)^2\left[0.275 + 2.03\left(\frac{C_\phi}{\frac{L_P}{R_P}\sqrt{\frac{t_P}{R_P}}}\right)^4\right] \text{ for long piles } \frac{L_P}{R_P} \le 6.63 C_\phi \sqrt{\frac{R_P}{t_P}} \tag{5.29}$$

여기서, C_ϕ=1.5 (양쪽 끝이 고정된 경우), C_ϕ=1.25 (한쪽 끝이 단순 지지되고 한쪽 끝이 고정된 경우), C_ϕ=1.0 (양쪽 끝이 단순 지지된 경우), C_ϕ=0.6 (한쪽 끝이 고정되고 한쪽 끝이 자유인 경우). 재료 안전 계수는 γ_M=1.1 입니다.

5.3.3.4 파일 수평 지지력

장기 변형을 위해서는 모멘트 지지 능력을 추정해야 합니다. 이러한 계산을 수행하는 방법에는 단순화 방법(수작업 기반 방법), 표준 방법(빔 온 윙클러 기초 - 이 장의 뒷부분에서 설명) 또는 유한 요소 방법 등 여러 가지가 있습니다. 이 섹션에서는 Broms(1964)의 접근법을 기반으로 한 단순화 방법을 소개합니다. 방법의 도출 및 자세한 내용은 Poulos와 Davis(1980)

의 7장을 참조하시기 바랍니다.

깊이에 따른 일정한 지반 반력 지반 반력이 깊이에 따라 일정하다고 가정하고(과입밀 점토) 지반이 먼저 파괴가(즉, 말뚝이 플라스틱 힌지 형성으로 실패하지 않는) 일어나는 조건에서는 다음 공식을 사용하여 극한 지지력을 계산할 수 있습니다.

$$g = 2(L_P + D_P + e) - \frac{\sqrt{16(L_P + D_P + e)^2 - 4(4L_Pe - 2D_Pe + 4D_PL_P - 2.5D_P^2 + 2L_P^2)}}{2} \tag{5.30}$$

$$f = \frac{F_R}{9s_uD_P} \tag{5.31}$$

$$M_R = F_R(e + 1.5D_P + 0.5f) = 2.25D_Pg^2s_u \tag{5.32}$$

$$L_P = 1.5D_P + f + g \tag{5.33}$$

여기서 s_u 비배수 전단 강도, e는 하중의 편심, M_R은 말뚝의 모멘트 내하력(견딜수 있는 모멘트 한도), F_R은 말뚝의 수평 하중 내하력(견딜수 있는 하중의 한도), D_P와 L_P는 각각 말뚝의 직경과 근입 심도입니다(그림 5.16).

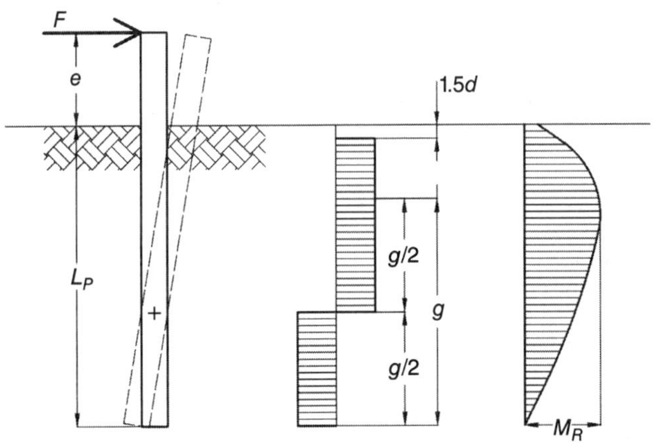

그림 5.16 깊이에 따라 지반 강성이 일정한 말뚝의 수평 지지력

깊이에 따른 선형 지반 반력 지반 반력이 깊이에 따라 선형적으로 증가하는 것으로 가정되는 지반 조건(예: 사질토 및 약간의 과압밀 점토)에서 지반이 먼저 파괴된다고 가정할 때(말뚝에 플라스틱 힌지가 형성되지 않음) 말뚝 기초가 견딜수 있는 수평 하중 및 모멘트 한도(내하

력)는 다음 식을 사용하여 표현합니다(그림 5.17):

$$F_R = \frac{0.5\gamma D_P L_P^3 K_P}{e + L_P} = \frac{3}{2}\gamma' D_P K_P f^2 \tag{5.34}$$

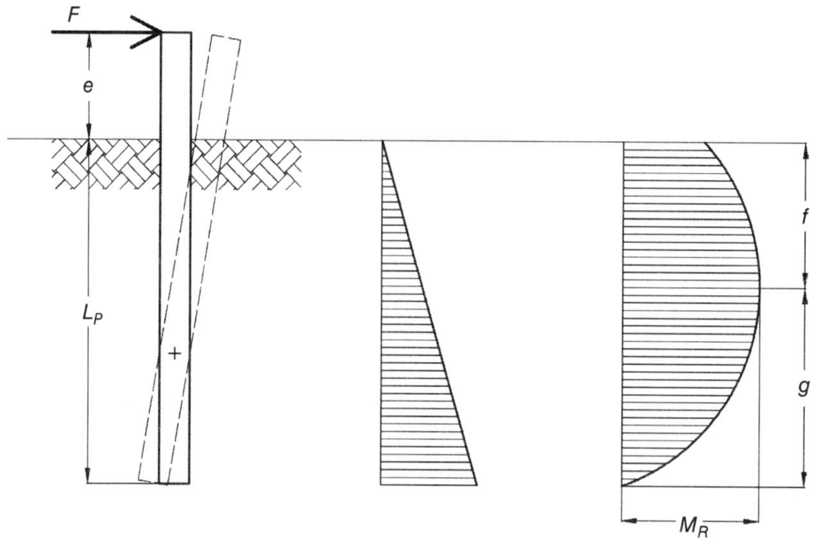

그림 5.17 지반 강성이 깊이에 따라 선형적으로 증가하는 말뚝의 수평 지지력

$$K_P = \frac{1 + sin\ \phi'}{1 - sin\ \phi'} \tag{5.35}$$

$$M_R = F_R\left(e + \frac{2}{3}f\right) \tag{5.36}$$

$$f = 0.82\sqrt{\frac{F_R}{D_P K_P \gamma}} \tag{5.37}$$

여기서 γ'는 사질토의 수중 단위 중량(깊이에 따라 일정하다고 가정), D_P와 L_P는 각각 파일 직경과 근입 심도, e는 하중 편심($e=M/F$), ϕ'은 내부 마찰각, M_R 및 F_R은 각각 기초가 견딜수 있는 모멘트와 수평 하중의 내하력입니다. 자세한 내용은 Poulos와 Davis(1980)의 7장을 참조하세요.

5.4 SLS, 고유 주파수 추정 및 FLS의 분석 방법

SSI의 효과를 통합하는 접근 방식에는 여러 가지가 있습니다. OWT 설계의 맥락에서는 표 5.2와 같이 세 가지 범주로 분류할 수 있습니다.

표 5.2 SSI 분석 방법

	단순화	표준	고급
방법의 세부 사항	이 방법에서는 기초가 스프링 세트로 대체됩니다: K_L, K_R, K_{LR}. 따라서 이 모델은 비선형 스프링으로 지지되는 빔과 유사합니다. 그림 5.18은 이 방법을 설명합니다. 스프레드시트로는 이 방법은 계산을 수행하는 데 약 10분이 걸립니다.	이 방법은 비선형 윙클러 기초의 빔을 기반으로 합니다. 기초 지반 상호 작용은 일련의 비선형 스프링으로 모델링됩니다. 이 방법은 계산 많이 들지 않으며 전문적인 지반 공학 지식이 필요하지 않습니다.	이 방법은 고급 수치 해석을 기반으로 하며 가능한 방법으로는 유한 요소(FEM), 유한 차분(FDM), 이산 요소(DEM) 등이 있습니다. 유한 요소는 실무에서 가장 일반적으로 사용되며 전문 지식이 필요합니다. 독자들은 Potts(2013) Rankine 강연을 참고하시기 바랍니다.
필요한 지반 매개 변수는 무엇인가요?	두 개의 매개 변수가 필요합니다: (a) 지반 프로파일, 즉 깊이에 따른 지반 강성의 변화입니다. (b) 한 직경의(1D) 깊이에서 지반 강성.	필요한 매개변수는 지반의 응력-변형률(즉, 어떤 형태의 지반 전단 테스트, 가급적 삼축 테스트)입니다. 일부 공식에는 지반 반력계수 데이터와 상대 밀도가 필요할 수 있습니다. 이는 일상적인 지반 시험입니다.	지반 모델에 따른 지반 물성치
이 방법으로 무엇을 할 수 있나요?	이 방법은 Arany 등(2016)에 제시된 공식을 사용하여 시스템의 고유 주파수를 예측할 수 있습니다. 이 방법은 파일 헤드의 변형도 예측할 수 있습니다.	이 방법을 사용하여 기초 강성을 얻은 다음 구조/동적 분석에 사용할 수 있습니다. 파일 따른 굽힘 모멘트와 처짐 프로파일도 얻을 수 있습니다.	FE 모델을 사용하여 말뚝의 기초 강성, 처짐 및 모멘트를 얻을 수 있습니다. 이 방법은 변형률도 추정할 수 있습니다.
방법의 제한 사항	말뚝의 굽힘 모멘트 및 처짐 프로파일을 생성할 수 없습니다.	기초-지반 상호작용은 일련의 개별 스프링으로 모델링됩니다 .그러나 실제로는 스프링이 독립적이지 않습니다.	이는 매우 비싸고 숙련된 인력이 필요합니다.

5.4.1 간소화된 분석 방법

단순화된 분석 방법에서는 다음 단계를 채택할 수 있습니다:

1. 다양한 하중 조합에 대한 기초의 하중을 찾습니다. 모노파일 또는 모노 케이슨 유형 기초의 경우 수직 하중, 전도 모멘트(M_y) 및 수평 하중(F_x)을 구하는 것을 의미합니다.

2. 두 번째 단계는 기초를 선택하고 다음과 같이 그림 5.7의 K_L, K_R, K_{LR}로 표시된 강성 값을 얻는 것입니다. 강성은 다양한 방법으로 얻을 수 있습니다. 가장 간단한 방법은 파일 치수, 파일 직경 한 개 깊이에서 지반의 탄성 계수, 깊이에 따른 토양 강성의 변화 등 몇 가지 파라미터만 필요한 폐쇄형 해를(closed-form solution) 기반으로 합니다. 표 5.3과 5.4는 강성과 연성 파일에 대한 강성에 대한 폐쇄형 솔루션을 제공합니다. 윙클러형 솔루션(표준 방법이라고 하며 5.4.3절에서 설명) 또는 유한 요소법(고급 방법이라고 하며 5.4.4절에서 설명)을 사용하여 강성 값을 얻을 수도 있습니다. 기초의 강성은 두 가지 계산, 즉 변형(머드라인에서의 처짐ρ 및 회전θ)과 고유 주파수 추정에 필요합니다. 이러한 스프링과 관련하여 몇 가지 주의할 점이 있습니다:

   (a) 스프링의 특성과 모양(하중 변형 특성, 즉 횡하중-변형 또는 모멘트 회전)은 터빈의 수명 동안 예상되는 작동 하중 시나리오에서 변형이 허용될 수 있는 수준이어야 합니다.

   (b) 스프링의 초기 값(기초의 강성)은 선형 고유값 분석을 사용하여 구조의 자연주기를 계산하는 데 필요합니다.

   (c) 스프링의 값은 비선형적 특성으로 인해 시스템의 전반적인 동적 안정성도 결정합니다. 이러한 스프링은 주파수에 따라 달라질 뿐만 아니라 동적 지반-구조물 상호 작용으로 인해 하중 주기에 따라 변화한다는 점을 언급해야 합니다.

표 5.3 다양한 지반 프로파일의 가느다란 말뚝에 대한 여러 연구자들의 강성 공식

횡방향 강성 K_L	교차 결합 강성 K_{LR}	회전 강성 K_R
Randolph (1981), slender piles, both for homogeneous and linear inhomogeneous soils		
$\frac{1.67E_{S0}D_P}{f_{(v_S)}}\left(\frac{E_{eq}}{E_{S0}}\right)^{0.14}$	$-\frac{0.3475E_{S0}D_P^2}{f_{(v_S)}}\left(\frac{E_{eq}}{E_{S0}}\right)^{0.42}$	$\frac{0.1975E_{S0}D_P^3}{f_{(v_S)}}\left(\frac{E_{eq}}{E_{S0}}\right)^{0.7}$
Pender (1993), slender piles, homogeneous soil		
$1.285E_{S0}D_P\left(\frac{E_{eq}}{E_{S0}}\right)^{0.188}$	$-0.3075E_{S0}D_P^2\left(\frac{E_{eq}}{E_{S0}}\right)^{0.47}$	$0.18125E_{S0}D_P^3\left(\frac{E_{eq}}{E_{S0}}\right)^{0.738}$
Pender (1993), slender piles, linear inhomogeneous soil		
$0.85E_{S0}D_P\left(\frac{E_{eq}}{E_{S0}}\right)^{0.29}$	$-0.24E_{S0}D_P^2\left(\frac{E_{eq}}{E_{S0}}\right)^{0.53}$	$0.15E_{S0}D_P^3\left(\frac{E_{eq}}{E_{S0}}\right)^{0.77}$
Pender (1993), slender piles, parabolic inhomogeneous soil		
$0.735E_{S0}D_P\left(\frac{E_{eq}}{E_{S0}}\right)^{0.33}$	$-0.27E_{S0}D_P^2\left(\frac{E_{eq}}{E_{S0}}\right)^{0.55}$	$0.1725E_{S0}D_P^3\left(\frac{E_{eq}}{E_{S0}}\right)^{0.776}$
Poulos and Davis (1980) following Barber (1953), slender pile, homogeneous soil		
$\frac{k_hD_P}{\beta}$	$-\frac{k_hD_P}{\beta^2}$	$\frac{k_hD_P}{2\beta^3}$
Poulos and Davis (1980) following Barber (1953), slender pile, linear inhomogeneous soil		
$1.074n_h^{\frac{3}{5}}(E_PI_P)^{\frac{2}{5}}$	$-0.99n_h^{\frac{2}{5}}(E_PI_P)^{\frac{3}{5}}$	$1.48n_h^{\frac{1}{5}}(E_PI_P)^{\frac{4}{5}}$
Gazetas (1984) and Eurocode 8 Part 5 (2003), slender pile, homogeneous soil		
$1.08D_PE_{S0}\left(\frac{E_{eq}}{E_{S0}}\right)^{0.21}$	$-0.22D_P^2E_{S0}\left(\frac{E_{eq}}{E_{S0}}\right)^{0.50}$	$0.16D_P^3E_{S0}\left(\frac{E_{eq}}{E_{S0}}\right)^{0.75}$
Gazetas (1984) and Eurocode 8 Part 5 (2003), slender pile, linear inhomogeneous soil		
$0.60D_PE_{S0}\left(\frac{E_{eq}}{E_{S0}}\right)^{0.35}$	$-0.17D_P^2E_{S0}\left(\frac{E_{eq}}{E_{S0}}\right)^{0.60}$	$0.14D_P^3E_{S0}\left(\frac{E_{eq}}{E_{S0}}\right)^{0.80}$
Gazetas (1984) and Eurocode 8 Part 5 (2003), slender pile, parabolic inhomogeneous soil		
$0.79D_PE_{S0}\left(\frac{E_{eq}}{E_{S0}}\right)^{0.28}$	$-0.24D_P^2E_{S0}\left(\frac{E_{eq}}{E_{S0}}\right)^{0.53}$	$0.15D_P^3E_{S0}\left(\frac{E_{eq}}{E_{S0}}\right)^{0.77}$
Shadlou and Bhattacharya (2016), slender pile, homogeneous soil		
$\frac{1.45E_{S0}D_P}{f_{(v_s)}}\left(\frac{E_{eq}}{E_{S0}}\right)^{0.186}$	$-\frac{0.30E_{S0}D_P^2}{f_{(v_s)}}\left(\frac{E_{eq}}{E_{S0}}\right)^{0.50}$	$\frac{0.18E_{S0}D_P^3}{f_{(v_s)}}\left(\frac{E_{eq}}{E_{S0}}\right)^{0.73}$
Shadlou and Bhattacharya (2016), slender pile, linear inhomogeneous soil		
$\frac{0.79E_{S0}D_P}{f_{(v_s)}}\left(\frac{E_{eq}}{E_{S0}}\right)^{0.34}$	$-\frac{0.26E_{S0}D_P^2}{f_{(v_s)}}\left(\frac{E_{eq}}{E_{S0}}\right)^{0.567}$	$\frac{0.17E_{S0}D_P^3}{f_{(v_s)}}\left(\frac{E_{eq}}{E_{S0}}\right)^{0.78}$
Shadlou and Bhattacharya (2016), slender pile, parabolic inhomogeneous soil		
$\frac{1.02E_{S0}D_P}{f_{(v_s)}}\left(\frac{E_{eq}}{E_{S0}}\right)^{0.27}$	$-\frac{0.29E_{S0}D_P^2}{f_{(v_s)}}\left(\frac{E_{eq}}{E_{S0}}\right)^{0.52}$	$\frac{0.17E_{S0}D_P^3}{f_{(v_s)}}\left(\frac{E_{eq}}{E_{S0}}\right)^{0.76}$

Parameter definitions:

$$E_{eq} = \frac{E_PI_P}{\frac{D_P^4\pi}{64}}$$

$f_{(v_S)} = \frac{1+v_S}{1+0.75v_S}$ for Randolph (1981) and

$f_{(v_s)} = 1 + |v_s - 0.25|$ for Shadlou and Bhattacharya (2016)

$$\beta = \sqrt[4]{\frac{k_hD_P}{E_PI_P}}$$

표 5.4 다양한 지반 프로파일의 강성 (rigid) 파일에 대한 여러 연구자들의 강성 공식

횡방향 강성 K_L	교차 결합 강성 K_{LR}	회전 강성 K_R
Poulos and Davis (1980) following Barber (1953), rigid pile, homogeneous soil ($n = 0$)		
$k_h D_P L_P$	$-\frac{k_h D_P L_P^2}{2}$	$\frac{k_h D_P L_P^3}{3}$
Poulos and Davis (1980) following Barber (1953), rigid pile, linear inhomogeneous soil ($n = 1$)		
$\frac{1}{2} L_P^2 n_h$	$-\frac{1}{3} L_P^3 n_h$	$\frac{1}{4} L_P^4 n_h$
Carter and Kulhawy (1992), rigid pile, rock		
$\frac{3.15 G^* D_P^{\frac{2}{3}} L_P^{\frac{1}{3}}}{1 - 0.28\left(\frac{2L_P}{D_P}\right)^{\frac{1}{4}}}$	$-\frac{2 G^* D_P^{\frac{7}{8}} L_P^{\frac{9}{8}}}{1 - 0.28\left(\frac{2L_P}{D_P}\right)^{\frac{1}{4}}}$	$-\frac{4 G^* D_P^{\frac{4}{3}} L_P^{\frac{5}{3}}}{1 - 0.28\left(\frac{2L_P}{D_P}\right)^{\frac{1}{4}}}$
Shadlou and Bhattacharya (2016), rigid pile, homogeneous soil ($n = 0$)		
$\frac{3.2 E_{S0} D_P}{f_{(v_s)}} \left(\frac{L_P}{D_P}\right)^{0.62}$	$-\frac{1.7 E_{S0} D_P^2}{f_{(v_s)}} \left(\frac{L_P}{D_P}\right)^{1.56}$	$\frac{1.65 E_{S0} D_P^3}{f_{(v_s)}} \left(\frac{L_P}{D_P}\right)^{2.5}$
Shadlou and Bhattacharya (2016), rigid pile, linear inhomogeneous soil ($n = 1$)		
$\frac{2.35 E_{S0} D_P}{f_{(v_s)}} \left(\frac{L_P}{D_P}\right)^{1.53}$	$-\frac{1.775 E_{S0} D_P^2}{f_{(v_s)}} \left(\frac{L_P}{D_P}\right)^{2.5}$	$\frac{1.58 E_{S0} D_P^3}{f_{(v_s)}} \left(\frac{L_P}{D_P}\right)^{3.45}$
Shadlou and Bhattacharya (2016), rigid pile, parabolic inhomogeneous soil ($n = 1/2$)		
$\frac{2.66 E_{S0} D_P}{f_{(v_s)}} \left(\frac{L_P}{D_P}\right)^{1.07}$	$-\frac{1.8 E_{S0} D_P^2}{f_{(v_s)}} \left(\frac{L_P}{D_P}\right)^{2.0}$	$\frac{1.63 E_{S0} D_P^3}{f_{(v_s)}} \left(\frac{L_P}{D_P}\right)^{3.0}$
Parameter definitions:		
$E_{eq} = \frac{E_P I_P}{\frac{D_P^4 \pi}{}}$	$f_{(v_s)} = 1 + \lvert v_s - 0.25 \rvert$	$\beta = \sqrt[4]{\frac{k_h D_P}{E_P I_P}}$

3. 강성 값 K_L, K_R, K_{LR}이 추정되면 하중 변형 관계의 선형성을 가정한 식 (5.38)을 사용하여 기초의 변형을 추정할 수 있습니다:

$$\begin{bmatrix} F_x \\ M_y \end{bmatrix} = \begin{bmatrix} K_L & K_{LR} \\ K_{LR} & K_R \end{bmatrix} \begin{bmatrix} \rho \\ \theta \end{bmatrix} \tag{5.38}$$

여기서 F_x는 그림 5.18에 정의된 대로 x축 방향의 횡력, M_y는 전후 전도 모멘트(y축 주변), K_L은 횡 스프링, K_R은 회전 스프링, K_{LR}은 교차 결합 스프링, ρ는 x방향의 변위, $\theta = \partial_\rho / \partial_z$는 변형(틸트 또는 회전)의 기울기입니다. 변형은 다음을 사용하여 쉽게 표현할 수 있습니다(그림 5.18).

$$\rho = \frac{K_R}{K_L K_R - K_{LR}^2} F_x - \frac{K_{LR}}{K_L K_R - K_{LR}^2} M_y \tag{5.39}$$

$$\theta = -\frac{K_{LR}}{K_L K_R - K_{LR}^2} F_x + \frac{K_L}{K_L K_R - K_{LR}^2} M_y \tag{5.40}$$

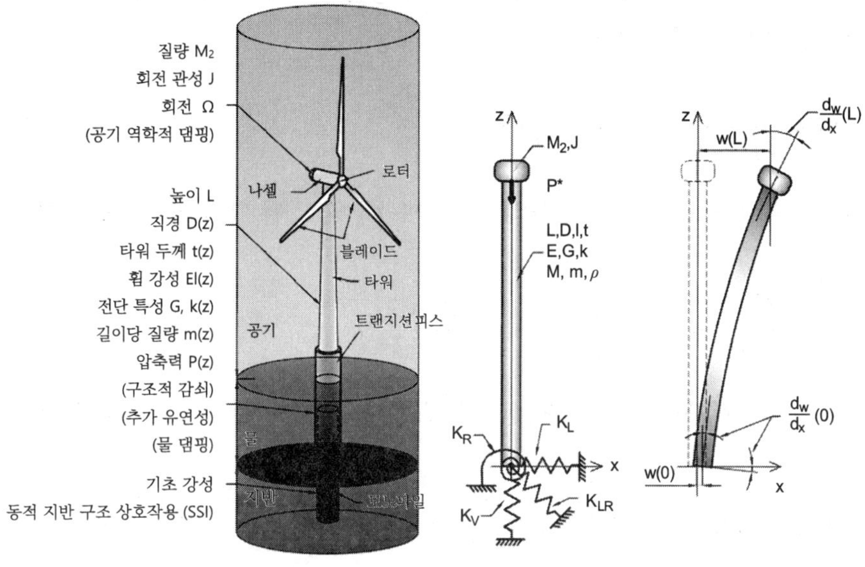

그림 5.18 SSI 분석을 위한 간소화된 모델

4. 그림 5.18에 표시된 시스템의 고유 주파수는 Arany 등(2015b, 2017)에서 개발한 방법에 따라 추정할 수 있습니다. 이 단순화된 방법론은 간단한 캔틸레버 빔 공식을 기반으로 타워의 고유 주파수를 추정한 다음 기초와 하부 구조의 유연성을 고려하기 위해 수정 계수를 적용합니다. 이는 다음과 같이 표현됩니다:

$$f_0 = C_L C_R C_S f_{FB} \tag{5.41}$$

여기서 C_L 및 C_R은 측면 및 회전 기초 유연성 계수, C_S는 하부 구조 유연성 계수, f_{FB}는 타워의 고정(캔틸레버) 고유 주파수입니다. 자세한 내용은 부록을 참조하세요.
타워의 고정 고유 주파수는 첫 번째 진동 모드의 등가 강성 k_0 및 등가 질량 m_0으로 간단히 다음과 같이 표현됩니다.

$$f_{FB} = \frac{1}{2\pi}\sqrt{\frac{k_0}{m_0}} = \frac{1}{2\pi}\sqrt{\frac{3E_T I_T}{L_T^3\left(m_{RNA} + \frac{33}{140}m_T\right)}} \tag{5.42}$$

여기서 E_T 는 타워 재료의 탄성계수, I_T 는 평균 면적 관성 모멘트, m_T는 타워 질량, m_{RNA}는 로터-나셀 어셈블리의 질량, L_T는 타워 길이입니다. 평균 면적 관성 모멘트는 다음과 같이 계산됩니다.

$$I_T = \frac{1}{16} t_T \pi (D_b^3 + D_t^3) \tag{5.43}$$

여기서 D_b는 타워 하단 직경, D_t는 타워 상단 직경입니다. 평균 벽 두께와 평균 타워 직경은 식 (5.44)로 구할 수 있습니다.

$$t_T = \frac{m_T}{\rho_T L_T D_T \pi} D_T = \frac{D_b + D_t}{2} \tag{5.44}$$

여기서 ρ_T는 타워 재료(강철)의 밀도입니다. 계수 C_L 및 C_R은 비차원적 기초 강성 값으로 표현됩니다:

$$\eta_L = \frac{K_L L_T^3}{EI_\eta} \eta_{LR} = \frac{K_{LR} L_T^2}{EI_\eta} \eta_R = \frac{K_R L_T}{EI_\eta} \tag{5.45}$$

여기서 K_L, K_{LR}, K_R은 강성 파라미터이고, EI_η 다음과 같이 계산된 타워의 등가 휨 강성입니다.

$$EI_\eta = E_T I_T \cdot f(q) \text{ 여기서 } q = \frac{D_b}{D_t} f(q) = \frac{1}{3} \cdot \frac{2q^2(q-1)^3}{2q^2 \ln q - 3q^2 + 4q - 1} \tag{5.46}$$

위 방정식의 도출은 부록 A부터 C까지에 나와 있습니다.

계산된 비차원 강성 값을 사용하여 기초 유연성 계수는 다음과 같이 주어집니다.

$$C_R(\eta_L, \eta_R, \eta_{LR}) = 1 - \frac{1}{1 + a\left(\eta_R - \frac{\eta_{LR}^2}{\eta_L}\right)} C_L(\eta_L, \eta_R, \eta_{LR}) = 1 - \frac{1}{1 + b\left(\eta_L - \frac{\eta_{LR}^2}{\eta_R}\right)} \tag{5.47}$$

여기서 a=0.5 및 b=0.6은 경험적 계수입니다(Arany 등 2016, 2017).

하부 구조 유연성 계수는 모노파일이 타워의 바닥까지 올라간다고 가정하여 계산합니다. 머드라인과 타워의 바닥 사이의 거리는 L_S이고, $E_P I_P$는 모노파일의 휨 강성입니다. 기초 유연성은 휨 강성 비율 χ과 길이 비율 ψ의 두 가지 무차원 파라미터로 표현됩니다.

$$\chi = \frac{E_T I_T}{E_P I_P} \quad \psi = \frac{L_S}{L_T} \text{ and } C_S = \sqrt{\frac{1}{1 + (1+\psi)^3 \chi - \chi}} \tag{5.48}$$

스프레드시트를 사용하여 쉽게 계산을 수행할 수 있습니다. 해결된 예제는 6장에서 수행됩니다. 이 방법은 10개의 해상풍력 터빈에 대해 보정된 것으로 Arany 등(2016)에서 찾을 수 있습니다.

ASIDE 고유 주파수 예측에 대한 참고사항

> 해상풍력 터빈-지지 구조물-기초 시스템의 고유 주파수를 예측하는 것은 매우 중요합니다. 왜냐하면 고유 주파수의 과소 및 과대 예측 모두 보수적이지 않을 수 있기 때문입니다. 이는 구조물이 회전 주파수 범위(1P)에서의 풍력 난류, 파도, 공기역학 및 질량 불균형 하중과 블레이드 통과 주파수(2P 또는 3P)에서의 블레이드 통과 및 회전 표본 하중으로 인해 넓은 주파수 대역에 걸쳐 야기 되기 때문입니다.

5.4.2 피로 수명 예측을 위한 방법론

하부 구조물의 피로 수명 분석은 일반적으로 DNV-RP-C203 - '해양 강구조물의 피로 설계' (DNV 2005)에 따라 수행해야 합니다. 이 섹션은 모노파일의 개념 설계를 위한 간단한 방법론을 제공하는 데 목적이 있으므로 하부 구조의 다른 구성 요소(예: 트랜지션 피스, 그라우팅 연결, J 튜브 등)와 관련된 피로 수명 문제는 자연스럽게 생략됩니다. 굽힘 모멘트 하에서 말뚝 벽체의 구조용 강재의 피로 해석을 위해서는 다양한 하중 사례에 따른 응력 수준을 계산해야 합니다. 재료계수 γ_M=1.1 및 하중계수 γ_L=1.0을 사용할 수 있습니다.

이를 통해 하중 사례로 인한 최대 응력 수준 σ_m을 계산할 수 있습니다.

$$\sigma_m = \gamma_L M_{max} \frac{D_P}{2I_P} \tag{5.49}$$

여기서 M_{max}는 주어진 하중 케이스에서 발생하는 최대 굽힘 모멘트이고, D_P와 I_P는 각각 파일 직경과 면적 관성 모멘트입니다. 최대 반복 응력 진폭은 다음과 같이 주어집니다.

$$\sigma_c = \gamma_L \frac{(M_{max} - M_{min})}{2} \frac{D_P}{2I_P} \tag{5.50}$$

여기서 M_{min}는 각 하중 사례에서 발생하는 가장 낮은 굽힘 모멘트입니다.

일반적인 실제 사례에서 모노파일의 구조용 강재에 대한 피로 해석은 높은 마진으로 충분한 피로 수명을 산출합니다. 그러나 매립형 모노파일의 용접부는 피로 균열이 구조용 강재에서 발생하기 전에 일반적으로 용접부 주변에서 발생하기 때문에 피로형 파손이 발생하기 쉽습니다. 매립형 지상 모노파일의 용접부에 대한 피로 분석은 DNV(2005)에 정의된 C1 및 D 등급을 사용하여 수행됩니다. 모노파일 용접부는 항상 25mm보다 두껍기 때문에 두께 보정 계수를 적용해야 합니다. 이러한 곡선은 해양 석유 및 가스(O&G) 산업의 요구 사항을 위해 특별히 수행된 테스트를 기반으로 합니다. 현재 해상풍력 산업의 하중 체계, 형상, 재료, 환경 조건 및 제조 절차를 대표하는 S-N 곡선을 개발하기 위한 연구 및 테스트가 SLIC 공동 산업 프로젝트(Brennan와 Tavares 2014)에서 진행 중입니다. 응력 집중이 예상되고 균열이 시작될 가능성이 높은 구조물의 약점(예: 구멍, 용접, 접합부)에서 피로형 파손이 발생할 것으로 예상되므로 보다 상세한 설계가 가능해지면 유한 요소 해석(FEA)을 통한 보다 상세한 피로 해석을 수행해야 할 수 있습니다. 또한 균열 전파 접근법은 일반적으로 상세한 피로 설계에 더 적합하며, 단순 S-N 곡선 피로 해석은 특정 구조 세부 사항의 피로 수명을 예측하는 데 만족스럽지 않은 경우가 많습니다.

5.4.3 모노파일 및 케이슨의 기초 강성을 얻기 위한 폐쇄형 솔루션

단순화된 스프링 접근 방식(그림 5.8 참조)에서는 기초 강성을 계산해야 합니다. 계산은 다음과 같습니다: K_V (수직 강성), K_L (횡 강성), K_R (흔들림 강성), 그리고 K_{LR} (크로스 커플링)입니다. 수직 강성은 구조물이 수직으로 매우 강하기 때문에 단순 계산에는 필요하지 않으므로 주의가 필요합니다. 그러나 K_V는 흔들림 진동 모드에 필요합니다. 단순화 접근법 또는 폐쇄형 해법 접근법에서 K_L, K_R, K_{LR}을 구하는 데 필요한 입력은 다음과 같습니다:

1. 말뚝 치수
2. 지반 프로파일, 즉 깊이에 따른 지반 강성 변화. 유로코드(EC8, 파트 5)에 따라 세 가지 유형의 프로파일이 고려됩니다. (i) 과압밀 점토 프로파일에서 전형적으로 나타나는 깊이에 따른 일정한 강성, (ii) 정규 압밀 (NC) 점토에서 전형적으로 나타나는 깊이에 따라 선형적으로 변화하는 강성, (iii) 사질토에서 전형적으로 나타나는 깊이의 제곱근에 따라 변화하는 지반 강성입니다. 그림 5.8은 이러한 변화를 플롯한 것입니다.
3. 말뚝 지름 깊이 (1D) 에서의 지반 강성

또는 일부 공식에서는 지반 반력 계수(the modulus of subgrade reaction) k_h 또는 지반 반응 계수(the coefficient of subgrade reaction) n_h (깊이에 따른 k_h의 증가율)로 토양을 정의하기도 합니다.

참고: 지반 반력 계수, 지반 반응 계수와 같은 용어는 혼동될 수 있습니다. 실무 규정, 교과서 및 소프트웨어는 서로 다른 유형의 입력을 요구합니다. 따라서 항상 단위를 작성하는 것이 좋습니다.

5.4.3.1 파일용 폐쇄형 솔루션 (강성 파일 또는 모노파일)

파일 헤드 강성 계산 절차의 첫단계는 파일 거동을 분류하는 것, 즉 모노파일이 긴 연성 파일로 작동할지 짧은 강성 파일로 작동할지 분류한 다음 적절한 관계를 사용하여 K_L, K_R, K_{LR}을 구하는 것입니다.

강성 파일은 고정된 빔처럼 휘어지지 않고 운영하중을 받는 지반에서 강체 회전을 할 수 있을 만큼 충분히 짧습니다. 반면에 세장 말뚝(slender piles)은 운영 하중을 받으면 처짐이 발생하고 일반적으로 플라스틱 힌지가 형성되어 파괴되며 말뚝선단은 머드라인에서 하중의 영향을 '느끼지' 못하는 상태로 파일은 무한히 길다고 간주할 수 있습니다. 말뚝이 연성인지 강성인지 판단하는 공식은 문헌에 나와 있습니다. Arany 등(2016)의 자연 주파수 추정을 위한 보정된 방법은 다음과 같습니다.

연성 거동인가 강성 거동인가? Randolph (1981)가 제안한 탄성 연속체 접근법에 따르면 임계 파일 길이는 지반의 수정 전단 계수 G^*와 파일 등가 탄성 계수(E_{eq}) 측면에서 파일 길이 L_P와 파일 직경 D_P 의 필요한 비율을 통해 표현할 수 있습니다. 이를 통해 파일 길이는 직경에서 다음과 같이 계산됩니다.

$$L_P \geq D_P\left(\frac{E_{eq}}{G^*}\right)^{\frac{2}{7}} \tag{5.51}$$

여기서, $E_{eq} = E_P I_P / \left(\frac{D_P^4 \pi}{64}\right)$, $G^* = G_S\left(1 + \frac{3}{4}\nu_S\right)$

G_S 지반의 전단 계수(머드라인과 파일 근입심도 사이의 평균값)

$E_P\, I_P$ 는 파일의 휨 강성

Carter와 Kulhawy (1992)는 Randolph (1981)와 유사한 접근법을 사용하여 말뚝이 강성으로 간주될 수 있는지 여부를 결정하는 식을 제시하는데, 다음과 같은 경우 말뚝은 강성이다.

$$L_P \leq 0.05 D_P\left(\frac{E_{eq}}{G^*}\right)^{\frac{1}{2}} \tag{5.52}$$

또 다른 접근법은 Barber (1953)에 이어 Poulos와 Davis (1980)가 토양의 지반 반력 계수 k_h를 사용한 것입니다. 점성토(과압밀 점토 지반 프로파일에 적용됨)에서 지반 반력 계수 k_h는 깊이에 따라 일정하다고 간주할 수 있습니다. 다음과 같은 경우 파일은 가느다란(무한히 긴) 것으로 간주할 수 있습니다.

$$L_P > 2.5\left(\frac{E_P I_P}{k_h D_P}\right)^{\frac{1}{4}} \tag{5.53}$$

그리고 아래와 같은 경우 파일은 강성이라고 간주할 수 있습니다.

$$L_P < 1.5\left(\frac{E_P I_P}{k_h D_P}\right)^{\frac{1}{4}} \tag{5.54}$$

일반적으로 정규 압밀 점토 또는 사질토에서 지반 반력 계수는 $k_h = n_h\,(z/D_P)$ 깊이에 따라 대략 선형적으로 증가합니다. 이러한 지반의 파일은 다음과 같은 경우 가느다란 것으로 간주할 수 있습니다.

$$L_P > 4.0\left(\frac{E_P I_P}{n_h}\right)^{\frac{1}{5}} \tag{5.55}$$

그리고 아래와 같은 경우 파일은 강성이라고 간주할 수 있습니다.

$$L_P < 2.0\left(\frac{E_P I_P}{n_h}\right)^{\frac{1}{5}} \tag{5.56}$$

이 공식들은 파일 직경과 지반 강성의 함수로 필요한 길이를 구하는 데 사용할 수 있습니다. 임계 길이를 구하는 다른 방법은 Aissa 등(2017)에서 찾을 수 있습니다. 기초 강성을 구하는 단순화된 절차에서는 지반을 정의하는 데 두 가지 매개변수 (E_{S0}으로 표시된 머드라인 아래 $1D_P$에서의 지반 강성 및 강성 프로파일, 즉 깊이에 따른 변화)가 필요합니다. 강성 프로파일은 수학적으로 다음과 같이 표현됩니다.

$$E_S(z) = E_{S0}\left(\frac{|z|}{D_P}\right)^n \tag{5.57}$$

여기서 균질, 선형 비균질, 제곱근 비균질 프로파일은 각각 n=0, n=1,와 n=1/2로 주어집니다(그림 5.19 참조).

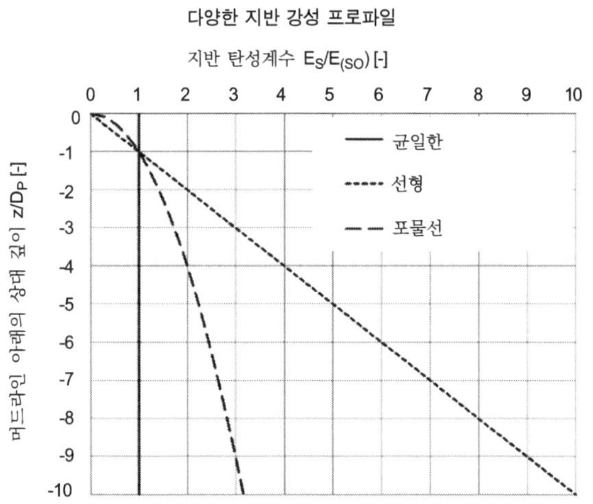

그림 5.19 균질, 선형 및 포물선형 지반 강성 프로파일

일반적인 경우의 지반 반력 접근법에서는 해석 솔루션(analytical solution)을 거의 사용할 수 없지만, 강성 및 가느다란 파일에 대해서는 단순화된 표현식을 (Poulos와 Davis 1980) 사

용할 수 있습니다. 기초 하중(수평 하중 F_x 및 굽힘 모멘트 M_y)을 파일 헤드 처짐 ρ 및 회전 θ과 연관시키기 위한 다양한 접근 방식이 개발되었습니다.

이러한 표현식은 세 가지 스프링(K_L, K_{LR}, K_R)에 대한 하중 응답의 매트릭스 형태로 쉽게 변환할 수 있습니다. 가장 일반적인 방법은 강성과 연성 말뚝에 대해 Barber(1953)에 이어 Poulos와 Davis(1980)가 개발했으며, Gazetas(1984)는 연성 말뚝을 위해 개발된 유로코드8 파트5(유럽 표준화 위원회 2003)에도 소개되어 있습니다; 균질 및 선형 불균질 지반 모두에서 가느다란 말뚝을 위해 개발된 Randolph(1981), 가느다란 말뚝을 위해 개발된 Pender(1993), 암반의 강성 말뚝을 위한 Carter와 Kulhawy(1992), 강성 말뚝을 위한 Higgins와 Basu(2011), 강성과 가느다란 말뚝 모두를 위한 Shadlou와 Bhattacharya(2016)가 그 예입니다.

기초 강성에 대한 공식은 가느다란 말뚝의 경우 표 5.3에, 강성 말뚝의 경우 표 5.4에 요약되어 있습니다(그림 5.20).

ASIDE

강성 및 연성 공식의 주요 차이점은 다음과 같습니다. 강성 말뚝의 경우, 공식에는 (L/D), 즉 가늘기 비율과 지반 강성(E_{S0})이라는 용어가 있습니다. 반면, 연성 말뚝의 경우 말뚝-지반 상대 강성(E_{eq}/E_s)에 따라 공식이 달라집니다.

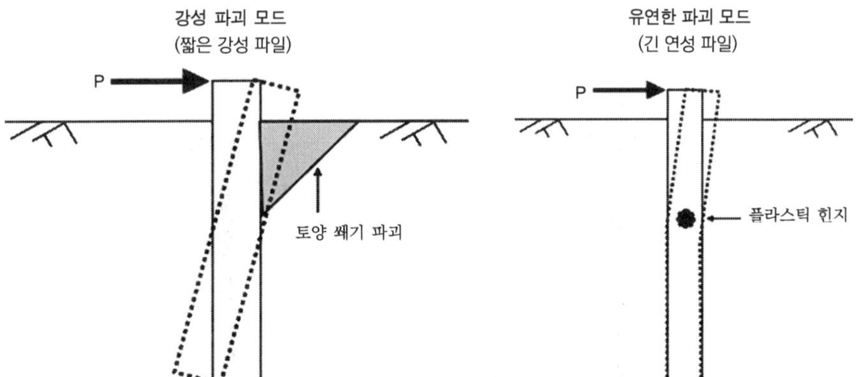

그림 5.20 짧은 강성 파일과 긴 연성 파일의 파괴 비교

5.4.3.2 석션 케이슨을 위한 폐쇄형 솔루션

Shadlou와 Bhattacharya(2016)는 해상풍력 터빈의 적용을 염두에 두고 균질, 포물선 및 선형 지반 프로파일에서 강성 심해저 기초에 대한 임피던스 함수를 제시했습니다. 표 5.5는 L/D가 2보다 큰 파일에 적용할 수 있는 솔루션을 제시합니다. L과 D의 정의는 그림 5.21에 나와

있습니다. Jabli 등(2018)은 표 5.5의 세 가지 유형의 지반 프로파일에서 $0.5<L/D<2$에 대해 강성 스커트가 있는 석션 케이슨의 강성에 대한 솔루션을 제시하였으며, $0.5<L/D<2$의 경우 표 5.6을 참고 하시기 바랍니다. 6장에서 예제 문제를 수행하여 응용을 보여 줍니다. 푸아송 비율의 변화는 두 가지 유형의 종횡비에 대해 주목할 수 있습니다(그림 5.21).

$$f(\upsilon_s) = 1 + 0.6|0.25 - \upsilon_s|$$

$$f(\upsilon_s) = 1.1 \times \left(0.096\left(\frac{L}{D}\right) + 0.6\right)\upsilon_s^2 - 0.7\upsilon_s + 1.06$$

표 5.5 강성 거동을 보이는 섹션 케이슨의 임피던스 함수 L/D 〉 2 (그림 5.21 참조)

지반프로파일 그림 5.19 참조	$\frac{K_L}{DE_{SO}f(\upsilon_s)}$	$\frac{K_{LR}}{D^2E_{SO}f(\upsilon_s)}$	$\frac{K_R}{D^3E_{SO}f(\upsilon_s)}$
균질	$3.2\left(\frac{L}{D}\right)^{0.62}$	$-1.8\left(\frac{L}{D}\right)^{1.56}$	$1.65\left(\frac{L}{D}\right)^{2.5}$
파라볼릭	$2.65\left(\frac{L}{D}\right)^{1.07}$	$-1.8\left(\frac{L}{D}\right)^{2}$	$1.63\left(\frac{L}{D}\right)^{3}$
선형	$2.35\left(\frac{L}{D}\right)^{1.53}$	$-1.8\left(\frac{L}{D}\right)^{2.5}$	$1.59\left(\frac{L}{D}\right)^{3.45}$

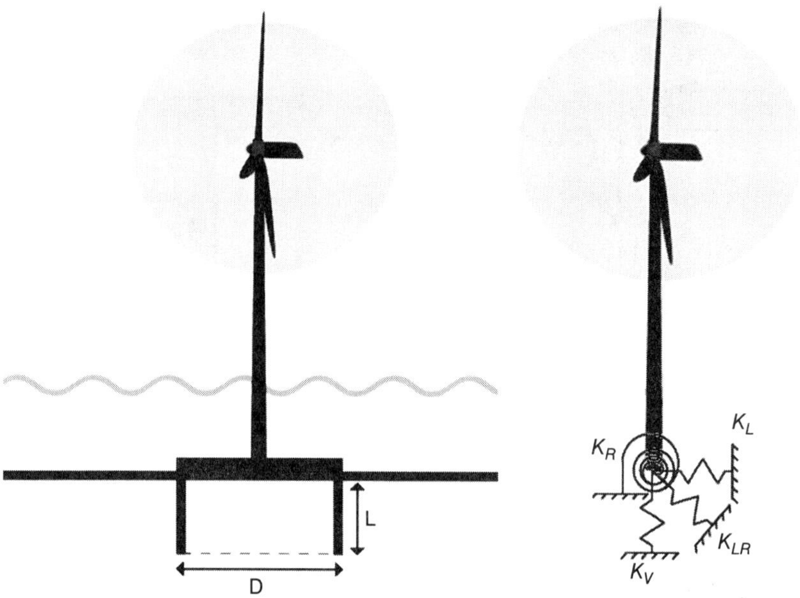

그림 5.21 석션 케이슨의 정의

> 참고 : 이러한 솔루션은 타당성 및 입찰 설계 단계에서 케이슨의 예비설계단계에서 사용할수 있습니다. 크기가 최적화되고 프로젝트가 완료되면 기존의 방법을 사용하여 추가 최적화 및 세부 분석을 수행해야 합니다.

5.4.3.3 기초의 수직 강성 (K_V)

강성 원형 매립 기초 (DNV 2002)는 암반층 위에 강성 매립 얕은 기초에 대한 지침을 제공하며 석션 케이슨의 예비 추정치로 사용할 수 있습니다(그림 5.22).

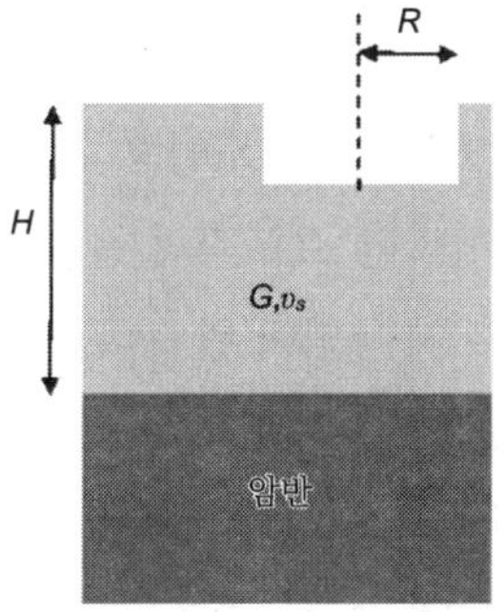

그림 5.22 식 (5.58)의 용어를 정의하는 그림

$$k_v = \frac{4G_SR}{1-\upsilon_s}\left(1+1.28\frac{R}{H}\right)\left(1+\frac{D}{2R}\right)\times\left[1+\left(0.85-\frac{0.28D}{R}\right)\frac{D/H}{1-D/H}\right] \quad (5.58)$$

말뚝의 수직 강성 Fleming 등 (1992)는 매립형 말뚝에 대해 다음과 같이 제안했습니다: 주면 마찰력만 고려시,

$$k_v = \frac{2\pi L_p G_s}{\zeta} \quad (5.59)$$

ζ는 3에서 5 사이입니다.

교량 내진 설계를 위한 LRFD(Load and Resistance Factor Design) 가이드라인에서는 수직 강성에 대해 다음과 같은 관계를 제안합니다(Sharma와 El Naggar 2015):

$$k_v = 1.25\frac{E_PA}{L_P} \quad (5.60)$$

> 참고 : 실제로 말뚝의 축방향 강성을 얻기 위해 t-z (축방향 하중 전달 해석) 유형의 해석 또는 보정된 FEA를 수행할 수 있습니다.

5.4.4 표준 분석 방법(비선형 윙클러 기초의 빔) 또는 *p-y* 방법

횡하중 말뚝을 모델링하기 위해 실무 엔지니어들은 Winkler (1867a,b)와 Hetényi (1946)에 따라 간소화된 방법, 즉 빔-온-비선형-윙클러-기초 BNWF (Beam-on-Nonlinear-Winkler-Foundation) 라고 불리는 방법을 자주 사용합니다. 이것은 종종 *p-y* 방법으로 알려져 있으며 주요 가설은 파일 축의 특정 위치에서 토양이 가하는 지반 반력 *p*는 상대적인 파일-지반 처짐 *y*에 비례한다는 것입니다. 해양 Oil & Gas (O&G) 산업에서는 파일 헤드 변형(처짐 및 회전) 및 기초 강성을 찾기 위해 *p-y* 방법을 사용합니다. 이 접근법은 API(2005)에서 찾을 수 있으며 DNV(2014)에서도 제안하고 있습니다. 원래 이 방법은 Matlock(1970a,b), Reese 등(1975), O'Neill과 Murchinson(1983)에 의해 개발되었습니다. 이 방법론의 기본은 기초-지반 상호 작용을 말뚝의 길이에 따라 독립적인 스프링으로 모델링하는 윙클러 접근법(Winkler 1867a,b)입니다. 이 방법의 잘 알려진 한계는 이러한 스프링의 독립적인 특성입니다. 그러나 이 방법은 40년 이상 O&G 산업에서 성공적으로 사용되어 왔습니다.

BNWF 방법에 따르면 파일은 연속적인 보-기둥 요소로 모델링되는 반면, 측면 파일(Lateral Pile Soil Interaction, LPSI) 지반 상호작용은 연속적인 두 요소 사이의 노드 지점에 부착된 비선형 스프링을 통해 모델링됩니다(그림 5.23 참조). 각 스프링은 말뚝의 단위 길이당 지반 반응 *p*와 이에 대응하는 상대적인 토양 말뚝 수평 변위 *y* 사이의 비선형 관계에 의해 정의됩니다. *p*와 *y* 사이의 비례 계수는 압력의 치수를 길이로 나눈 지반 반력 계수 *k*입니다. 이 관계를 일반적으로 *p-y* 곡선 또는 지반 반응 곡선이라고 합니다. 직관적으로 *p-y* 곡선은 말뚝 단면이 토양을 밀어내는 횡방향의 지지력 문제이므로 지반과 말뚝 직경에 따라 달라집니다. 그림 5.23은 두 가지 유형의 *p-y* 곡선(두 극단)에 대한 BNWF 모델을 보여주며, 이러한 곡선 모양의 중요성을 강조합니다.

1. 첫 사례(5.23a)는 변형 연화 거동을(strain-softening behaviour) 나타냅니다. 이러한 유형의 거동은 모래나 점토와 같은 대부분의 토양에서 일반적입니다.
2. 두 번째 사례는 액상화 후 지반에서 나타나는 변형 경화 거동(strain-hardening behaviour)을 대표적으로 나타냅니다. 지반이 액상화되면(즉, 유효 응력이 0이 되면) 강도와 강성은 0으로 감소하고 *p-y* 곡선이 *y*축(토양 입자가 접촉하지 않는)을 따라 정렬됩니다. 그러나 파일-지반 상대 변위로 인해 입자가 서로 맞물리기 시작하고 변형 경화 거동을 확인할 수 있습니다.

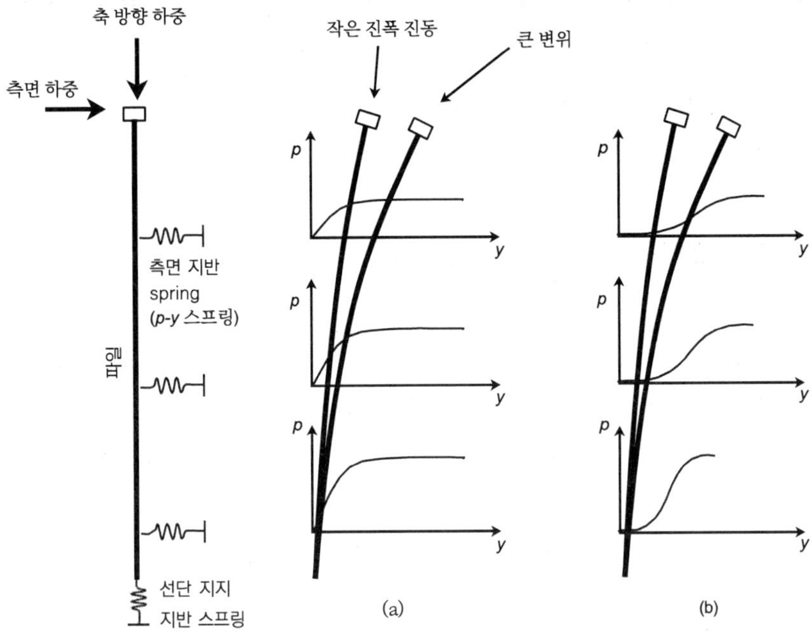

그림 5.23 두 가지 유형의 p-y 곡선으로 인한 말뚝 응답을 보여주는 윙클러 모델:
(a) 변형 연화 거동, (b) 변형 경화 거동

이렇게 직접 얻은 p-y 모델 또는 그 미분 결과는 해상풍력 터빈에 대한 두 가지 유형의 계산에 사용됩니다:

1. 고유 주파수 추정(즉, 정의상 선형인 고유값(eigen value) 문제)에는 작은 진폭의 진동에 대한 파일의 강성이 필요합니다. 이 경우 관심 있는 거동은 매우 작은 파일 변위에서 파일의 강성이며, 이는 매우 작은 변형률에서 지반의 강성으로 이어집니다. 이는 그림 5.23a,b에 나와 있습니다. 따라서 작은 변형률 강성 측정은 매우 중요하며 독자들은 4장의 논의를 참조하시기 바랍니다.
2. 반면에 말뚝의 거동을 폭풍 하중 또는 최종 거동에 대해 모델링해야 하는 경우, 큰 변형이 있을 때 지반의 거동이 중요합니다.

그림 5.23은 다양한 형태의 p-y 곡선의 효과를 개략적으로 보여줍니다. 그림 5.23a에 표시된 오목한 하향 변형 연화 p-y 곡선의 경우, 상대적인 지반-파일 변위가 작을 때 파일에서 경험하는 저항은 지반의 초기 강성과 그에 상응하는 처짐 값에 따라 달라진다는 것을 알 수 있습니다. 그러나 변위가 큰 경우 인접한 지반이 제공하는 저항은 지반의 최종 강도에 의해 결정됩니다.

반대로, p-y 곡선의 모양이 위쪽으로 오목한 경우(즉, 변형 경화) 파일 응답은 훨씬 더 복잡하며 위에서 설명한 것과 크게 다를 수 있습니다. 내진 구역에서 최상층이 액상화되면 작은 변위에서 동원되는 강성이 거의 제로에 가깝기 때문에 지반은 말뚝의 횡방향 움직임에 대해 최소한의 저항을 제공할 수 있습니다. 이로 인해 P-델타 모멘트가 나타나고 극단적인 시나리오에서는 말뚝의 좌굴 모드가 발생할 수 있습니다. 반면, 더 큰 변위에서 동원되는 높은 강성과 강도는 구조물의 완전한 붕괴를 방지할 수 있습니다.

5.4.4.1 *p-y* 방법의 장점과 이 방법이 효과적인 이유

스프링이 독립적으로 작동한다는 이산적 특성의 한계에도 불구하고 BNWF(Beam-on-Nonlinear-Winkler-Foundation) 방법은 수학적 수렴성과 지반 및 지층의 비선형성을 통합할 수 있는 능력으로 인해 실제로 광범위하게 사용되고 있습니다. 예를 들어, 5.4.3절과 표 5.5 및 5.6에 제시된 폐쇄형 방법 또는 솔루션에서는 세 가지 유형의 프로파일만 모델링할 수 있습니다. 반면에 BNWF 방법을 사용하면 모든 유형의 지층을 모델링할 수 있습니다. BNWF 방법의 유효성은 아래 두가지 시스템 응답 간의 유사성을 가정하는 데 기반합니다:

1. 지반- 파일 시스템의 전반적인 거시적 거동을 고려한 파일의 하중-변형 응답입니다.
2. 말뚝이 수평거동 할 때 인접한 지반이 전단되는 응력-변형률 반응. 이는 변형되는 재료의 미세한 거동과 관련이 있습니다.

표 5.6 강성 거동을 나타내는 얕은 스커트 기초의 임피던스 함수 0.5〈 L/D 〈 2

지반프로파일	$\frac{K_L}{DE_{SO}f(\upsilon_s)}$	$\frac{K_{LR}}{D^2E_{SO}f(\upsilon_s)}$	$\frac{K_R}{D^3E_{SO}f(\upsilon_s)}$
균질	$2.91\left(\frac{L}{D}\right)^{0.56}$	$-1.87\left(\frac{L}{D}\right)^{1.47}$	$2.7\left(\frac{L}{D}\right)^{1.92}$
파라볼릭	$2.7\left(\frac{L}{D}\right)^{0.96}$	$-1.99\left(\frac{L}{D}\right)^{1.89}$	$2.54\left(\frac{L}{D}\right)^{2.44}$
선형	$2.53\left(\frac{L}{D}\right)^{1.33}$	$-2.02\left(\frac{L}{D}\right)^{2.29}$	$2.46\left(\frac{L}{D}\right)^{2.9}$

$f(\upsilon_s)$의 값은 섹션 5.4.3.2의 방정식에 의해 주어집니다.

이론적으로 미시적(지반의 응력-변형률)에서 거시적(*p-y* 곡선)으로의 변환은 적절한 스케일링 계수를 적용하여 응력을 등가 지반 반력인 *p*로 변환하고 변형률을 등가 상대 파일-지반 변위(*y*)로 변환됩니다. Dash(2010), Bouzid 등(2013)은 소위 발현 가능한 강도 설계(Mobilisable Strength Design) 방법에서 적절한 스케일링 계수를 도출할 수 있음을 입증했습니다.

기본적으로 지반의 응력-변형률 곡선은 스케일링을 통해 *p-y* 곡선을 구성하는 데 사용할 수 있으며, 이 방법은 인기를 얻고 있습니다. Lombardi 등(2017)과 Dash 등(2017)은 Bouzid 등(2013)이 개발한 스케일링 방법을 기반으로 액상화 토양의 응력-변형률 데이터로부터 액상화 토양의 *p-y* 곡선을 개발하였으며, 이 방법은 이 장의 뒷부분에서 설명하며 스케일링 방법(그림 5.24)으로 알려져 있습니다(그림 5.25).

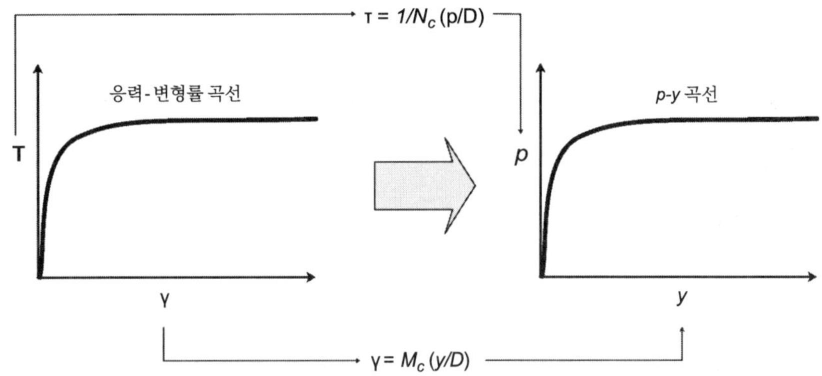

그림 5.24 응력-변형 거동으로부터 *p-y* 곡선을 구하기 위한 스케일링 방법
참고 M_c 및 N_c 는 응력-변형을 *p-y*로 변환하기 위한 스케일링 계수입니다.

5.4.4.2 표준 토양에 대한 API 권장 *p-y* 곡선

p-y 곡선은 경험적 관계를 통해 구성되며, 원래 1970-1980년대에 연성 강재말뚝에 대해 수행된 비교적 제한된 수의 본격적인 시험에서 개발되었습니다. (Matlock 1970a,b; Reese 등 1974; Reese 등 1975; O'Neill와 Murchison 1983) 표 5.7은 API *p-y* 곡선의 기반이 되는 연구의 참조에 대한 자세한 내용을 제공합니다.

표 5.7 *p-y* 곡선

토양 유형	*P-Y* 접근 방식	비고
정규 압밀(NC) 마린 점토	Matlock (1970a,b)	정적 및 주기적
단단한 점토	Reese 등 (1975)	정적 및 주기적
사질토	Reese 등 (1974), O'Neill와 Murchison(1983)	정적 및 주기적

5.4.4.3 API 기반 사질토 p-y 곡선

사질토의 경우는 다음과 같은 p-y 곡선이 사용됩니다.

$$P = A\,P_u \tanh\left(\frac{K\,x}{A\,P_u}\,y\right) \tag{5.61}$$

여기서, A 반복 하중 계수 (-)

P_u 극한 수평 지지력 (kN m^{-1})

k 초기 지반 반력 계수 (kN m^{-3})

극한 수평 지지력은 일련의 관찰을 기반으로 한 여러 계수에 의해 정의되며 다음과 같이 자세히 설명되어 있습니다:

$$P_u = \begin{cases} (C_1 x + C_2 D)\,\gamma' x & for\, 0 < x \le x_r \\ C_3 D\,\gamma' x & for \quad x \ge x_r \end{cases} \tag{5.62}$$

여기서, C_1, C_2,& C_3 수평 지지력 계수(-)

D 평균 파일 직경 (m)

γ' 흙의 유효 단위 중량 (kN m^{-3})

x_r 전이 깊이 (m)

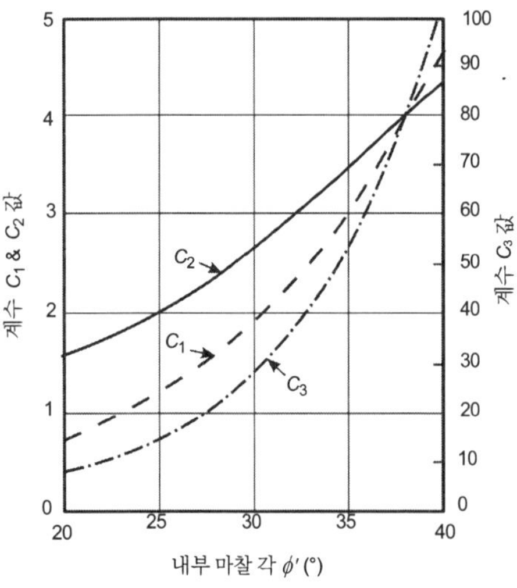

그림 5.25 내부 마찰각의 함수로 제공되는 수평 지지력 계수 After API (1993)

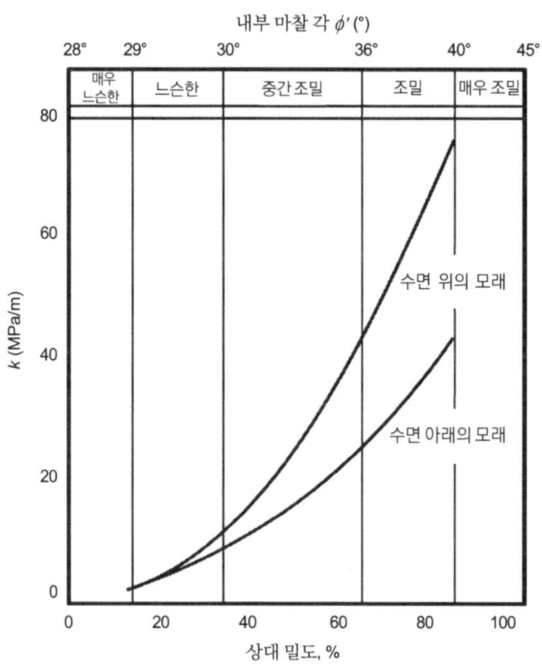

그림 5.26 Det Norske Veritas(2013) 및 API 이후의 초기 지반 반력 계수

이러한 계수는 설계 차트에서 (5.25)와 같이 내부 마찰각 함수로 제공됩니다. 극한 수평 지지력을 특성화할 뿐만 아니라 그림 5.25와 5.26에 표시된 것처럼 초기 지반 반력 계수 (k)도 구할 수 있습니다.

5.4.4.4 점성토용 *p-y* 곡선

점성토의 *p-y* 곡선은 다음 파라미터를 기반으로 생성됩니다.

p = 수평 지지력
p_u = 극한 수평 지지력
y = 측면 파일 처짐(변위)
y_c = $2.5\varepsilon_{50}$d
ε_{50} = 비배수 시험에서 파괴 응력의 50%에서 특성 변형률
d = 파일 직경

극한 지지력은 방정식 (5.63)에 의해 결정됩니다:

$$p_u = N_P \cdot S_u \cdot d \tag{5.63}$$

여기서, S_u = 비배수 전단 강도
N_P = 극한 수평 지지력 계수

표 5.8 정적 하중에 대한 *p-y* 좌표

y (처짐)	p (지반 반력)
0	0
y_c	$0.5\ p_u$
$2\ y_c$	$0.63\ p_u$
$4\ y_c$	$0.8\ p_u$
$6\ y_c$	$0.9\ p_u$
$8\ y_c$	p_u
무한대	p_u

흔히 N_P는 머드라인 (x=0)에서 3이고, 식 (5.64)에 의해 주어진 X_r보다 큰 수심에서는 9로 증가한다고 가정합니다. 계산된 깊이를 흔히 전이 깊이라고 합니다.

$$X_r = \frac{6d}{\frac{\gamma' d}{S_u} + J} \tag{5.64}$$

여기서, γ' = 흙의 유효 단위중량

J = A 상수

정적 하중의 경우 표 5.8에 제시된 좌표를 사용하여 p-y 곡선을 정의할 수 있습니다. 그림 5.27은 Matlock(1970a,b)을 기반으로 한 정적 하중에 대한 일반적인 p-y 곡선을 보여줍니다. 곡선은 방정식 (5.65)에 의해 주어진 입방 포물선에 맞춰 그려집니다.

$$\frac{p}{p_u} = 0.5\left(\frac{y}{y_c}\right)^{\frac{1}{3}} \tag{5.65}$$

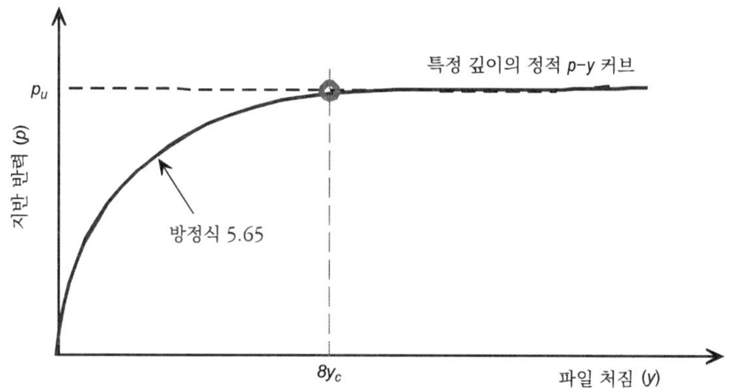

그림 5.27 정적 p-y 곡선, Matlock(1970a,b)

정적 p-y 곡선은 반복 하중으로 인한 성능 저하를 표현하기 위해 수정됩니다. Bhattacharya 등 (2006)은 자유 두부(free head) 파일의 경우, 파일 바닥에 걸쳐 전단 저항을 통합하는 것을 고려해야 한다고 권고했습니다. 이는 파일 선단의 특수 p-y 곡선에 통합될 수 있으며, 궁극적인 결과를 가져올 수 있습니다. 극한 수평 지지력은 파일의 전체 바닥을 가로지르는 지반의 측면 전단과 같습니다. 베이스 전단을 동원하기 위한 적절한 변위는 탄성 방법 또는 완전 탄성 플라스틱 FEA에서 이상화할 수 있습니다. 부유 시스템용 모노파일 또는 앵커 파일은 이와 같은 범주에 속합니다

5.4.4.5 연약 점토용 반복하중 p-y 곡선

연약 점토에 대한 반복하중 p-y 곡선의 구성은 경험적이며 오스틴 호수 및 사빈 현장(Lake Austin와 Sabine sites)에서 관찰된 파일 하중 시험에 적합하도록 공식화되었습니다. 최대 반복 지지력은 0.72 p_u로 제한됩니다. 또한 해당 지점의 처짐이 15 y_c 에 도달하면 지반 표면에

서 지지력의 완전한 손실이 발생한다고 가정합니다. 반복하중 *p-y* 곡선의 좌표는 표 5.9에 나와 있습니다.

표 5.9 반복 하중 위한 *p-y* 좌표

y (처짐)	p (지반 반력)
0	0
y_c	0.5 p_u
3 y_c	0.72 p_u
15 y_c	0.72 $p_u (X/X_r)$
무한대	0.72 $p_u (X/X_r)$

그림 5.28은 일반적인 반복하중 *p-y* 곡선을 보여줍니다. 이 곡선은 관측된 데이터를 맞추기 위해 만들어졌다는 점을 기억해야 합니다. Matlock(1970a,b)은 이 곡선의 세 가지 측면에 대해 주로 경험적이라고 경고합니다:

1. 반복하중에 대한 열화(deterioration) 임계값의 위치, 즉 정적 *p-y* 곡선의 소성 전 부분을 따라 좌표 (3 y_c, 0.72 p_u)를 지정합니다.
2. 잔류 지지력 0.72 $p_u (X/X_r)$가 깊이에 따라 조정되는 방식입니다.
3. 잔류 지지력이 발생하는 처짐의 값 입니다.

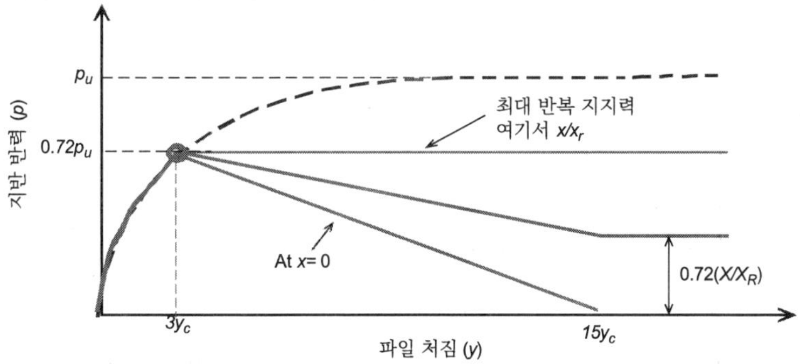

그림 5.28 연약 점토의 반복하중 *p-y* 곡선

5.4.4.6 수정된 Matlock 방법

Reese 등 (1975)에 의해 개발된 단단한 점토에 대한 *p-y* 곡선은 과압밀 점토 퇴적물에 수평 재하 말뚝 시험에서 비롯되었습니다. 시험 장소의 점토는 표면에서는 96 kPa, 3.6m에서 290 kPa까지 강도가 높았으며, 중요한 2차 구조(균열, 절리, 경면)를 가지고 있었습니다. 논문에서 권장하는 단단한 점토의 ε_{50} 값은 0.7% (전단 강도 50-100 kPa)에서 0.4% (전단 강도 200-400 kPa)까지 다양합니다. 그러나 과도하게 굳어진 북해 점토는 일반적으로 유의미한 2차 구조를 보이지 않으며, Reese 등(1975)이 권장한 전단 강도에 따른 ε_{50}의 변동 추세를 보여주지 않습니다.

Matlock(1979)은 단단한 점토의 경우 전이 깊이 X_r 위에 수정을 가한 Matlock(1970a,b)을 사용하여 p-y 곡선을 얻을 수 있다고 제안했습니다. 전이 깊이 위의 영역에서는 일반적으로 큰 변형이 발생합니다. 표 5.10은 수정된 p-y 곡선을 구성하기 위한 좌표입니다. 기본적으로 그림 5.29에 표시된 것처럼 부드러운 점토에 대한 순환 p-y 곡선의 피크 포인트는 생략됩니다. 이 수정된 방법에서는 지반 반력이 $0.5p_u$인 y_c의 처짐에서 반복적 열화(강도의 점진적 저하) 가 시작됩니다. 부드러운 점토 순환 곡선을 사용했다면 $3y_c$와 같은 처짐에서 주기적 열화가 발생했을 것이며 피크 저항도 약 50% 더 높았을 것입니다.

표 5.10 단단한 점토의 반복 하중을 위한 p-y 좌표 (수정됨)

y (처짐)	p (지반 반력)
0	0
y_c	$0.5\ p_u$
$15\ y_c$	$0.72\ p_u\ (X/X_r)$
무한대	$0.72\ p_u\ (X/X_r)$

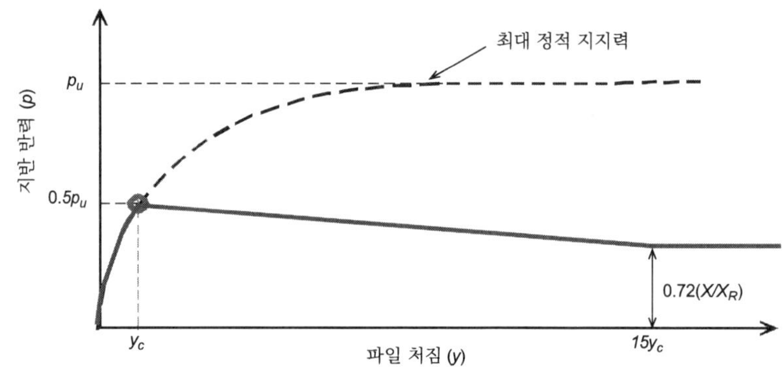

그림 5.29 Bhattacharya 등(2006)에 기반한 수정된 Matlock 반복하중 p-y 곡선
이 p-y 곡선은 API 및 ISO 코드에서 권장되는 곡선입니다.

5.4.4.7 ASIDE: API 반복하중 p-y 곡선 관련 참고 사항

(1) API(2005) 설계 접근법에서 반복적 열화(cyclic deterioration)는 사빈과 오스틴 호수의(Sabine와 Lake Austin) 제한된 파일 하중 테스트 데이터베이스에 대한 경험적 적합성을 기반으로 정의되었습니다. Matlock은 반복적 열화 임계값의 위치와 잔류 지지력의 깊이

에 따라 조정되는 분포, 잔류 지지력이 발생하는 처짐 값에 대해 주의를 기울입니다.

(2) URSA(미시시피 캐년 블록 809) TLP 플랫폼의 파일 설계를 검증하기 위해 수행한 원심모형실험(Centrifuge tests) 결과, 단일 파일의 반복적 거동에 대해 큰 횡방향 변위는 Matlock의 0.72 계수를 약 20%, 즉 0.57 계수로 감소시키는 것으로 나타났습니다(Doyle 등 2004). 이는 수정된 Matlock 접근법에서 주기적 *p-y* 곡선의 피크 저항으로 사용되는 0.5 계수에 대한 어느 정도 정당성을 제공합니다.

(3) 지반의 반복적 하중에 대한 데이터는 지반 열화가 지반 강도뿐만 아니라 지반 강성에도 영향을 미친다는 것을 나타냅니다. 그러나 권장되는 반복하중 *p-y* 곡선은 정적 *p-y* 곡선과 비교할 때 초기 파일 응답, 즉 파일 강성을 감소시키지 않습니다. 이는 분명히 관찰된 지반의 반복적 거동과 상충됩니다.

(4) ε_{50}은 *p-y* 곡선의 강성을 현장의 지반 강성과 연결하는 데 사용됩니다. 따라서 이 값은 중요한 설계 파라미터이므로 반드시 지반 시험을 통해 측정해야 합니다. OCR이 높은 토양일수록 ε_{50} 값이 높을 것으로 예상됩니다.

(5) 단일 파일이나 앵커 파일과 같은 자유 두부 파일의 경우, 반복 거동이 매우 중요한 경우 일반화된 반복하중 *p-y* 데이터를 도출할 때 기본적인 지반 거동을 고려하는 것이 현명합니다. 큰 반복 하중으로 인한 열화 또는 강성 증가의 통합은 *p-y* 곡선에 연결되어야 합니다.

5.4.4.8 API *p-y* 곡선이 엄격하게 적용되지 않는 이유

(1) *p-y* 방법은 비선형 스프링을 사용하며, 직경이 작고 하중 사이클이 적은 경우에 신뢰할 수 있는 결과를 제공합니다. Oil &Gas 애플리케이션의 경우 주요 설계 요건은 ULS, 즉 파일에 플라스틱 힌지를 피하는 것입니다. 즉, 지반의 극한 강도, 즉 큰 변형률 수준에서 *p-y* 곡선의 특성입니다. 반면 해상풍력 모노파일 설계의 경우 SLS와 고유 주파수가 주요 설계 기준이므로 *p-y* 곡선의 초기 부분이 중요합니다.

(2) 이 방법은 대구경 말뚝에 대해서는 아직 검증되지 않았습니다. Kallehave &Thilsted (2012)는 API *p-y* 곡선을 사용하면 기초 강성이 과소 예측된다고 보고했습니다.

(3) API 공식은 선단 지지력과 주면 마찰력을 고려하지 않으며, 이는 대구경 파일에 상당한 영향을 미칩니다. 주면 마찰력과 선단지지력을 고려한 분석 작업은 Shadlou와 Bhattacharya (2016)를 참조하시기 바랍니다.

ASIDE

PISA 프로젝트 Byrne 등(2015a, 2015b)를 통해 말뚝에 대한 대규모 테스트가 수행되고 있습니다. 테스트 사이트에는 Cowden지역이 포함됩니다. 독자분들은 테스트 데이터를 참조 바랍니다.

5.4.4.9 다양한 유형의 지반에 대한 *p-y* 곡선 참고 자료

약한 이암, 사암 및 탄산염 재료와 같은 연암에 대한 규정이나 가이드라인은 없습니다. 다른 형태의 *p-y* 곡선이 제안되었습니다. 표 5.11은 연암과 함께 액상화 토양 및 부분 액상화 토양에 대한 참조를 제공합니다.

표 5.11 다양한 유형의 지반에 대한 *p-y* 곡선 참조

토양 유형	*p-y* 곡선 참조
석회질 토양	Wesselink 등 (1988) Williams 등 (1988) Dyson (1999) Dyson와 Randolph (2000)
연암	Reese 등 (1997)
약한 탄산염 암석	Abbs (1983)
약한 석회질 점토암	Fragio 등 (1985)

5.4.4.10 해상풍력 터빈의 *p-y* 곡선 요건은 무엇인가요?

파일-지반 상호작용을 모델링하는 데 사용할 *p-y* 곡선은 파일 수명 동안 발생할 수 있는 두 가지 파일-지반 상호작용을 확인하는 것이 가장 이상적입니다:

1. 운영 조건에서 바람, 파도, 1P 및 3P로 인한 수백만 사이클의 하중 작용의 영향. 지반의 변형은 하중 유형에 따라 달라질 수 있습니다. 4장에서 설명한 것처럼 매우 작은 하중을 받는 사질토는 조밀화 됩니다. 반면, 비배수 상태에서 중간에서 큰 변형률의 사질토는 간극 수압의 발생과 축적을 통해 부분적으로 또는 완전히 액상화됩니다.
2. 극한의 하중 조건에서는 지반의 강성과 강도가 달라집니다.

5.4.4.11 *p-y* 곡선 구성을 위한 스케일링 방법

이 섹션에서는 해당 지반의 응력-변형률 곡선으로부터 *p-y* 곡선을 개발하는 현대적인 방법을 소개합니다. 응력-변형률 곡선으로부터 *p-y* 곡선을 구축하는 스케일링 방법은 말뚝의 하중-변형 특성과 변형 지반의 기계적 거동 사이의 유사성에 의존합니다. 여기에는 응력과 변형을 각각 호환 가능한 지반 반력 *p*와 파일 처짐 *y*로 스케일링하는 것이 포함됩니다. 그림 5.30과 5.24는 적용의 개략도를 보여 주며 필요한 값은 M_s과 N_s입니다. 어떤 깊이에서든 말뚝 주위에 평면 변형 조건이 설정되어 있다고 가정합니다. 결과적으로 흙이 파일 주위를 앞뒤로 흐르게 될 것으로 예상됩니다. 이러한 가정은 더 깊은 깊이에서는 허용되지만, 특히 얕은 깊이에서

쐐기형 붕괴가 발생할 가능성이 있는 표면에서는 동일하게 적용되지 않을 수 있습니다. 가정된 붕괴 메커니즘에 따라 SSI 문제는 그림 5.30에 개략적으로 설명된 것처럼 일련의 분리된 평면 변형률 문제로 축소됩니다. 따라서 여기서 고려하는 모델은 토양을 나타내는 외부 반경이 R인 원반과 변형하는 지반에서 측면으로 이동하는 외부 반경 r_0 의 강성 원반입니다.

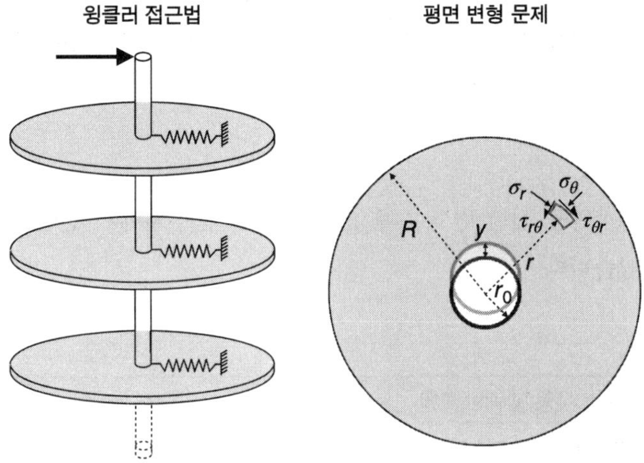

그림 5.30 문제의 도식적 표현
(a) 윙클러 접근법 (Winkler approach), (b) 평면 변형 모델 (Plane strain model)

또한 지반은 파일에 완벽하게 밀착되어야 합니다. 개념화된 문제는 무한 매질을 통과하는 원통의 비배수 수평 지지력을 평가하기 위해 소성 이론에서 사용되는 평면 변형률 문제와 유사하다는 점을 강조해야 합니다.

이 방법은 Osman와 Bolton (2005)이 제안한 MSD(Mobilizab Strength Design) 방법과 유사합니다. MSD 접근법의 주요 특징은 주어진 하중 조건에서 지반 질량의 거동을 나타내기 위해 단일 응력과 단일 변형률을 선택한다는 것입니다. 대표 응력은 적용된 하중과 관련이 있고 대표 변형률은 적용된 변위와 관련이 있습니다. 지반에 대한 응력-변형률 관계가 알려진 경우 이를 선택한 문제에 대한 등가 하중-변위 관계로 변환할 수 있습니다. 분명히 이 접근 방식은 여러 근사치가 관련되어 있고, 가장 중요한 것은 단일 응력 값이 전체 지반 덩어리의 응력 상태를 나타낼 수 없으며 단일 변형률 상태가 전체 토양 덩어리의 변형을 나타낼 수 없기 때문에 상세한 응답을 매우 정확하게 설명할 것으로 기대할 수 없다는 점입니다.

그럼에도 불구하고 오스만과 볼튼이 입증한 것처럼, 이 접근법은 두 가지 근본적인 이유로 인해 견고한 엔지니어링 애플리케이션의 범주에 속합니다. 첫째, MSD는 하중 변형 거동을 현실적으로 추정할 수 있고 둘째, 복잡한 계산이 필요하지 않다는 이점이 있습니다. 발현된 응력 τ_{mob} 발생하는 지반 반력 p는 다음과 같이 주어집니다.

$$p = N_s\ \tau_{mob} D \tag{5.66}$$

여기서 N_s 는 응력의 스케일링 계수입니다. 발현된 전단 응력 τ_{mob}은 평균 발현된 엔지니어링 전단 변형률 $\gamma_{s\,mob}$과 연관될 수 있습니다. 이는 변형 매체의 전체 체적에서 전단 변형률 γ_s의 공간 평균으로 수학적으로 정의할 수 있습니다. 엔지니어링 전단 변형률 γ_s는 주 변형률과 보조 변형률의 차이로 정의할 수 있습니다:

$$\gamma_s = \varepsilon_1 - \varepsilon_3 \tag{5.67}$$

변형 지반에 발현된 평균 전단 변형은 변형 영역의 전체 부피에서 전단 변형의 공간 평균으로부터 계산할 수 있습니다.

표 5.12 M_s 및 N_s 요약

인터페이스 유형 및 지반 모델	M_s	N_s
부드러운 인터페이스를 갖춘 선형 탄성 지반	3.15	11.23
거친 인터페이스의 선형 탄성 지반	2.59	17.89
거친 인터페이스의 견고한 소성	2.60	9.00

이 발현된 전단 변형률은 다음과 같이 파일 변위와 연관될 수 있습니다.

$$\gamma_{smob} = \frac{\int_v \gamma_s\, dv}{\int_v dv} = M_S \frac{y}{D} \tag{5.68}$$

M_S와 N_S는 Bouzid 등(2013), Dash(2010), Dash 등(2017)의 연구에서 결정되어 제시되었으며, (표 5.12)에 요약되어 있습니다.

Dash(2010), Bouzid 등(2013)과 유사한 스케일링 방법은 Zhang 등(2016), Zhang과 Andersen(2017), Jeanjean(2017)에서도 제안했습니다. Bouzid 등(2013)에서 논의된 스케일링 방법을 사용하여 Lombardi 등(2017), Dash 등(2017)은 액상화 지반에 대한 p-y 곡선을 제시했습니다.

5.4.4.12 부분적으로 액상화된 지반을 위한 p-y 곡선

액상화 지반에 대한 p-y 곡선을 제안한 최초의 시도 중 하나는 Liu와 Dobry(1995)에 의해 제공되었습니다. 그림 5.31에 설명된 이방법은 비액상화 모래에 대한 일반적인 p-y 곡선에

p-multiplier 하는 환원 계수 m_p를 적용하는 것으로 구성됩니다. m_p는 과잉 간극수압 비율 ($r_u = \frac{u}{\sigma_v'}$) 을 기준으로 합니다. 여기서 u는 과잉 간극수압이며, σ_v' 는 수직 유효 응력입니다. r_u 가 1 이면 완전 액상화가 되었다는 의미이며, m_p =0와 r_u =0 이면 액상화가 되지 않았으며 m_p 가 1 입니다. 선형 보간이 허용되며 이 모델은 부분적으로 액상화된 지반에 적합합니다. 이 모델은 완전히 액상화된 지반에 대해 평평한 곡선, 즉 스프링이 없는 것을 예측합니다. 이는 작은 진폭의 진동에 대해서는 유효한 가정이지만 큰 진폭에서는 비현실적입니다. 다음 섹션에서는 스케일링 방법을 기반으로 개발된 완전 액상화 지반에 대한 p-y 곡선을 보여줍니다.

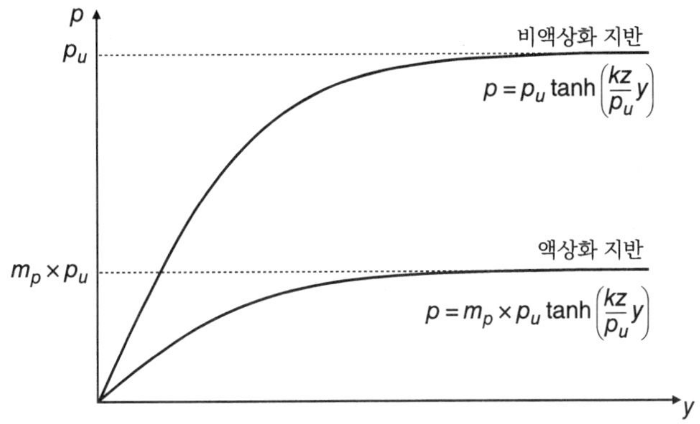

그림 5.31 p-multiplier 방법에 따른 액상화 토양의 p-y 곡선 구성

5.4.4.13 스케일링 방법에 따른 액상화 지반 p-y 곡선

그림 5.32는 Lombardi 등(2017)과 Dash 등(2017)의 연구를 바탕으로 액상화 토양에 대한 p-y 곡선을 제시합니다. 이 방법은 그림 5.32에 개략적으로 나와 있습니다. 이 방법의 경우 다단계 반복 삼축 시험이 필요합니다. 먼저, 지반이 완전히 액상화될 때까지 주기적으로 하중을 가하고, 지반이 완전히 액상화되면 단조 하중을 가하여 응력-변형률 곡선을 얻습니다. Rouholamin 등(2016)은 광범위한 사질토에 시험을 통해 액상화 지반의 응력-변형률 곡선이 그림 5.32a와 같으며 중요한 매개 변수는 이륙 변형률(γ_{to})이라는 것을 보여주었습니다. 이륙 변형률(take-off strain)은 초기 액상화 지반의 토양 입자가 고정되기 시작하여 저항이 발생하는 변형률입니다. 액상화 지반의 단순화된 응력-변형 모델이 공식화되면 스케일링 계수인 M_s 및 N_s를 사용하여 해당 p-y 곡선 파라미터를 계산합니다. 그림 5.32는 응력-변형률 모델을 액상화 지반의 p-y 곡선으로 변환하는 과정을 개략적으로 보여줍니다. 자세한 내용과 적용 예는 Dash 등(2017)의 논문을 참조하시기 바랍니다.

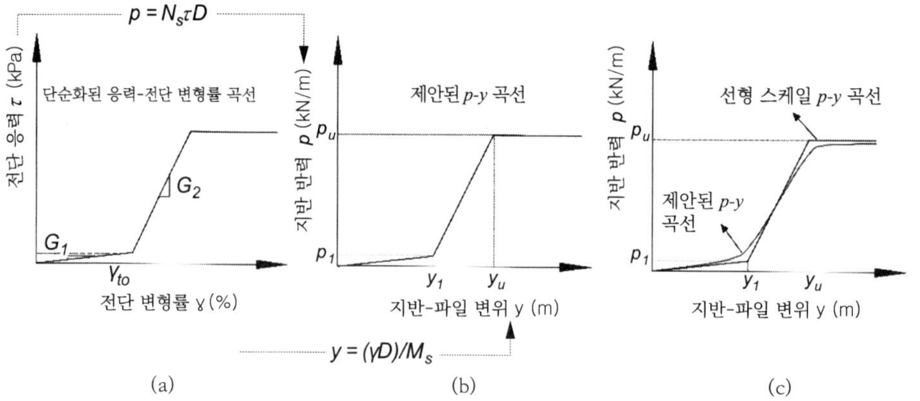

그림 5.32 액상화 지반의 응력-변형률 반응으로부터 p-y 곡선을 도출하기 위한 스케일링 접근법 사용

5.4.5 고급 분석 방법

현재 응용 프로그램의 경우 고급 분석 방법은 유한 요소법(Finite Element Method), 불연속 요소(Discrete Element Method) 또는 유한 차분 방법(Finite Difference Method)을 나타냅니다. 이 방법들에 대한 논의는 이 책의 범위를 벗어납니다. 그림 5.33은 전체 문제의 모델을 보여줍니다. 이 방법의 장점은 복잡한 지반 거동을 통합할 수 있다는 것입니다. 예를 들어, 장기적인 성능 예측을 고려하려면 주기적/동적 하중 조건에서 현실적인 지반 거동을 재현할 수 있는 적절한 구성 모델(Constitutive Model)을 사용해야 합니다. 단순 탄성 모델은 일반적으로 경화가 없는 하나의 항복면(예: Mohr coulomb model), 등방성 경화가 있는 항복면(예: Cam-Clay 모델) 또는 두 개의 항복면(등방성 하중 및 편차 하중)을 기반으로 합니다. 이 모델은 단조 조건에서 지반 거동을 시뮬레이션하는 데 이상적이고 효율적이지만 주기적 하중 모델에는 적합하지 않습니다. 기본적으로 이러한 모델에서 소성 변형은 일반적으로 사이클의 진폭보다 높은 특정 크기의 하중에 대해 나타나기 시작하므로 시뮬레이션된 지반 거동은 그 한계 이하에서 탄성을 유지하며, 이는 특히 입상 토양의 경우 실험적 증거에 위배됩니다. (Cambou와 Hicher (2008))

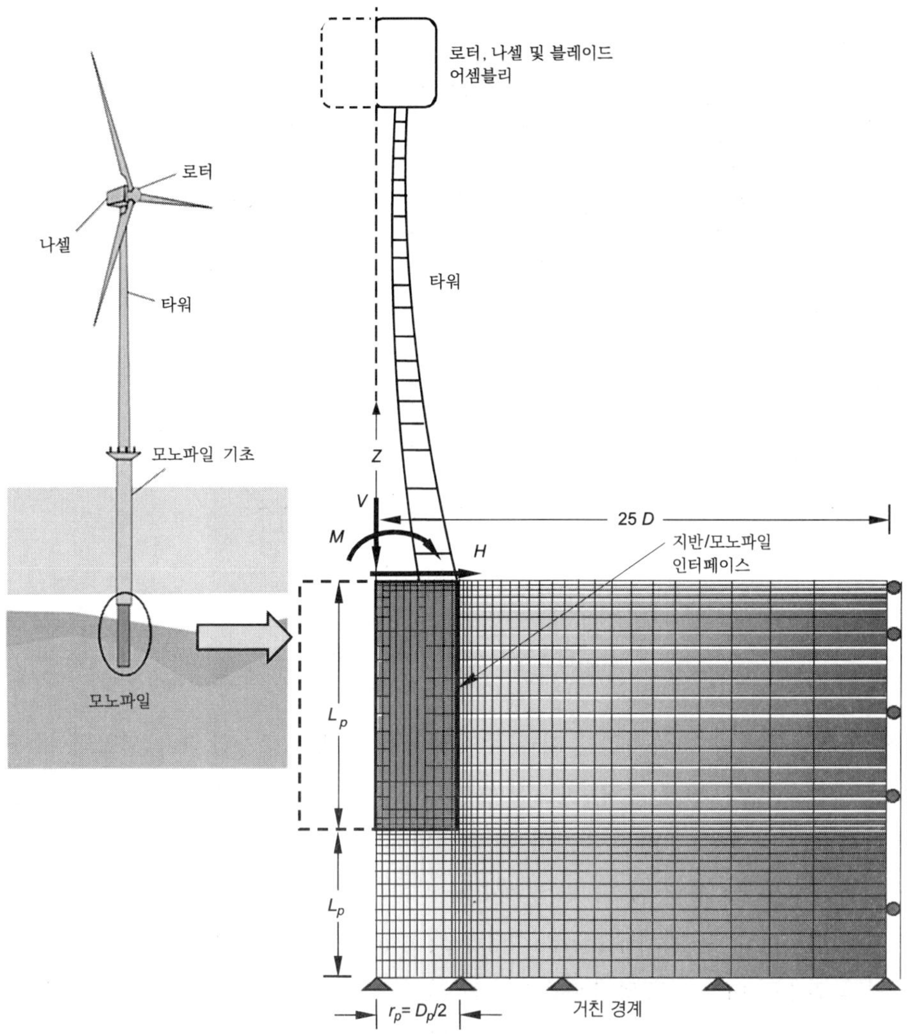

그림 5.33 모노파일과 주변 탄성 매체의 유한 요소

반복 하중에 대한 소성 현상은 일정한 응력 진폭(응력 제어) 또는 일정한 변형 증폭(변형 제어)을 기반으로 할 수 있습니다. 적응(Adaptation)이라고 하는 현상은 비소산 탄성 사이클에 수렴할 때까지 사이클 수가 증가함에 따라 각 하중 사이클에서 에너지가 덜 소실되는 것을 말합니다. 반면, 수용(Accommodation)은 처음부터 에너지 소산이 비가역적인 누적 변형으로 변화하여 안정화된 주기로 진화하는 것을 말합니다. 이는 배수된 시료에 대한 실내 실험에서 경험할 수 있습니다. 래칫(Ratcheting)은 비가역적인 변형률 축적으로 초기와 동일한 형태를 유지합니다. 일정한 변형 진폭의 반복적 하중 현상은 주기적인 경화(cyclic hardening) 또는 연화(softening)를 초래합니다. 주기적 경화는 주기적 응력이 증가할 때 발생합니다.

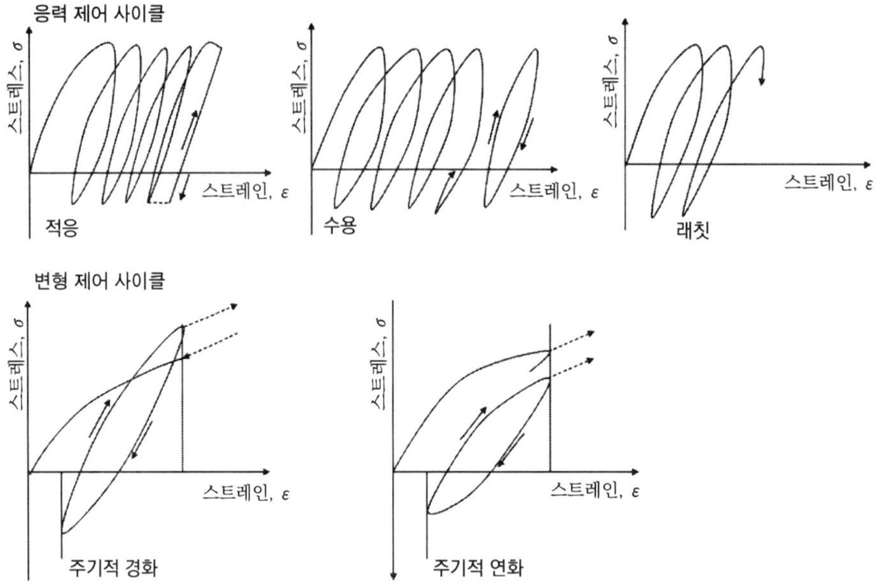

그림 5.34 다양한 반복적 거동

주기적 경화는 주기 수가 증가함에 따라 주기적 응력 진폭이 증가할 때 발생합니다. 예를 들어 배수된 지반을 테스트하는 동안 밀도가 높아집니다. 반대로 주기적 연화는 사이클 수가 증가함에 따라 주기적 응력 진폭이 감소할 때 발생합니다. 예를들면, 비배수 지반 샘플 테스트 중 간극 수압 증가(유효 응력 감소). 탄성 계수와 경화 매개변수를 결합하여 운동 경화 법칙을 사용할 수 있습니다. 운동 경화(Kinematic hardening)는 앞서 설명한 대로 주기적인 하중을 받는 동안 플라스틱 변형이 축적되는 플라스틱 래칫을 모델링하는 데 사용할 수 있습니다. 다른 경화 거동으로는 경화 규칙이 항복 표면의 국부적인 영역에만 영향을 미치는 항복 표면의 모양 변화와 소성 하중에 따라 항복 응력이 감소하는 연화 거동이 있습니다. 동역학적 경화 모델에는 항복 표면이 매끄러운 플라스틱 메커니즘이 하나만 포함됩니다. 비선형 모델링의 경우, 재료 거동은 초기 탄성 응답에 이어 소성 변형과 소성 상태로부터의 언로딩으로 특징지어집니다. 소성은 재료 입자의 미세한 특성으로 인한 결과이며 입자가 서로 지나가게 전단 하중, 체적 소성을 초래하는 간극 또는 유체 함량의 변화, 입자 또는 집합체 사이의 점착력 초과 등이 포함됩니다. 재료는 탄성 한계를 초과하는 하중을 받는 모델 재료에 의해 정의됩니다. 그림 5.35는 석션 케이슨형 기초에 대한 PLAXIS 모델을 보여줍니다.

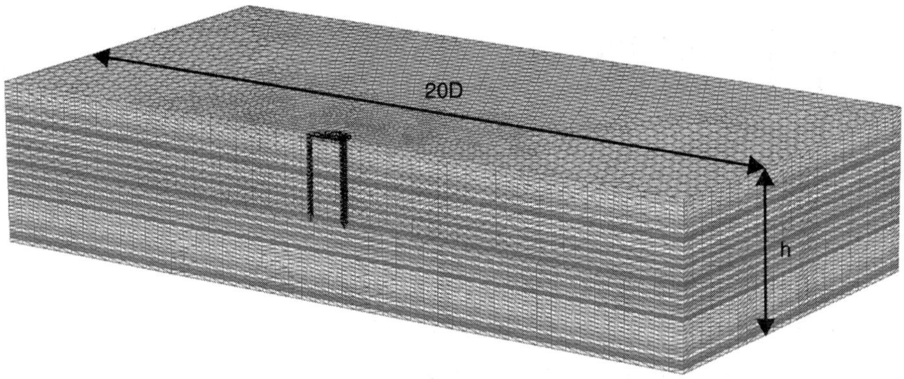

그림 5.35 PLAXIS 3D에서 포물선 강성 변화를 시뮬레이션하는 데 사용되는 지반 모델

독자들은 모노파일 고급 수치 모델에 대해서는 Lopez Querol 등(2017)를 참고하시기 바랍니다.

5.4.5.1 유한 요소 결과에서 K_L, K_R, K_{LR} 구하기

이 섹션에서는 FEA에서 세 가지 강성 항 (K_L, K_{LR}, K_R)을 계산하는 방법을 설명합니다. 수학적으로 두 개의 FEA 해석이 필요하며 파일 헤드 모멘트-회전 (M-θ)과 파일 헤드 하중-변위 (H-δ)가 있습니다.

곡선의 전체 범위를 고려할때, 즉 파괴가 일어날 때까지 파일 헤드 하중-변위 및 파일 헤드 모멘트-회전 곡선은 지반 유형에 따라 비선형입니다. 그러나 곡선의 초기 선형 범위는 식 (5.69)에 따라 파일 헤드 회전 및 처짐을 추정하는 데 사용해야 합니다.

$$\begin{bmatrix} H \\ M \end{bmatrix} = \begin{bmatrix} K_L & K_{LR} \\ K_{LR} & K_R \end{bmatrix} \begin{bmatrix} \rho \\ \theta \end{bmatrix} \tag{5.69}$$

식 (5.69)는 행렬 연산을 통해 식 (5.70)으로 재작성할 수 있으며, 여기서 I (유연성 행렬)는 식 (5.71)에서 주어진 2×2 행렬입니다.

$$\begin{bmatrix} \rho \\ \theta \end{bmatrix} = [I] \times \begin{bmatrix} H \\ M \end{bmatrix} \tag{5.70}$$

$$I = \begin{bmatrix} I_L & I_{LR} \\ I_{RL} & I_R \end{bmatrix} \tag{5.71}$$

강성 성분을 얻으려면 모멘트가 0인 횡하중 (예: $H = H_1$)에 대한 수치 모델을 실행하여 (M=0) 처짐 및 회전 값 (ρ_1과 θ_1)을 구합니다. 결과는 식 (5.72)-(5.73)을 통해 표현할 수 있습니다.

$$\begin{bmatrix}\rho_1\\\theta_1\end{bmatrix} = \begin{bmatrix}I_L & I_{LR}\\I_{RL} & I_R\end{bmatrix} \times \begin{bmatrix}H_1\\0\end{bmatrix} \tag{5.72}$$

$$\begin{aligned}\rho_1 &= H_1 \times I_L \Rightarrow I_L = \frac{\rho_1}{H_1}\\ \theta_1 &= H_1 \times I_{RL} \Rightarrow I_{RL} = \frac{\theta_1}{H_1}\end{aligned} \tag{5.73}$$

마찬가지로, 확인된 모멘트(M=M_1)와 제로 횡하중(H=0)에 대해 또 다른 수치 해석을 수행할 수 있으며 결과는 식 (5.74)-(5.75)에 나와 있습니다.

$$\begin{bmatrix}\rho_2\\\theta_2\end{bmatrix} = \begin{bmatrix}I_L & I_{LR}\\I_{RL} & I_R\end{bmatrix} \times \begin{bmatrix}0\\M_1\end{bmatrix} \tag{5.74}$$

$$\begin{aligned}\rho_2 &= M_1 \times I_{LR} \Rightarrow I_{LR} = \frac{\rho_2}{M_1}\\ \theta_2 &= M_1 \times I_R \Rightarrow I_R = \frac{\theta_2}{M_1}\end{aligned} \tag{5.75}$$

위의 분석(식 (5.72)- (5.75))에서 행렬의 항(식 (5.71))을 구할 수 있습니다. 식 (5.70)은 행렬 연산을 통해 식 (5.76)으로 다시 쓸 수 있습니다.

$$[I]^{-1} \times \begin{bmatrix}\rho\\\theta\end{bmatrix} = \begin{bmatrix}H\\M\end{bmatrix} \tag{5.76}$$

식 (5.69)와 (5.76)을 비교하면 식 (5.77)에서 주어진 강성 행렬과 유연성 행렬(I)의 역수 사이의 관계를 쉽게 알 수 있습니다. 식 (5.78)은 행렬 연산을 쉽게 수행하여 K_L, K_R, K_{LR}을 구할 수 있는 행렬 연산입니다.

$$K = \begin{bmatrix}K_L & K_{LR}\\K_{RL} & K_R\end{bmatrix} = I^{-1} = \begin{bmatrix}I_L & I_{LR}\\I_{RL} & I_R\end{bmatrix}^{-1} \tag{5.77}$$

$$K = I^{-1} = \begin{bmatrix}\dfrac{\rho_1}{H_1} & \dfrac{\rho_2}{M_2}\\[2ex] \dfrac{\theta_1}{H_1} & \dfrac{\theta_2}{M_2}\end{bmatrix}^{-1} \tag{5.78}$$

위의 방법론은 선형적인 경우에만 적용 가능하다는 점에 유의해야 합니다. 범위를 벗어날 수 있으므로 비선형 지반 모델을 사용하더라도 선형성 범위를 확인하기 위해 하중-처짐 및 모멘트-회전 곡선을 구하는 것이 좋습니다. 선형 범위를 초과하여 해석을 사용하면 처짐과 회전이 과소평가됩니다. 적용 예는 6장에 나와 있습니다. 위의 방법은 표준 분석 방법과 함께 사용할 수도 있습니다. 기본적으로 하중 변위와 모멘트 회전 곡선이 필요합니다.

5.5 모노파일 기초의 장기 성능 예측

모노파일은 수심 약 30m 미만의 터빈에서 일반적으로 사용되는 기초입니다. 그림 5.36은 터빈에 주요 반복 및 동적 하중이 작용하는 모노파일 지지 풍력 터빈의 개략도를 보여줍니다. 2장에서 설명한 바와 같이 바람과 파도는 가장 큰 전도 모멘트를 제공합니다. 일반적으로 얕은 수심에서 중간 수심에서는 허브의 풍력 추력 하중이 머드라인에서 가장 높은 반복 전도 모멘트를 생성합니다. 그러나 이 하중의 빈도는 매우 낮으며 그림 5.36에 표시된 것처럼 100초 정도입니다. 자세한 내용은 2장을 참조하세요. 풍력 터빈 구조물의 일반적인 주기는 약 3~5초이므로 바람 난류로 인한 구조의 공조가 예상되지 않습니다. 따라서 이는 DSSI (Dynamic Soil-Structure Interaction)가 아닌 반복적 지반-구조 상호작용(Cyclic Soil-Structure Interaction)입니다. 반면에 파도 하중은 머드라인에서 전도 모멘트를 적용하며 크기는 수심, 상당한 파고, 최대 파고 주기에 따라 달라집니다. 일반적인 파도 주기는 10초(북해의 경우) 정도이며 따라서 DSSI를 갖습니다.

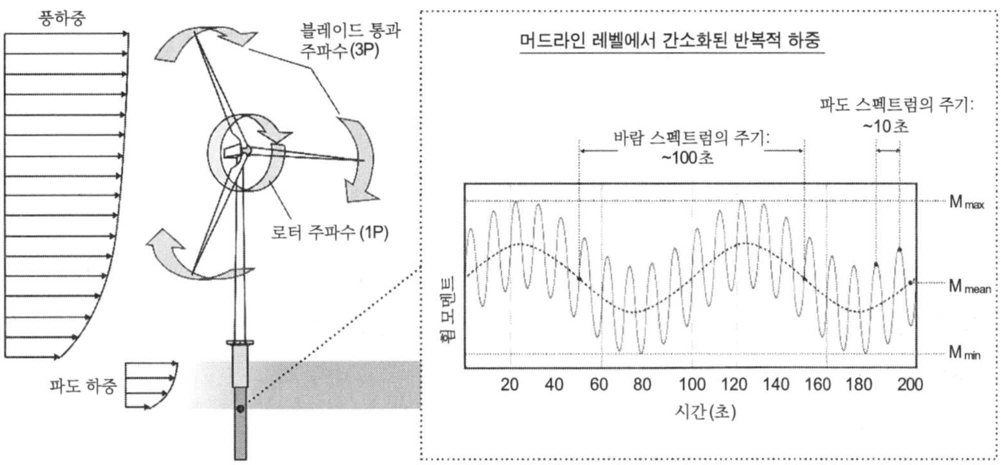

그림 5.36 일반적인 OWT 기초에 작용하는 하중과 일반적인 머드라인 모멘트

Arany 등 (2017)에서 개발된 계산 절차와 관련된 예제는 2장과 6장에 제시되어 있으며, 이를 통해 바람과 파도의 다양한 하중 사례에 대해 전도 모멘트를 추정할 수 있습니다. 이러한 계산의 결과는 그림 5.36과 같이 M_{max}, M_{min}, M_{mean} 에 주어진 상대적인 바람과 파도 하중이 될 것입니다. 분석에서는 바람과 파도가 완벽하게 정렬되어 있다고 가정하며, 이는 더 깊은 수심(즉, 반입 거리가 먼)의 해양 프로젝트에 적합한 가정입니다. 2장에서 수행한 분석에 따르면 1P와 3P의 하중은 바람과 파도보다 수십 배 낮지만 동적 증폭이 가장 높은 것으로 나타났습

니다. 1P와 3P로 인한 동적 증폭의 영향은 작은 진폭의 진동이 될 것입니다. 또한, 하중 주기가 많고 바람-파도 불일치로 인해 지반-구조 상호작용이 추가됩니다. 일반적인 추정에 따르면 OWT 기초는 수명(25-30년) 동안 다양한 진폭의 하중 주기를 1억에서 1000억회 겪습니다. 하중 주기 진폭은 무작위/불규칙적이며, 약 0.001Hz에서 1Hz 범위의 광대역 주파수를 가질 것입니다. 위의 논의를 바탕으로 지반-구조물 상호작용은 두 가지 중첩된 경우로 단순화할 수 있으며 그림 5.37에 나와 있습니다.

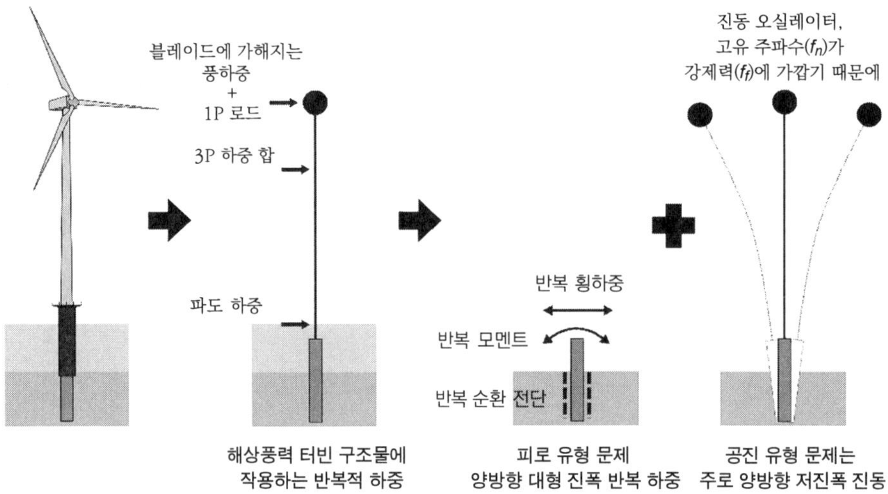

그림 5.37 모노파일 지지형 풍력 터빈에 작용하는 하중

1. 허브에 작용하는 바람의 횡하중과 파도의 횡하중이 함께 작용하여 주기적인 전도 모멘트(일반적인 주파수 0.01Hz)가 발생합니다. 이는 지반의 피로 유형 문제와 유사하며 지반에 변형이 축적되어 점진적인 기울어짐을 유발할 수 있습니다. 바람과 파도의 하중 불일치로 인해 문제는 다방향으로 발생할 수도 있습니다.
2. 반면에 파도 하중은 동적 정도(경미함/보통/높음)에 따라 약간 동적, 보통 동적 또는 매우 동적일 수 있습니다. 이는 풍력 발전 단지의 위치, 특히 파도 스펙트럼과 터빈의 목표 주파수에 따라 달라집니다. 북해에 위치한 0.22Hz를 첫 번째 고유 주파수로 하는 모노파일로 지원되는 8MW 터빈(주 파도 주파수가 0.1Hz인 경우)은 중간 정도의 특성을 갖습니다. 중국해에서 5초 주기를 갖는 동일한 터빈은 매우 동적일 것입니다.
3. 1P와 3P의 주파수가 구조물의 고유 주파수에 근접하기 때문에 풍력 터빈 시스템에서 공진이 예상됩니다. 현장 증거도 이를 뒷받침합니다. 독일의 풍력 발전소 프로젝트에 대한 참고자료는 Hu 등 (2014)을 참조하세요. 2장에 제시된 스터디는 바람과 파도에 의해 발생하는 것보다 훨씬 낮다는 것을 보여줍니다. 이 공진 동적 굽힘 모멘트는 파일에 전후 방향으로

(fore-aft direction) 반복적인 변형을 일으키고 이 변형은 인접한 지반으로 전달됩니다. 이 공진형 메커니즘은 파일 전후 방향의 지반을 다짐하는 것을 포함합니다. 그림 5.37의 SDOF (Single Degree of Freedom) 오실레이터가 이를 보여줍니다.

5.5.1 기초 주변의 지반 변형률 추정

전체 터빈 구조, 즉 RNA-타워-트랜지션 피스-모노파일-지반에서 운영에 따라 가장 많이 변화할 수 있는 요소는 지반입니다. 강철과 같은 다른 재료는 피로형 하중으로 인해 변화할 수 있지만 지반에 비해 그 변화는 미미합니다. 일상적인 엔지니어링 실무에서는 변형/발현 구역의 변형률 수준을 추정하여 해당 변형률 수준에서의 지반 거동을 고려함으로써 SSI를 통합할 수 있습니다. 위의 내용을 바탕으로 개발된 방법은 아래에 설명되어 있습니다:

5.5절과 그림 5.37에서 설명한 대로 하중의 작용에 따른 말뚝의 변형은 그림 5.38에 개략적으로 표시된 것처럼 3차원 지반-말뚝 상호작용으로 이어집니다. 간단히 설명하면 두 가지 주요 상호 작용이 있습니다:

1. 파일 휨(자연적인 반복 현상)과 파일의 휨 변형으로 인해 지반의 변형은 접촉 마찰을 통해 전달되며, 이는 자연적으로 반복적인 현상입니다.
2. 말뚝의 횡방향 처짐으로 인해 말뚝 주변의 지반에 변형이 생깁니다.

그림 5.38은 또한 두 가지 유형의 상호작용에 대한 지반의 변형률 수준을 추정하는 간단한 방법론을 보여주며, 식 5.79와 5.80에 의해 주어집니다.

처짐으로 인한 말뚝의 어느 구간에서든 지반의 평균 전단 변형률은 Bouzid 등(2013)을 사용하여 추정할 수 있습니다:

$$\gamma = 2.6\frac{\delta}{D_P} \tag{5.79}$$

여기서 δ는 해당 구간(그림 5.38의 A-A)에서의 파일 처짐이고 D_P는 파일 직경입니다. 이는 그림 5.39에 자세히 설명되어 있으며, 자세한 내용은 Lombardi 등(2013)을 참고하시기 바랍니다.

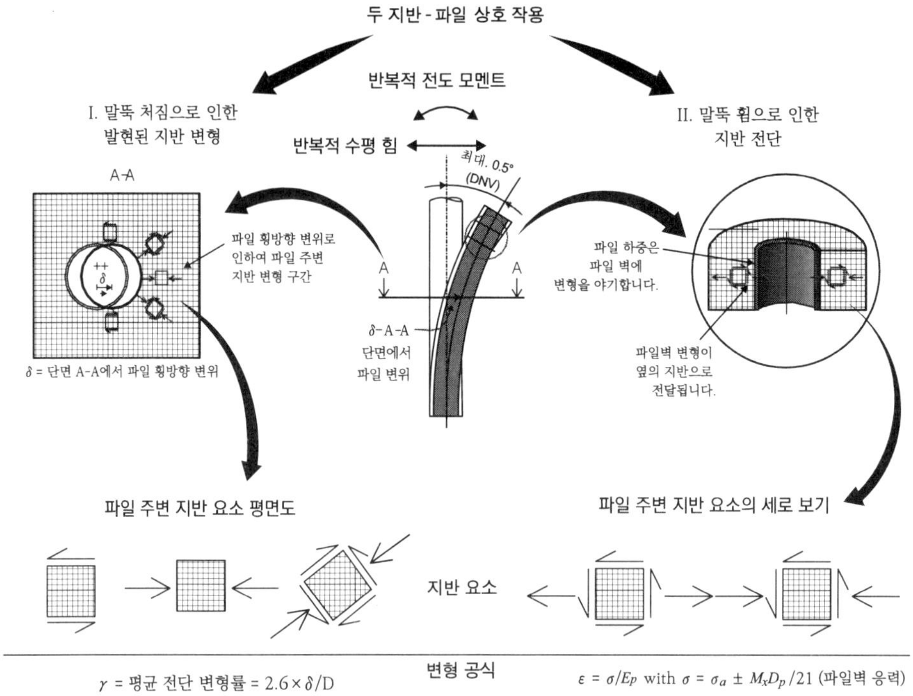

그림 5.38 모노파일 지지형 풍력 터빈에서 두 가지 유형의 지반-파일 상호 작용
Nikitas 등 (2017)에서 간단한 모델을 제안했습니다.

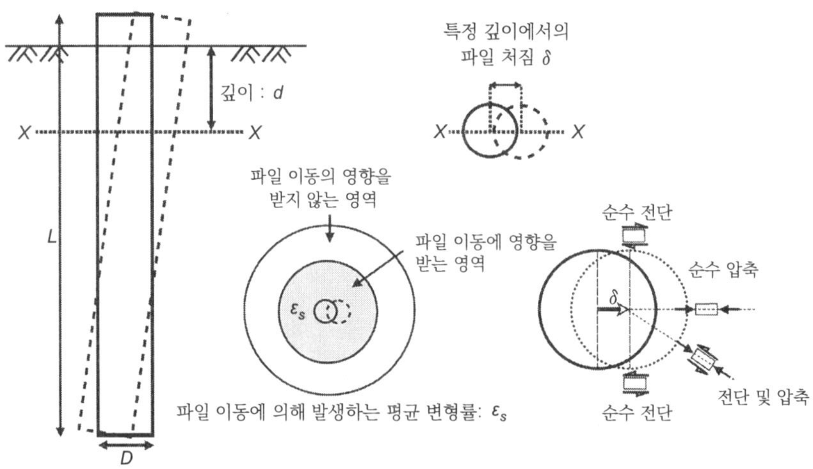

그림 5.39 파일 주변 지반의 평균 변형률

반면 말뚝 휨으로 인한 말뚝 옆 토양의 전단 변형률은 식 (5.80)을 사용하여 추정할 수 있습니다.

$$\gamma_1 = \frac{M \times D_P}{2 \times I \times E_P} \tag{5.80}$$

여기서 M은 말뚝의 굽힘 모멘트, I는 말뚝 단면 2차 모멘트, E_P는 말뚝 재료의 탄성 계수입니다. 식 (5.80)은 변형률의 100%가 지반에 전달된다고 가정한 것으로, 이는 보수적인 가정이며 추가 연구가 필요하다는 점을 언급해야 합니다. 실제로는 파일과 지반 사이의 발현 가능한 마찰로 제한될 것입니다. 위의 방법론은 15개의 풍력 터빈에 대한 지반의 변형 수준을 추정하는 데 사용됩니다.(5.5.2장 참조) 그런 다음 이 변형 수준을 사용하여 지반의 원소 테스트를 수행하고 매개 변수를 얻을 수 있습니다. 점성토의 경우 변형률이 높으면 계산을 위해 잔류 강도를 사용할 수 있습니다. 변형률이 중간인 경우 적절한 강도 및 강성 저하 곡선을 사용할 수 있습니다. 다양한 변형률에 대한 지반의 거동에 대한 자세한 내용은 4장을 참조하시기 바랍니다.

5.5.2 15개의 풍력 터빈에 대한 파일 주변 지반의 변형률 수치 예시

이 섹션에서는 방법론의 적용을 보여주기 위해 12개의 풍력 발전 단지에서 15개의 풍력 터빈을 분석합니다(그림 5.40). 15개의 풍력 터빈 모두에 대한 하중이 계산됩니다. 2장에서 개발한 방법론을 사용하여 계산할 수 있으며, 그 예는 6장에 나와 있습니다. 하중 계산을 위한 입력 매개변수는 표 5.13- 5.15에 나와 있습니다. 사례 연구의 경우, 지반의 변형은 다음에서 설명한 방법에 따라 추정되며 그림 5.38에 묘사되어 있습니다.

1. 말뚝 벽 변형은 말뚝 벽과 접촉하는 지반에 완전히 전달되었다고 가정합니다. 이는 일반적으로 토양 입자 직경이 거의 없는 경우까지 확장됩니다. 이러한 작은 진폭의 변형률(바람과 파도로 인한) 제외하고, 말뚝의 길이에 따라 작은 크기의 진동(1P 및 3P 하중의 근접으로 인한 공진)으로 인해 지반이 다져지게 됩니다. 이러한 변형률 계산에는 방정식 (5.80)을 사용할 수 있으며, 이를 추정하려면 말뚝을 따라 굽힘 모멘트가 필요합니다. 지반 변형률은 다양한 하중 조건에 대해 계산할 수 있습니다. 그림 5.41과 5.42는 정상 작업 조건과 극한 하중 조건에 대한 변형을 플롯한 것입니다. 공진으로 인한 지반의 변형은 1P 및 3P로 인한 모멘트가 바람 및 파도 모멘트보다 훨씬 낮기 때문에 무시되었음을 알 수 있습니다.
2. 큰 진폭의 주기적 하중(바람+ 파도)은 파일 길이를 따라 처짐을 유발하며, 파일 주변의 지반에서 전단 변형이 발생합니다. 이러한 변형이 충분히 높으면 지반강도가 열화될수 있습니다.

깊이 [m]	Lely A2	Lely A3	Irene Vorrink	Irene Vorrink	Blyth	Kentish Flats I	Barrow II	Thanet III	Belwind IV	Burbo Bank	Walney I	Gunfleet Sands	Horns rev	London Array 1	London Array 2
1	부드러운 점토	부드러운 점토	실트	실트	W. 암반	느슨한 모래	중간 모래	고밀도 모래	고밀도 모래	느슨한 모래	중간 모래	소프트 클레이	V.고밀도 모래	고밀도 모래	V.고밀도 모래
2	부드러운 점토	부드러운 점토	실트	실트	W. 암반	느슨한 모래	중간 모래	고밀도 모래	고밀도 모래	느슨한 모래	중간 모래	소프트 클레이	V.고밀도 모래	고밀도 모래	V.고밀도 모래
3	부드러운 점토	부드러운 점토	고밀도 모래	고밀도 모래	W. 암반	느슨한 모래	중간 모래	고밀도 모래	고밀도 모래	느슨한 모래	중간 모래	소프트 클레이	V.고밀도 모래	실트(F.C.)	V.고밀도 모래
4	부드러운 점토	부드러운 점토	부드러운 점토	부드러운 점토	W. 암반	느슨한 모래	중간 모래	고밀도 모래	고밀도 모래	느슨한 모래	중간 모래	소프트 클레이	V.고밀도 모래	실트(F.C.)	중간 모래
5	고밀도 모래	고밀도 모래	부드러운 점토	부드러운 점토	W. 암반	느슨한 모래	고밀도 모래	고밀도 모래	고밀도 모래	느슨한 모래	중간 모래	소프트 클레이	V.고밀도 모래	실트(F.C.)	중간 모래
6	고밀도 모래	고밀도 모래	부드러운 점토	부드러운 점토	W. 암반	고밀도 모래	고밀도 모래	고밀도 모래	고밀도 모래	느슨한 모래	중간 모래	소프트 클레이	V.고밀도 모래	실트(F.C.)	중간 모래
7	고밀도 모래	고밀도 모래	부드러운 점토	부드러운 점토	W. 암반	고밀도 모래	고밀도 모래	고밀도 모래	고밀도 모래	느슨한 모래	중간 모래	소프트 클레이	V.고밀도 모래	실트(F.C.)	중간 모래
8	고밀도 모래	고밀도 모래	고밀도 모래	고밀도 모래	W. 암반	고밀도 모래	고밀도 모래	고밀도 모래	고밀도 모래	느슨한 모래	중간 모래	소프트 클레이	고밀도 모래	뻣뻣한 점토	실트(F.C.)
9	고밀도 모래	고밀도 모래	V.고밀도 모래	V.고밀도 모래	W. 암반	단단한 점토	V.고밀도 모래	고밀도 모래	고밀도 모래	느슨한 모래	중간 모래	소프트 클레이	고밀도 모래	뻣뻣한 점토	실트(F.C.)
10	고밀도 모래	고밀도 모래	V.고밀도 모래	V.고밀도 모래	W. 암반	고밀도 모래	V.고밀도 모래	고밀도 모래	고밀도 모래	느슨한 모래	중간 모래	소프트 클레이	고밀도 모래	뻣뻣한 점토	실트(F.C.)
11	고밀도 모래	고밀도 모래	고밀도 모래	고밀도 모래	W. 암반	고밀도 모래	V.고밀도 모래	고밀도 모래	고밀도 모래	느슨한 모래	중간 모래	단단한 점토	고밀도 모래	뻣뻣한 점토	실트(F.C.)
12	고밀도 모래	고밀도 모래	고밀도 모래	고밀도 모래	W. 암반	고밀도 모래	뻣뻣한 점토	고밀도 모래	고밀도 모래	느슨한 모래	중간 모래	단단한 점토	고밀도 모래	뻣뻣한 점토	실트(F.C.)
13	고밀도 모래	고밀도 모래	고밀도 모래	고밀도 모래	W. 암반	단단한 점토	뻣뻣한 점토	고밀도 모래	고밀도 모래	느슨한 모래	중간 모래	단단한 점토	고밀도 모래	고밀도 모래	실트(F.C.)
14	고밀도 모래	고밀도 모래	고밀도 모래	고밀도 모래	W. 암반	단단한 점토	뻣뻣한 점토	고밀도 모래	고밀도 모래	느슨한 모래	중간 모래	단단한 점토	고밀도 모래	고밀도 모래	실트(F.C.)
15	고밀도 모래	고밀도 모래	고밀도 모래	고밀도 모래	W. 암반	단단한 점토	뻣뻣한 점토	고밀도 모래	고밀도 모래	중간 모래	중간 모래	단단한 점토	고밀도 모래	고밀도 모래	실트(F.C.)
16	고밀도 모래	고밀도 모래	고밀도 모래	고밀도 모래	W. 암반	단단한 점토	뻣뻣한 점토	뻣뻣한 점토	뻣뻣한 점토	중간 모래	중간 모래	단단한 점토	고밀도 모래	고밀도 모래	중간 모래
17	고밀도 모래	고밀도 모래	고밀도 모래	고밀도 모래	W. 암반	단단한 점토	뻣뻣한 점토	뻣뻣한 점토	뻣뻣한 점토	중간 모래	중간 모래	단단한 점토	고밀도 모래	고밀도 모래	중간 모래
18	고밀도 모래	고밀도 모래	고밀도 모래	고밀도 모래	W. 암반	단단한 점토	뻣뻣한 점토	뻣뻣한 점토	고밀도 모래	중간 모래	중간 모래	단단한 점토	고밀도 모래	고밀도 모래	중간 모래
19	고밀도 모래	고밀도 모래	고밀도 모래	고밀도 모래	W. 암반	단단한 점토	뻣뻣한 점토	뻣뻣한 점토	고밀도 모래	중간 모래	중간 모래	단단한 점토	고밀도 모래	고밀도 모래	실트(F.C.)
20	뻣뻣한 점토	뻣뻣한 점토	고밀도 모래	고밀도 모래	W. 암반	단단한 점토	뻣뻣한 점토	뻣뻣한 점토	고밀도 모래	중간 모래	중간 모래	단단한 점토	고밀도 모래	고밀도 모래	실트(F.C.)
21	뻣뻣한 점토	뻣뻣한 점토	고밀도 모래	고밀도 모래	W. 암반	단단한 점토	V. 딱딱한 점토	뻣뻣한 점토	고밀도 모래	중간 모래	중간 모래		고밀도 모래	고밀도 모래	실트(F.C.)
22	뻣뻣한 점토	뻣뻣한 점토	고밀도 모래	고밀도 모래	W. 암반	단단한 점토	V. 딱딱한 점토	뻣뻣한 점토	고밀도 모래	중간 모래	중간 모래		고밀도 모래	고밀도 모래	실트(F.C.)
23	뻣뻣한 점토	뻣뻣한 점토	뻣뻣한 점토	뻣뻣한 점토	W. 암반	단단한 점토	V. 딱딱한 점토	뻣뻣한 점토	고밀도 모래	중간 모래	중간 모래		고밀도 모래	뻣뻣한 점토	실트(F.C.)
24	뻣뻣한 점토	뻣뻣한 점토	뻣뻣한 점토	뻣뻣한 점토	W. 암반	단단한 점토	V. 딱딱한 점토	뻣뻣한 점토	고밀도 모래	중간 모래	중간 모래		고밀도 모래	뻣뻣한 점토	실트(F.C.)
25	V.dense 모래	V.고밀도 모래	뻣뻣한 점토	뻣뻣한 점토	W. 암반	단단한 점토	V. 딱딱한 점토	뻣뻣한 점토	고밀도 모래	뻣뻣한 점토	중간 모래		고밀도 모래	뻣뻣한 점토	실트(F.C.)
26	V.dense 모래	V.고밀도 모래	뻣뻣한 점토	뻣뻣한 점토	W. 암반	단단한 점토	V. 딱딱한 점토	뻣뻣한 점토	고밀도 모래	뻣뻣한 점토	중간 모래		중간 모래	뻣뻣한 점토	실트(F.C.)
27	V.dense 모래	V.고밀도 모래	뻣뻣한 점토	뻣뻣한 점토	W. 암반	단단한 점토	V. 딱딱한 점토	뻣뻣한 점토	고밀도 모래	고밀도 모래	중간 모래		중간 모래	뻣뻣한 점토	실트(F.C.)
28	V.dense 모래	V.고밀도 모래			W. 암반	단단한 점토	V. 딱딱한 점토	뻣뻣한 점토		뻣뻣한 점토	중간 모래		중간 모래	뻣뻣한 점토	실트(F.C.)
29	V.dense 모래	V.고밀도 모래			W. 암반	단단한 점토	V. 딱딱한 점토	뻣뻣한 점토		뻣뻣한 점토	중간 모래		중간 모래	뻣뻣한 점토	실트(F.C.)
30	V.dense 모래	V.고밀도 모래			W. 암반	단단한 점토	V. 딱딱한 점토	뻣뻣한 점토		V. 딱딱한 점토	중간 모래		중간 모래	뻣뻣한 점토	실트(F.C.)
31							V. 딱딱한 점토	뻣뻣한 점토		V. 딱딱한 점토	중간 모래		중간 모래	뻣뻣한 점토	실트(F.C.)
32							V. 딱딱한 점토	뻣뻣한 점토		V. 딱딱한 점토	중간 모래		중간 모래	뻣뻣한 점토	실트(F.C.)
33							V. 딱딱한 점토	뻣뻣한 점토		V. 딱딱한 점토	중간 모래			뻣뻣한 점토	실트(F.C.)
34							V. 딱딱한 점토	뻣뻣한 점토		약한 진흙 돌	중간 모래			뻣뻣한 점토	실트(F.C.)
35							V. 딱딱한 점토	뻣뻣한 점토		약한 진흙 돌	중간 모래			뻣뻣한 점토	실트(F.C.)
36							V. 딱딱한 점토			약한 진흙 돌	중간 모래			뻣뻣한 점토	실트(F.C.)
37							V. 딱딱한 점토			약한 진흙 돌	중간 모래			뻣뻣한 점토	실트(F.C.)
38							V. 딱딱한 점토			약한 진흙 돌	중간 모래			뻣뻣한 점토	실트(F.C.)
39							V. 딱딱한 점토			약한 진흙 돌	중간 모래			뻣뻣한 점토	실트(F.C.)
40							V. 딱딱한 점토			약한 진흙 돌	중간 모래			뻣뻣한 점토	실트(F.C.)
41							V. 딱딱한 점토			약한 진흙 돌	중간 모래			뻣뻣한 점토	실트(F.C.)
42							V. 딱딱한 점토			약한 진흙 돌	중간 모래			뻣뻣한 점토	실트(F.C.)
43							V. 딱딱한 점토			약한 진흙 돌	중간 모래			뻣뻣한 점토	실트(F.C.)
44							V. 딱딱한 점토			약한 진흙 돌	중간 모래			뻣뻣한 점토	실트(F.C.)
45							V. 딱딱한 점토			약한 진흙 돌	중간 모래			뻣뻣한 점토	실트(F.C.)

그림 5.40 15개 풍력 발전소 현장의 지반 프로파일

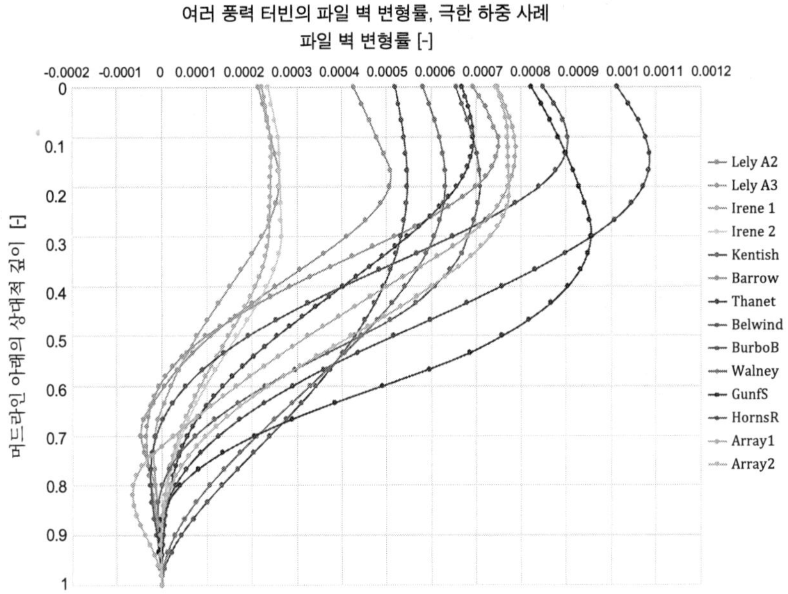

그림 5.41 파일 벽면 변형률 (극한 하중 사례)

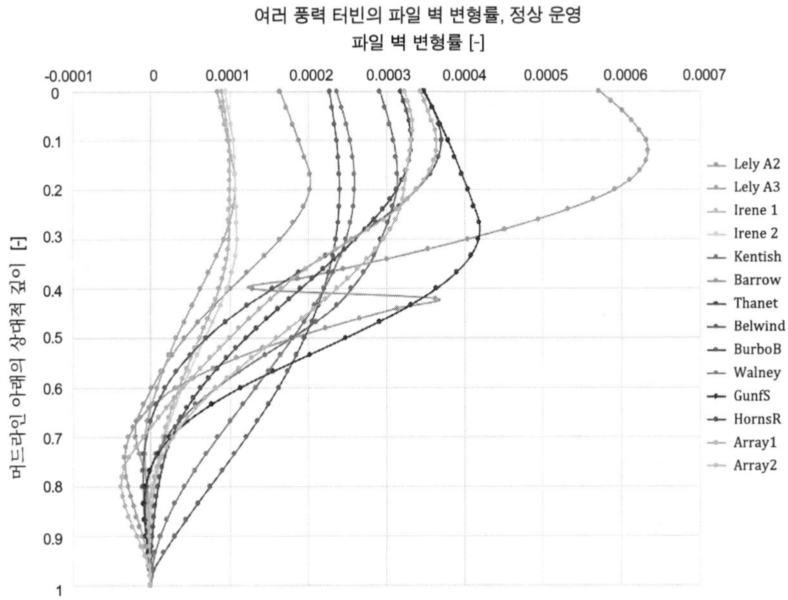

그림 5.42 파일 벽면 변형률(정상 운영 조건)

이러한 전단 변형률은 식 (5.79)에 주어진 공식을 사용하여 정상적인 운영 조건에서 추정할 수 있습니다. 그림 5.43과 5.44는 두 가지 조건에서 말뚝의 길이에 따른 지반의 변형률 분포를 보여줍니다.

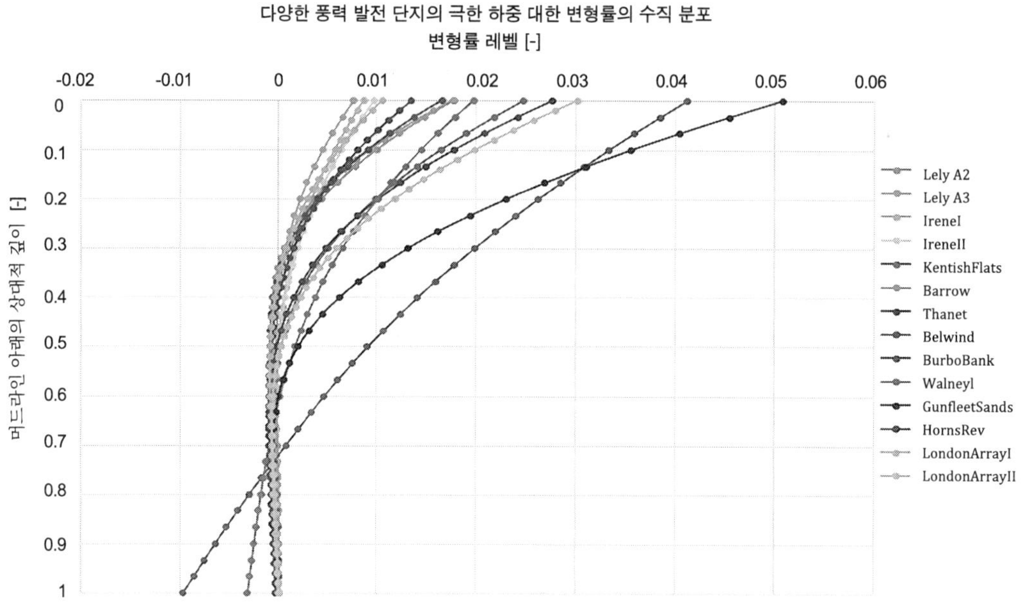

그림 5.43 지반 변형률(극한 하중 사례)

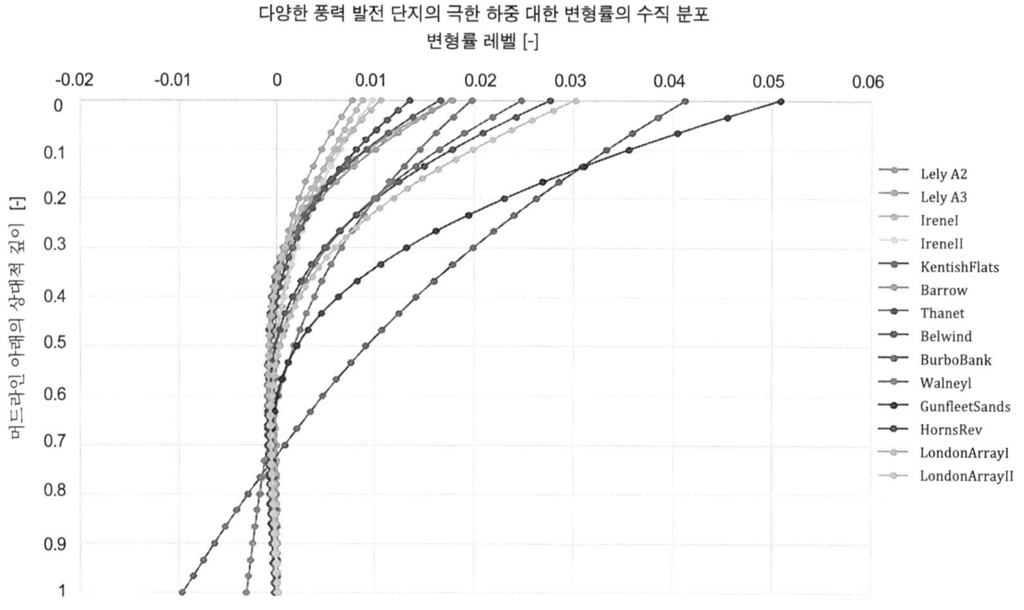

그림 5.44 지반 변형률(정상 운영 조건)

따라서 두 가지 상반된 효과가 있습니다. 반복적인 처짐은 지반의 강성을 저하시키고 기울기의 누적을 초래할 수 있을 뿐만 아니라 고유 주파수의 변화를 초래할 수 있습니다. 반면에 파일에 매우 가까운 작은 변형은 다짐을 유발하여 치유 효과를 가져올 수 있습니다.

지반의 요소 테스트에서 특정 한계값 이하의 변형은 지반의 강성 저하를 일으키지 않으며 거동을 크게 변화시키지 않는 것으로 알려져 있습니다. 따라서 변형 크기를 추정하고 요소 테스트 결과와 비교하여 성능 저하와 이에 따른 누적 기울기 및 고유 주파수 변화 여부를 판단할 수 있습니다.

5.6 수명 주기 동안 하중 주기 횟수 예측하기

해상풍력 터빈의 장기 거동 분석에서 가장 어려운 작업 중 하나는 성능에 영향을 미치는 다양한 크기의 하중 주기 수를 추정하는 것입니다. 이 정보는 모노파일의 피로 수명을 예측하고 구조물의 수명 동안 누적된 머드라인의 변형을 예측하는 데에도 필요합니다.

표 5.13 p-y 분석에서 일반적인 사질토에 대한 지반 매개변수 (Beam on Nonlinear Winkler Foundation 접근법)

p-y 매개변수	매우 느슨	느슨	보통	조밀	매우 조밀
마찰 각도(ϕ')	28	30	33	38	40
유효 단위 중량 (γ' [kN m^{-3}])	6	7	8	9	10
상대 밀도(R_d)	15	20	40	60	80
초기 강성 구배(k)(kPa m^{-1})	3 000	8 000	16 000	30 000	40 000

표 5.14 p-y 분석에서 일반적인 점성토에 대한 지반 매개변수

p-y 매개변수	연약	보통	견고	매우 견고	고결
비배수 전단 강도(c_u)	25	50	100	200	400
J 매개변수 (-)	0.25	0.25	0.25	0.25	0.25
변형률, 50% 파괴 응력 (ε_{50}[-])	0.007	0.006	0.005	0.004	0.003
유효 단위 중량 (γ' [kN m^{-3}])	7	8	9	10	12
탄성계수(E_S [MPa])	1.25	2.5	5	10	20

표 5.15 계산에 사용된 매개변수

매개변수	Symbol (unit)	Lely A2	Lely A3	Irene Vorrink	Irene Vorrink	Blyth	Kentish I	Barrow II	Thanet III	Belwind IV	Burbo Bank	Walney I	Gunfleet Sands	Horns Rev	London Array 1	London Array 2
참조 난기류 강도	I_{15} (%)	18	18	18	18	180	I	18	18	18	18	18	18	18	18	18
정격 풍속	U_R (m/s)	14	14	14	14	17	15	15	15	15	14	14	14	16	12.5	12.5
로터 직경	D(m)	43	43	43	43	66	90	90	90	90	107	107	107	80	120	120
평균 해수면 위의 허브 높이	Z_{hub}(m)	41.5	41.5	48.8	48.8	67	70	75	70	72	83.5	83.5	75.5	70	87	87

평균 수심	S(m)	12.1	7.1	5.2	6	7.8	8	18	27	20	8	21.5	15	14	25	10
최대 파도 높이 파괴 전	H_{break}(m)	9.4	5.5	4.1	4.7	8.6	6.2	14	21.1	15.6	6.2	16.8	11.7	10.9	19.5	7.8
파단파 시간대	T_{break}(s)	10.9	8.3	7.1	7.7	10.4	8.9	13.3	16.3	14	8.9	14.5	12.1	11.7	15.6	9.9
50년 최대 파고	H_{E50} (m)	9.4	5.5	4.1	4.7	8.6	6.2	14	21.1	15.6	6.2	16.8	11.7	10.9	19.5	7.8
50년 최대 파도 주기	T_{E50} (s)	10.9	8.3	7.1	7.7	10.4	8.9	13.3	16.3	14	8.9	14.5	12.1	11.7	15.6	9.9
50년 유의파 높이	H_{S50} (m)	5.1	3	2.2	2.5	4.6	3.4	7.5	11.3	8.4	3.4	9	6.3	5.9	10.5	4.2
50년 피크 파 주기	T_{S50} (s)	8	6.1	5.2	5.6	7.6	6.5	9.7	11.9	10.3	6.5	10.6	8.9	8.6	11.5	7.3
1년 최대 파도 높이	H_{E1} (m)	7.6	4.5	3.3	3.8	6.9	5	11.3	16.9	12.5	5	13.5	9.4	8.8	15.7	6.3
1년 최대 웨이브 기간	T_{E1} (s)	9.8	7.5	6.4	6.9	9.3	7.9	11.9	14.6	12.6	7.9	13	10.9	10.5	14	8.9
1년 유의 파고	H_{S1} (m)	4.1	2.4	1.7	2	3.7	2.7	6	9.1	6.7	2.7	7.2	5	4.7	8.4	3.4
1년 유의파 주기	T_{S1} (s)	7.1	5.5	4.7	5	6.8	5.8	8.7	10.7	9.2	5.8	9.5	8	7.7	10.3	6.5

다양한 하중 수준에서 사이클 수를 올바르게 추정하려면 다양한 환경 조건에서 터빈의 모든 작동 상태를 통계적으로 표현하기 위해 일련의 시간 영역 시뮬레이션이 필요합니다. 이러한 시간 영역 시뮬레이션에서 사이클 수를 계산하는 데는 강우량 카운팅(Matsuishi와 Endo 1968)을 사용할 수 있습니다. 피크 카운팅, 레벨 교차 카운팅, 단순 범위 카운팅, 범위 페어 카운팅, 저수지 카운팅 등 다양한 사이클 카운팅 방법을 사용할 수 있습니다. 이러한 방법과 강우량 카운팅은 ASTM 2005 에 정의되어 있습니다. 연구자들은 누적 회전을 추정하기 위한 간단한 경험적 공식을 제공했으며, 간단한 선형 손상 누적 규칙(Miner 1945)을 사용하여 피로 수명을 평가할 수 있습니다. 그러나 풍력 터빈에 대한 자세한 데이터와 정교한 시뮬레이션 도구가 없으면 하중 주기수를 추정하기가 어렵습니다.

지반의 거동은 변형률의 함수입니다. 큰 변형률 하에서 지반은 매우 비선형적으로 행동합니다. 느슨하거나 중간 밀도의 모래는 점진적으로 간극 수압을 형성하고 액상화됩니다. 특정 임계 변형률에서 일부 토양(점토질 토양)은 열화되는 반면 다른 토양은 다음과 같이 다짐이 일어 날 수 있습니다. 낮은 변형 수준과 수천만 번의 하중 사이클의 작용으로 일부 지반은 강성이 증가할 수 있습니다. 따라서 장기적인 성능을 예측하려면 기초에 가장 큰 모멘트를 가하는 최대 파도 하중 계산을 위해 해당 파고와 파도주기를 알아야하며, 해당 변형률 수준도 알아야 합니다. 또한 지반 거동에 영향을 줄 수 있는 하중의 주기 횟수를 추정할 필요가 있습니다. 따라서 최악의 시나리오 파도 하중 기간을 계산하여 3시간 해상 상태에서의 하중 주기 횟수를 예측해야 합니다. 파도 주기 수를 예측하는 방법은 아래 섹션 5.6.1에 나와 있습니다. 풍하중 주기는 일반적으로 파도보다 훨씬 낮은 빈도이지만 하지만 보수적으로 바람과 파도가 같은 주파수로 작용한다고 가정합니다. 즉 파도 하중의 주파수로 작용한다고 가정합니다.

5.6.1 파도 주기 횟수

이 단계에서는 주어진 사이트에 대한 극한 파도와 해당 파도 주기를 간단하게 추정하는 방법을 설명하며, 다음과 같은 하위 단계가 포함됩니다:

1. 신뢰할 수 있는 출처에서 관련 유의 파고 H_S를 얻습니다.
2. 해당 파도 주기 범위인 T_S 를 계산합니다.
3. 3시간 동안의 파도 수, N을 계산합니다.
4. 최대 파도 높이인 H_m를 계산합니다.
5. 최대 파고에 해당하는 파도 주기 범위 T_m를 계산합니다.

이제 하위 단계에 대해 자세히 설명합니다.

5.6.1.1 하위 단계 1. 50년 유의 파고 얻기

현장에서 측정한 데이터가 없는 경우, 해양 시추 스테이션이나 기타 해양 상태 모니터링 보고서의 데이터를 사용할 수 있습니다. 영국의 경우, 보건안전청에서 주기적으로 작성하는 '영국 해역의 파도 지도' 문서를 사용할 수 있습니다(Williams 2008). 이 문서에서 인근의 관측소나 기상 부표를 찾아 풍력 발전소 부지의 50년 동안의 유의 파고를 추정할 수 있습니다.

5.6.1.2 하위 단계 2. 해당 파도 주기 범위 계산하기

주어진 파고에 대한 파도 주기 범위는 DNV-OS-J101(DNV 2014)에 따라 추정할 수 있으며, 다음 공식을 사용할 수 있습니다.

$$11.1\sqrt{\frac{H_S}{g}} \leq T \leq 14.3\sqrt{\frac{H_S}{g}} \tag{5.81}$$

일반적으로 가장 심한 파도 하중(Morrison's equation 또는 McCamy-Fuchs diffraction solution) 은 가장 낮은 파도 주기에 의해 발생하며, 주파수가 구조물의 고유 주파수에 가장 가깝기 때문에 동적 증폭도 가장 높습니다. 따라서 피크 파도 주기는 다음과 같이 사용됩니다.

$$T_S = 11.1\sqrt{\frac{H_S}{g}} \tag{5.82}$$

5.6.1.3 하위 단계 3. 3시간 동안의 파도 횟수 계산하기

일반적으로 유의 파고는 3시간을 기준으로 합니다. 즉, 유의 파고는 모든 파도 중 가장 높은 1/3의 평균으로 계산된다는 뜻입니다. 따라서 이 3시간 동안 다양한 파고가 발생하며, 가장 높게 발생하는 파고를 최대 파고 H_m라고 합니다. 이를 구하려면 3시간 파도 수를 알아야 하는데, 파도가 더 높은 파도가 발생할 확률이 높아지기 때문입니다.

$$N = \frac{3hours}{T_S} = \frac{10800s}{T_S}(\approx 1000) \tag{5.83}$$

5.6.1.4 하위 단계 4. 최대 파고와 유의 파고의 비율 계산하기

DNV 코드는 가장 높은 파도 높이의 분포 모드를 취할 것을 아래와 제안합니다.

$$H_m = H_S\sqrt{\frac{1}{2}ln(N)}(\approx 1.87H_S) \tag{5.84}$$

최대 파고는 $H_m = 2H_S$로 보수적으로 계산할 수 있습니다. 수심 S에 따라 최대 파고가 제한될 수 있다는 점에 유의하세요. 일반적으로 수심 S에서 파도의 파단 한계(즉, 가능한 최대 파도 높이)는 $\overline{H}_m = 0.78S$ 과 같다고 가정합니다. 그러나 해저에 경사가 있는 경우, 블라스(Blyth)의 노출된 지점에서 보고된 바와 같이 파도가 이 한계보다 높을 수 있습니다(Camp 등 2004). 따라서 이 한계 파고를 사용할 때는 주의를 기울여야 합니다.

5.6.1.5 하위 단계 5. 최대 파도 높이에 해당하는 파도 주기 범위 계산하기

하위 2단계에서와 동일한 공식을 사용할 수 있습니다.

$$11.1\sqrt{\frac{H_m}{g}} \leq T \leq 14.3\sqrt{\frac{H_m}{g}} \tag{5.85}$$

$$T_m = 11.1\sqrt{\frac{H_m}{g}} \tag{5.86}$$

파고와 파도주기 조합인 H_m, T_m는 동적 증폭을 통합하여 최대 파도 하중을 계산하는 데 사용할 수 있습니다.

5.7 장기 회전 추정을 위한 방법론

이는 현재 활발히 연구되고 있는 분야입니다. SLS 요구 사항을 충족하려면 DNV (2014) 에 따라 모노파일 기초의 장기적인 거동을 분석해야 합니다. 주요 관심사는 머드라인 수준에서 누적된 회전 $\Delta\theta$ 및 처짐 $\Delta\rho$ (또는 이에 상응하는 변형률 축적)입니다. 설계표준에 따라 분석이 필요 하지만, 이 분석을 수행하는 데 허용되는 방법론에 대한 합의가 이루어지지 않았습니다. 매우 간단한 하중을 기반으로 몇 가지 접근 방식이 제안되었습니다. 예를들면 평균 하중 M_{mean}, 주기적 하중 크기 $M_{amp}=M_{최대}-M_{최소}$, 사이클 수 N으로 설명할 수 있는 반복적 외력이 있습니다. 그러나 OWT 기초에 작용하는 실제 하중은 매우 복잡 합니다.

1. 하중은 반복적이지 않지만 경우에 따라 동적일 수 있습니다. 적용되는 0.001~10Hz 사이의 매우 넓은 주파수 대역에 걸쳐 있으며, 여기에는 처음 몇 개의 구조 고유 주파수와 블레이드 고유 주파수가 포함됩니다. 따라서 하중 주기 수를 추정하기가 어렵습니다. 반면에 주파수는 누적 기울기를 결정하는 데 중요할 수 있습니다. 가능성은 낮아 보이지만 과잉 간극 수압이 발생하여 동적 효과를 유발할 수 있는지 여부는 아직 명확하지 않습니다.
2. 사용 가능한 방법 중 일부는 매우 낮은 수의 사이클을 위해 개발되었습니다. Long과 Vanneste(1994)는 암시적(Implicit) 수치 시뮬레이션은 수치 오차가 누적되기 때문에 일반적으로 50주기 미만의 시뮬레이션만 허용한다고 지적합니다. 또한 대부분의 보고된 테스트도 50주기 이하로 수행되었으며 500주기를 수행한 테스트는 단 한 건에 불과했습니다. 저자들은 매우 많은 수의 하중 사이클의 영향을 예측할 때 주의를 기울일 것을 제안합니다. Achmus 등(2009)과 Kuo 등(2012)이 수행한 수치 해석적 연구 및 실험실 테스트는 최대 10,000 사이클까지 진행되었으며, Leblanc 등(2010)의 테스트는 최대 65,000 사이클까지 수행되었습니다. 그러나 이는 여전히 OWT의 예상 하중 주기 수보다 훨씬 낮은 수치입니다. Cuéllar(2011)는 다양한 하중 시나리오로 4번의 테스트를 실행하여 무려 500만 사이클에 달하는 테스트를 수행했으며, 많은 사이클에서 변형 축적의 정성적 거동을 확인했습니다.
3. 동적 하중의 크기도 작은 하중부터 극한 하중까지 다양하며, 하중 주기는 극한 하중의 경우 수에서 수백 사이클, 저진폭 진동은 수백만에서 수억 사이클에 이릅니다. 풍력 터빈의 상태에 따라 다른 하중 크기가 예상됩니다.
4. 하중은 단방향 또는 양방향이 아니라 터빈의 수명 기간 동안 전체 범위의 하중 체계가 서로 다른 시간에 존재합니다. 또한 단방향 또는 양방향 하중이 더 해로운지 여부에 대해서도 의견이 일치하지 않습니다. Long과 Vanneste(1994)는 단방향 하중이 임계 하중 시나리오이며 양방향 하중이 누적된 변형을 덜 유발한다고 제안합니다. Achmus 등(2009)과 Kuo 등

(2012)도 분석에서 단방향 하중에 초점을 맞춥니다. 그러나 Leblanc 등 (2010)은 가장 중요한 시나리오는 M_{min}/M_{max} = -0.5인 양방향 하중이라는 것을 발견했습니다.

5. 하중은 단방향이 아니며, 하중은 풍향(along-wind, x) 및 터빈의 운영 기간 동안 횡풍(cross-wind, y) 방향과 주기적인 수직(z) 하중도 존재합니다. 또한 바람과 파도가 항상 일직선상에 있는 것은 아니므로 기초에 다방향 하중이 가해집니다.
6. 나셀은 항상 바람을 따라 회전하므로 풍향(x) 및 횡풍(y) 방향이 글로벌 기준 프레임에 고정되어 있지 않고 로터의 요각이 변함에 따라 회전합니다. 즉, 터빈의 수명이 다할 때까지 모든 방향에서 풍향하중과 횡풍하중이 모두 기초에 가해집니다.

해상풍력 터빈용 말뚝 설계에는 일반적으로 p-y 방법이 사용됩니다. Long과 Vanneste(1994)는 반복적으로 횡하중을 받는 해석에 대한 연구 노력으로 수정된 반복적 p-y 곡선을 설명하고 있습니다. 반복적 횡하중에 대한 개선된 p-y 곡선은 Reese 등 (1974), O'Neill과 Murchinson (1983), Little과 Briaud (1988)에 의해 개발되었습니다. 보다 근본적인 이론적 접근은 Swane와 Poulos (1982)와 Matlock 등 (1978)에 의해 시도되었습니다. Long과 Vanneste (1994)가 지적한 것처럼, 이러한 방법에는 일반적으로 현장 조사에서 얻을 수 없는 매개변수가 필요합니다.

누적 변형률의 단순화된 접근 방식은 지반 강성 감소와 동일하게 문헌에서 자주 사용됩니다. 주기적 하중의 영향을 고려하면 지반 반응 계수 n_h의 계수를 줄일 수 있습니다. 이러한 접근 방식은 Prakash (1962), Davisson (1970), Davisson과 Salley (1970)에 의해 사용되었습니다. Broms (1964)는 사질토의 밀도에 따라 n_h의 감소가 달라진다는 점을 지적했습니다. 이러한 연구에서는 특정 수의 하중 사이클 (~50) 이 발생하면 n_h를 고정된 비율로 감소시킬 것을 제안 하였습니다. (Davisson (1970)의 경우 30 %, Broms(1964)의 경우에는 조밀 및 느슨한 모래의 경우 75 % 및 50 %).

모노파일의 영구 변형에 대한 로그 표현식도 Hettler (1981), Lin과 Liao(1999), Verdure 등 (2003), Achmus 등 (2009), Li 등 (2010)에 의해 제안되었습니다. Little과 Briaud (1988), Long과 Vanneste (1994), Leblanc 등 (2010), Klinkvort 등 (2010)이 모노파일에 대해, Zhu 등 (2012), Cox 등 (2014)이 케이슨에 대해 파워 법칙 표현식을 제안했습니다. Cuéllar (2011a,b)는 장기 축적을 추정하기 위해 세 가지 곡선을 사용하는 방법을 제안하였습니다.

몇 가지 중요한 기여 사항은 다음과 같습니다.

5.7.1 Little과 Briaud (1988)가 제안한 단순 거듭제곱 법칙 (멱 법칙) 표현

Little과 Briaud (1988)는 변형률 축적에 대한 간단한 멱 법칙 표현을 제안했습니다.

$$\varepsilon_N = \varepsilon_1 N^m \tag{5.87}$$

여기서 ε_N는 N 사이클 이후의 변형률, ε_1은 첫하중 사이클에서의 변형률, m은 지반과 파일 매개변수, 설치 방법 및 하중 특성에 대한 의존성을 나타내는 상수입니다. Achmus 등 (2009)는 일반적인 모노파일에 대해 m = 0.136을 사용합니다.

5.7.2 Long과 Vanneste (1994)가 제안한 열화(degradation) 계산 방법

Long과 Vanneste (1994)는 34개의 서로 다른 하중 테스트 시나리오를 분석하여 결정된 지반 반응 계수의 열화를 계산하는 간단한 접근 방식을 제공하였습니다. 성능 저하는 다음과 같이 표현됩니다.

$$n_{hN} = n_{h1} N^{-t} \tag{5.88}$$

여기서 n_{hN}은 N 사이클의 하중후의 계수, n_{hl}첫 번째 사이클의 계수, t 는 성능 저하 파라미터로, 다음과 같이 계산할 수 있습니다.

$$t = 0.17 F_r F_i F_d \tag{5.89}$$

F_r, F_i, F_d 는 각각 반복 하중 비율, 파일 설치 방법 및 지반 밀도를 고려하는 매개 변수입니다. 단방향 하중 (F_r = 1.0)을 받는 중간 모래 (F_d = 1.0)에서 항타 말뚝 (F_i = 1.0)의 경우, 열화 매개변수는 t = 0.17입니다.

Long과 Vanneste(1994)는 분석의 기초가 되는 하중 테스트는 다음과 같다고 강조합니다.

분석은 대부분 50회 미만의 하중 주기에 대해 수행되었으며, 500회까지 진행된 테스트는 단 한 번뿐이었습니다. 이러한 결과를 50회 이상의 로드 사이클에 적용할 때는 주의가 필요하며, 로드 사이클이 102~108회 정도 예상되는 OWT 기반에는 적용하기 어렵다고 합니다. 또한 Long과 Vanneste (1994)는 가장 중요한 요소는 반복적 하중비 M_{min}/M_{max} 라고 지적하지만, 그들의 공식에서 지반 반응 계수의 감소는 순환 하중 크기에 명시적으로 의존하지 않습니다.

5.7.3 Lin과 Liao (1999)가 제안한 로그 방식

Lin과 Liao (1999)는 변형률 축적에 대한 로그 표현식을 제공합니다.

$$\varepsilon_n = \varepsilon_1[1 + t\ \ln(N)] \tag{5.90}$$

$$t = 0.032 L_P \sqrt[5]{\frac{n_h}{E_P I_P}} F_r F_i F_d \tag{5.91}$$

L_P는 말뚝의 근입 길이, F_r, F_i, F_d 는 각각 반복 하중비, 파일 설치 방법 및 지반 밀도를 고려하는 파라미터입니다. 단방향 하중으로 조밀한 모래에 파일을 항타하는 기본적인 경우, t=0.032L_P/T 여기서 $T = \sqrt[5]{(E_P I_P)/n_h}$ 는 파일/지반 상대 강성 비율이며, n_h 는 지반 반응 계수입니다. Lin과 Liao (1999)는 누적 변형률 계산을 위해 서로 다른 하중 수준의 하중을 단일 하중 케이스로 결합하는 방법론도 제시했는데, 이는 등가 누적 변형률 방법에 의해 모든 하중 사이클을 단일 하중 수준으로 변환함으로써 달성됩니다. 두 개의 하중이 있는 경우, 예를 들어 a와 b가 있고 성능 저하 매개변수로 t_a 및 t_b 가 있고 N_a 및 N_b를 각각 하중 주기 수로 사용하면 다음과 같습니다.

$$\varepsilon_{N(a+b)} = \varepsilon_{1b}[1 + t_b\, ln(N_b^* + N_b)] \tag{5.92}$$

여기서 N_b^* 은 다음과 같이 표현되는 성능 저하 매개변수 t_b의 관점에서 하중 a의 등가 하중 주기 수입니다.

$$N_b^* = e^{\frac{1}{t_b}\left[\frac{\varepsilon_{1a}}{\varepsilon_{1b}}(1+t_a ln(N_a))-1\right]} \tag{5.93}$$

5.7.4 Achmus 등(2009)이 제안한 강성 저하(stiffness degradation) 방법

Achmus 등 (2009)과 Kuo 등 (2012)은 실험실 테스트를 수행하여 강성 모노파일의 장기 머드라인 변형을 분석하기 위한 수치 모델링 절차를 개발했습니다. 이들의 강성 저하 방법에 따르면 주기적 하중으로 인한 소성 변형률의 증가는 지반의 탄성계수 E_S 의 감소로 해석할 수 있습니다.

$$\frac{\varepsilon_{p1}}{\varepsilon_{pN}} = \frac{E_{SN}}{E_{S1}} \tag{5.94}$$

여기서 $\varepsilon_{pN=1}$은 첫 하중 사이클에서의 소성 변형률, ε_{pN}은 N번째 사이클에서의 소성 변형률입니다.

탄성 계수에 대해서도 유사하게 계산합니다. 변형 축적을 위해 다음과 같은 반경험적 접근 방식이 사용됩니다.

$$\varepsilon_n = \frac{\varepsilon_1}{(N)^{-b_1 (x_c)^{b_2}}} \tag{5.95}$$

여기서, b_1, b_2 = 모델 매개변수

x_c = 0 에서1 범위의 특성 반복적 응력 비율

$$x_c = \frac{((\text{cyclic stress ratio at loading})\text{-}(\text{cyclic stress ratio at unloading}))}{(1\text{-}(\text{cyclic stress ratio at unloading}))} \quad (5.96)$$

예비 설계를 위한 기본 설계 차트는 파일 헤드 처짐에 대해 Achmus 등 (2009)에 제시되어 있으며, 회전은 이 논문에서 약간만 다루고 있습니다.

5.7.5 Leblanc 등 (2010)가 제안한 누적 회전 방법

Leblanc 등 (2010)은 모래의 강성 말뚝에 대한 테스트를 수행하여 머드라인에서 누적된 회전 측면에서 장기적인 거동을 평가했습니다. 이들의 테스트는 두 가지 주요 매개변수를 사용하였습니다.

$$\zeta_b = \frac{M_{max}}{M_R} \quad (5.97)$$

파일 M_R의 정적 모멘트 저항 지지력에 대한 하중의 크기를 나타냅니다. 값은 0과 1 사이 입니다.

$$\zeta_c = \frac{M_{\min}}{M_{\max}} \quad (5.98)$$

식 (5.98)은 반복 하중의 특성을 설명합니다. 값은 순수 양방향 하중의 경우 -1과 정적 하중의 경우 1이며, 0은 순수 단방향 하중입니다.

하중 테스트는 두 가지 상대 밀도 값인 R_d= 4%와 R_d= 38%로 수행되었습니다. 최대 65,000 사이클의 하중 후 누적된 기울기는 다음과 같은 형태인 것으로 나타났습니다.

$$\theta_N = \theta_0 + \Delta\theta(N) \quad (5.99)$$

$$\Delta\theta(N) = \theta_S T_b(\zeta_b, R_d) T_c(\zeta_c) N^{0.31} \quad (5.100)$$

여기서 R_d는 모래의 상대 밀도, θ_0 는 첫 번째 하중 사이클의 최대 하중에서의 회전, θ_S는 최대 반복 하중과 동일한 정적 하중에서의 파일 회전입니다. 함수 $T_b(\zeta_b, R_d)$ 및 $T_c(\zeta_c)$는 Leblanc 등(2010)의 그래프에 나와 있습니다. $T_c(\zeta_c)$에 대한 단편적 선형 근사치를 간단하게 사용할 수 있습니다.

$$T_c = \begin{matrix} 13.71\zeta_c + 13.71 & for & -1 \le \zeta_c < -0.65 \\ -5.54\zeta_c + 1.2 & for & -0.65 \le \zeta_c < 0 \\ -1.2\zeta_c + 1.2 & for & 0 \le \zeta_c < 1 \end{matrix} \tag{5.101}$$

마찬가지로, Leblanc 등 (2010) 따라서 $T_b(\zeta_b, R_d)$ 대한 방정식은 다음과 같이 두가지 R_d 값에 대해 주어질수 있습니다.

$$T_b = \begin{matrix} 0.4238\zeta_b - 0.0217 & for & R_d = 38\% \\ 0.3087\zeta_b - 0.0451 & for & R_d = 4\% \end{matrix} \tag{5.102}$$

5.7.6 Cuéllar (2011)가 수행한 하중 사례 시나리오

Cuéllar(2011)는 강성 모노파일의 횡하중 테스트를 수행하여 5백만 하중 사이클에 대해 네 가지 하중 사례 시나리오를 실행했습니다. 분석의 목표는 변형률 축적의 질적 추세를 파악하고 말뚝의 주기적인 횡하중으로 인한 지반의 조밀화를 분석하는 것이었습니다. 연구 결과, 사이클 수에 대한 영구 변형 축적의 플롯은 세 가지 단순화된 곡선으로 근사화할 수 있다는 사실이 밝혀졌습니다.

1. 처음 약 10^4 사이클 동안 축적은 $\rho_1 = C_1 + C_2 \log(N)$ 형태의 로그 곡선을 따릅니다. 파일 주변의 조밀화로 인해 영구 변위가 빠르게 축적된 다음에는 안정화된 반복적 증폭 영역이 이어집니다.
2. 안정화된 반복적 진폭은 중간 영역의 특징으로, 축적이 $\rho_2 = C_3 + C_4 N$ 으로 대략 선형입니다.
3. 대략 10^6의 사이클 수에서 두 번째 변곡점 이후의 마지막 섹션은 $\rho_3 = C_5 N^{C6}$ 과 같이 파워 법칙 곡선으로 근사화할 수 있습니다.

누적 속도는 0으로 떨어지지 않는 것처럼 보이지만 누적 회전은 무한정 증가하는 것처럼 보입니다.

5.8 전체 시스템의 고유 주파수를 추정하는 이론

단순화된 계산에 사용할 수 있는 구조 모델은 그림 5.18에 나와 있습니다. 기초는 횡방향 K_L, 회전 K_R, 교차 K_{LR} 강성의 세 가지 스프링으로 표현됩니다. 타워는 길이당 등가 휨 강성과 질량으로 이상화할 수 있습니다. 두 가지 유형의 빔 이론을 사용할 수 있습니다. 오일러-베르누이 빔(Euler-Bernoulli beam) 이론과 개선된 티모셴코 빔(Timoshenko beam) 이론이 있으며, 편미분 방정식을 사용해야 합니다. 티모셴코 빔 이론은 전단 변형과 회전 관성의 효과를 설명합니다(그림 5.45 참조). 두 모델 모두에서 로터-나셀 어셈블리(RNA)는 질량 관성 모멘트를 가진 상단 헤드 질량으로 모델링됩니다.

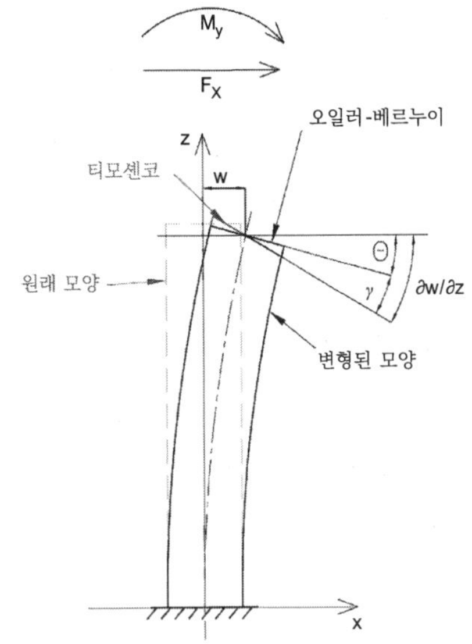

그림 5.45 티모셴코 빔: 회전 관성 및 전단 변형의 효과가 오일러- 베르누이 빔 모델에 추가됩니다.

5.8.1 로터-나셀 어셈블리 (Rotor-Nacelle Assembly, RNA)

RNA는 그림 5.18과 같이 질량 관성 모멘트 J 를 갖는 상단 헤드 질량 M_2로 모델링됩니다. 이러한 매개변수를 사용하여 타워의 운동에 대한 편미분 방정식 (Partial Differential Equations, PDE)의 경계 조건을 공식화할 수 있습니다. 또한 질량 M_2는 중력으로 인해 아래쪽을 향하는 힘 P를 발휘하며, 이는 타워를 따라 일정하다고 간주할 수 있습니다:

$$P = -M_2 g \tag{5.103}$$

타워의 자체 무게는 또한 아래 섹션에 축 방향 힘을 제공합니다.

$$F_{M3} = -mg(L-z) \tag{5.104}$$

여기서 m은 타워의 길이당 평균 질량이고, L은 타워의 높이이며, z는 타워를 따라 흐르는 좌표입니다. Adhikari와 Bhattacharya (2011)와 Blevins (1979, 36쪽)에서 제시한 대략적인 방법을 따릅니다:

$$P^* = -M_{corr}\, g = -(M_2 + C_M M_3)\, g \tag{5.105}$$

여기서 M_{corr}은 보정된 질량, M_2는 나셀의 질량, M_3은 타워의 질량, P^*는 수정된 일정한 축력입니다. 캔틸레버 빔의 질량 보정 계수 $C_M = 33/140 \approx 0.24$는 이며 Blevins(1979)에 나와 있습니다. 유연한 기초에 대한 질량 보정 계수는 Adhikari와 Bhattacharya(2012)에서 도출되었습니다. 이 식은 식 (5.45)에 주어진 비차원 변수를 사용합니다.

$$C_M = \frac{3}{140} \cdot \frac{11\eta_R^2\eta_L^2 + 77\eta_L^2\eta_R + 105\eta_R^2\eta_L + 140\eta_L^2 + 420\eta_L\eta_R + 420\eta_R^2}{9\eta_R^2 + 6\eta_R^2\eta_L + 18\eta_R\eta_L + \eta_R^2\eta_L^2 + 6\eta_L^2\eta_R + 9\eta_L^2} \quad (5.106)$$

5.8.2 타워 모델링

일반적으로 빔이 가느다란 경우 회전 관성의 효과(Rayleigh beam)를 고려하여 개선할 수 있는 간단한 오일러-베르누이 빔 모델을 사용할 수 있습니다. 일반적으로 길이 대 직경 비율이 약 20보다 크면 기둥을 가느다란 빔으로 간주하고, 비율이 10보다 작으면 단주로 간주할 수 있으며, 이 경우 티모셴코 빔 이론이 필요합니다.

5.8.3 오일러-베르누이 빔 - 운동 방정식 및 경계 조건

운동 방정식은 다음과 같이 쓸 수 있습니다.

$$\frac{\partial^2}{\partial z^2}\left(EI(z)\frac{\partial^2 w(z,t)}{\partial z^2}\right) + m(z)\frac{\partial^2 w(z,t)}{\partial t^2} + \frac{\partial}{\partial z}\left(P^*\frac{\partial w(z,t)}{\partial z}\right) = p(z,t) \quad (5.107)$$

여기서 $w(z, t)$는 t 시점의 단면 z에서 보의 병진 처짐, $EI(z)$는 단면 z에서 보의 휨 강성, $m(z)$는 단면 z에서 보의 길이당 질량, P^*는 타워 상단의 일정하고 보정된 집중 질량(lumped mass), $p(z, t)$는 임의의 분포된 힘입니다. 다음에서는 등가 휨 강성과 길이당 일정한 질량(constant mass) 을 가정하고, z에 대한 미분은 $\dot{w}(z, t)$라는 표기를 도입하고, 공간 및 시간 의존성에 대한 명시적인 표기를 생략하고, 변수를 분리하여 조화 해를 가정합니다. 경계 조건은 유연한 기초(K_L, K_R, K_{LR})와 집중 질량 및 관성(M_2, J)을 고려하여 결정됩니다. 경계 조건에 대한 자세한 내용은 Adhikari와 Bhattacharya(2011), Arany 등(2016), Arany 등(2015a,b)를 참고하시기 바랍니다. 일부 세부 사항은 부록 A에서 C에 제공됩니다.

5.8.4 티모셴코 빔 공식

고전적인 오일러-베르누이 빔 이론은 전단 변형 및 회전 관성의 효과를 포함하지 않으며, 이는 단주에 포함되어야 합니다. 이 분석은 더 단순한 빔 모델과의 비교를 위해 풍력 터빈 타워에 대해 수행되었으며 슬림 빔 근사치가 적절한지 조사하기 위해 수행되었습니다. 티모센코가 도출한 운동 방정식은 다음과 같이 두 가지 방정식으로 작성할 수 있습니다.

$$
\begin{aligned}
&-GkA\left(\frac{\partial^2 w(z,t)}{\partial z^2}-\frac{\partial\Theta(z,t)}{\partial z}\right)+\rho A\frac{\partial^2 w(z,t)}{\partial t^2}=p(z,t)\\
&EI\frac{\partial^2\Theta(z,t)}{\partial z^2}+GkA\left(\frac{\partial^2 w(z,t)}{\partial z^2}-\frac{\partial\Theta(z,t)}{\partial z}\right)-I\rho\frac{\partial^2\Theta(z,t)}{\partial t^2}=0
\end{aligned}
\tag{5.108}
$$

여기서 $w\,(z,\,t)$는 시간 t의 좌표 z에서 x 방향으로의 횡방향 변위, ρ는 타워의 재료 밀도, A는 단면의 면적 $A=(D_{outer}{}^2 - D_{inner}{}^2)\pi/4$, k는 티모센코 전단 계수, G는 전단 계수, $p\,(z,\,t)$는 외력, EI는 타워의 휨 강성, E는 탄성 계수, $I=(D_{outer}{}^4 - D_{inner}{}^4)\pi/64$ 는 단면의 면적 관성 모멘트, $\Theta(z,t)$ 는 순수 휨에 의한 각도입니다. 이 두 방정식은 하나로 변환할 수 있습니다. 여기서 고유 주파수는 0으로 간주합니다.

$$
EI\frac{\partial^4 w(z,t)}{\partial z^4}-\left(\frac{\rho EI}{Gk}+\rho I\right)\frac{\partial^4 w(z,t)}{\partial z^2\partial t^2}+\frac{\rho^2 I}{Gk}\frac{\partial^4 w(z,t)}{\partial t^4}+\rho A\frac{\partial^2 w(z,t)}{\partial t^2}=0 \tag{5.109}
$$

변수를 분리하고 조화 해법을 가정하면 아래와 같습니다.

$$
\underset{I\cdot}{EI\frac{\partial^4 W(z)}{\partial z^4}}+\underset{II\cdot}{\omega^2\frac{\rho EI}{Gk}\frac{\partial^2 W(z)}{\partial z^2}}+\underset{III\cdot}{\omega^2\rho I\frac{\partial^2 W(z)}{\partial z^2}}+\underset{IV\cdot}{\omega^4\frac{\rho^2 I}{Gk}W(z)}+\underset{V\cdot}{\omega^2\rho AW(z)}=0
$$

I. 전단력: 오일러-베르누이 빔 이론에 포함됩니다.
II. 전단 변형: 티모센코 빔 이론에 포함됩니다. 전단 변형을 방정식에서 제외하려면 G→∞로 설정하면 됩니다.
III. 회전 관성: 라일리 빔(Rayleigh beam) 이론에 포함됩니다. 회전 관성을 무시한 경우 ρI를 포함하는 용어는 0으로 설정해야 합니다.
IV. 전단 변형과 회전 관성 사이의 결합 항: 두 가지 효과가 모두 포함되어 있을때만 존재합니다.
V. 가속도에 의한 힘: 오일러-베르누이 빔 이론에 포함됩니다.

비차원 변수 $\xi = z/L$ 를 사용하고 축 방향 하중을 통합하면 다음 방정식을 작성할 수 있습니다.

$$
\begin{aligned}
&\underset{I\cdot}{\frac{EI}{L^4}\frac{\partial^4 W(\xi)}{\partial \xi^4}}+\underset{II\cdot}{\omega^2\frac{\rho IE}{L^2 Gk}\frac{\partial^2 W(\xi)}{\partial \xi^2}}+\underset{III\cdot}{\omega^2\frac{\rho I}{L^2}\frac{\partial^2 W(\xi)}{\partial \xi^2}}+\underset{IV\cdot}{\omega^4\frac{\rho^2 I}{Gk}W(\xi)}-\underset{V\cdot}{\omega^2\rho AW(\xi)}\\
&\quad=\frac{1}{L}\frac{\partial}{\partial x}\left(\frac{F_C(\xi)}{L}\frac{\partial W(\xi)}{\partial \xi}\right)\\
&F_C(\xi)=-P-\rho gAL(1-\xi)
\end{aligned}
\tag{5.110}
$$

여기서 $F_C(\xi)$는 각 단면의 압축력입니다.

$$W^{IV} + \left(\frac{P^*L^2}{EI} + \frac{\omega^2\rho IL^2}{EI} + \frac{\omega^2\rho L^2 EI}{EIGk}\right)W'' + \left(\frac{\omega^4\rho^2 IL^4}{EIGk} - \frac{\omega^2\rho AL^4}{EI}\right)W = 0 \quad (5.111)$$

비차원 매개변수는 Arany 등 (2016)이 이 연구하기 위해 사용했으며 표 5.16에 나와 있습니다. 일반적인 값의 범위(4개의 풍력 터빈을 기준으로 추정)도 표 5.16과 5.18에 나와 있습니다.

위에 제시된 비차원 수치는 4개의 해상풍력 터빈에 대해 결정되었으며, 측정 및/또는 추정 고유 주파수는 문헌에서 구할 수 있습니다. 주파수 추정에 필요한 정보는 표 5.17에, 비차원 변수는 표 5.18에, 제안한 모델의 결과는 표 5.18에서 이용 가능한 값과 비교했습니다. 근사치는 기초가 무한히 단단하더라도 (고정 기반 고유 주파수) Lely A2 풍력 발전 단지를 제외하고는 고유 주파수를 과소 평가하는 경향이 있습니다. 이 모델은 문헌에 나와 있는 두께 범위와 타워의 질량을 기반으로 결정된 타워의 일정한 평균 두께를 사용한다는 점에 유의해야 합니다. 실제 타워는 하부쪽 벽이 두껍고 상부쪽 벽이 얇은 경향이 있으며, 이는 일정한 두께에 비해 타워의 고유 주파수를 증가시킵니다. 고유 주파수가 선택한 벽 두께에 매우 민감한 것으로 밝혀졌으므로 이 매개변수가 과소평가의 원인일 수 있습니다. 이 외에도 감쇠(지반, 구조, 공기역학, 유체역학), 길이, 지반 파라미터 및 기초 강성, 지지 구조 연결의 유연성, 질량 관성 모멘트 등 많은 불확실성 요인이 있습니다. (표 5.19)

표 5.16 비차원 그룹: 정의 및 실제 범위

차원 없는 그룹	공식	일반적인 값
비차원 횡방향 강성	$\eta_L = \frac{K_L L^3}{EI}$	2,500-12,000
비차원 회전 강성	$\eta_R = \frac{K_R L}{EI}$	25-80
비차원 교차 강성	$\eta_{LR} = \frac{K_{LR} L^2}{EI}$	(-515) to (-60)
비차원 축 방향 힘	$v = \frac{P^* L^2}{EI}$	0.005 – 0.1
질량 비율	$\alpha = \frac{M_2}{M_3}$	0.75 – 1.2
비차원 회전 관성	$\beta = \frac{J}{mL^2}$	a)
비차원 전단 파라미터	$\gamma = \frac{E}{Gk}$	~ 4.5 (for steel tubular towers)
비차원 회전 반경	$\mu = \frac{r}{L}$	0.008 – 0.025

주파수 스케일링 파라미터	$c_0 = \sqrt{\frac{EI}{M_3 L^3}}$	~1 - 5
비차원 회전 주파수	$\Omega_k = \frac{\omega_k}{c_0} = \omega_k \sqrt{\frac{M_3 L^3}{EI}}$	-

K_L, K_R, K_{LR}은 각각 기초의 수평, 회전 및 교차 강성, EI는 테이퍼드 타워의 등가 휨 강성, L은 타워의 높이, P^*는 수정된 축력(식 5. 105 참조), M_2는 총 상단 질량(블레이드, 허브, 나셀 등), M_3은 타워의 질량, J는 회전 관성입니다. m은 타워의 길이당 등가 질량, $r = \sqrt{I/A}$ 타워의 회전 반경입니다. ω_k는 타워의 k번째 고유 주파수입니다.

a) 회전 관성은 참고 문헌을 참고할 수 없으므로 고려되는 모든 풍력 터빈에 대해 0으로 간주합니다.

표 5.17 주파수 추정에 필요한 정보

풍력 터빈	Lely A2: NM41 2엽, 500kW 터빈 연구 목적	노스 호일 베스타스 V80 2MW 산업용 풍력 터빈	아이린 보링크 600kW 연구용 풍력 터빈	월니 1 지멘스 SWT-3.6-107 3.6 MW 산업용 풍력 터빈
등가 굽힘 강성 – EI (GNm)	22	133	21.5	274
타워 재료의 탄성 계수 - E (GPa)	210	210	210	210
타워 재료의 전단 계수 - G (GPa)	79.3	79.3	79.3	79.3
타워 높이 - L (m)	41.5	70	51	83.5
바닥 직경 - D_b (m)	3.2	4.0	3.5	5.0
상단 직경 - D_t (m)	1.9	2.3	1.7	3.0
타워 벽 두께 범위 - t (mm)	~12	~35	…..14	20.80
횡방향 기초 강성 - K_L (GN/m)	0.83	3.1 ……3.5	0.76	3.65
회전 기초 강성 – K_R (GNm/rad)	20.6	33.8…62.1	15.5	254.3
크로스 커플링 기초 강성 - K_{LR} (GN)	-2.22	-1.71	-2.35	-20.1
상단 질량(로터-나셀조립) - M_2(kg)	32,000	100,000	35,700	234,500
타워 질량 - M_3 (kg)	31,440	130,000	31,200	260,000
평균 벽 두께 - t (h) (mm)	12	35	11	40
전단 계수 – k (-)	0.5328	0.5328	0.5326	0.5327

표 5.18 비차원 매개변수

풍력 터빈	Lely A2	노스 호일	아이린 보링크	월니 1
비차원 매개변수				
비차원 측면 강성 - η_L	2 698	11 775	5 880	7 763
비차원 회전 강성 - η_R	38.88	28	39.64	77.49
비차원 크로스 커플링 강성 - η_{LR}	−174	−63	−284	−511.7
비차원 축 방향 힘 ν	0.033	0.011	0.030	0.043
질량 비율 α	1.018	0.760	1.144	0.9
비차원 회전 관성β	0	0	0	0
주파수 스케일링 매개변수 - c_0	3.130	1.323	2.035	1.345 4
비차원 회전 반경 μ	0.021 4	0.016 1	0.017 95	0.016 8
비차원 전단 매개변수 γ	4.970	4.970	4.970	4.97

표 5.19 빈도 결과

풍력 터빈	Lely A2	노스 호일	아이린 보링크	월니 1
자연 주파수 결과				
측정값 - f_m (Hz)	0.634	N/A	0.546	0.35
생성된 결과 - f_S (Hz)	0.740	0.345	0.457	-
현재 연구 (오일러-베르누이) - f_{E-B}(Hz) (오류 [%])	0.735 (15.9%)	0.345 (N/A)	0.456 (16.5%)	0.331(5.9%)
현재 연구 (티모셴코) - f_T (Hz) (오류[%])	0.734 (15.8%)	0.345 (N/A)	0.456 (16.5%)	0.331(5.9%)
고정 기반 주파수 (무한히 단단한 기초)	0.765	0.364	0.475	0.345

5.8.5 고유 주파수 대 기초 강성 곡선

그림 5.46은 두 개의 비차원 강성(η_L 및 η_R)과 다양한 교차 결합 강성(K_{LR}) 값에 대한 상대 주파수 간의 관계를 그래프로 표시합니다. 이 그래프에서 교차 스프링 강성이 증가함에 따라 OWT가 커브의 고경사 영역에 더 가까워진다는 결론을 내릴 수 있습니다. 이러한 상황에서 강성 파라미터의 변화는 고유 주파수의 더 큰 변화를 가져옵니다. 그림 5.47-5.49에서는 세 가지 강성 파라미터에 대한 상대 주파수 수치에 동일한 4개의 터빈이 배치되어 있습니다. 각 선 스타일은 주어진 OWT의 상대 주파수 곡선을 나타내며, 각 터빈에 대한 곡선의 추정 값도 표시

됩니다. 일반적으로 각 파라미터에 대한 고유 주파수의 민감도는 추정 강성 값에서 곡선의 기울기로 특징 지을 수 있습니다.

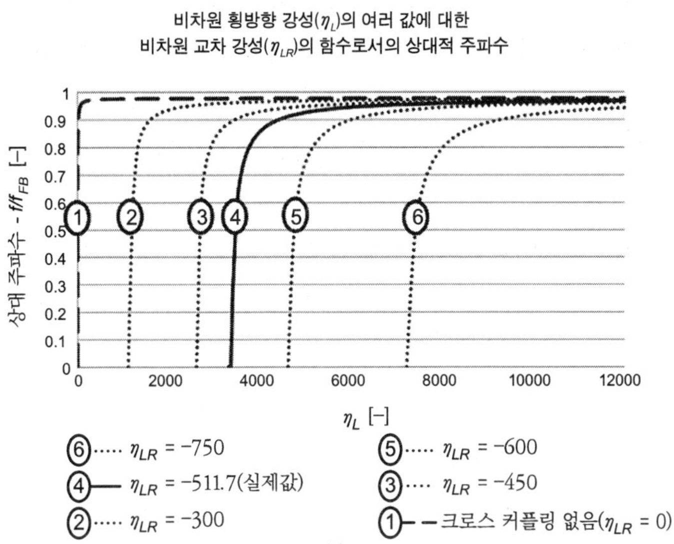

(a)

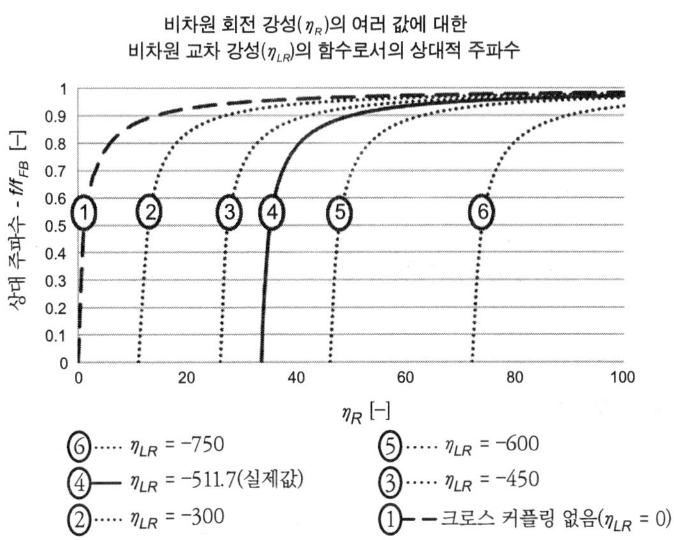

(b)

그림 5.46 (a) 비차원 횡강성, (b) 비차원 회전 강성의 여러 값에 대한 비차원 교차 강성의 함수로서의 상대 주파수

SSI 분석의 주요 목적 중 하나는 터빈 작동 중 지반 매개변수 변화의 영향, 즉 반복적인 주기적 하중으로 인해 지반이 연화되거나 경직될 경우 주파수가 얼마나 변하는지를 연구하는 것입니다. 이러한 기초 강성의 변화는 소규모 테스트에서 보고된 바 있으며, Hornsea 기상탑 계

측기 트위스트 재킷 기초의 경우 관찰되었습니다. 이 연구를 통해 몇 가지 설계 포인트를 추론할 수 있습니다.

- 설계 관점에서 비차원 강성 값은 주파수 함수가 평탄해지는 특정 영역, 즉 기초 강성의 변화가 고유 주파수에 거의 영향을 미치지 않는 영역이 있다는 점에 유의하는 것이 중요합니다. 설계자는 터빈의 수명 동안 강성 파라미터가 변경되더라도 고유 주파수에 큰 영향을 미치지 않도록 타워 강성(EI) 및 기초 강성(K_L, K_R, K_{LR})을 안전 영역에 유지하도록 선택할 수 있습니다.
- 구조물은 횡강성(K_L)에 상대적으로 민감하지 않으며 가장 중요한 요소는 회전 강성 (K_R) 일을 알 수 있습니다. 일반적으로 기초의 회전 강성 변화는 고유 주파수의 변화의 가장 큰 원인이라는 결론을 내릴 수 있습니다.
- 교차 강성(K_{LR})도 중요한 영향을 미치므로 무시해서는 안 됩니다.

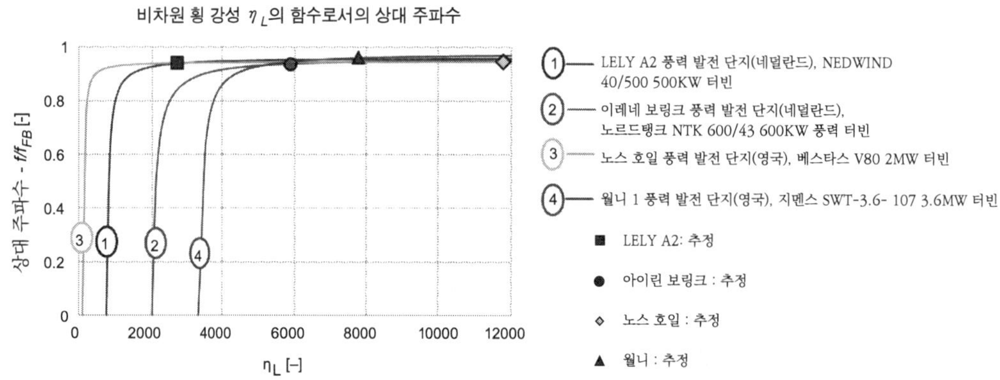

그림 5.47 비차원 횡 강성의 함수로서의 상대 주파수

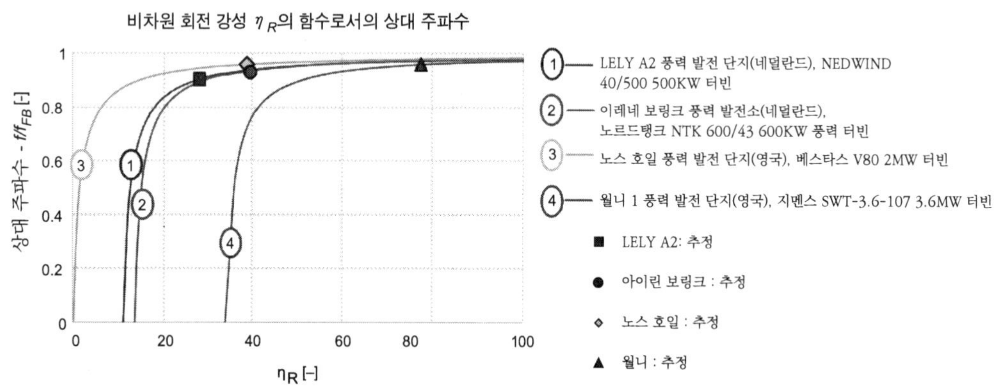

그림 5.48 비차원 회전 강성의 함수로서의 상대 주파수

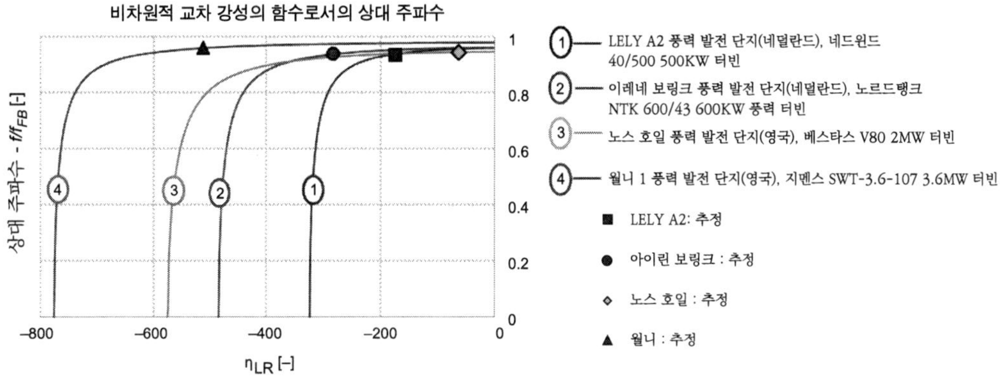

그림 5.49 비차원 교차 강성의 함수로서 상대 주파수

5.8.6 SSI의 미시 역학적 이해

독자들은 모노파일-지반 상호작용의 이산 요소(discrete element) 모델링에 대해 연구한 Cui와 Bhattacharya(2017)와 Lopez Querol 등(2017)의 연구를 참고하시기 바랍니다.

챕터 요약 및 학습 포인트

1. SSI는 풍력 터빈 시스템의 장기적인 성능을 관리합니다. 모노파일 기초에 영향을 미치는 문제는 극심한 바람과 파도 하중, 주기적 및 동적 하중, 지반 침식입니다.
2. 풍력 터빈 시스템의 고유 주파수 변화는 기초 시스템의 선택, 즉 깊은 기초 또는 얕은 기초에 여러 개의 포드에 의해 영향을 받을 수 있습니다. 모노파일과 같은 깊은 기초는 처음 두 모드의 간격이 넓어 스웨이-벤딩 모드가 나타납니다. 그러나 얕은 기초(예: 석션 케이슨의 테트라포드 또는 삼각대)에서 지원되는 다중 포드 기초는 두 가지 주요 평면에서 흔들림 모드를 나타냅니다.
3. 풍력 터빈 시스템의 고유 주파수는 반복되는 주기적/동적 하중에 따라 변화합니다. 변형 경화(strain-hardening) 부지(예: 느슨하거나 중간 조밀한 사질토 부지)의 경우 고유 주파수가 증가하고, 변형 연화(strain-softening) 부지(예: 정규 압밀 점토)의 경우 고유 주파수가 감소할 것으로 예상됩니다.
4. 흔들림 모드의 진동으로 인해 멀티포드 기초(삼각대/테트라포드)의 경우 두개의 피크 응답, 즉 두 개의 주파수 간격이 밀접한 응답이 발생합니다.

6.
간소화된 수기 계산

DESIGN OF FOUNDATIONS FOR OFFSHORE WIND TURBINES

6. 간소화된 수기 계산

학습 목표

1. 이 장의 목적은 2장과 5장에 제시된 방법을 기반으로 기초 설계의 다양한 측면과 관련된 수기 계산을 수행하는 것입니다.
2. 유한 요소 계산을 교차 확인해야 하는 경우가 종종 있습니다. 이 장에 제시된 방법은 이러한 목적으로 사용할 수 있습니다.
3. 프로젝트의 재정적 실행 가능성을 확인하려면 값비싼 수치 모델링에 의존하지 않고도 기초의 규모를 빠르게 추정해야 합니다. 이 장에 제시된 계산은 이러한 목적에 도움이 될 것입니다.

6.1 일반적인 설계 프로세스의 흐름도

다양한 요소를 강조하는 설계 프로세스를 조감도로 살펴볼 필요가 있는 경우가 많습니다. 그림 6.1은 기초 설계의 일반적인 순서도를 보여줍니다. 기초 설계의 주요 구성 요소는 다음과 같습니다:

(a) 다양한 시나리오에서 기초에 가해지는 하중

(b) 현장 조사(지반조사 보고서)

(c) 설계 기준

이 장에서는 다음과 같은 예제를 제공합니다:

1. 터빈의 목표 주파수
2. 세 가지 유형의 방법을 사용한 모노파일 기초의 강성: 단순화, 표준 및 고급 방법
3. 모노 케이슨의 강성
4. 스프레드시트 형식의 프로그램을 사용하여 모노파일 기초의 하중 예측
5. 모노파일 지지형 풍력 터빈의 고유 주파수
6. 모노파일 풍력 터빈 설계
7. 재킷형 풍력 터빈 시스템 설계
8. 스파 부이형 풍력 터빈 설계

이 장의 목적은 다양한 개념에 대한 몇 가지 예시 문제를 제시하는 것입니다.

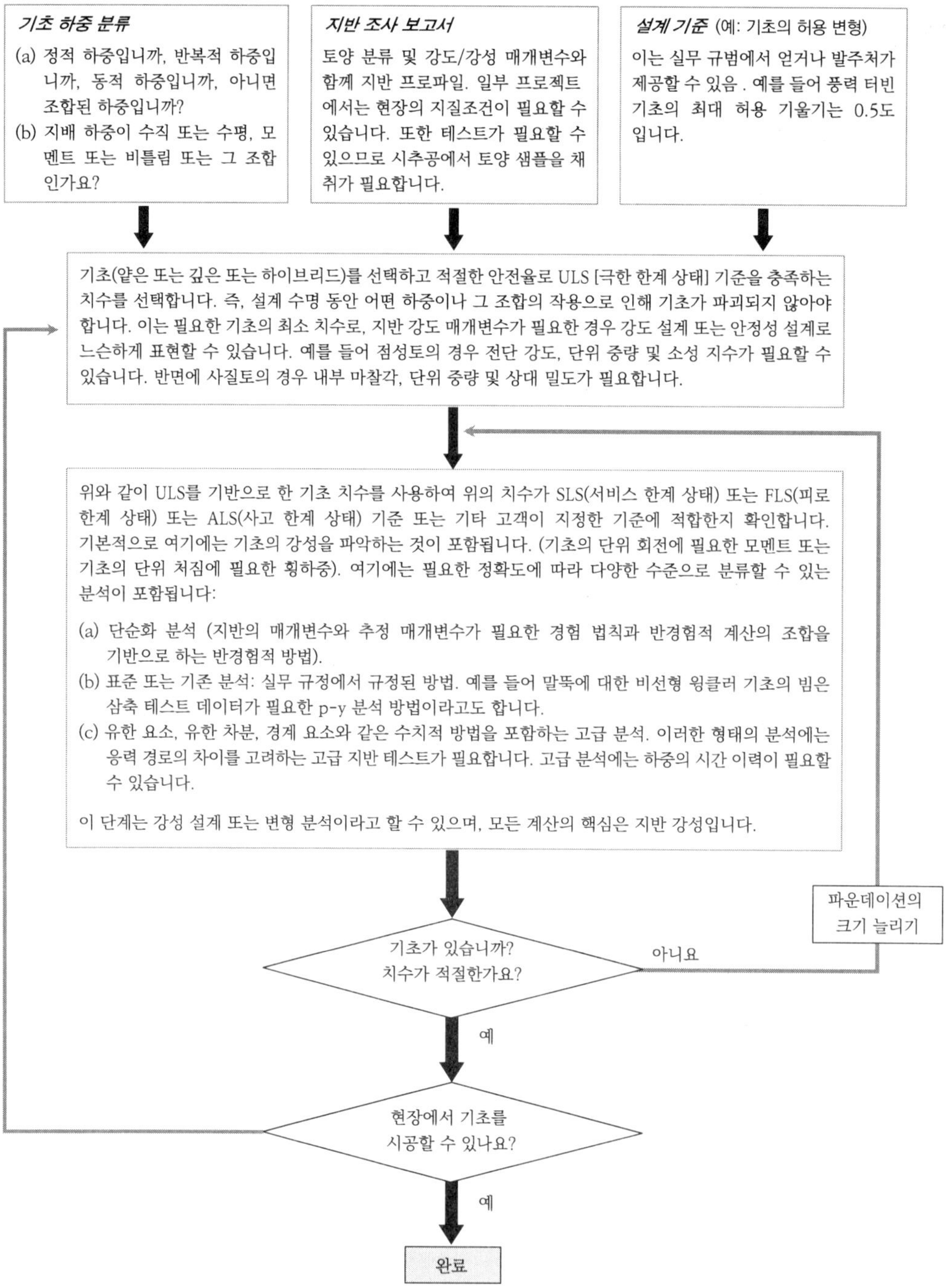

그림 6.1 설계 프로세스의 순서도

6.2 목표 주파수 예측

예제 6.1 중국해의 SWT-4-130 터빈 목표 주파수

독자들은 이론적 측면에 대해서는 2장을 참조하시기 바랍니다. 계산에는 바람 및 파도 스펙트럼을 구성하고 로터 주파수(1P) 범위에 대한 정보를 사용하는 것이 포함됩니다. 푸젠 핑탄 다롄 섬(Fujian Pingtan Dalian Island)에 제안된 풍력 발전 단지를 예로 들었습니다(위치는 그림 6.2 참조).

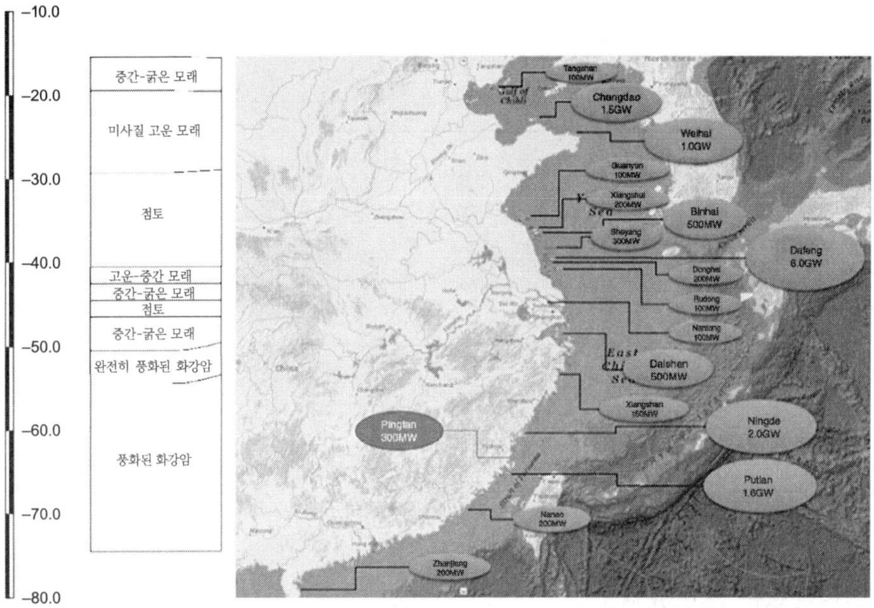

그림 6.2 핑탄 풍력 발전 단지의 일반적인 지형과 위치 [사진 제공: Yupei Huang ZEPDI]

이 300MW 해상풍력 터빈 단지에는 4MW 용량의 터빈이 설치됩니다. 표 6.1은 목표 주파수를 추정하는 데 사용된 데이터를 요약한 것입니다.

표 6.1 터빈의 속성 및 사이트 특성

터빈 특성	3엽 블레이드 수평축 피치 제어 방식 4MW 터빈(지멘스 SWT-4-130) ; 100톤 로터로 구성된 총 240톤의 RNA 질량; 130m 로터, 1P범위(5-14RPM)
사이트 특성(바람)	허브 레벨의 평균 풍속은 9.3m/s, 극한 풍속(50년 재현주기)은 48m/s, 터빈 강도(10%)
사이트 특성(파도)	설계 파고(10m) 및 최대 파도 주기는 10.5s, 수심은 28m입니다.
컷인 및 컷아웃 풍속	컷인 풍속 3~5m/s 및 컷아웃 풍속 32m/s, 11-12m/s에서 공칭 전력

그림 6.3은 카이말(Kaimal) 스펙트럼을 사용한 바람 스펙트럼과 존스왑(JONSWAP) 스펙트럼을 사용한 파도 스펙트럼을 도식화한 것이며, 공식은 2장에 나와 있습니다. 스펙트럼 추정치에 대한 자세한 계산은 웰니 풍력 발전소의 예를 들어 2장에서 설명하였습니다. 또한 그림에는 1P(회전 주파수 범위)와 3P(블레이드 통과 주파수)가 있습니다. 이 중국 연안 지역에는 JONSWAP 스펙트럼이 적용되지 않을 수 있으며, 지역별로 특화된 스펙트럼이 필요합니다. 그러나 그러한 정보가 없는 경우, 방법론의 적용을 보여주기 위해 JONSWAP을 사용했습니다.

그림 6.3을 보면 1P의 상한과 3P의 하한 사이의 간격이 좁기 때문에 소프트-강성 설계에서는 목표 주파수를 선택하기가 어렵습니다.

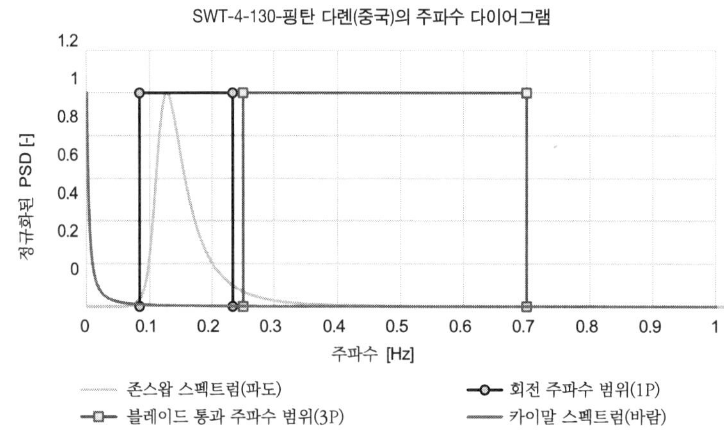

그림 6.3 주파수 다이어그램

이 좁은 간격의 값은 1P와 3P의 10% 이내이므로 DNV 가이드라인에 부합하지 않습니다. 이러한 경우 공학적 판단이 필요하며, 설계 수명 동안 피로 손상을 가장 적게 유발하는 목표 주파수가 무엇인지 판단하는 것이 기본 원칙입니다. 따라서 제어 시스템 설계(특정 1P 주파수 도약)를 통해 피로 하중 완화 조치를 수행하거나 피로 손상을 고려한 구조부 설계가 필요합니다. 파도 하중은 1P 및 3P보다 몇 배 이상 큰 에너지량을 가지므로 파도 주파수를 피할 필요가 있습니다. 이 경우 0.25에서 0.35 사이의 목표 범위가 허용될 수 있습니다.

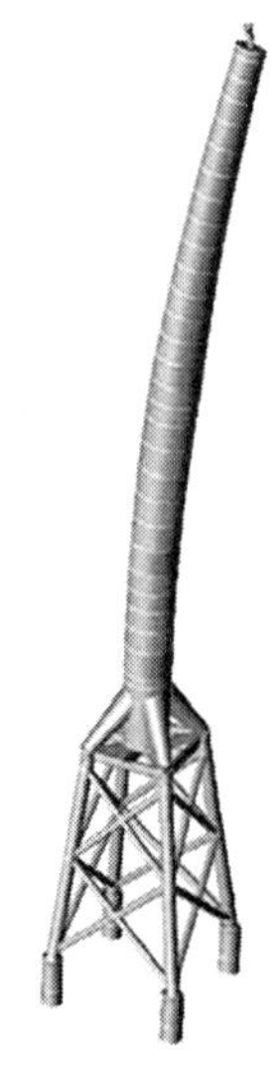

그림 6.4 지지 구조의 구조 모델
(출처: 사진 제공: Yu 박사)

지반 조건은 그림 6.2에 나와 있습니다. 이 시나리오에서 적합한 설계는 길고 가느다란 파일에 재킷을 씌우는 것입니다. 옵션 설계 중 하나는 40m 높이에 네개의 파일로 지지하는 재킷을 제시하고 있습니다. 재킷은 상단 14m× 14m, 하단 26m×26m 대칭으로 펼쳐져 있습니다. 파일은 직경 3m의 강철 관 모양이며, 길이 50m의 구조 모델은 그림 6.4에 나와 있습니다.

6.3 모노파일의 강성 및 적용 분야

기초 강성을 추정하기 위해 다음 방법이 사용됩니다:

간소화된 방법 기초 강성에 대한 폐쇄형 솔루션은 간단한 지반 프로파일에 대해 얻을 수 있습니다. 스프레드시트 프로그램이나 간단한 계산기를 사용하여 계산할 수 있으며 일반적으로 몇 분 밖에 걸리지 않습니다. 이 방법은 예비 설계와 최적화 단계 또는 재무 타당성 조사에 유용합니다.

표준 방법 이 방법에서 파일-지반 상호 작용은 다양한 설계 표준에서 사용할 수 있는 *p-y* 곡선을 통해 스프링 강성을 얻는 이산 윙클러 스프링 세트로 표현됩니다. 표준 소프트웨어는 합리적인 비용으로 해석을 수행할 수 있으며 해석을 수행하는 데 몇 시간 밖에 걸리지 않습니다. 복잡한 지반 프로파일을 분석할 수 있습니다. 기본적인 지반 매개변수 정도만 필요하며 반복 하중의 영향은 경험적으로 고려됩니다.

고급 방법 이러한 방법은 연속체 모델이며 고급 3D 유한 요소(FE) 소프트웨어 패키지 또는 프로그램이 필요합니다. 이러한 패키지는 비용이 많이 들고 컴퓨팅 성능이 요구되며 시뮬레이션을 수행하려면 숙련된 엔지니어가 필요합니다. 그러나 이러한 모델은 다목적이며 복잡한 지반 프로파일과 다양한 구성 관계를 가진 모든 유형의 지반을 모델링할 수 있습니다. 반복적인 하중을 가할 수도 있고 과잉 간극 수압 축적도 고려할 수 있습니다.

예제 6.2 폐쇄형 솔루션을 사용한 모노파일의 강성 추정

그림 6.5는 깊이에 따른 지반의 강성 변화와 폐쇄형 솔루션을 사용할 때 가능한 이상화를 보여줍니다. 이 예는 모노파일의 직경이 4.7m, 길이가 38m, 평균 벽 두께가 94mm인 건플리트(Gunfleet) 모래 현장의 프로파일을 그대로 따릅니다. 그림에서 볼 수 있듯이 포물선형 프로파일은 제시된 지반 프로파일에 대한 이상화로서 적합한 것으로 보입니다. 또한 상층의 지반 강성이 낮기 때문에 이 파일은 단단한 파일로 작동할 것이 분명합니다. 따라서 기초 강성은 포물선형 지반 프로파일에서 강성 말뚝의 폐쇄형 솔루션을 사용하여 추정합니다.

5장에서 제시한 공식을 바탕으로 세 가지 기초 강성 항을 구할 수 있습니다. Shadlou와

Bhattacharya (2016)가 제시한 공식을 사용하여 K_L, K_R, K_{LR} 을 구할 수 있습니다.

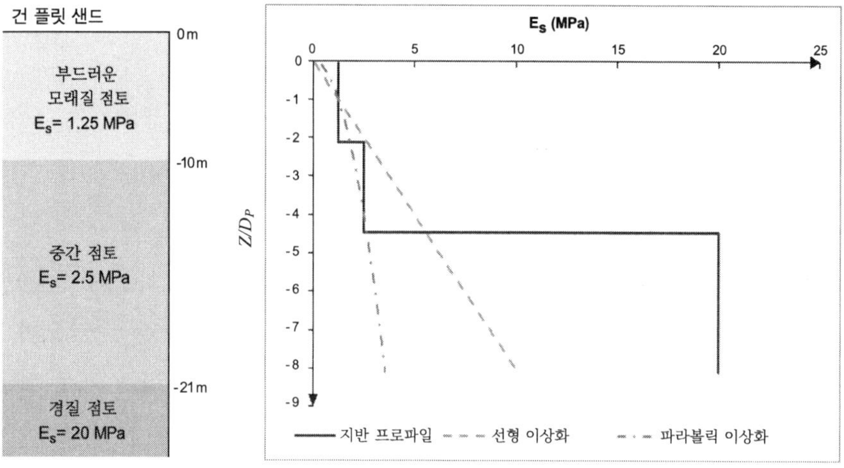

그림 6.5 지반 프로파일

푸아송 비는 0.4이고 $1D_P$ 직경에서의 강성은 1.25MPa라고 가정합니다.

$$^{*}f_{(vs)} = 1 + 0.6|\upsilon_s - 0.25| = 1 + 0.6|0.4 - 0.25| = 1.09$$

$$\begin{aligned} K_L &= 2.65\left(\frac{L}{D_P}\right)^{1.07} f_{(vs)} E_{SO} D_P = 2.65\left(\frac{38}{4.7}\right)^{1.07} \times 1.09 \times 1.25 \times 4.7 \\ &= 158.81 \text{ MN/m} \\ K_{LR} &= -1.8\left(\frac{L}{D_P}\right)^{2} f_{(vs)} E_{SO} {D_P}^2 = -1.8\left(\frac{38}{4.7}\right)^{2} \times 1.09 \times 1.25 \times 4.7^2 \\ &= -3541.41 \text{ MN} \\ K_R &= 1.63\left(\frac{L}{D_P}\right)^{3} f_{(vs)} E_{SO} {D_P}^3 = 1.63\left(\frac{38}{4.7}\right)^{3} \times 1.09 \times 1.25 \times 4.7^3 \\ &= 121863\text{MNm/rad} = 121.86\text{GNm/rad} \end{aligned} \tag{6.1}$$

변형 예측을 위한 기초 강성 조건의 적용

(1) 이러한 K_L, K_R, K_{LR} 값을 사용하여 풍력 터빈 시스템의 고유 주파수를 구할 수 있습니다. 예제 6.5는 방법론의 단계별 적용을 보여줍니다.

(2) 서비스 한계 상태(SLS) 요구 사항의 경우 변형을 예측해야 합니다. 특정 하중 사례를 가정

하여, 파일에 가해지는 파일 헤드의 횡하중은 3.55MN(즉, H=3.55MN)이고 최대 전도 모멘트는 165MNm(즉, M=165MNm)입니다. 강성 추정치를 사용하고 하중-처짐 및 모멘트-회전 관계의 선형성을 가정하면 파일 헤드 처짐 및 회전은 다음과 같습니다. (그림 6.6 참조).

$$\begin{bmatrix} H \\ M \end{bmatrix} = \begin{bmatrix} K_L & K_{LR} \\ K_{LR} & K_R \end{bmatrix} \begin{bmatrix} \rho \\ \theta \end{bmatrix} \Rightarrow \begin{bmatrix} \rho \\ \theta \end{bmatrix} = \begin{bmatrix} K_L & K_{LR} \\ K_{LR} & K_R \end{bmatrix}^{-1} \begin{bmatrix} H \\ M \end{bmatrix}$$

$$\begin{bmatrix} K_L & K_{LR} \\ K_{LR} & K_R \end{bmatrix}^{-1} \begin{bmatrix} H \\ M \end{bmatrix} = \begin{bmatrix} 158.81 & -3541.41 \\ -3541.41 & 121863 \end{bmatrix}^{-1} \begin{bmatrix} 3.55 \\ 165 \end{bmatrix} = \begin{bmatrix} 0.154\,\text{m} \\ 0.00575\,\text{rads} \end{bmatrix}$$

0.00575 rad는 0.329° 로, 구조물의 의도된 성능과 비교할 수 있습니다. 위의 계산은 스프레드시트 프로그램이나 포켓 계산기를 사용하여 쉽게 수행할 수 있습니다.

예제 6.3 표준 및 고급방법에 의한 모노파일 강성(K_L, K_R, K_{LR}) 계산

문제 설명은 그림 6.6에 개략적으로 설명되어 있습니다. 지반 엔지니어는 종종 비선형 윙클러 기초의 빔을 사용하여 하중-변형 및 모멘트-회전 해석을 수행합니다. 이는 *p-y*, *t-z* 및 *q-z* 분석이라고도 하며 표준적이고 과학적인 방법입니다. 유한 요소법을 사용하여 수행할 수도 있습니다. 이 예제의 목적은 이러한 분석에서 강성을 추출하는 방법을 보여주기 위한 것입니다.

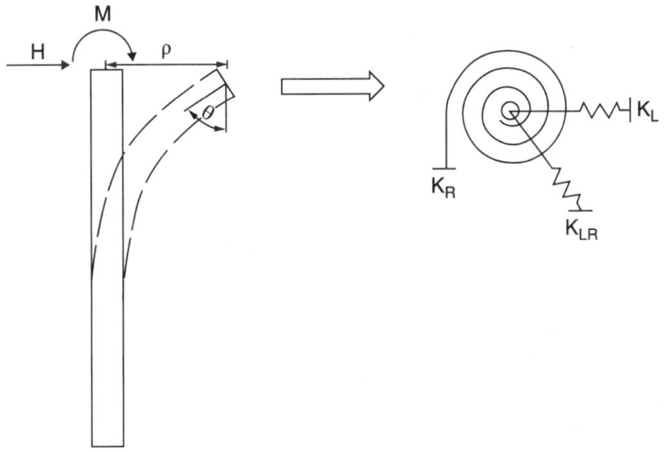

그림 6.6 FE 해석 또는 *p-y* 해석을 파일 헤드 강성으로 변환하기

방법론의 적용을 보여주기 위해 Horns Rev 1의 사례 연구가 다양한 정보가 표 6.2에 나와 있습니다. 지반 정보는 Augustensen 등 (2009)에서 얻었으며 그림 6.7에 나와 있습니다. 모노파일 기초는 베스타스 V80 2MW 풍력 터빈을 탑재한 60m 길이의 타워를 지지합니다. 말뚝의 직경은 4.0m 이고 말뚝의 두께는 다양하며 (그림 6.7의 WT 참조), 파일 헤드에 대한 보고된 최종 하중은 H=4.6 MN 및 M=95 MNm이었습니다. 표 6.3은 지반을 포함한 광범위한 테스트 프로그램을 통해 얻은 토양층에 대한 설명을 제공합니다.

보링, 콘 관입 시험(CPT), 삼축 시험은 Augustensen 등 (2009)에서 제공한 것입니다.

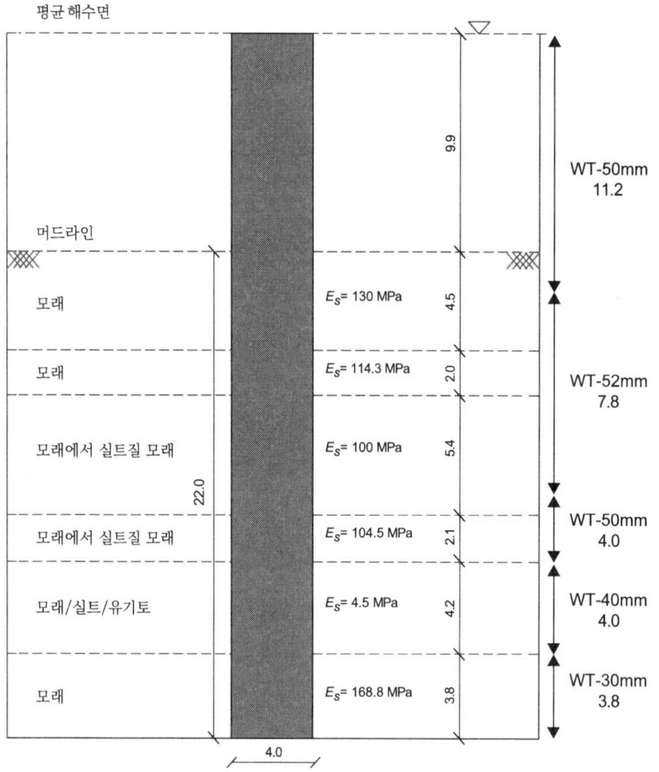

그림 6.7 말뚝 및 지반 세부 사항(WT는 말뚝 두께)

표 6.2 두 사이트의 WTG 구조에 대한 정보

Properties	Gunfleet sand site	Horns Rev
m_{RNA} (톤) - RNA의 질량	234.5	100
m_T (톤) - 타워의 질량	193	130
L_T (m) - 타워의 길이	60	70
하부 구조의 길이 L_S (m)	28	0

타워 상단의 지름 D_t (m)	3	2.3
타워 바닥의 지름 D_b (m)	5	4
타워의 평균 두께 t_T (m)	0.033	0.035
타워 재료의 탄성 계수 E_T (GPa)	210	210
파일 길이 L_p (m)	38	21.9
파일 직경 D_p (m)	4.7	4
파일 벽 두께 t_p (m)	0.094	0.05
파일 재료의 탄성계수 E_p (GPa)	210	210

표 6.3 지반 정수

토양층	토양 유형	깊이/m	E_S/MPa	ϕ/도	γ/(kN m^{-3})
1	모래	0-4.5	130	45.4	10
2	모래	4.5-6.5	114.3	40.7	10
3	모래에서 실트질 모래	6.5-11.9	100	38	10
4	모래에서 실트질 모래	11.9-14.0	104.5	36.6	10
5	모래/실트/유기토	14.0-18.2	4.5	27	7
6	모래	18.2->	168.8	38.7	10

말뚝을 따라 처짐, 회전, 굽힘 모멘트를 계산할 수 있는 모노파일의 p-y 분석에는 ALP(Oasys)가 사용되었습니다. 다른 여러 소프트웨어 패키지(예: PYGM, SAP2000, LPILE)도 이러한 유형의 분석에 사용할 수 있습니다. 이 연구에서는 다양한 깊이에 따른 p-y 곡선을 두 가지 방식으로 모델링했습니다.

1) 표 6.3에 제시된 토양 특성을 고려한 탄소성 스프링

2) API 권장 p-y스프링

API 코드는 사질토에 대해 다음과 같은 공식을 제공합니다.

$$p = Ap_u \tanh\left(\frac{kx}{Ap_u}y\right) \tag{6.3}$$

여기서 A는 하중 유형에 따라 달라지는 계수이고 p_u 는 깊이와 내부 마찰각 ϕ' 에 따라 달라집니다.

그러나 연구에 사용된 탄소성 모델의 경우 다음 방정식을 사용하여 p-y 커브를 구성합니다.

$$p = ky\,,\;\; k = (E_s h) \tag{6.4}$$

여기서 h는 고려 중인 스프링의 바로 위와 아래 요소의 중간점 사이의 거리, 즉 영향력 영

역입니다.

커브의 소성 단계는 다음과 같습니다.

$$F_p = (K_q \sigma'_v + cK_c)hD_P \tag{6.5}$$

여기서 K_q와 K_c 는 깊이와 ϕ'에 따라 달라지는 인자입니다. 그림 6.8a-d는 분석에서 얻은 결과를 보여줍니다. 그림의 곡선은 다음과 같습니다:

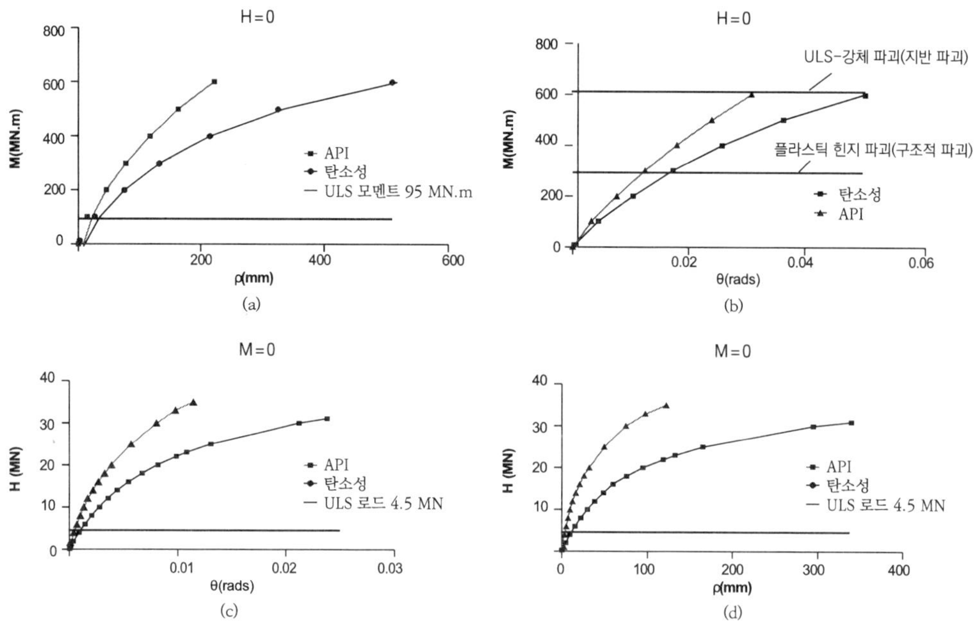

그림 6.8 분석 결과 (a) 모멘트-변형 곡선, (b) 모멘트-회전, (c) 횡하중-회전 곡선, (d) 횡하중-변형 곡선

(a) 파일 헤드의 수평 하중(H=0)이 0일 때의 머드라인 모멘트 대 머드라인 처짐(δ). 비교를 위해 ULS 모멘트를 나타내는 선도 표시되어 있습니다.

(b) 파일 헤드의 수평 하중(H=0)에 대한 머드라인 모멘트 대 머드라인 회전(θ). 이 그래프에는 두 가지 경우에 대한 말뚝의 저항 모멘트가 나와 있습니다:

   (1) 말뚝의 구조적 파괴, 즉 플라스틱 힌지가 형성됨. 계산 방법은 예제 6-10을 참조하시기 바랍니다.

   (2) 지반의 파괴, 즉 말뚝이 강체로서 실패하여 주변 지반이 굴복하는 경우

(c) 파일 헤드에서 제로 모멘트(M=0)에 대한 수평 하중 대 머드라인 회전(θ)

(d) 파일 헤드에서 제로 모멘트(M=0)에 대한 수평 하중 대 머드라인 처짐(δ)

그림 6.8a-d를 보면 극한 한계 상태(ULS) 하중(H=4.5 MN, M=95 MNm)이 선형 범위 내에 있음을 알 수 있습니다. 이는 이러한 힘으로 인해 발생하는 처짐과 회전을 K_L, K_R, K_{LR}을 사용하여 추정할 수 있음을 의미합니다. 표 6.4에는 (a) H=0.2 MN 및 M=0, (b) H=0 및 M=0.2 MNm의 두 가지 하중 사례가 적용된 분석 결과가 요약되어 있으며 주요 단계도 표시되어 있습니다.

표 6.4 기초 강성 분석 및 추정 결과

모델	하중	ρ (mm)	θ (rad)	I_L	I_{LR}	I_{RL}	I_R
탄소성	H= 0.2 MN & M= 0 MN m	0.43	4.1E- 05	2.15E- 03	2.1E- 04	-	-
API 코드	H= 0.2 MN & M= 0 MN m	0.15	2.3E- 05	7.60E- 03	1.1E- 04	-	-
탄소성	M= 2 MNm & H= 0 MN	0.41	8.3E- 05	-	-	2.1E- 04	4.2E- 05
API 코드	M= 2 MNm & H= 0 MN	0.223	6.0E- 05	-	-	1.1E- 04	3.0E 5-

방정식 (6.2)는 행렬 연산을 통해 방정식 (6.6)으로 재작성할 수 있으며, 여기서 I (임피던스 행렬)는 방정식 (6.7)에서 주어진 2×2 행렬입니다. 방정식의 요약은 식 (6.8)에 나와 있습니다.

$$\begin{bmatrix}\rho\\ \theta\end{bmatrix} = [I]\times\begin{bmatrix}H\\ M\end{bmatrix} \tag{6.6}$$

$$I = \begin{bmatrix}I_L & I_{LR}\\ I_{RL} & I_R\end{bmatrix} \tag{6.7}$$

$$K = \begin{bmatrix}K_L & K_{LR}\\ K_{RL} & K_R\end{bmatrix} = I^{-1} = \begin{bmatrix}I_L & I_{LR}\\ I_{RL} & I_R\end{bmatrix}^{-1} \tag{6.8}$$

또한 그림 6.8은 (i) 지반이 파손되어 말뚝이 강체 파괴하는 경우, (ii) 말뚝이 플라스틱 힌지를 형성하여 파괴하는 경우의 두 가지 고려 사항을 기반으로 말뚝의 극한 지지력을 표시하고 있음을 알 수 있습니다.

방정식을 사용하여 강성 항은 다음과 같이 예측됩니다.

탄소성 공식

$$I = \begin{bmatrix}0.00215 & 0.00021\\ 0.00021 & 0.000042\end{bmatrix} => I^{-1} = K = \begin{bmatrix}K_L & K_{LR}\\ K_{RL} & K_R\end{bmatrix} = \begin{bmatrix}894.1 & -4451.3\\ -4451.3 & 46252.1\end{bmatrix}$$

$$K_L = 894.1\frac{MN}{m} \quad K_{LR} = -4451.3MN \quad K_R = 46252.1\frac{MN.m}{Rad} \tag{6.9}$$

API 공식

$$I = \begin{bmatrix} 0.0076 & 0.00011 \\ 0.00011 & 0.00003 \end{bmatrix} => I^{-1} = K = \begin{bmatrix} K_L & K_{LR} \\ K_{RL} & K_R \end{bmatrix} = \begin{bmatrix} 3102 & -11823.7 \\ -11823.7 & 78275.5 \end{bmatrix}$$

$$K_L = 3102\frac{MN}{m} \quad K_{LR} = -11823.7MN \quad K_R = 78275.5\frac{MN.m}{Rad} \tag{6.10}$$

교차 결합 항의 물리적 의미를 포함하여 위의 방법에 대한 자세한 논의는 Jalbi 등(2017)을 참고하시기 바랍니다. 그림 6.8에도 반영되어 있듯이 식 (6.9)와 (6.10)의 두 공식에서 강성 항이 상당히 다르다는 것을 알 수 있습니다. 여러 가지 이유 중 하나는 API 공식이 경험적이며 작은 직경의 파일에 대해 보정되어 있고 큰 직경의 파일에 대한 외삽은 검증되거나 검증되지 않았기 때문입니다.

API *p-y* 공식은 파일의 선단 저항과 주면 마찰로 인한 저항을 고려하지 않습니다. 이 문제는 Shadlou와 Bhattacharya(2016)에서 논의되고 수학적으로 증명되었으며, PISA 프로젝트에서 더 자세히 살펴볼 수 있습니다.

고급 방법

FE 패키지 PLAXIS 3D를 사용하여 파일 헤드 하중으로 인한 처짐과 회전을 평가하였습니다. 계산 시간을 절약하기 위해 말뚝의 절반을 모델링했습니다(그림 6.9 참조). 표 6.3에 제공된 것과 동일한 강성 및 강도 특성을 가진 지반에 대해 고전적인 Mohr-Coulomb 모델을 적용했습니다. 말뚝 재료에는 탄성 완전 플라스틱 모델이 사용되었습니다. 지반 모델링에는 10노드 사면체 요소가 적용되었고 파일에는 6노드 삼각형 플레이트 요소가 사용되었습니다. 지반과 말뚝 사이의 인터페이스는 이중 노드 요소로 모델링했습니다. 지반 연장은 $20D_p$로 설정하고 중간 밀도의 메시를 사용했습니다. 적용된 모멘트의 효과를 시뮬레이션하기 위해 파일은 지상에서 21m까지 연장되었습니다. 그림 6.8과 같은 유사한 플롯이 얻어졌습니다. 그림 6.10은 파일 헤드에 하중이 H=4.6 MN 및 M=95 MN m 일때 파일의 변위를 나타낸 것 입니다.

식 (6.9) 및 (6.10)에서 제시된 것과 유사한 방법을 사용하여 고유 주파수 추정을 위한 기초 강성 값을 얻을 수 있습니다.

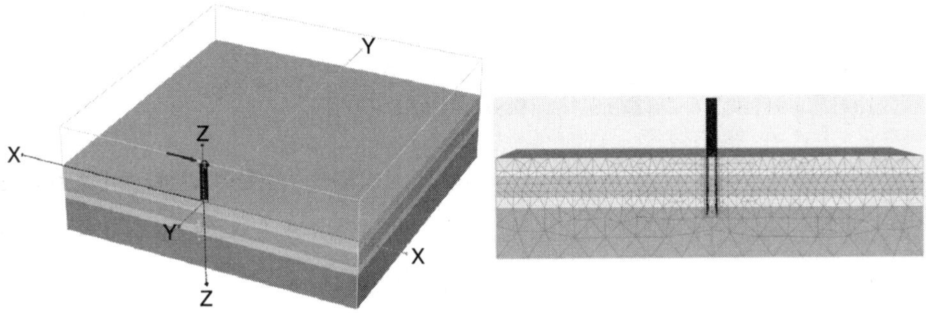

그림 6.9 Plaxis 모델에 사용된 지오메트리

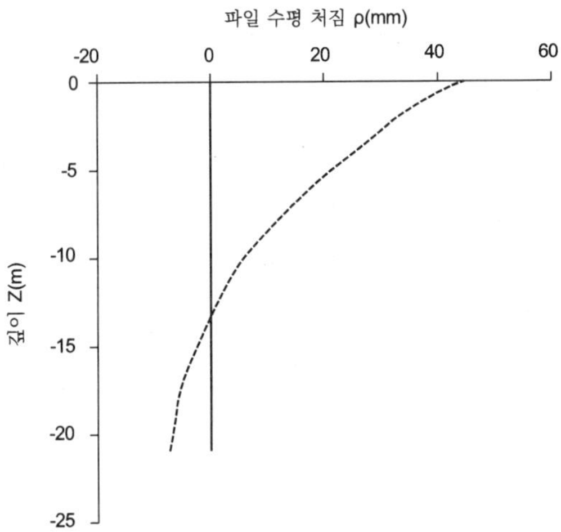

그림 6.10 말뚝의 처짐 플롯
H= 4.6 MN 및 M= 95 MN m의 파일 헤드 하중에 대한 PLAXIS 분석에서 얻은 값입니다.

예제 6.4 파일 헤드 처짐 및 회전

그림 6.6은 이전 섹션에서 제시한 매트릭스 연산의 본질을 개략적으로 보여줍니다. 기본적으로 기초는 말뚝의 횡하중/모멘트 해석에서 얻은 일련의 스프링으로 대체됩니다. 이는 하부구조 접근 방식과 매우 유사합니다.

식 (6.9)는 식 (6.11) 같이 파일 헤드 처짐과 회전을 예측하는 데 사용할 수 있습니다. 그림 6.8a-d에서 최종 하중이 선형 범위 내에 있음을 알 수 있습니다. 모든 단위는 MN 및 m 단위입니다.

탄소성 모델

$$\begin{bmatrix} \rho \\ \theta \end{bmatrix} = \begin{bmatrix} 894.1 & -4451.3 \\ -4451.3 & 46252.1 \end{bmatrix}^{-1} \begin{bmatrix} 4.6 \\ 9.5 \end{bmatrix} = \begin{bmatrix} 0.03 \\ 4.8E-03 \end{bmatrix}$$

API 공식

$$\begin{bmatrix}\rho\\\theta\end{bmatrix}=\begin{bmatrix}3102 & -11823.7\\-11823.7 & 78275.5\end{bmatrix}^{-1}\begin{bmatrix}4.6\\9.5\end{bmatrix}=\begin{bmatrix}0.014\\3.5E-03\end{bmatrix} \tag{6.11}$$

결과는 탄성 플라스틱 모델을 사용하여 30mm의 처짐과 0.280° 의 회전을 예측합니다. 반면에 API 결과는 14mm의 처짐과 0.20° 의 회전을 예측합니다. 그림 6.10에 표시된 PLAXIS 3D 기반 고급 모델 42.5mm의 처짐과 0.3°의 회전을 예측합니다.

예제 6.5 Horns Rev 풍력 터빈 구조의 고유 주파수 예측

예 6.3 및 6.4에서 추정된 기초 강성은 5장에 제시된 방법을 사용하여 풍력 터빈 시스템의 고유 주파수를 미리 예측하는 데 사용됩니다. 혼스 레브의 예는 계산 절차를 보여주기 위해 사용되었습니다. 사용할 수 없는 데이터를 보완하기 위해 유사한 2MW 풍력 터빈을 기반으로 한 공학적 판단이 사용되었으며 표 6.5에 요약되어 있습니다.

표 6.5 타워 속성

타워 상단 지름(m)	2.3
타워 바닥 지름(m)	4.0
평균 벽 두께(mm)	35
타워 높이(m)	70
RNA 질량(톤)	100
타워 질량(톤)	130

단계는 아래에도 나와 있습니다.

1단계 : 타워의 고정 고유 주파수

파일에 대한 타워의 휨 강성 비율을 계산합니다.

$$\chi=\frac{E_T I_T}{E_P I_P} \tag{6.12}$$

하부 구조/타워 길이 비율을 계산합니다.

$$\psi=\frac{L_s}{L_T} \tag{6.13}$$

트랜지션 피스의 향상된 강성을 고려하기 위해 하부 구조 유연성 계수를 계산합니다.

$$C_{MP}=\sqrt{\frac{1}{1+(1+\psi^3)\chi-\chi}} \tag{6.14}$$

타워의 고정 고유 주파수를 구합니다.

$$f_{FB}=\frac{1}{2\pi}C_{MP}\sqrt{\frac{3E_T I_T}{\left(m_{RNA}+\frac{33m_T}{140}\right)L_T{}^3}} \tag{6.15}$$

타워의 단면 특성은 방정식 (6.16)과 같이 계산할 수 있습니다.

$$D_T = \frac{D_b + D_t}{2} \quad I_T = \frac{1}{8}(D_T)^3 t_T \pi \tag{6.16}$$

2단계 : *비차원 기초 강성 매개변수를 계산합니다.*

이 단계에 필요한 타워의 등가 휨 강성입니다.

$$q = \frac{D_b}{D_T} \quad f(q) = \frac{1}{3} \times \frac{2q^2(q-1)^3}{2q^2 \ln q - 3q^2 + 4q - 1} \quad EI_\eta = EI_{top} \times f(q) \tag{6.17}$$

여기서 I_{top} 타워 상단 부분의 단면 2차 모멘트입니다. 식 (6.17)의 유도는 부록 C에 나와 있습니다.

$$\eta_L = \frac{K_L L^3}{EI_\eta} \tag{6.18}$$

$$\eta_{LR} = \frac{K_{LR} L^2}{EI_\eta} \tag{6.19}$$

$$\eta_R = \frac{K_R L}{EI_\eta} \tag{6.20}$$

3단계 : *기초 유연성 계수를 계산합니다.*

$$C_R(\eta_L, \eta_{LR}, \eta_R) = 1 - \frac{1}{1 + 0.6\left(\eta_R - \frac{\eta^2_{LR}}{\eta_L}\right)} \tag{6.21}$$

$$C_L(\eta_L, \eta_{LR}, \eta_R) = 1 - \frac{1}{1 + 0.5\left(\eta_L - \frac{\eta^2_{LR}}{\eta_R}\right)} \tag{6.22}$$

4단계 : *OWT 시스템의 고유 주파수를 계산합니다.*

$$f_0 = C_L C_R f_{FB} \tag{6.23}$$

독자들은 위 방법의 자세한 도출에 대해서는 Arany 등(2015b) 및 Arany 등(2016)을 참고하시기 바랍니다.

단순화를 위해 하부 구조 유연성 계수(C_{MP})는 1로 간주합니다. 따라서 식 (6.16)과 (6.17)을 따르면 다음과 같은 식을 구할 수 있습니다.

$$D_T = \frac{D_b + D_t}{2} => \frac{4 + 2.3}{2} = 3.15 \quad I_T = \frac{1}{8}(3.15)^3 \times 0.035 \times \pi = 0.415\,\text{m}^4$$

$$f_{FB} = \frac{1}{2\pi}\sqrt{\frac{3\times 210E9\times 0.415}{\left(100000+\frac{33\times 130000}{140}\right)70^3}} = 0.385\ \text{Hz} \tag{6.24}$$

따라서 타워의 고정 고유 주파수는 0.385Hz입니다.

$$q = \frac{4}{2.3} = 1.74 \quad f(q) = \frac{1}{3}\times\frac{2\times 1.74^2(1.74-1)^3}{2\times 1.74^2\ln 1.74 - 3\times 1.74^2 + 4\times 1.74 - 1} = 3.56$$

$$EI_\eta = 210\times\frac{1}{8}(2.3)^3\times 0.035\times\pi\times 3.56 = 119.4\ \text{GNm}^2 \tag{6.25}$$

비차원 그룹은 다음과 같습니다.

$$\eta_L = \frac{0.8941\times 70^3}{119.4} = 2568 \quad \eta_{LR} = \frac{-4.45\times 70^2}{119.4} = -182.6 \quad \eta_R = \frac{46.25\times 70}{119.4} = 27.1$$

기초 유연성 계수는 다음과 같습니다.

$$C_R(\eta_L,\eta_{LR},\eta_R) = 1 - \frac{1}{1+0.6\left(27.1-\frac{-182.6^2}{2568}\right)} = 0.894$$

$$C_L(\eta_L,\eta_{LR},\eta_R) = 1 - \frac{1}{1+0.5\left(2568-\frac{-182.6^2}{27.1}\right)} = 0.999$$

따라서 고유 주파수는 다음과 같습니다.

$$f_0 = 0.894\times 0.999\times 0.385 = 0.344\text{Hz} \tag{6.26}$$

6.3.1 SAP 2000 분석과 비교

시스템은 SAP2000을 사용하여 모델링되었고 고유 주파수를 얻기 위해 모달 분석이 수행되었습니다. 다양한 직경의 비프리즘 빔 요소가 타워에 할당되었고 토양 구조의 상호 작용은 개별 선형 윙클러 스프링으로 표현되었습니다. 스프링 강성 값은 지반 특성(표 6.2)에서 가져왔으며 스프링의 위치와 인접한 두 스프링 사이의 간격에 따른 탄성 계수의 함수입니다. 타워 헤드에 집중 질량을 할당하여 RNA(로터-나셀 어셈블리)의 데드 질량을 모델링했습니다. 기록된 첫 번째 고유 주파수는 0.351Hz였습니다. 그림 6.11은 첫 번째 진동 모드를 보여줍니다.

그림 6.11 첫 번째 진동 모드

6.4 모노 석션 케이슨의 강성

예제 6.6 모노 케이슨의 안정성 및 적용

이 예에 사용된 풍력 터빈은 미국 국립 재생 에너지 연구소(National Renewable Energy Laboratory, NREL)에서 제공하는 5MW 기준 풍력 터빈이며(Jonkman 등 2009 참조), 터빈 지지 구조에 대한 자세한 내용은 표 6.6에 요약되어 있습니다. 지하 지반이 균질하고 $E_S = E_{SO}$ = 40 MPa 인 경우 그림 6.12를 참조하여 직경 12m, 스커트 길이 6m의 케이슨의 적정성을 확인해야 합니다. ULS 하중은 사이트의 경우 H=4 MN, 전도 모멘트(M)는 200 MNm으로 추정됩니다. 이 예는 케이슨 강성 (K_L, K_R, K_{LR})를 예시를 보여 줍니다. 트랜지션 피스는 타워의 바닥 지름과 동일한 단면 특성을 갖는다고 가정합니다.

표 6.6 OWT 지지 구조의 세부 사항

타워의 상단 지름(m)	3.87
타워의 바닥 지름(m)	6.0
타워의 벽 두께(mm)	27
타워 높이(m)	87.6
플랫폼 높이 (트랜지션 피스)(m)	30
RNA 질량(톤)	350
타워의 질량(톤)	347.5
정격 로터 속도(RPM)	6.9-12.1

그림 6.12 문제 예시

5장(표 5.6)에서 제공된 폐쇄형 솔루션은 Jalbi 등 (2018)에서 개발한 것을 표 6.7에 사용 및 재현했습니다.

표 6.7 강성 표

지반 프로파일	$\frac{K_L}{DE_{SO}f(v_s)}$	$\frac{K_{LR}}{D^2E_{SO}f(v_s)}$	$\frac{K_R}{D^3E_{SO}f(v_s)}$
균질한	$2.91\left(\frac{L}{D}\right)^{0.56}$	$-1.87\left(\frac{L}{D}\right)^{1.47}$	$2.7\left(\frac{L}{D}\right)^{1.92}$

$$f(v_s) = 1.1 \times \left(0.096\left(\frac{L}{D}\right) + 0.6\right) v_s^2 - 0.7v_s + 1.06$$
$$= 1.1 \times [0.096(0.5) + 0.6] \times 0.35^2 - (0.7 \times 0.35) + 1.06 = 0.9$$

$$K_L = 2.91\left(\frac{L}{D}\right)^{0.56} DE_{SO}f(v_s) = 2.94 \times (0.5)^{0.56} \times 12 \times 40 \times 10^{-3} \times 0.9 = 0.86\ \frac{\text{GN}}{\text{m}}$$

$$K_{LR} = -1.87\left(\frac{L}{D}\right)^{1.47} D^2E_{SO}f(v_s) = -1.87 \times (0.5)^{1.47} \times 12^2 \times 40 \times 10^{-3} \times 0.9$$
$$= -3.5\ \text{GN}$$

$$K_R = 2.7\left(\frac{L}{D}\right)^{1.92} D^3E_{SO}f(v_s) = 2.7 \times (0.5)^{1.92} \times 12^3 \times 40 \times 10^{-3} \times 0.9 = 44\ \frac{\text{GNm}}{\text{rad}} \tag{6.27}$$

기초 거동(하중-변형 또는 모멘트-회전)이 선형 범위에 있다고 가정하면 다음과 같이 처짐과 회전을 추정할 수 있습니다.

$$\begin{bmatrix} H \\ M \end{bmatrix} = \begin{bmatrix} K_L & K_{LR} \\ K_{LR} & K_R \end{bmatrix} \begin{bmatrix} \rho \\ \theta \end{bmatrix} \Rightarrow \begin{bmatrix} \rho \\ \theta \end{bmatrix} = \begin{bmatrix} 0.86 & -3.5 \\ -3.5 & 44 \end{bmatrix}^{-1} \begin{bmatrix} 0.004\ \text{GN} \\ 0.2\ \text{GNm} \end{bmatrix} = \begin{bmatrix} 0.034\ \text{m} \\ 0.007\ \text{rads} \end{bmatrix} \tag{6.28}$$

예상 회전은 0.4° 입니다.

시스템의 고유 주파수는 다음 섹션에서 계산합니다.

1단계 : *타워의 고정 고유 주파수를 계산합니다. 파일에 대한 타워의 휨 강성 비율을 계산합니다.*

$$\chi = \frac{E_T I_T}{E_P I_P}$$

하부 구조(플랫폼)/타워 길이 비율을 계산합니다.

$$\psi = \frac{L_s}{L_T}$$

트랜지션 피스의 향상된 강성을 고려하기 위해 하부 구조 유연성 계수를 계산합니다.

$$C_{MP} = \sqrt{\frac{1}{1+(1+\psi^3)\chi - \chi}}$$

타워의 고정 고유 주파수를 구합니다.

$$f_{FB} = \frac{1}{2\pi} C_{MP} \sqrt{\frac{3E_T I_T}{\left(m_{RNA} + \frac{33m_T}{140}\right) {L_T}^3}} \qquad (6.29)$$

여기서 타워의 단면 속성은 다음과 같이 계산할 수 있습니다.

$$D_T = \frac{D_b + D_t}{2} \quad I_T = \frac{1}{8}(D_T)^3 t_T \pi$$

2단계 : *비차원적 기초 강성 매개변수를 계산합니다. 이 단계에 필요한 타워의 등가 휨 강성입니다.*

$$q = \frac{D_b}{D_T} \quad f(q) = \frac{1}{3} \times \frac{2q^2(q-1)^3}{2q^2 \ln q - 3q^2 + 4q - 1} \quad EI_\eta = EI_{top} \times f(q)$$

여기서 I_{top}는 타워 상단 부분의 단면 2차 모멘트입니다.

$$\eta_L = \frac{K_L L^3}{EI_\eta}$$

$$\eta_{LR} = \frac{K_{LR} L^2}{EI_\eta}$$

$$\eta_R = \frac{K_R L}{EI_\eta}$$

3단계 : *기초 유연성 계수를 계산합니다.*

$$C_R(\eta_L, \eta_{LR}, \eta_R) = 1 - \frac{1}{1 + 0.6\left(\eta_R - \frac{\eta^2{}_{LR}}{\eta_L}\right)}$$

$$C_L(\eta_L, \eta_{LR}, \eta_R) = 1 - \frac{1}{1 + 0.5\left(\eta_L - \frac{\eta^2{}_{LR}}{\eta_R}\right)}$$

4단계 : *OWT 시스템의 가변 고유 주파수를 계산합니다.*

$$f_0 = C_L \, C_R \, f_{FB}$$

계산은 아래와 같습니다.

$$D_T = \frac{3.87 + 6}{2} = 4.935\ \text{m}$$

$$I_T = \frac{1}{8}(4.935)^3 \times 0.027 \times \pi = 1.25\ \text{m}^4$$

$$\chi = \frac{210 \times \pi \times (4.935)^3 \times 0.027 \times \frac{1}{8}}{210 \times \pi \times (6)^3 \times 0.027 \times \frac{1}{8}} = 0.55$$

$$\psi = \frac{30}{87.6} = 0.34$$

$$C_{MP} = \sqrt{\frac{1}{1 + (1 + 0.34)^3 \times 0.55 - 0.55}} = 0.75$$

$$f_{FB} = \frac{1}{2\pi} \times 0.75 \times \sqrt{\frac{3 \times 210 \times 10^9 \times 1.25}{\left(350000 + \frac{33 \times 347460}{140}\right) \times 87.6^3}} = 0.26\ \text{Hz}$$

따라서 고정 고유 주파수는 0.26Hz입니다.

$$q = \frac{6}{3.87} = 1.55$$

$$f(q) = \frac{1}{3} \times \frac{2 \times 1.55^2(1.55 - 1)^3}{2 \times 1.55^2 \ln 1.55 - 3 \times 1.55^2 + 4 \times 1.55 - 1} = 2.71$$

$$EI_\eta = 210 \times \frac{1}{8}(3.87 - 0.027)^3 \times 0.027 \times \pi \times 2.71 = 342\ \text{GNm}^2$$

비차원 그룹은 다음과 같습니다.

$$\eta_L = \frac{0.86 \times 87.6^3}{342} = 1690$$

$$\eta_{LR} = \frac{-3.5 \times 87.6^2}{342} = -78$$

$$\eta_R = \frac{44 \times 87.6}{342} = 11$$

기초 유연성 계수는 다음과 같습니다.

$$C_R(\eta_L, \eta_{LR}, \eta_R) = 1 - \frac{1}{1 + 0.6\left(11 - \frac{-78^2}{1690}\right)} = 0.82$$

$$C_L(\eta_L, \eta_{LR}, \eta_R) = 1 - \frac{1}{1 + 0.5\left(1690 - \frac{-78^2}{11}\right)} = 0.999 \tag{6.30}$$

따라서 고유 주파수는 다음과 같습니다.

$$f_0 = 0.82 \times 0.999 \times 0.26 = 0.17\ \text{Hz}$$

6.5 모노파일 지지 풍력 터빈의 머드라인 모멘트 스펙트럼

2장 및 예제 6.1에 표시된 주파수 다이어그램(그림 2.13)에서 PSD 크기는 단위가 다르므로 직접 비교할 수 없으므로 균일하게 정규화되어 있습니다. 2장에서는 사이트 및 터빈 특정 데이터를 사용하여 네 하중(바람, 파도, 1P 및 3P)의 상대적 크기를 굽힘 모멘트 스펙트럼으로 변환하여 평가하는 일반화된 방법을 제시합니다. 이 공식은 머드라인, 즉 가장 높은 피로 손상이 예상되는 위치에서 굽힘 모멘트 스펙트럼을 구성하는 데 사용할 수 있습니다. 마찬가지로 이 공식은 다른 임계 단면(예: 트랜지션 피스(TP) 위치)에서 굽힘 모멘트를 조정할 수도 있습니다. 이 사례 연구는 제안된 방법론의 적용을 보여주기 위해 고려되었습니다. 구축된 스펙트럼은 문헌에서 사용 가능한 주파수 기반 피로 추정 방법의 기초로 사용될 수 있습니다.

표 6.8 지멘스 SWT-3.6-107 풍력 터빈과 월니 1 현장의 관련 데이터

터빈 데이터	
터빈 유형	지멘스 SWT-3.6-107
터빈 파워	3.6 MW
터빈 회전 속도	5-13 rpm
작동 풍속 범위	4-25 m/s
블레이드 개수	3
타워 및 서포트 구조 데이터	
평균 해수면으로부터 허브 높이	H= 83.5m
타워 상단 직경	D_t =3m
타워 바닥 지름	D_b = 5m
모노파일/하부구조 직경	D_P =6m
로터 및 블레이드 데이터	
터빈 로터 직경	D= 107 m
로터 오버행	b =4m
블레이드 뿌리 지름	B_{root} =4m
블레이드 팁 코드 길이	B_{tip} = 1m
블레이드 길이	L= 52 m
사이트 데이터	
평균 수심	21.5 m
가장 가까운 해안으로부터의 평균 거리	19km
연평균 풍속	9 m/s
지배적인 풍향	서쪽/남서쪽
페치 (취송거리)	60km

예제 6.7 월니 1 (Walney 1) 풍력 터빈에 대한 머드라인 모멘트 스펙트럼의 적용

이 방법은 실제 지멘스 산업용 풍력 터빈에 적용되었습니다. 월니 1 풍력 발전소 현장의 정격 출력 3.6MW이며 필요한 터빈 및 부지 정보는 지멘스 브로셔, DONG Energy 웹 사이트, 린도 해상 재생에너지 센터의 사이트, lorc.dk 및 Arany 등(2015a)에서 확인할 수 있습니다. 필요한 모든 정보는 표 6.8에 제시되어 있습니다.

이 섹션에서는 각 하중에 대해 머드라인 모멘트 스펙트럼을 도출하고 특정 터빈의 몇 가지 일반적인 작동 조건에 대해 일부 하중 값을 추정합니다. 또한 동적 증폭이 고려됩니다.

월니 1 (Walney 1) 풍력 발전소 현장

월니 사이트는 영국 아일랜드 해의 월니 섬 해안에서 14km 떨어진 곳에 위치해 있습니다. 풍력 발전 단지의 첫단계(Walney 1)에는 정격 출력 3.6MW의 풍력 터빈(Siemens SWT-3.6-107) 51개가 설치되었습니다. 이 사이트의 평균 풍속은 9m/s이며, 주된 풍향은 서/남서풍입니다. 아일랜드 해의 이 위치는 대부분의 방향에서 해안이 비교적 가깝기 때문에 상대적으로 보호받고 있습니다. 평균 취송 거리(fetch 또는 페치) 는 60km로 추정되며, 이 값은 JONSWAP 스펙트럼을 계산하는 데 사용됩니다. 이 지역에서는 파도 높이가 제한되어 있으며 가장 높은 파도는 수 미터에 이릅니다. 현장의 수심은 19~23m이며, 계산에는 평균 수심 21.5m이 사용됩니다. 사이트 난기류 강도(Turbulence Intensity, TI)에 대해 16%의 보수적인 상한 추정치를 가정합니다.

해상풍력 터빈(OWT)의 컷인 풍속은 4m/s, 컷아웃 풍속은 25m/s 입니다. 정격 풍속은 13~14m/s입니다. 터빈은 피치 제어 가변 속도 터빈입니다. 회전 속도 범위는 5~13rpm입니다. OWT의 로터 직경은 107m이고 허브 높이는 평균 83.5m입니다. 테이퍼형 관형 타워는 바닥과 상단 직경이 각각 5m와 3m로 선형적으로 변화하는 것으로 가정합니다. OWT는 직경 6m의 모노파일 기초에 설치됩니다. (이 값은 하부 구조물에 대한 파도 하중을 계산하는 데 사용됩니다). 고유 주파수는 동적 증폭 계수(DAF)를 계산하는 데도 필요하며, Arany 등 (2015a)에 따라 0.335Hz로 추정됩니다.

풍하중 스펙트럼

바람 모멘트 스펙트럼은 식 (6.31)에 의해 주어집니다. 모멘트를 구성하려면 로터의 직경 (D=107 m), 공기 밀도 ρ_a=1.225 kg/m^3, 허브 높이 H= 83.5 m, 평균 해수면(MSL=21.5 m), 난기류 강도 (I=16%)가 필요합니다. 평균 풍속은 해당 지점의 연평균 풍속 ($\overline{U}$=9 m/s), 추력 계수 C_T=7/$\overline{U}$=7/9 , 풍속의 표준 편차로 σ_U=$I\overline{U}$ 계산할 수 있습니다. 카이말 스펙트럼은 DNV 코드 L_k = 340.2m에 주어진 적분 길이 척도의 표준값을 사용하여 구성됩니다.

$$\widetilde{S}_{uu}(f) = \frac{\frac{4L_k}{U}}{\left(1 + \frac{6fL_k}{U}\right)^{\frac{5}{3}}} = \frac{\frac{4 \cdot 340.2}{9}}{\left(1 + \frac{6 \cdot 340.2f}{9}\right)^{\frac{5}{3}}} = \frac{151.2}{(1 + 226.8f)^{\frac{5}{3}}} \tag{6.31}$$

2장 2.62절의 논의에 따라 머드라인 모멘트 스펙트럼(머드라인 굽힘 모멘트의 스펙트럼 밀도)은 다음과 같이 쓸 수 있습니다.

$$S_{MM,wind}(f) = 1.337 \cdot 10^{12} \cdot \widetilde{S}_{uu}(f) = \frac{2.022 \cdot 10^{14}}{(1 + 226.8f)^{\frac{5}{3}}} \tag{6.32}$$

그림 6.13에는 ($\overline{U}$=9 m/s) 에 대한 머드라인 모멘트 스펙트럼이 나와 있습니다. 난기류로 인한 머드라인에서의 전후 굽힘 모멘트는 2장의 방정식에 의해 근사화됩니다. 정적 성분은 2장의 공식에 따라 평균 풍속을 사용하여 계산됩니다. 카이말 스펙트럼에서 대부분의 전력은 매우 낮은 주파수에 집중되어 있으므로 하중의 동적 부분은 굽힘 모멘트의 총 표준 편차(즉 스펙트럼 곡선 아래의 피크 주파수 f_p = 0.0017 Hz 에서 적분)로 근사화됩니다.

표 6.9는 여러 가지 평균 풍속에 대해 계산된 힘과 모멘트를 보여줍니다. 이러한 저주파 여기의 경우 DAF는 약 1입니다.

파도 하중 스펙트럼

스펙트럼을 구성하려면 하부 구조물의 관성 계수 C_m=2 (DNV 기준), 해수의 밀도 ρ_w=1030 kg/m³, 하부 구조물의 직경 D_P=6 m, 평균 해수 깊이 S=21.5 m, 파수 k가 필요합니다. 윌니 사이트의 심해 가정 λ<2S 은 모든 중요한 주파수에 대해 적용되지 않습니다.

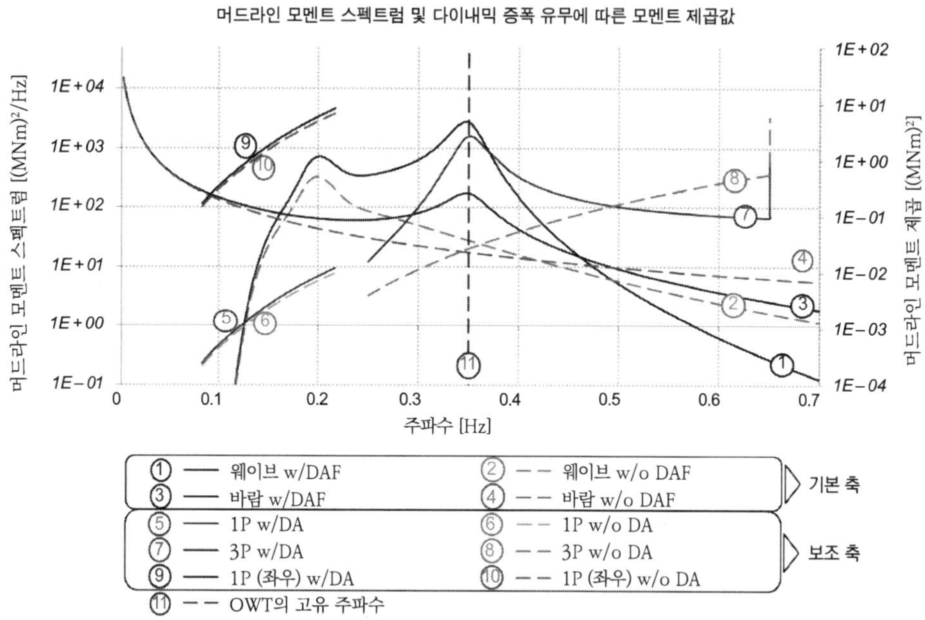

그림 6.13 월니 1 풍력 발전 단지의 지멘스 SWT-3.6-107 - 머드라인에서의 전방- 후방 굽힘 모멘트 스펙트럼. 1P 및 3P 모멘트 제곱의 진폭은 스펙트럼에 직접 비교하는 것이 아니라 바람 및 파도 스펙트럼 곡선 아래의 적분과 비교해야 합니다.

표 6.9 여러 풍속 값에 대한 풍하중 (정적 및 변동 성분)

풍속 $\overline{U}$ [m/s]	허브에 가해지는 추력, 정적구성 요소 Th_{stat} [MN]	허브에 가해지는 추력, 동적 구성 요소 Th_{dyn} [MN]	머드라인 레벨에서 전방- 후방 굽힘 모멘트, 정적 구성 요소 $M_{wind,stat}$ [MNm]	머드라인 레벨의 전방- 후방 굽힘 모멘트, 동적 구성 요소 $M_{wind,dyn}$ [MNm]
5	0.193	0.066	20.24	7.00
9	0.347	0.120	36.43	12.59
15	0.578	0.200	60.72	20.99
20	0.771	0.266	80.96	27.98

JONSWAP 스펙트럼은 식 (6.33)과 같이 결정할 수 있습니다. 페치(취송거리)는 F=60 km, 평균 풍속은 $\overline{U}$=9 [m/s], 스펙트럼 강도는 α=0.011, 피크 향상 계수는 γ=3.3, 피크 주파수 f_p=0.197 [Hz] 인 경우 스펙트럼은 다음과 같습니다.

$$S_{ww}(f) = \frac{6.8 \cdot 10^{-4}}{f^5} e^{-\frac{5}{4}\left(\frac{0.197}{f}\right)^4} \gamma^r$$

$$r = e^{-\frac{(f-0.197)^2}{0.0776\sigma^2}} \quad \sigma = \begin{cases} 0.07 & f \le f_p \\ 0.09 & f > f_p \end{cases} \tag{6.33}$$

관련 이론은 섹션 2.4를 참고하시기 바랍니다. 이 방법의 배경은 Arany 등 (2015a)에 나와 있습니다. 머드라인 모멘트 스펙트럼은 수치적으로 계산할 수 있으며 그림 6.13에 제시되어 있습니다. 파도 하중으로 인한 머드라인 굽힘 모멘트의 크기는 스펙트럼의 단일 선형 파 근사치를 사용하여 여러 풍속에 대해 추정됩니다. 유의 파고 $H_{1/3}$와 피크 파 주기 T_p는 JONSWAP 스펙트럼에서 결정됩니다.

모멘트 하중은 2장에 제시된 방정식에 따라 계산됩니다. 수평파력은 식 (6.34) 및 (6.35)와 같이 계산할 수 있습니다.

$$F_{T,max} = M_{I,max} = \int_{-S}^{\eta} dF_{I,max} dz \tag{6.34}$$

with η=0 (적분의 상한은 표면 고도) 을 사용하면 다음과 같이 쓸 수 있습니다.

$$F_{T,max} = C_m \rho_w \frac{D_p^2 \pi^3}{2} \frac{H_{1/3}}{T^2 \sinh(kS)} \int_{-S}^{0} \cosh(k(S+z))dx = C_m \rho_w \frac{D_p^2 \pi^3}{2} \frac{H_{1/3}}{T^2 k} \tag{6.35}$$

일부 풍속 값에 대한 유의 파고, 피크 파 주기, 힘 및 굽힘 모멘트 하중에 대한 결과는 표 6.10에 나와 있습니다. 증가된 동적 하중과 함께 DAF도 표 6.10에 나와 있습니다.

표 6.10 여러 풍속 값에 대한 파도 매개변수 및 파도 하중

풍속 $\bar{U}$ [m/s]	유의 파고 $H_{1/3}$ [m]	피크 웨이브 기간 T_p [s]	피크 주파수 f_p [Hz]	DAF [-]	수평 파력, 동적 구성 요소 F_T [MN]/(DAF 포함)	머드라인 모멘트, 동적 구성 요소 M_T [MNm]/(DAF 포함)
5	0.64	4.17	0.240	2.03	0.146/(0.296)	3.15/(6.39)
9	1.15	5.08	0.197	1.52	0.328/(0.499)	5.1/(7.76)
15	2.05	6.02	0.166	1.32	0.540/(0.7128)	7.6/(10.06)
20	2.56	6.62	0.151	1.25	0.706/(0.8825)	9.45/(11.84)

1P 하중

1P 모멘트 스펙트럼을 결정하려면 로터의 질량 불균형에 대한 일반적인 값이 필요합니다. 이에 대한 논의는 2장(2.71절)에 제시되어 있으며 웰니 1의 예는 허브의 다양한 평균 풍속에 대한 모멘트 계산과 함께 고려됩니다. 따라서 여기서는 제시하지 않으며 표 2.2(2장) 참조하시기 바랍니다.

불균형으로 인한 앞뒤 굽힘 모멘트의 최대값은 다음과 같이 쓸 수 있습니다:

$$M_{1P} = 4 \cdot 4\pi^2 \cdot 2000 \cdot f^2 = 3.1583 \cdot 10^5 \cdot f^2 \tag{6.36}$$

최대 굽힘 모멘트는 최고 회전 속도 Ω=13 rpm, 즉 f=0.2167Hz에서 발생하며, 그 값은 M_{1P}=0.015 MNm 입니다. 1P 로딩의 스펙트럼은 디락 델타(Dirac-delta) 함수입니다. 그림

6.13은 1P 하중을 회전의 헤르츠 주파수의 함수로 보여줍니다.(보조 축에서)

여기서 좌우 방향은 고려하지 않았지만, 1P 좌우 머드라인 굽힘 모멘트가 앞뒤 구성 요소보다 현저히 높다는 점을 언급하는 것이 중요합니다. 이는 레버 암의 힘이 크기 때문입니다. 즉, 허브 높이와 머드라인 사이의 거리(*H*+ *MSL*) 입니다. 중요해질 수 있는 또 다른 요소는 미미한 공기역학적 감쇠와 함께 좌우 방향으로 구조의 고유 주파수에 대한 근접성입니다. 좌우 진동의 경우 댐핑은 주로 약 0.5%의 구조적 댐핑으로 인한 것임을 알 수 있습니다. 고려한 예에서 전후 진동과 좌우 진동에 대한 DAF의 차이는 그다지 크지 않지만 공진에 가까워지면 전후 응답의 최대 DAF는 10이고 좌우 응답은 100입니다. 2장의 표 2.2는 불균형에 따른 1P 전후 및 좌우 모멘트 값을 보여줍니다. 정격 회전 속도인 13rpm에 도달한 후 1P 하중이 증가하지 않습니다.

3P 하중

3P 모멘트는 아래쪽을 향하는 블레이드가 덮고 있는 타워 상부의 총 항력 모멘트를 추정하고 이 모멘트를 블레이드의 면적과 타워 상부의 면적의 비율로 줄임으로써 결정할 수 있습니다. 계산에 대한 논의와 방법론은 2장에서 월니 사이트를 예로 들어 설명하였습니다. 평균 풍속의 여러 값에 대한 3P 힘과 모멘트는 표 2.3에서 추정할 수 있습니다. 6.125m/s (~ 6.7rpm 회전 속도) 부근에서 DAF는 매우 높아지며 3P 모멘트는 DAF가 없는 경우보다 훨씬 더 높아집니다. 1P 및 3P 하중에 대한 DAF의 영향은 그림 6.13에 나와 있습니다. 평균 풍속 14m/s에서 최대 회전 속도(13rpm)에 도달한 후 타워 항력이 증가함에 따라 하중이 계속 증가하지만 여기 주파수(frequency of excitation)는 13rpm $f_{3P @ 13rpm} = 0.65$Hz에 해당하는 3P 값에서 일정하게 유지되는 것을 볼 수 있습니다.

하중 정리 및 비교 요약

표 6.11에는 두 가지 풍속에 대한 정적 및 동적 하중이 요약되어 있으며 동적 하중은 굵은 글꼴로 표시되어 있습니다. 완전성을 위해 정적 해류 하중이 표에 포함되어 있습니다. 해류 하중은 모리슨의 방정식(Morison's equation)을 사용하여 하부 구조물에 대한 항력으로 계산할 수 있습니다. 그러나 월니 현장의 해류 및 조수 흐름 조건에 대한 데이터는 아일랜드 해의 조석 지도집을 사용하여 사용할 수 없으나, Irish Sea available (인터넷 www.visitmyharbour.com)을 보면 조수 유속이 1노트(약 0.514m/s)를 거의 넘지 않는다는 것을 알 수 있습니다. 이 값을 사용하여 해류가 하부 구조에 작용하기 때문에 모리슨의 방정식으로 0.0176MN의 정적 힘과 정적 머드라인 굽힘 모멘트 0.189 MNm 구할수 있습니다. 동적 증폭이 스펙트럼에 미

치는 영향은 그림 6.13에 표시되어 있고 1P 및 3P 하중이 미치는 영향은 그림 6.14에 별도로 표시되어 있습니다.

표 6.11 예상 정적 및 동적 하중 (괄호 안에 동적 증폭이 있는 값)

풍속	$\bar{U}$= 9 [m/s]		$\bar{U}$= 20 [m/s]	
	앞뒤 굽힘 모멘트 [MNm]/(w/DAF)	힘(X축에 평행) [MN] (w/DAF)	앞뒤 굽힘 모멘트 [MNm]/(w/DAF)	힘 (X축에 평행) [MN] (w/DAF)
풍하중(정적)	36.4	0.35	80.96	0.771
풍하중(동적)	12.6 (12.6)	0.12 (0.12)	27.98	0.27 (0.27)
해류/조류	0.19	0.018	0.19	0.018
파도 하중	5.1 (7.76)	0.33 (0.50)	9.45 (11.84)	0.71 (0.88)
1P 하중	0.01 (0.01)	-	0.025 (0.043)	-
3P 하중	0.225 (0.275)	0.003 (0.004)	1.11 (0.40)	0.014 (0.005)
타워 항력(정적)	0.57	0.006	2.82	0.031
총 정적 하중	37.2	0.37	84.0	0.82
총 동적 하중	17.7 (20.4)	0.45 (0.62)	37.5 (39.9)	0.97 (1.15)
총 최대 하중	54.9 (57.6)	0.82 (0.99)	121.5 (123.9)	1.79 (1.97)

풍하중은 피크 주파수 0.0017Hz를 사용하여 계산되었으므로 동적 증폭 계수(DAF)는 풍하중에 대해 1입니다. 총 정적 하중은 정적 풍하중, 해류 하중, 타워 항력 하중의 합으로 계산됩니다. 총 동적 하중은 동적 풍하중, 파도 하중 및 1P 하중의 합으로 계산됩니다. 3P 주기적 하중은 기본적으로 하중 손실이므로 추가하지 않습니다. 그러나 아일랜드 바다의 풍력 발전 단지 위치가 어느 정도 보호되고 물결이 제한되어 있기 때문에 파도 하중이 현저히 낮으며, 따라서 매우 높은 파도가 발생하는 경우는 흔하지 않습니다.

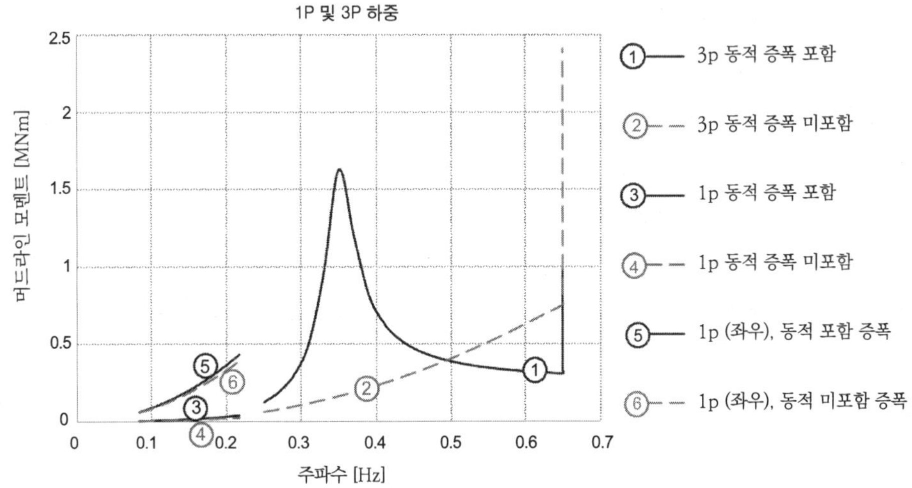

그림 6.14 동적 증폭 유무에 따른 머드라인에서의 1P 전방- 후방 굽힘 모멘트, 1P 좌우 굽힘 모멘트 및 3P 굽힘 모멘트

스펙트럼 방법의 한계

이 연구에서 제시된 방법론은 주파수 기반 피로 손상 추정을 위한 기초로 머드라인 모멘트 스펙트럼을 제공합니다. 초기 설계 단계를 위한 도구로서 이 방법론에는 다음과 같은 유의해야 할 한계가 있습니다:

1. 이 분석은 풍력 터빈의 전력 생산 단계만 고려합니다. 그러나 시동, 정지, 주차 상태 및 기타 시나리오에서도 피로 손상이 발생합니다.
2. 장기적인 풍속 변화로 인해 바람의 정적 성분은 진폭은 높지만 주파수는 낮은 응력 사이클을 생성합니다. 사이클의 수는 이 연구에서 다루는 하중보다 훨씬 적지만 높은 진폭은 피로 손상에 크게 기여할 수 있습니다.
3. 풍속 변동의 준정적(quasi-steady) 근사치는 변동하는 풍하중의 대략적인 추정치를 제공합니다. 현재 공식은 상세한 시간 영역 분석에 앞서 단순화된 도구입니다. 자세한 피로 분석을 위해서는 블레이드 요소 운동량(Blade Element Momentum) 이론과 같은 비선형 시간 영역 접근 방식이 적합합니다. 그러나 BEM 방법에는 블레이드 설계에 대한 상당한 양의 정보와 각 방사형 섹션의 에어로포일 특성에 대한 자세한 설명이 필요합니다.
4. 제안된 공식은 풍속과 파도의 방향이 일치한다고 가정합니다. 즉, 풍속과 파도의 전파 방향이 불일치하지 않는다고 가정합니다. 이는 육지에서 부는 바람의 경우 종종 사실이지만 해상에서 부는 바람의 경우에는 일반적이지 않습니다. 즉, 개별 기여도를 합산한 추정치는 피로의 보수적인 상한 추정치입니다.
5. 이론적 스펙트럼은 주의해서 사용해야 합니다. 표준에서는 일반적으로 가능한 경우 사이트별 스펙트럼을 사용할 것을 권장합니다. 그러나 여기에 표시된 방법의 경우 이론적 스펙트럼이 첫번째 추정치로 충분합니다.
6. 추력 계수에 대한 간단한 공식은 여러 풍력 터빈에 대해 테스트한 대략적인 상한 추정치입니다. 풍력 터빈의 추력 계수를 계산하는 더 좋은 방법은 BEM 이론(또는 다른 보다 정밀한 방법)을 적용하는 것입니다.
7. 페치(fetch) 추정은 불확실한 과정이며, 결과인 파도 높이와 파도 주기는 주어진 위치의 일반적인 값과 비교해야 합니다. 또는 $H_{1/3}$ 및 T_p를 기반으로 한 공식을 사용할 수도 있습니다. 파 입자 운동학의 1차 에어리 파 근사법(first-order Airy wave approximation)은 깊은 수심에서만 유효하며, 더 높은 차수의 방법을 사용해야 할 수도 있습니다. 사이클 수는 낮지만 하중 크기가 큰 높은 파도와 심한 파도 충격은 상당한 피로 손상을 일으킬 수 있습니다.
8. 해상풍력 산업을 주도하고 있는 3엽 풍력 터빈을 대상으로 계산을 수행했습니다. 그러나

계산 방법은 블레이드가 2개인 터빈의 경우에도 유사합니다. 동일한 회전 속도 범위에서 1P-2P 간격은 1P-3P 간격보다 작지만, 2엽 터빈이 다소 빠르게 회전하는 경향이 있습니다.

결론 및 피로 계산에 대한 적용 가능성

바람, 파도, 로터 질량 불균형(1P) 및 블레이드 통과(3P)의 네 가지 주요 동적 하중 유형에 대한 해상풍력 터빈의 전후 머드라인 굽힘 모멘트 스펙트럼을 빠르고 간단하게 추정하는 방법론을 제공하려는 시도가 이루어졌습니다. 월니 1 현장에서 운영 중인 산업용 Siemens SWT-107-3.6 풍력 터빈에 대한 계산 예제가 제시되어 있으며, 동적 증폭을 고려한 머드라인 모멘트 스펙트럼이 그려져 있습니다(동적 증폭 고려).

이 단순화된 방법론의 동기는 이러한 구조물의 예비 설계 단계에서 일반적으로 시간 영역에서 수행되는 매우 긴 프로세스인 주파수 영역 피로 손상을 신속하게 추정할 수 있는 기반을 제공하기 위한 것입니다. 또한 구조 설계 초기 단계에서 동역학 및 피로 해석을 통합한 OWT의 통합 설계를 장려할 수 있습니다. 따라서 풍력 터빈의 현장 특정 정보를 가능한 한 적게 사용하는 것도 목표였습니다. 제어 파라미터, 블레이드 설계, 에어로포일 특성, 발전기 특성 등과 같은 정보는 이 공식에 필요하지 않습니다. Dirlik, Tovo-Benasciutti 및 Zhao-Baker 방법과 같은 주파수 영역 피로 손상 추정 방법을 사용할 수 있으며, 제시된 공식을 사용할 수 있습니다.

6.6 모노파일 디자인 예시

모노파일은 가장 일반적으로 사용되는 기초입니다. 이 장의 이 섹션에서는 '해상풍력 터빈용 모노파일의 10단계 설계'라는 제목의 Arany 등 (2017)가 제안한 방법을 기반으로 한 예시를 보여줍니다. 이 방법은 순서도 형태로 수 있습니다(그림 6.15 참조).

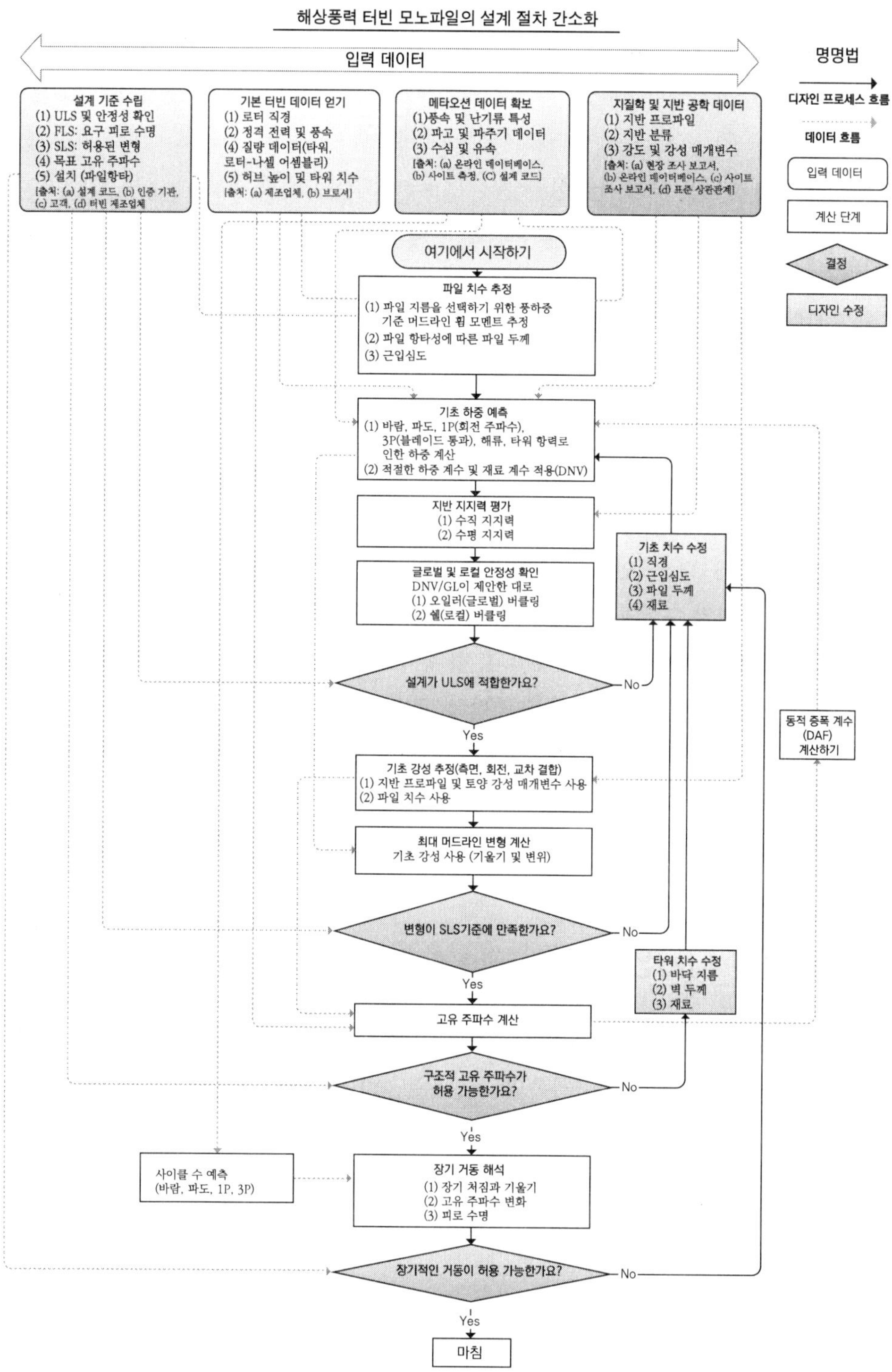

해상풍력 터빈 모노파일의 설계 절차 간소화
입력 데이터
명명법
디자인 프로세스 흐름
데이터 흐름
입력 데이터
계산 단계
결정
디자인 수정
설계 기준 수립
(1) ULS 및 안정성 확인
(2) FLS: 요구 피로 수명
(3) SLS: 허용된 변형
(4) 목표 고유 주파수
(5) 설치 (파일항타)
[출처: (a) 설계 코드, (b) 인증 기관, (c) 고객, (d) 터빈 제조업체]
기본 터빈 데이터 얻기
(1) 로터 직경
(2) 정격 전력 및 풍속
(4) 질량 데이터(타워, 로터-나셀 어셈블리)
(5) 허브 높이 및 타워 치수
[출처: (a) 제조업체, (b) 브로셔]
메타오션 데이터 확보
(1)풍속 및 난기류 특성
(2) 파고 및 파주기 데이터
(3) 수심 및 유속
[출처: (a) 온라인 데이터베이스, (b) 사이트 측정, (C) 설계 코드]
지질학 및 지반 공학 데이터
(1) 지반 프로파일
(2) 지반 분류
(3) 강도 및 강성 매개변수
[출처: (a) 현장 조사 보고서, (b) 온라인 데이터베이스, (c) 사이트 조사 보고서, (d) 표준 상관관계]
여기에서 시작하기
파일 치수 추정
(1) 파일 지름을 선택하기 위한 풍하중 기준 머드라인 휨 모멘트 추정
(2) 파일 항타성에 따른 파일 두께
(3) 근입심도
기초 하중 예측
(1) 바람, 파도, 1P(회전 주파수), 3P(블레이드 통과), 해류, 타워 항력로 인한 하중 계산
(2) 적절한 하중 계수 및 재료 계수 적용(DNV)
지반 지지력 평가
(1) 수직 지지력
(2) 수평 지지력
글로벌 및 로컬 안정성 확인
DNV/GL이 제안한 대로
(1) 오일러(글로벌) 버클링
(2) 쉘(로컬) 버클링
설계가 ULS에 적합한가요?
No
Yes
기초 치수 수정
(1) 직경
(2) 근입심도
(3) 파일 두께
(4) 재료
기초 강성 추정(측면, 회전, 교차 결합)
(1) 지반 프로파일 및 토양 강성 매개변수 사용
(2) 파일 치수 사용
최대 머드라인 변형 계산
기초 강성 사용 (기울기 및 변위)
동적 증폭 계수 (DAF) 계산하기
변형이 SLS기준에 만족한가요?
No
Yes
타워 치수 수정
(1) 바닥 지름
(2) 벽 두께
(3) 재료
고유 주파수 계산
구조적 고유 주파수가 허용 가능한가요?
No
Yes
사이클 수 예측
(바람, 파도, 1P, 3P)
장기 거동 해석
(1) 장기 처짐과 기울기
(2) 고유 주파수 변화
(3) 피로 수명
장기적인 거동이 허용 가능한가요?
No
Yes
마침

그림 6.15 순서도

예제 6.8 일반적인 영국 사이트의 설계 단계

템즈강 하구(영국 동부 해안) 외곽은 전형적인 해상풍력 발전 단지입니다. 선택한 터빈은 Siemens SWT-3.6-120입니다. 이 사이트는 조간대(간혹 물이 없는 경우도 있음)에서 평균 수심 25m에 이르는 수심이 얕은 곳입니다. 풍력 발전 단지 내 WTG의 위치에 따라 여러 가지 파일 설계가 필요합니다. 이 예에서는 가장 깊은 수심(25m)을 고려했습니다. 터빈은 풍력 발전 단지 가장자리에 있으며 다른 터빈에서 발생하는 난기류로 인한 피로 하중은 이 분석에서 무시되었습니다. 현장의 지반은 주로 런던 점토(London clay)이며 최상층에 모래와 자갈이 있습니다. 이 섹션에서는 간소화된 설계 절차를 고려합니다.

설계 기준 (Design Criteria) 수립

설계 기준은 일반적으로 네 가지 요소를 기반으로 설정됩니다:

1. ***설계 코드*** 가장 중요한 것은 IEC에서 정의한 설계 요구 사항입니다. IEC-61400-1(IEC 2005), IEC-61400-3(IEC 2009a), DNV-OS-J101 'Design of Offshore Wind Turbine Structures' (DNV 2014) 및 독일 로이드 선급협회(Germanischer Lloyd) Windenergie의 '해상풍력 터빈 인증 지침'(Germanischer Lloyd 2005)을 참조하십시오. 피로 분석의 경우 DNV-RP-C203 'Fatigue Design of Offshore Steel Structures'(DNV 2005)가 적합합니다. 환경 조건 평가의 경우 DNV-RP-C205 'Environmental Conditions와 Environmental Loads'(DNV 2010a,b)를 참조해야 할 수 있습니다. API 코드 'Recommended Practice for Planning, Designing와 Constructing Fixed Offshore Platforms – Working Stress Design'(API 2005)도 참고가 될수 있습니다.

2. ***인증 기관*** 일반적으로 인증 기관은 설계가 건전한 엔지니어링과 확실한 증거/테스트 결과에 의해 뒷받침되는 경우 설계 지침에서 벗어나는 것을 허용합니다.

3. ***발주처*** 때로는 발주처가 지정한 컨설턴트에 따라 추가 요구 사항을 제시할 수 있습니다.

4. ***터빈 제조업체*** 풍력 터빈 제조업체는 일반적으로 엄격한 SLS 요구 사항을 부과합니다. 또한 예상 허브 높이는 터빈 유형과 부지에 대한 요구 사항입니다. 타워 치수는 종종 기초 설계에 입력되기도 합니다.

요구 사항은 표 6.12에 요약되어 있습니다.

표 6.12 설계 기준

#		카테고리	설명	제한
R1	R1.A	ULS	기초의 지지력은 최대 하중보다 커야 합니다(수평 및 수직 하중, 전도 모멘트).	$M_{ULS} < M_f$ $F_{ULS} < F_f$ $V_{ULS} < V_f$
	R1.B	ULS	말뚝의 항복 강도는 최대 응력을 초과해야 합니다.	$\sigma < f_{yk}$
	R1.C	ULS	글로벌(오일러 유형 또는 기둥) 좌굴은 피해야 합니다.	
	R1.D	ULS	로컬(쉘) 버클링은 피해야 합니다.	
R2		FLS	기초의 수명은 최소 50년이어야 합니다.	$T_L > 50$년
R3	R3.A	SLS	초기 처짐은 0.2m 미만이어야 합니다.	$\rho_0 < 0.2$m
	R3.B	SLS	초기 기울기는 0.5° 미만이어야 합니다.	$\theta_0 < 0.5°$
	R3.C	SLS	누적 처짐은 0.2 m 미만이어야 합니다.	$\rho_{acc} < 0.2$m
	R3.D	SLS	누적 기울기는 0.25° 미만이어야 합니다.	$\theta_{acc} < 0.25°$
R4		SLS(고유 주파수)	풍력 터빈 구조물-기초 시스템의 구조 고유 주파수는 로터의 회전 주파수(1P) 를 10% 이내로 피해야 합니다.	$f_0 > 1.1_{1P, max}$ $= 0.24$Hz
R5		설치	파일 두께(초기 추측)	$t_p \geq 6.35+\frac{D_p}{100}$ [mm]

입력 데이터 가져오기

이 간소화된 분석은 터빈과 부지에 대한 최소한의 정보를 사용하여 모노파일 설계자가 타당성 조사, 입찰 설계 및 초기 설계 단계에서 필요한 파일 치수를 빠르고 쉽게 찾을 수 있도록 하는 것을 목표로 합니다. 필요한 데이터는 데이터 그룹별로 아래에 나와 있습니다.

기본 터빈 데이터

이러한 분석에 필요한 기본 터빈 데이터는 표 6.13에 나열되어 있습니다. 이러한 데이터는 일반적으로 터빈 제조업체에서 얻지만, 데이터의 상당 부분은 4COffshore.com (4C Offshore Limited 2016) 또는 LORC.dk (Lindoe Offshore Renewables Center 2011) 등의 브로셔 및 온라인 데이터베이스에서 찾을 수 있습니다.

Metocean 데이터

이 단순화된 분석에 가장 중요한 Metocean 데이터는 표 6.14에 요약되어 있습니다. 풍속 및 난기류 특성, 파도 특성, 현장의 수심, 현장의 최대 유속이 그것입니다. 이러한 데이터는 일반적으로 현장 또는 현장 위치 근처에서 수개월 또는 수년에 걸쳐 측정하여 얻습니다. 풍속 데이터는 해상풍력 발전 단지의 에너지 생산 잠재력(수익성)을 추정하는 매우 중요하며, 일반적으로 풍력 발전 단지 설계가 시작될 때쯤이면 쉽게 구할 수 있습니다. 파도 데이터는 정부 기관의 측정 데이터와 석유 및 가스 생산 스테이션에서 얻을 수 있습니다(예 Williams 2008 참조). 현재 단순화된 분석의 예시 사이트에 대한 관련 데이터는 표 6.14에 나와 있습니다.

표 6.13 터빈 데이터 및 선택한 파일 재료 매개변수

매개변수	기호	값	단위
허브 높이	Z_{hub}	87	m
로터 직경	D	120	m
타워 높이	L_T	68	m
타워 상단 직경	D_t	3	m
타워 바닥 지름	D_b	5	m
타워 벽 두께	t_T	0.027	m
타워 소재의 밀도	ρ_T	7860	kg/m^3
타워 질량	m_T	250	tons
정격 풍속	U_R	12	m/s
로터-나셀 어셈블리(RNA)의 질량	m_{RNA}	243	tons
터빈의 작동 회전 속도 범위	Ω	5-13	rpm

표 6.14 Metocean 데이터

매개변수	기호	값	단위
풍속 와이블 분포 모양(Weibull distribution shape) 매개변수	s	1.8	[-]
풍속 와이블 분포 스케일(Weibull distribution scale) 매개변수	K	8	m/s
기준 난기류 강도	I	18	%
난기류 적분 길이 척도	L_k	340.2	m
공기 밀도	ρ_a	1.225	kg/m^3
50년 재현 주기 파도 높이	H_S	6.6	m
피크 파도 기간	T_S	9.1	s
최대 파고(50년)	H_m	12.4	m
최대 파고 피크 기간	T_m	12.5	s
최대 수심(50년 만조 수위)	S	25	m
바닷물의 밀도	ρ_w	1030	kg/m^3

지질 및 지반 데이터(Geological and Geotechnical Data)

지질 및 지반 데이터는 가장 어렵고 비용이 많이 들며 현장 조사가 필요한 데이터입니다. 좋은 정보 출처는 영국 지질 조사국으로, 영국 전역의 데이터를 담고 있습니다.

최악의 경우, 견고한 점토나 조밀한 모래와 같은 기본적인 부지 분류만 알고 있어도 1차 추정을 수행할 수 있습니다. 분석에 필요한 지반 데이터에는 다음이 포함됩니다.

- *지반 프로파일* 예제 사이트의 경우, 최상층(대략 20m 상부)은 런던 점토 상부에 느슨하거나 보통 조밀한 모래와 실트층으로 구성되어 있다고 가정합니다.
- *강도 및 강성 매개변수* 상층의 느슨하거나 보통 조밀한 모래와 실트는 다음과 같은 특징이 있습니다.

  수중 단위중량 γ'=9 kN/m^3 , 내부 마찰각 범위 ϕ'=28-36°.

지반 반력 계수는 Terzaghi(1955)에 따라 선택됩니다. 토양의 지반 반응 계수는 선형적으로 증가하는 것으로 근사화되며, 다음과 같습니다.

$$n_h = \frac{A \cdot \gamma'}{1.35} \approx \frac{600 \cdot 9000}{1.35} = 4 \left[\frac{\mathrm{MN}}{\mathrm{m}^3}\right] \tag{6.37}$$

여기서 A= 300−1000은 보통의 모래이고 A=100−300은 느슨한 모래입니다. 지반 데이터는 표 6.15에 요약되어 있습니다.

표 6.15 지반, 기초 및 트랜지션 피스 데이터

매개변수	기호	값	단위
지반의 수중 단위중량	γ'	9	kg/m^3
지반의 내부 마찰각	ϕ	28-36	0
지반 반응 계수	n_h	4000	kg/m^3
기초 재료 - S355 강철 - 탄성 계수	E_p	200	GPa
기초 재료 - S355 강철 - 밀도	ρ_p	7860	kg/m^3
기초 재료 - S355 강철 - 항복 강도	f_{yk}	355	MPa
그라우트와 트랜지션 피스 결합 두께	$t_{TP}+t_G$	0.15	m

기초 및 트랜지션 피스 (TP)

기초의 재질은 업계 표준인 S355 구조용 강철로 선택됩니다. 이 소재의 중요한 특성은 표 6.15에 나와 있는 탄성계수 E_P, 밀도 ρ_P 및 항복 강도 f_{yk} 입니다. 기초 설계에는 더 높은 강도의 강철을 사용하는 것도 고려할 수 있지만 비용 제약으로 인해 일반적으로 S355가 사용됩니다. 그라우트와 트랜지션 피스의 총 폭을 합한 값은 $t_{TP}+t_G$= 0.15m로 계산하여 하부 구조의 직경을 구합니다.

초기 파일 치수 계산

초기 파일 치수는 ULS 설계 하중을 기준으로 산정합니다. 하중 계산은 2장에 제시된 방정식을 기반으로 수행됩니다. 스프레드시트를 사용하여 이러한 계산을 수행할 수 있습니다. 로터의 풍하중은 첫 번째 단계에서 이미 계산할 수 있지만, 파도 하중은 모노파일 직경에 따라 달라지므로 초기 파일 치수를 사용할 수 있는 경우에만 계산할 수 있습니다.

최고 풍하중 계산

ULS의 풍하중은 단일 발생 풍하중이 가장 높은 것으로 가정되는 50년 극한 운영 돌풍(Extreme Operating Gust, EOG)으로부터 결정되며, 이는 풍향 시나리오(U-3)이며 자세한 내용은 2.6.1항을 참조하세요. 이 시나리오의 풍하중을 추정하기 위해 2.6.2절(2장)에 설명된 절차가 사용됩니다. 먼저 표 6.13 및 6.14의 데이터를 사용하여 EOG 풍속을 계산합니다.

$$U_{10,50\text{-}year} = 35.7 \text{ m/s}$$

$$U_{10,1\text{-}year} = 28.6 \text{ m/s}$$

$$\sigma_{U,c} = 3.15 \text{ m/s}$$

$$u_{EOG} = 8.1 \text{ m/s}$$

이를 사용하여 총 풍하중은 다음과 같이 추정됩니다.

$$Th_{wind,EOG} \approx 1.63 \text{ MN} \tag{6.38}$$

수심 $S = 25$ m 과 평균 해수면 위의 허브 높이 $z_{hub} = 87$ m 사용하면,

$$M_{wind,EOG} = Th_{wind,EOG}\,(S+z_{hub}) \approx 182 \text{ [MNm]} \tag{6.39}$$

γ_L=1.35 의 하중 계수를 적용하면 총 풍하중은 246 MNm입니다. 다른 하중 사례에 대한 풍하중 계산은 간결성을 위해 생략하지만, U_R(U-3) 에서의 EOG가 가장 높은 하중을 제공하는 것으로 나타났습니다.

초기 파일 치수 계산

파일 두께의 초기 값은 API(2005)에 따라 다음과 같이 선택할 수 있습니다.

$$t_P \geq 6.35+\frac{D_P}{100} \text{ [mm]} \tag{6.40}$$

이 파일 두께 값은 말뚝의 국부적 또는 전체 좌굴을 방지하거나 말뚝 팁 손상을 방지하여 조기 거부(refusal)를 가장 간단한 설치 방법으로 말뚝을 해저에 박을 수 있는 충분한 안정성을

제공하지 못할 수도 있습니다. 따라서 이러한 문제를 별도로 해결해야 할 뿐만 아니라, 벽 두께를 추가해야 할 수도 있는 피로 설계도 고려해야 합니다. 그림 6.16은 다양한 모노파일 직경의 해상풍력 터빈을 설치한 경우의 말뚝 두께를 보여줍니다. 그림에서 볼 수 있듯이 일부 파일은 두께가 API 요구 두께보다 훨씬 더 두껍습니다. 좌굴 관련 문제(전체 좌굴, 국부적인 파일 좌굴 방지 또는 설치로 인한 파일 팁 손상 전파)에 대한 자세한 내용은 Bhattacharya 등 (2005), Aldridge 등 (2005)를 참조하십시오. 현실적인 이유로 파일 두께는 일반적으로 제조 최적화를 위해 스탠다드 플레이트 두께 값을 기준으로 선택됩니다.

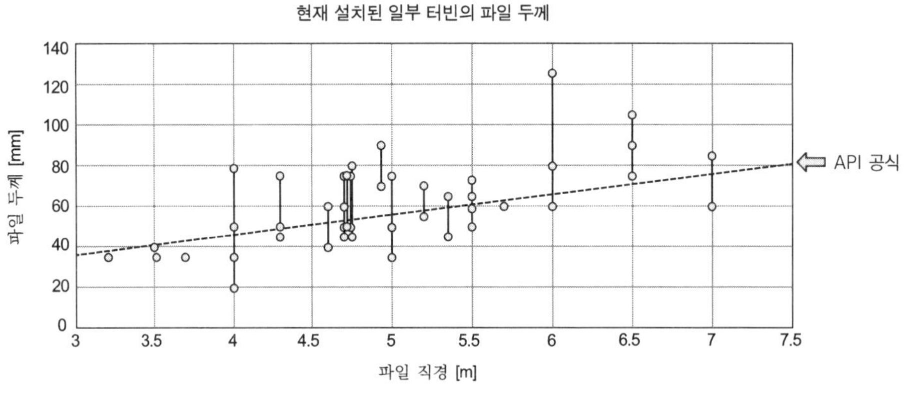

그림 6.16 현재 설치된 여러 풍력 터빈의 파일 두께. 사용된 사례 연구는 표 6.16에 정리되어 있습니다.

식 (6.40)에 주어진 API(2005)의 말뚝 두께 공식을 사용하면 말뚝 단면의 면적 관성 모멘트에 대해 다음과 같이 쓸 수 있습니다.

$$I_P = \frac{1}{8}(D_P - t_P)^3 t_P \pi = \frac{1}{8}\left(D_P - 6.35 - \frac{D_P}{100}\right)^3 \left(6.35 + \frac{D_P}{100}\right)\pi \tag{6.41}$$

재료 계수가 γ_M=1.1 인 파일의 항복을 피하려면 다음을 만족해야 합니다.

$$\sigma_m = \frac{M_{wind}, EOG}{I_P}\frac{D_P}{2} < \frac{f_{yk}}{\gamma_M} \approx 322\ [\text{MPa}] \tag{6.42}$$

위에서 필요한 직경이 다음과 같이 결정됩니다

$$\frac{D_P}{I_P} < \frac{2f_{yk}}{\gamma_M M_{wind,EOG}} \tag{6.43}$$

그 결과 초기 파일 직경은 D_P = 4.5 m이고 두께는 $t_P \approx$ 51 mm 입니다.

근입 깊이는 다음과 같이 결정됩니다.

아래에 주어진 Poulos와 Davis(1980)의 공식을 사용하여 필요한 근입 깊이를 추정할 수 있습니다.

$$L_P = 4.0\left(\frac{E_P I_P}{n_h}\right)^{\frac{1}{5}} \approx 39\,[\mathrm{m}] \tag{6.44}$$

그러면 초기 파일 치수는 다음과 같습니다.

$$D_P=4.5\ \mathrm{m},\ t_P = 0.051\ \mathrm{m},\ L_P = 39\ \mathrm{m} \tag{6.45}$$

기초에 대한 하중 예측

이제 파일 치수에 대한 초기 추측이 가능하므로 파도 하중을 계산할 수 있습니다. 풍하중과 파도하중의 조합에 대해서는 설계 표준에서 많은 하중 사례가 제시되어 있습니다. 표 6.17에는 4가지 보수적인 하중 사례가 고려되어 있습니다. 이러한 시나리오에서 다루지 않는 잠재적인 심각한 하중 사례 중에는 풍력 터빈의 정지 이벤트가 있는데, 이러한 상황에는 풍력 터빈(로터, 블레이드, 제어 시스템 파라미터, 발전기 등)에 대한 자세한 데이터가 필요하지만 표 6.17의 시나리오보다 낮은 기초 하중을 제공할 가능성이 높기 때문입니다.

풍하중 계산(기타 풍하중 시나리오)

구조물에 대한 풍하중은 하부구조 직경과 무관하므로 파일 및 하부구조 설계전에 풍하중을 평가할 수 있습니다. 섹션 2.6.2는 난류 풍속 성분을 결정하고 이를 통해 추력 및 전도 모멘트를 결정하는 데 사용됩니다. 표 6.17에는 중요한 매개변수가 요약되어 있으며 다양한 풍향 시나리오에 대한 풍하중이 제시되어 있습니다. 최대 하중과 최소 하중의 평균은 난기류 성분을 제외한 평균 힘과 같지 않다는 점에 유의하십시오. 이는 추력이 풍속의 제곱에 비례하기 때문입니다.

임계 파도 하중 계산

파도 하중은 먼저 하중 사례 E-2 및 E-3에 사용되는 가장 심한 파도 시나리오, 즉 파도 시나리오 (W-2) 및 (W-4), 1년 및 50년 극한 파고 높이(Extreme Wave Heights, EWH) 에 대해서만 계산됩니다. 2.6.3절에 설명된 방법론을 사용하여 파도 하중과 하부 구조물 직경을 계산하며, 이 경우 D_S= 4.8 m입니다. 관련 50년 파고와 파도 주기는 표 6.14에서 가져옵니다. 그리고 1년 등가치는 다음에 따라 50년 유의 파고에서 다음과 같이 계산됩니다(DNV 2014).

$$H_{S,1} = 0.8H_{S,50} = 5.3\,[\mathrm{m}] \quad T_{S,1} = 11.1\sqrt{H_{S,1}/g} = 8.1\,[\mathrm{s}] \tag{6.46}$$

입력한 다음 섹션 5.6의 절차를 사용하여 1년 최대 파도 높이와 기간을 결정합니다.

$$H_{m,1} = 10.1\ \text{m 및 } T_{m,1} = 11.2\ \text{s} \tag{6.47}$$

표 6.18에 모든 파도 시나리오 (W-1) ~ (W-4)에 대한 파고와 파도 주기가 요약되어 있습니다.

표 6.16 그림 6.16에 표시된 모노파일 직경과 두께

#	풍력 발전소 및 터빈	파일 직경 [m]	파일 두께 범위 [mm]		
1	네덜란드 렐리, A2 터빈	3.2	35	-	35
2	네덜란드 렐리, A3 터빈	3.7	35	-	35
3	아이린 보링크, 네덜란드	3.515	35	-	35
4	블라이스, 영국	3.5	40	-	40
5	켄티시 플랫츠, 영국	4.3	45	-	45
6	배로, 영국	4.75	45	-	80
7	타넷, 영국	4.7	60	-	60
8	벨윈드, 벨기에	5	50	-	75
9	버보 뱅크, 영국	4.7	45	-	75
10	월니, 영국	6	60	-	80
11	건플리트 샌즈, 영국	5	35	-	50
12	런던 어레이, 영국	4.7	50	-	75
13	그윈 이 모어, 웨일스, 영국	5	55	-	95
14	안홀트, 덴마크	5.35	45	-	65
15	월니 2, 영국	6.5	75	-	105
16	셰링햄 숄, 영국	5.7	60	-	60
17	부텐디크, 독일	6.5	75	-	90
18	단티스크, 독일	6	60	-	126
19	Meerwind Ost/Sud, 독일	5.5	50	-	65
20	노스윈드, 벨기에	5.2	55	-	70
21	혼스 레브, 덴마크	4	20	-	50
22	에그몬트 안 지, 네덜란드	4.6	40	-	60
23	제미니, 네덜란드	5.5	59	-	73
24	제미니, 네덜란드	7	60	-	85
25	프린세스 아말리아, 네덜란드	4	35	-	79
26	이너 다우징, 영국	4.74	50	-	75
27	라일 플랫츠, 웨일즈, 영국	4.72	50	-	75
28	로빈 리그, 스코틀랜드, 영국	4.3	50	-	75
29	티사이드, 영국	4.933	70	-	90

표 6.17 바람 시나리오(U-1) - (U-4)의 하중 및 전도 모멘트

매개변수	기호 [단위]	바람 시나리오 (U-1)	바람 시나리오 (U-2)	바람 시나리오 (U-3)	바람 시나리오 (U-4)
풍속 표준 편차	σ_U [m/s]	2.63	3.96	-	-
표준편차 $f > f_{1P}$	$\sigma_{U,f>f_{1p}}$ [m/s]	0.73	1.22	-	-
난류 풍속 성분	u [m/s]	0.94	2.44	8.1	4.86
하중 사이클의 최대 힘	F_{max} [MN]	0.68	0.84	1.63	0.40
하중 사이클의 최소 힘	F_{min} [MN]	0.49	0.37	0.39	0.25
난기류가 없는 평균 힘	F_{mean} [MN]	0.58	0.58	0.58	0.28
하중 사이클의 최대 모멘트	M_{max} [MN]	75.8	94.4	182.8	44.6
하중 사이클의 최소 모멘트	M_{min} [MN]	55.4	41.4	43.7	28.1
난기류가 없는 평균 모멘트	M_{mean} [MN]	65.2	65.2	65.2	31.3

표 6.18 다양한 파도 시나리오에 대한 파고 및 파도 주기

매개변수	기호 [단위]	파도 시나리오 (W-1)	파도 시나리오 (W-2)	파도 시나리오 (W-3)	파도 시나리오 (W-4)
파고	H [m]	5.3	10	6.6	12.4
파도 주기	T [s]	8.1	11.2	9.1	12.5

관성 하중의 최대값은 표면 고도가 η=0일 때 t=0인 순간에 발생하고, 항력 하중의 최대값은 $t=T_m/4$, $\eta=H_m/2$ 일 때 발생합니다.

1년 EWH가 적용된 파도 시나리오(W-2)의 최대 항력 및 관성 하중은 다음과 같습니다.

$$F_{D,max}=0.65 \text{ MN}$$

$$M_{D,max}=17.1 \text{ MNm}$$

$$F_{I,max}=1.48 \text{ MN}$$

$$M_{I,max}=36.7 \text{ MNm} \qquad (6.48)$$

파도 하중과 모멘트의 최대값은 보수적으로 다음과 같이 고려할 수 있습니다.

$$F_{wave,W-2} = 2.13 \text{ MN 및 } M_{wave,W-2} = 53.8 \text{ MNm} \qquad (6.49)$$

마찬가지로 파도 시나리오(W-4)에서 50년 EWH의 경우 및 관성 하중은 다음과 같이 주어집니다.

$$F_{D,max} = 1.07 \text{ MN}$$

$M_{D,max} = 23.8$ MNm

$F_{I,max} = 1.7$ MN

$M_{I,max} = 43.9$ MNm (6.50)

파도 하중의 최대값

$F_{wave,W-4} = 2.77$ MN, $M_{wave,W-4} = 67.7$ MNm (6.51)

ULS 하중 조합

표 6.19에서 ULS 설계를 위한 가장 심각한 하중 사례는 극한 난류 모델(Extreme Turbulence Model, ETM)과 결합된 극한 파도 시나리오(50년 EWH)와 극한 운영 돌풍(Extreme Operational Gust, EOG)과 연간 최대 파고(1년 EWH)를 결합한, E-2 과 E-3입니다.

표 6.19 ULS 하중 조합

하중	극한 파도 시나리오 (E-2)ETM (U-2) 및 50년 EWH(W-4)	극한 바람 시나리오(E-3) EOG at U_R(U-3) 및 1년 EWH(W-2)
최대 풍하중 [MN]	0.84	1.63
최대 풍속 모멘트 [MNm]	94.4	182.6
최대 파도 하중 [MN]	2.77	2.13
최대 파도 모멘트 [MNm]	67.7	53.8
총 하중 [MN]	3.61	3.79
총 전도 모멘트 [MNm]	162.1	236.4

DNV(2014) 및 IEC(2009a)에 따라 ULS 환경 하중에 대해 부분 하중 계수 $\gamma_L = 1.35$를 적용해야 합니다.

표 6.19는 두 가지 하중 조합에 대한 ULS 하중을 보여 주며, 이 표에서 전도 모멘트가 풍하중에 의해 지배되기 때문에 이 특정 예에서 주도하는 시나리오는 E-3임을 알 수 있습니다. 알 수 있습니다. 표 6.19의 새로운 총 하중은 필요한 기초 치수를 다시 계산하는 데 사용됩니다. 이렇게 하면 ULS 하중에 필요한 모노파일 크기를 찾는 반복적인 프로세스가 발생하며, 스프레드시트에서 쉽게 해결할 수 있습니다. 분석 결과는 다음과 같습니다:

$D_P = 4.9$ [m] $t_P = 56$ [mm] $L_P = 42$ [m] (6.52)

안정성 분석은 철골 지지 구조물 설계에 관한 Germanischer Lloyd (2005) 6장에 따라 수행해야 합니다.

지반 하중 전달 능력 산정

일반적인 시나리오에서 최대 횡하중에 대한 제한 사례는 말뚝의 항복 강도에 따라 결정됩니다. 그러나 기초가 하중을 견딜 수 있는지, 즉 지반이 ULS 하중에서 파괴하지 않는지 확인해야 합니다. 섹션 5.3.3.4에 설명된 표준 방법에 따라 극한 수평 하중 지지력과 극한 모멘트 지지력은 각각 $F_R = 38\text{MN}$, $M_R = 2275\text{MNm}$으로 산정 되었습니다. 이는 한계를 훨씬 뛰어넘는 수치입니다.

수직 하중의 경우 횡하중으로 인한 고장이 먼저 발생하고 횡하중에 대한 안정성은 주로 구조물의 사하중에 의해 가해지는 수직 하중을 말뚝이 견딜 수 있는 능력을 보장합니다. 따라서 수직 하중 전달 능력에 대한 분석은 여기서는 생략하지만 실제 설계에서 수행해야 합니다.

변형 및 기초 강성 산정

예제에 설명된 여러 가지 방법을 사용하여 기초를 평가할 수 있습니다. 이 예에서는 Poulos와 Davis (1980)의 방법을 사용합니다. 이 방법에는 점성토 와 사질토에 대한 지반 반력 계수와 지반 반응 계수가 각각 필요합니다. 처짐과 강성의 계산에는 상부 층이 지배적입니다. 여기서 모래와 실트층의 지반 반응 계수는 Terzaghi(1955)에 따라 근사치 n_h=4 [MN/m^3] 로 산정하였습니다.

기초 강성 계산은 중간 모래의 유연한 말뚝에 대해 Poulos와 Davis(1980) 공식을 사용합니다.

$$K_L = 1.074 n_h^{\frac{3}{5}} (E_P I_P)^{\frac{2}{5}} \quad K_{LR} = -0.99 n_h^{\frac{2}{5}} (E_P I_P)^{\frac{3}{5}} \quad K_R = 1.48 n_h^{\frac{1}{5}} (E_P I_P)^{\frac{4}{5}} \quad (6.53)$$

그리고 그 값은 아래와 같습니다.

$$K_L = 0.57\,[\text{GN/m}] \qquad K_{LR} = -5.9\,[\text{GN}] \qquad K_R = 99.3\,[\text{GN/rad}] \quad (6.54)$$

처짐과 회전은 5장의 제시된 방정식에 따라 아래와 같이 계산됩니다.

$$\rho = 10.4\,[\text{cm}] \qquad \theta = 0.569\,[°] \quad (6.55)$$

파일 팁 처짐(변형)은 허용되지만 회전이 0.5°를 초과합니다 .

다시 말하지만, 필요한 파일 치수를 얻기 위해서는 반복적인 프로세스가 필요합니다. 이 작업은 다음과 같은 반복 단계를 통해 수행할 수 있습니다:

1. 기초의 치수가 증가합니다.
2. 기초 하중을 다시 계산합니다.
3. 기초 강성 매개변수는 적절한 방정식을 기반으로 다시 계산됩니다.
4. 머드라인 변형이 다시 계산됩니다.
5. 처짐과 회전이 모두 허용 한도 이하가 될 때까지 이 과정을 반복합니다.

스프레드시트를 사용하면 필요한 치수를 쉽게 얻을 수 있습니다:

$$D_P = 5.2[\mathrm{m}] \qquad t_P = 59[\mathrm{mm}] \qquad L_P = 43[\mathrm{m}] \tag{6.56}$$

그리고 파일 팁 처침과 회전은 아래와 같이 허용기준을 만족합니다.

$$\rho_0 = 0.095[\mathrm{m}] \qquad \theta_0 = 0.495[°] \tag{6.57}$$

고유 주파수 및 동적 증폭 계수 계산

고유 주파수는 5장에 제시된 방법에 따라 계산되며 Arany 등 (2015a, 2016) 에서 개발되었습니다. 첫 번째 고유 주파수와 풍향 및 횡풍 방향에서 첫모드의 감쇠는 구조 응답에 영향을 미치는 DAF를 구하는 데 사용됩니다.

고유 주파수 계산

터빈-타워-하부 구조물-기초 시스템의 구조 고유 주파수는 $f_0 = C_L\, C_R\, C_S\, f_{FB}$ 로 주어지며, 여기서 C_S, C_R, C_L 은 각각 하부 구조물 유연성 계수와 회전 및 횡방향 기초 유연성 계수입니다. 그리고 고정 기반 고유 주파수는 아래와 같습니다.

$$f_{FB} = \frac{1}{2\pi}\sqrt{\frac{3E_T I_T}{L_T^3\left(m_{RNARNA} + \frac{33}{140}m_T\right)}} = 0.379[Hz] \tag{6.58}$$

하부 구조 유연성 계수 C_S는 모노파일이 타워의 바닥까지 올라간다고 가정하여 계산합니다. 타워의 높이는 68m, 허브 높이는 87m, 그리고 나셀의 높이는 5m이므로 머드라인과 타워 바닥 사이의 거리는 약 $L_S = 41.5$m(플랫폼 높이)입니다. 기초 유연성은 두 가지 무차원 파라미터인 휨 강성 비율 $\chi = E_T I_T/(E_P I_P) = 0.214$ 로 표현되고 길이비율은 $\psi = L_S/L_T = 0.6104$ 입니다.

$$C_S = \sqrt{\frac{1}{1 + (1+\psi)^3\chi - \chi}} = 0.773 \tag{6.59}$$

비차원적 기초강성이 계산됩니다.

$$\eta_L = \frac{K_L L_T^3}{EI_\eta} = 978 \qquad \eta_{LR} = \frac{K_{LR} L_T^2}{EI_\eta} = -149 \qquad \eta_R = \frac{K_R L_T}{EI_\eta} = 36.9 \tag{6.60}$$

기초 유연성 계수가 계산됩니다.

$$C_R = 1 - \frac{1}{1 + 0.6\left(\eta_R - \frac{\eta_{LR}^2}{\eta_L}\right)} = 0.895 \qquad C_L = 1 - \frac{1}{1 + 0.5\left(\eta_L - \frac{\eta_{LR}^2}{\eta_R}\right)} = 0.995 \tag{6.61}$$

그러면 고유 주파수는 다음과 같습니다.

$$f_0 = 0.995 \times 0.895 \times 0.773 \times 0.379 = 0.6884 \times f_{FB} = 0.261 \text{ Hz} \quad (6.62)$$

조건이 $f_0 > 0.24$[Hz] 였으므로 이정도는 허용이 됩니다.

동적 증폭 계수 계산하기

파도 하중의 동적 증폭은 피크 파도 주파수와 가정된 감쇠 비율을 사용하여 계산됩니다. 풍향(x) 및 횡풍(y) 방향의 감쇠비율(damping ratio)은 각각 3% 및 1%로 보수적으로 선택됩니다. 공기역학적 감쇠가 크게 기여하기 때문에 풍향 방향 감쇠비율이 더 큽니다. 실제 사례에서 공기역학적 감쇠는 풍속에 따라 달라지며, 풍향 방향 값은 2%에서 10% 사이가 될 수 있습니다. 선택된 값은 관련 풍속 범위에 대해 보수적으로 작습니다(예: Camp 등 (2004) 또는 Arany 등 (2016)의 댐핑에 대한 논의 참조). DAF(Dynamic Amplification Factors)는 다음과 같이 계산됩니다.

$$DAF = \frac{1}{\sqrt{\left(1 - \left(\frac{f}{f_0}\right)^2\right)^2 + \left(2\xi \frac{f}{f_0}\right)^2}} \quad (6.63)$$

여기서 f는 여기 주파수(excitation frequency), f_0은 고유 주파수, ξ은 감쇠 비율입니다. 모든 파도 시나리오에 대한 DAF는 표 6.20에 나와 있습니다. 이 예에서 풍향(x) 및 횡풍(y) 방향의 DAF 차이는 분명히 무시할 수 있으며, 표 6.21에서는 DAF가 계산된 하중의 경우 더 높은 값이 사용됩니다.

표 6.20 동적 증폭 계수 및 파도 하중

매개변수	기호 [단위]	파도 시나리오 (W-1)	파도 시나리오 (W-2)	파도 시나리오 (W-3)	파도 시나리오 (W-4)
파도 기간	T [s]	8.1	11.2	9.1	12.5
파도 주파수	f [Hz]	*0.123*	*0.089*	*0.110*	*0.080*
동적 증폭 - 풍향 방향	DAF_x [ ]-	*1.285*	*1.131*	*1.215*	*1.103*
동적 증폭 - 횡풍 방향	DAF_y [ ]-	*1.288*	*1.133*	*1.215*	*1.104*
총 파도 하중	F_w [MN]	1.41	2.77	1.77	3.56
총 파도 모멘트	M_w [MNm]	32.1	69.8	40.0	97.2
DAF를 사용한 총 파도 하중	$F_{w, DAF}$ [MN]	*1.82*	*3.14*	*2.15*	*3.93*
DAF를 사용한 총 파도 모멘트	$M_{w, DAF}$ [MNm]	*41.4*	*79.1*	*48.6*	*107.3*

표 6.21 동적 증폭 계수를 사용하여 계산된 하중

매개변수	정상 작동 E-1	극한 파도 시나리오 E-2	극한 바람 시나리오 E-3	컷 아웃 바람 + 익스트림 파도 E-4	풍파 오정렬 E-5
평균 풍하중 [MNm]	65.2	65.2	65.2	31.2	65.2
최대 풍하중 [MNm]	75.8	94.4	182.6	44.6	94.4
최소 풍하중 [MNm]	55.4	30.7	43.7	28.1	30.7
최대 파도 하중 [MNm]	41.4	107.3	79.1	107.3	107.3
최소 파도 하중 [MNm]	-41.4	-107.3	-79.1	-107.3	-107.3
결합 최대 하중 [MNm]	117.2	201.7	261.7	151.9	142.9
결합 최소 하중 [MNm]	14	-76.6	-35.4	-79.2	30.7
주기 기간 [초]	8.1	12.5	11.2	12.5	12.5
주기 주파수 [Hz]	0.123	0.080	0.089	0.080	0.080
최대 응력 수준 [MPa]	96.8	166.6	216.1	125.5	166.6
최대 반복적 응력 진폭 [MPa]	131.0	255.2	281.5	214.1	255.2

파도 하중 및 기초 치수 다시 계산하기

극한 하중 사례와 변형은 하중의 동적 증폭을 포함하도록 다시 확인해야 합니다. 증가된 파일 직경에 대해 다시 계산된 파도 하중은 표 6.20에 제시되어 있습니다.

기초 치수의 업데이트된 값은 이전과 마찬가지로 반복적인 프로세스를 통해 얻어지며, 스프레드시트에서 쉽게 계산할 수 있습니다. 최종 치수는 다음과 같습니다.

$$D_P = 5.2[\mathrm{m}] \qquad t_P = 59[\mathrm{mm}] \qquad L_P = 43[\mathrm{m}] \qquad f_0 = 0.261[\mathrm{Hz}] \tag{6.64}$$

각 하중 시나리오(E-1)-(E-4)에 대한 최종 하중은 표 6.21에 나와 있습니다. 이 표에는 각 하중 사례에 대한 최대 응력 및 주기적 응력 진폭도 포함되어 있습니다.

장기적인 고유 주파수 변화

터빈의 수명이 다하는 동안 구조 고유 주파수의 변화로 인해 구조의 동적 안정성이 위협받을 수 있습니다. 환경 및 기계적 하중으로 인해 공진이 발생하여 치명적인 붕괴 또는 피로 수명 및 사용성 감소를 초래할 수 있습니다. 따라서 지반의 강성 변화가 구조물의 고유 주파수에 미치는 영향을 확인하는 것은 중요한 측면입니다. 그림 6.17은 지반 강성의 백분율 변화 대비 고유 주파수의 백분율 변화(지반 반응의 계수 n_h)를 보여줍니다. 그림에서 지반 강성이 30% 변화해도 고유 주파수의 변화는 1.5% 미만에 불과하다는 것을 알 수 있습니다. 또한 주파수 변화의 관점에서 보면 강성보다 열화(degradation)가 더 중요하다는 것을 알 수 있습니다.

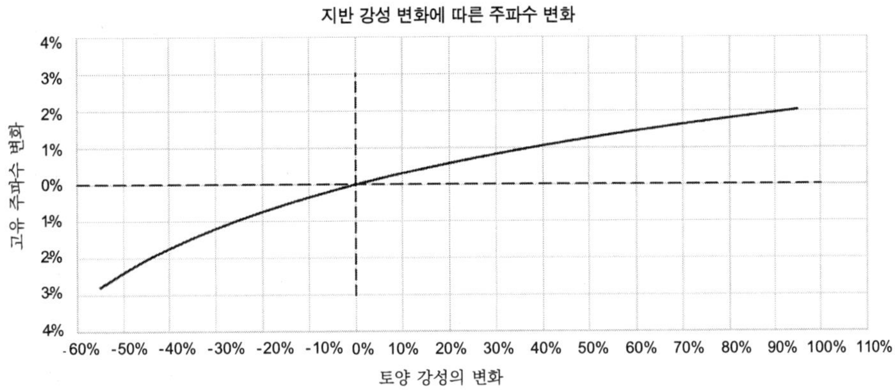

그림 6.17 터빈의 수명 동안 지반 강성 변화에 따른 주파수 변화

장기적인 처짐 및 회전

회전 예측은 일반적으로 처짐 예측과 달리 모노파일 설계에서 중요한 측면입니다. 장기 기울기 예측을 위해 Leblanc 등(2010)의 방법을 사용하려는 시도가 있었습니다. 5장에 나열된 문제 외에도 이 접근법을 사용할 때 또 다른 실질적인 문제가 발생합니다. Leblanc 등 (2010)은 실험을 통해 말뚝의 극한 모멘트 지지력을 조사한 결과, 실험을 통해 명확한 파괴 지점을 설정할 수 없다는 점에 주목하여 4° 의 머드라인 회전을 유발하는 굽힘 모멘트를 극한 모멘트 지지력을 정의했습니다. 하지만, 이 값은 Poulos와 Davis(1980)의 방법으로 계산한 값과 비교적 유사한 값으로 나타났습니다.

Poulos와 Davis(1980)의 접근법은 최대 모멘트 지지력을 $M_{R,P\text{-}D}$ = 2275 MNm 로 4° 회전 접근법은 K_R의 선형성을 기준으로 $M_{R,4°}$ = 2029 MNm로 나타냈습니다. 이 두 값은 모두 예상되는 최대 모멘트 M_{ULS} = 261.7 [MNm]와 파일 항복 굽힘 모멘트 $M_f \approx$ 390 MNm보다 상당히 높다는 점에 유의하십시오.

Leblanc 등(2010)이 강성 파일에 대해 수행한 테스트는 상대적으로 높은 수준의 하중을 사용하여 사이클 수의 함수로서 장기 회전을 설정합니다. 이는 일반적인 말뚝 항복 파괴 한계 M_f와 비교하여 이 접근법에 의해 추정된 높은 수준의 극한 모멘트 지지력 $M_{R,\,4°}$ 때문일 수 있습니다. 그 결과 테스트 시나리오에서 실제 예상되는 해상풍력 터빈 하중보다 상당히 높은 수준의 하중이 발생했습니다. 테스트 시나리오는 최대 하중 크기 대 하중 지지력 비율 $\zeta_b = M_{max}/M_R$ 0.2에서 0.53 사이 (상대밀도 R_d = 4% 경우), 0.27~0.52 (상대 밀도 R_d = 38% 경우) 사이 입니다.

Leblanc 등(2010)의 테스트 결과에 선형 곡선을 그래프로 표시했으며, 5장에서는 대략적인 방정식을 제시했습니다. 이러한 선형 표현식을 사용하면 측정된 결과 범위를 넘어 테스트 결과를 추정할 수 있으며 이는 바람직하지 않습니다. 그러나 선형 방정식은 R_d= 4% 및 R_d= 38%에 대해 각각 ~0.15 및 ~0.06에서 횡좌표를 교차하며, 이 값 이하에서는 음의 값을 취하므로 비현실적입니다.

설계 하중 사례에 대해 표 6.22에서 보수적으로 계산된 최대 굽힘 모멘트를 사용하면, 가장 가혹한 50년 최대 ULS 하중(터빈의 수명 동안 단 한 번만 발생할 것으로 예상되는 ULS 하중 M_{ULS}= 261.7 [MNm])의 경우에도 이 비율은 ζ_b=0.13에 불과합니다. 선택한 사이트의 지반 내부 마찰 각도는 약 28°-36° 이며, 상부 지역의 평균은 약 30° 이므로 R_d = 4% 곡선이 더 대표적이라고 가정합니다. 그림 6.18에서 실제 하중을 보면 터빈의 수명 기간 동안 예상되는 크기는 Leblanc 등(2010)의 테스트 결과를 선형 추정하면 회전 축적에 대해 비현실적인 음수 값이 나오는 범위에 있습니다. 일반적인 터빈의 수명 주기에서 발생할 수 있는 대부분의 하중 주기는 사용 가능한 규모 범위보다 낮은 영역의 크기를 갖습니다.(즉, ζ_b < 0.15).

표 6.22 다양한 극한 하중 시나리오에서 생존한 사이클 수

매개변수	정상 작동 E-1	극한 파도 시나리오 E-2	극한 바람 시나리오 E-3	컷 아웃 바람 극한 파도 E-4	풍파 오정렬 E-5
최대 응력 수준 σ_m [MPa] 방정식(5.49)에 정의됨	162	87	214	123	101
최대 반복 응력 진폭 σ_C [MPa] 방정식(5.50)에 정의됨	108	86.5	112	92	47.5
모노파일 생존 주기회수	1.55×10^6	3.02×10^6	1.38×10^6	2.45×10^6	2.63×10^6

이 방법에 따른 파일 헤드 회전의 축적에 대한 결론에 도달하기 어려운 것은 실제 예상 하중 사이클 크기가 스케일 테스트의 하한값보다 낮을 때 분명합니다. Leblanc 등(2010)는 이러한 하중 시나리오에 대한 지침이 제공되지 않으며, 선형 근사 곡선이 0에 도달하는 지점 (즉, R_d = 4%의 경우 ~0.15 이하, R_d = 38%의 경우 ~0.06 이하) 아래에서는 회전 축적이 없다고 것이 안전한지 여부도 알려지지 않았습니다. 관련 하중 수준에 대한 데이터가 부족하기 때문에 이러한 시나리오에는 이 방법론을 사용할 수 없습니다.

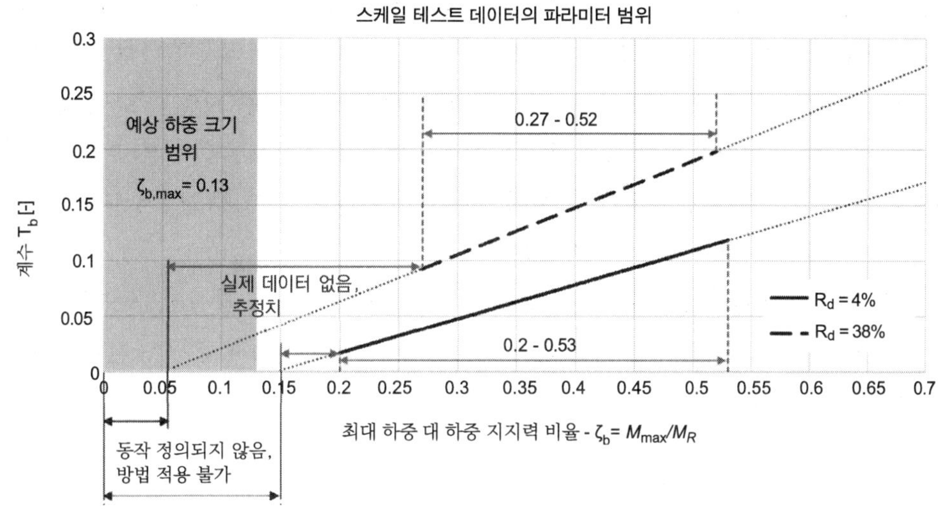

그림 6.18 Leblanc 등(2010)의 스케일 테스트에서 ζ_b 값의 범위와 예시 사례에서 예상되는 값.

예측된 하중 수준이 범위를 벗어난 경우 말뚝 변형으로 인한 지반의 관련 변형 수준 계산을 통해 이 분석을 완료하는 것이 좋습니다. 그런 다음 현장의 지반 유형에 대해 예상되는 최대 변형률 수준을 기준으로 장기 거동을 예측할 수 있습니다. 지반 샘플의 공진주 시험 또는 반복적 단순 전단 시험 또는 반복 삼축 시험을 수행하여 임계 변형률 개념을 사용한 장기 거동을 예측할 수 있습니다. (점성토 모노파일의 경우, Lombardi 등(2013)을 참조) 이 접근법의 기본 사항은 5장을 참고하시기 바랍니다.

피로 수명

구조용 강재와 매립형 모노파일의 용접부에 대한 피로 분석은 5장에 설명된 방법론을 사용하여 수행됩니다. 재료 계수 $\gamma_M = 1.1$ 사용되며, 모노파일에 사용된 S355 구조용 강철의 항복 강도는 따라서 $\sigma_y = 322$ [MPa]로 감소합니다. $\gamma_L = 1.0$의 하중 계수가 적용됩니다. 이것으로 하중 사례로 인한 최대 응력 수준을 계산할 수 있으며 결과는 표 6.22에 나와 있습니다. 관찰된 가장 높은 응력 진폭은 다음과 같습니다. $\sigma_{m,\,max} = 216.1$[MPa]이고 최대 반복 응력 진폭은 $\sigma_{c,max} = 281.5$ [MPa]입니다.

Kucharczyk 등(2012)의 연구에서 S355 강철의 피로 내구성 한계 σ_{end}는 260[MPa]입니다. 재료의 피로 내구성 한계는 이 값보다 낮은 크기의 응력 사이클에서 이론적으로 재료가 견딜 수 있음을 의미합니다. σ_c의 최고 하중 사례(최대 = 281.5 [MPa])는 50년에 한 번만 발생할 것으로 예상되며(매우 낮은 사이클 횟수), 안전하게 구조용 강철의 피로 수명이 만족스럽다고 가정합니다.

매립형 지상 모노파일의 용접부에 대한 피로 분석은 DNV(2005)에 따라, 예를 들어 Brennan과 Tavares(2014)에서 제안한 대로 S-N 곡선의 C1 범주를 사용하여 수행합니다. 표 6.22에서 하중 사례 E-3은 50년 최대 하중 시나리오로 설명할 수 있으며, 하중 사례 E-1는 1년 최고 하중의 추정치를 나타냅니다. 두께 보정 계수를 사용하여 대표적인 S-N 곡선은 그림 6.19에 나와 있습니다. 표 6.22는 다양한 하중 사례에 대한 다양한 응력 주기 진폭에서 모노파일이 얼마나 많은 사이클을 견딜 수 있는지 보여줍니다.

간소화된 절차를 통해 다음과 같은 파일 치수가 도출되었습니다. 직경 5.2m, 길이 44.5m, 파일 두께 59mm. 이 예제와 유사한 조건에 설치된 런던 어레이 풍력 발전 단지의 실제 기초 치수와 비교해 보면 흥미롭습니다.

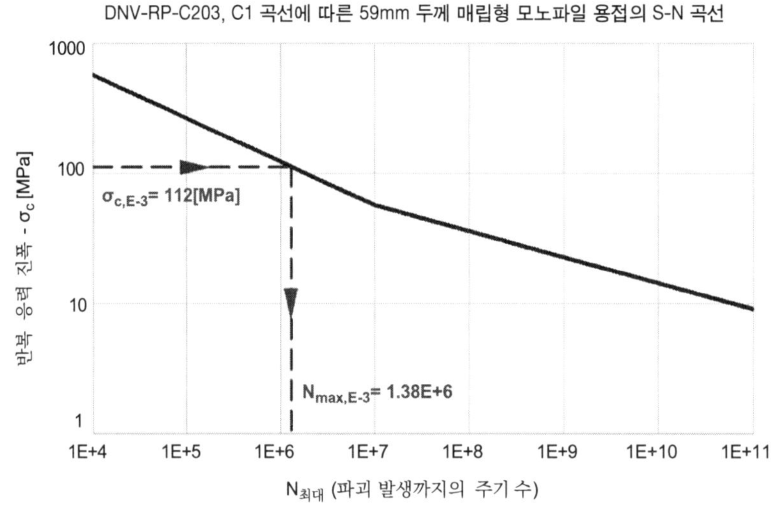

그림 6.19 파일 두께 59mm 매립형 모노파일 용접의 S-N 곡선 다음(DNV 2005)

예시와 유사한 조건의 부지에 설치된 런던 어레이 풍력 발전 단지의 실제 기초 치수를 나타냅니다. 이 풍력 발전 단지는 0~25m의 수심에 175개의 터빈(Siemens SWT-3.6-120)으로 구성되어 있으며, 모노파일의 직경은 4.7~5.7m, 두께는 44~87mm입니다. 말뚝은 해저 40m까지 설치 되었습니다.

예제 6.9 재킷형 및 해저 프레임 구조

재킷 구조 설계는 여러 면에서 해양 석유 및 가스 재킷과 유사합니다. 독자들은 상부구조 하중이 기초로 전달되는 하중 전달 메커니즘이 표시된 섹션 2.5를 참조하시기 바랍니다. 기본적으로 여러 개의 지지 구조물이 있는 경우 하중은 푸시-풀 동작으로 전달됩니다. 첫 번째 단계 중 하나는 지지 기초에서 지지 반력을 찾은 다음 말뚝을 선택하는 것입니다. 그림 6.20은 재킷의 하중이 표시된 예를 보여줍니다. 타워 하단의 하중과 모멘트는 재킷 노드의 파도 하중과 함께 적용될 수 있습니다.

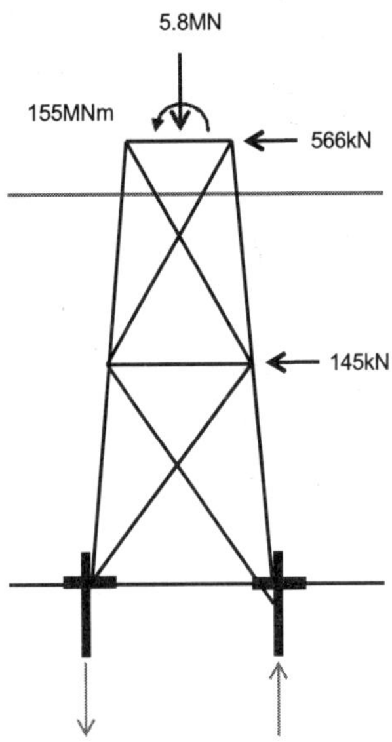

그림 6.20 GSA 모델에 입력된 재킷에 작용하는 힘. 빨간색 화살표는 파일에서 축 방향 힘의 방향을 나타냅니다.

재킷 지지 구조물의 경우 직경이 작은 말뚝이 적합하며 이러한 목적으로 API *p-y* 공식을 사용할 수 있습니다. 특정 소프트웨어를 사용하면 파도 하중을 직접 적용할 수 있으며 일반적인 모델은 그림 6.21에 나와 있습니다. 기초 유형과 크기가 선택되면 기초 강성을 구해야 하는데, 예상대로 기초의 수직 강성이 중요합니다. 다음 단계는 시스템의 고유 주파수를 추정하는 것으로, 그림 6.22는 재킷 문제의 예를 보여줍니다.

재킷의 고유 주파수를 구하기 위한 폐쇄형 솔루션에 대해서는 Jalbi와 Bhattacharya(2018)를 참고하시기 바랍니다. 이 논문에서 제시된 방법은 재킷 치수를 최적화하는 데에도 사용할 수 있습니다.

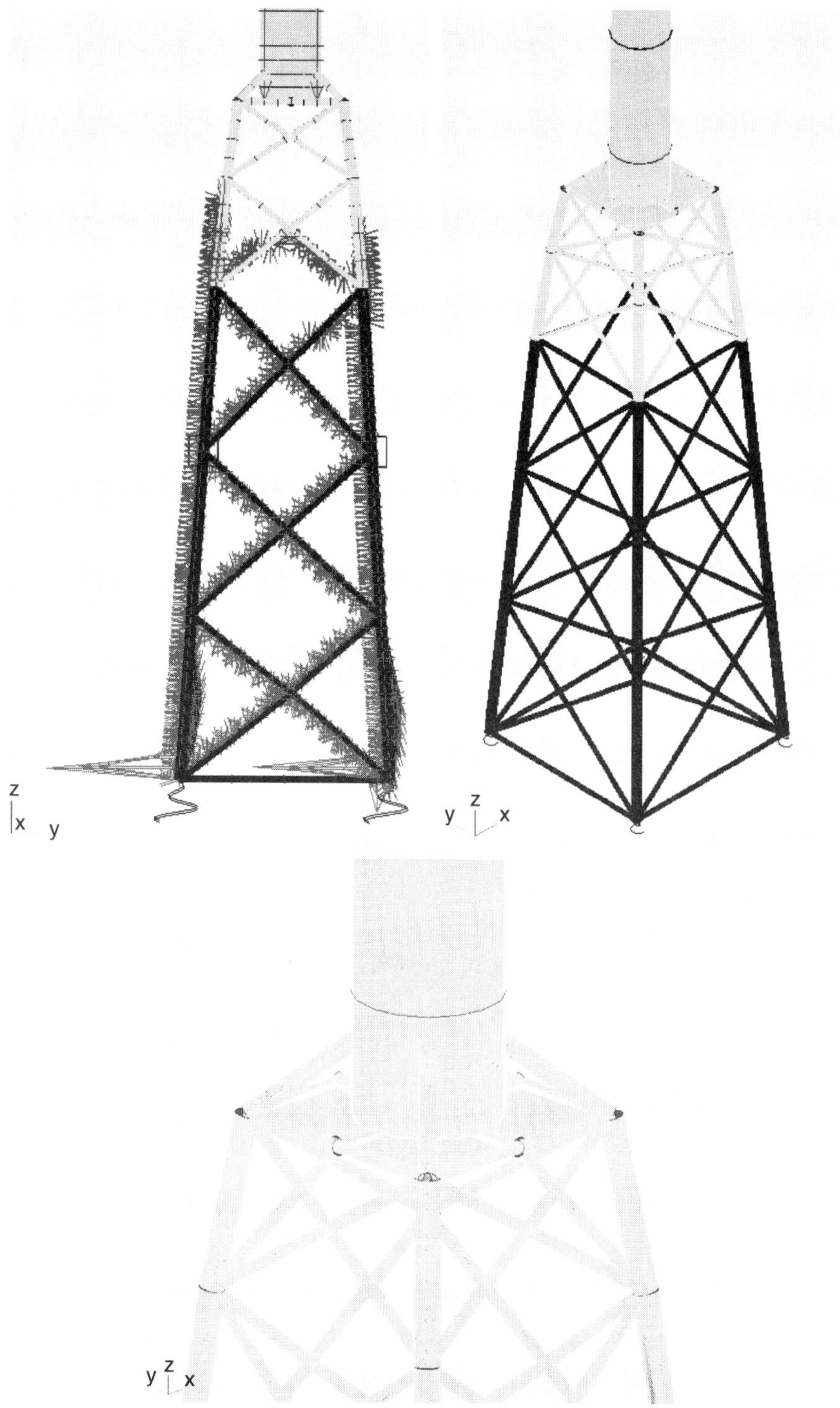

그림 6.21 재킷 모델링

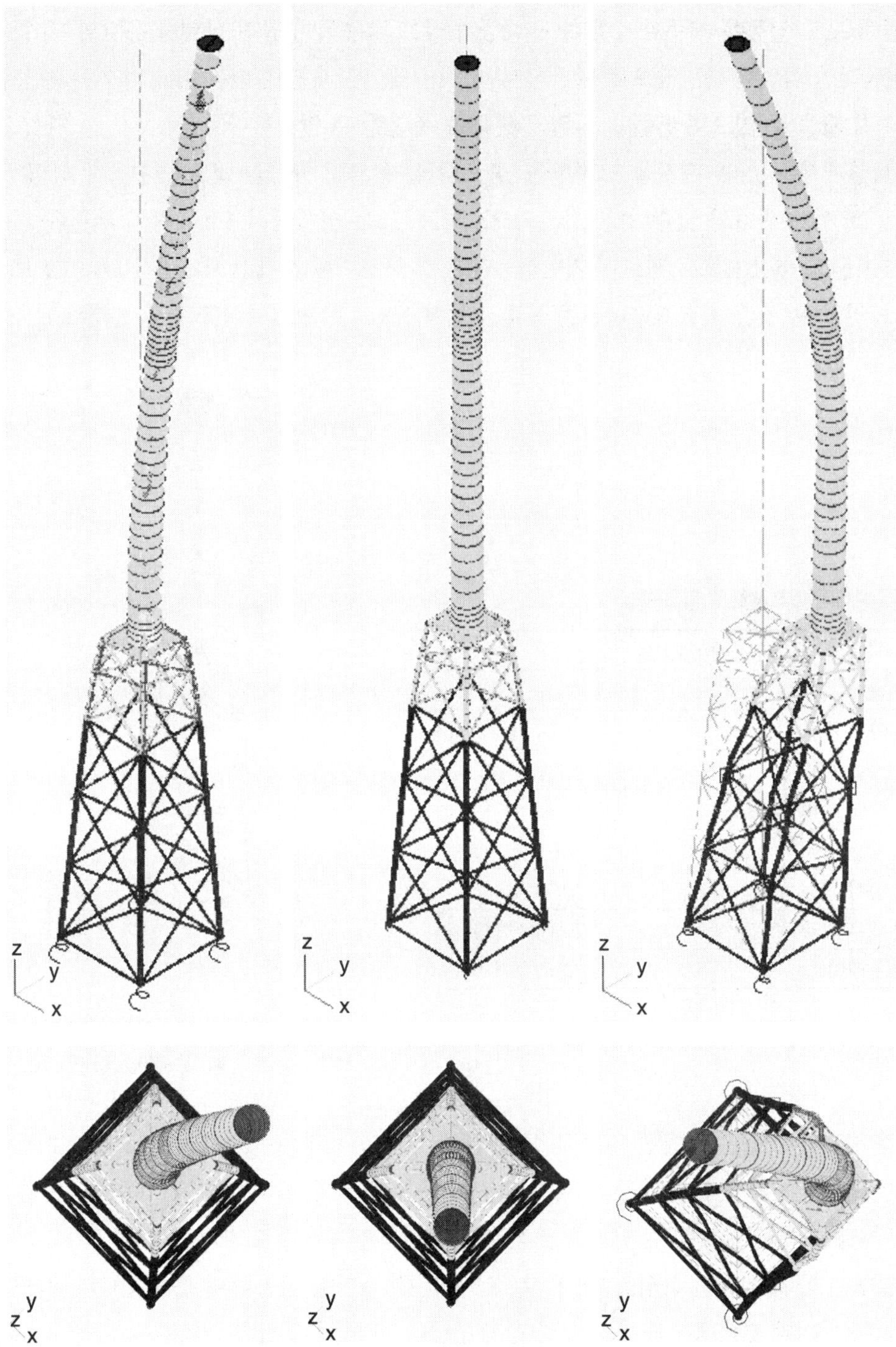

그림 6.22 시스템의 고유값 (Eigen value)

흔들림 없는 조건(No-Rocking Condition)에서 기초 수직 강성 선택

흔들림 모드 진동은 저주파이며 파도 하중과 상호 작용하여 공진 상태를 유발할 수 있습니다. 일반적인 파일은 축방향으로 단단하지만 석션 케이슨과 같은 다른 유형의 기초는 충분히 단단하지 않을 수 있으며 흔들림 타입의 진동을 촉진할 수 있습니다.

이 섹션에서는 5MW 재킷을 고려하여 중요한 설계 고려 사항을 설명합니다. 특성 및 매개변수는 표 6.23에 나와 있습니다. 기본적으로 이 구조는 심해에서 5MW 풍력 터빈을 지원하는 EU 지원 UPWIND 프로젝트에 기반한 4발 재킷 구조이며 자세한 내용은 UPWIND 보고서에서 확인할 수 있습니다. 5MW 기준 풍력 터빈은 NREL 유형입니다(그림 6.23 참조).

표 6.23 예제 문제의 재킷 및 타워 특성

로터-나셀 어셈블리 질량(mRNA)	350톤
타워 높이	70.4m
타워 바닥 지름	6m(두께 27mm)
타워 상단 지름	3.87m(두께 20mm)
재킷 바닥 너비	12 m
재킷 상단 너비	8 m
재킷 높이	70.15 m
재킷 외부 다리	1m(두께 50mm)
재킷 브레이스	0.5m(두께 50mm)

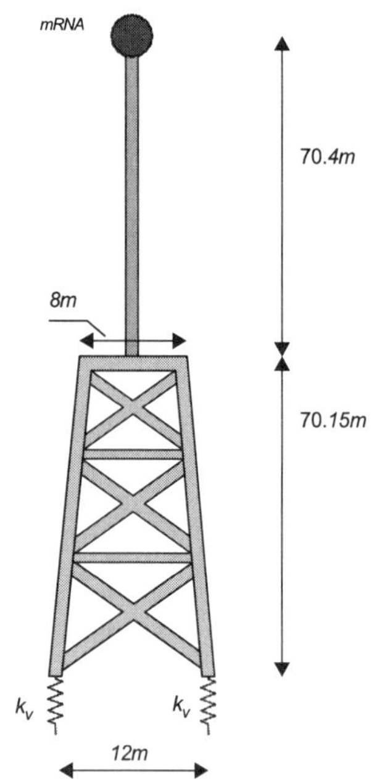

그림 6.23 유한 요소 모델에 사용된 예제 문제 및 세부 사항 개요도

재킷 지지 시스템은 다양한 지지 강성 k_v 값에 대해 분석할 수 있으며, 스프링의 수직 강성 k_v 증가에 따른 첫 번째 기본 주파수(f_0)의 변화를 이해하기 위해 파라메트릭 연구를 수행합니다. 개념을 쉽게 이해할 수 있도록 분석은 비차원적인 방식으로 제시됩니다.

(1) 결과는 타워의 측면 강성을 나타내는 k_V/k_t 라는 용어를 사용하여 플롯됩니다. 여기서 k_t는 등가 기계 모델에서 타워의 수평 강성 입니다. 이는 타워 팁에 단위 하중을 적용하여 추정할 수 있습니다.

(2) 고유 주파수는 비차원 그룹 f_0/f_{fb} 를 사용하여 플롯됩니다.

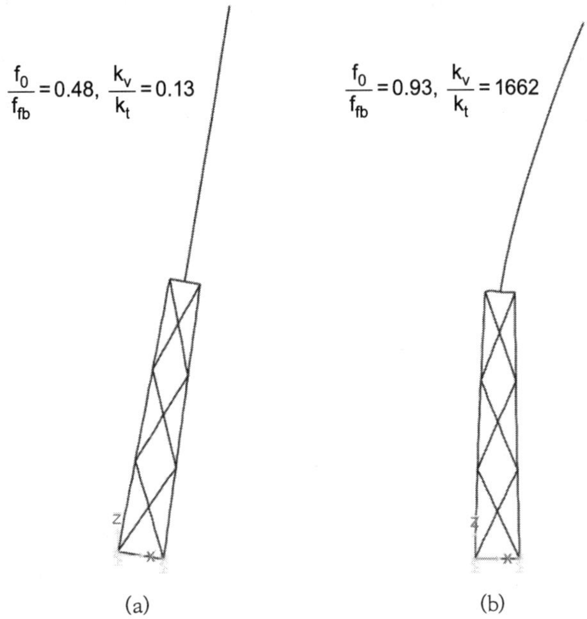

그림 6.24 흔들림(rocking)과 스웨이-벤딩(sway-bending)모드 진동을 보여주는 유한요소 모델의 일반적인 결과 (a) 낮은 k_v 값에 대한 흔들림 진동 모드, (b) 높은 k_v 값에 대한 스웨이-벤딩 모드

그림 6.24에서와 같이 두 가지 유형의 동작을 관찰할 수 있습니다. (a) k_V/k_t의 값이 낮은 경우 흔들림 모드가 있으며 고유 주파수가 고정 기반 주파수의 48%인 것을 관찰할 수 있습니다; (b) k_V/k_t의 값이 높은 경우 흔들림 없이 타워의 스웨이-벤딩 모드가 관찰될 수 있습니다. 이 경우 고유 주파수는 고정 기반 주파수의 93%입니다.

위의 개념을 바탕으로 설계 포인터를 제안합니다. 기본적으로 최소한의 수직 기초 강성이 필요합니다. 그림 6.25는 지침을 제공하는 그래프를 제시합니다. 주요 포인트가 여기에 제시되어 있습니다.

(1) 시스템이 흔들림 또는 스웨이-벤딩 모드에서 진동하는지 여부를 결정하는 파라미터는 기초 수직 강성(k_V)과 상부 구조 강성(k_t)의 비율입니다. 기초 강성이 낮으면 구조물이 흔들림에 더 취약한 반면, 기초 강성 값이 높으면 스웨이-벤딩 진동이 지배적입니다. 흔들림 진동 영역에서 수직 강성의 변화는 시스템의 주파수가 급격하게 변화할 수 있다는 점에 유의해야 합니다. 따라서 흔들림을 방지하기 위해 상대 강성을 최적화할 수 있습니다.

(2) 흔들림 모드는 저주파이며 로터의 1P 주파수와 경우에 따라 파도 하중 과 간섭이 될수 있습니다. 그림 6.25와 같이 간단한 기하학적 구조를 사용하여 임계 수직 강성을 결정하여 두 가지 유형의 진동 모드의 이론적 경계를 찾을 수 있습니다. 기초의 임계 수직 강성 아래에서는 흔들림 진동 모드가 지배적입니다.

(3) Arany 등 (2016)의 분석에 따르면 대부분의 모노파일 지지형 풍력 터빈은 고정 기반 주파수, 즉 f_0/f_{fb}값 0.9에 근접한 것으로 나타났습니다. 얕은 기초 위에 지지되는 재킷의 모니터링 데이터가 없는 경우, 기초의 수직 강성이 중요하므로, 스웨이-벤딩 진동 모드가 지배합니다.

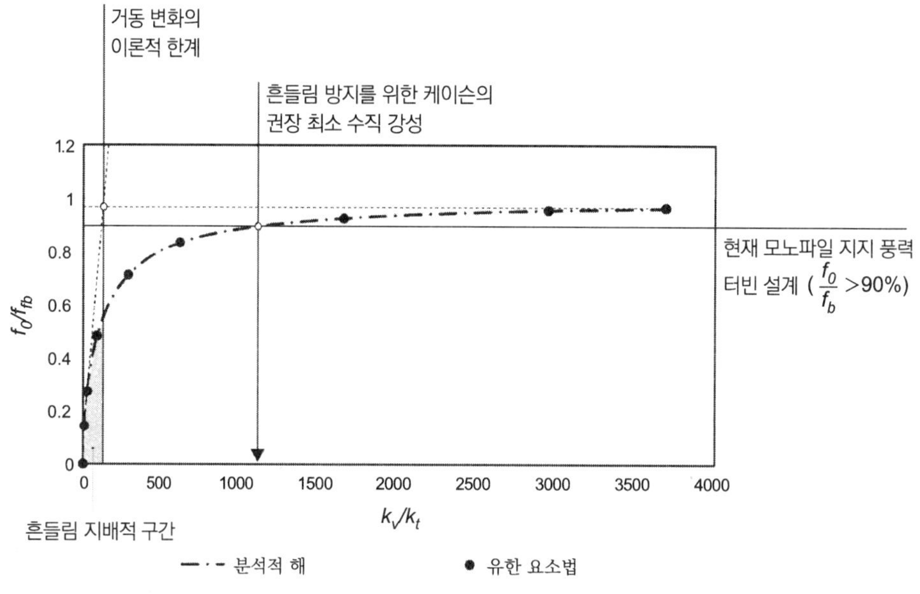

그림 6.25 시스템의 정규화된 1차 고유 주파수(f_0/f_{fb})와 기초의 정규화된 수직 강성(k_v/k_t)의 변화

예제 6.10 말뚝의 소성 모멘트(M_P) 및 일차 항복 모멘트(M_Y)

말뚝 단면이 구조적으로 견딜 수 있는 최대 모멘트를 찾아야 합니다. 두 가지 유형의 계산을 수행할 수 있습니다. 일차 항복 모멘트(탄성)와 완전 소성입니다. 위에서 언급한 두 가지 조건에 대한 솔리드 섹션의 응력 분포는 그림 6.26에서 시각화할 수 있습니다.

솔리드 섹션의 경우:

솔리드 원형 섹션의 소성 모멘트

솔리드 섹션의 소성 모멘트는 다음 방정식으로 구할 수 있습니다.

$$\left(\sigma_y \times \frac{\pi R^2}{2}\right) \times 2 \times \frac{4R}{3\pi} = \frac{4}{3}R^3\sigma_y = \frac{4}{3}\frac{D^3}{8}\sigma_y = \frac{1}{6}D^3\sigma_y$$

$$M_p = \frac{1}{6}D^3\sigma_y \tag{6.65}$$

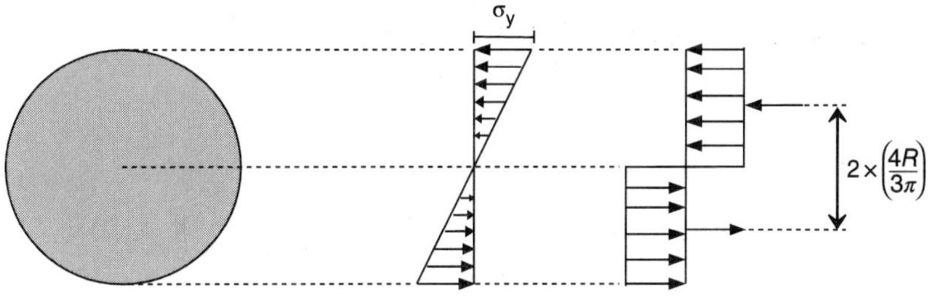

그림 6.26 응력 분포

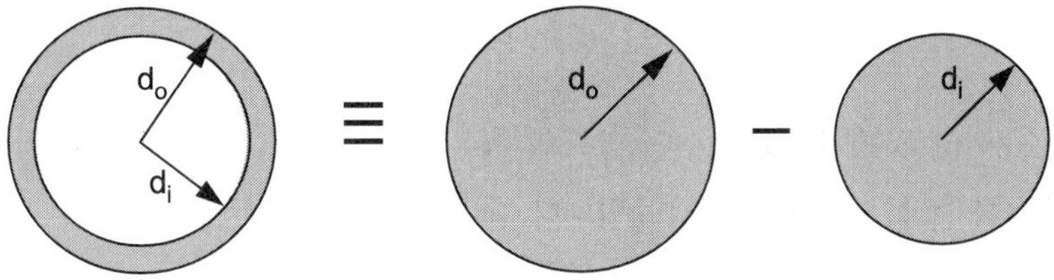

그림 6.27 소성 단면 모멘트 추정

중공 파일(Hollow Pile) 섹션의 소성 모멘트

속이 빈 단면의 특성은 그림 6.27과 같이 외경에서 내경을 뺀 값으로 계산할 수 있습니다. 벽이 얇은 단면의 경우 두께가 직경에 비해 훨씬 적다고 가정합니다.

d_o가 외경이고 d_i가 내경이면 소성 모멘트는 다음과 같이 계산됩니다.

$$M_P = \frac{\sigma_y}{6}(d_o^3 - d_i^3) \tag{6.66}$$

일차 항복 모멘트

중공 원형 단면에 대해 면의 개념을 사용하고 얇은 벽을 가정하여 일차 항복 모멘트(M_Y)를 쉽게 추정할 수 있습니다. 즉, $t << d$ (그림 6.28 참조).

얇은 벽 섹션의 면적은 $\pi.d.t$ 로 주어집니다.

소성 모멘트는 $\sigma_y.d^2.t$로 구할 수 있습니다.

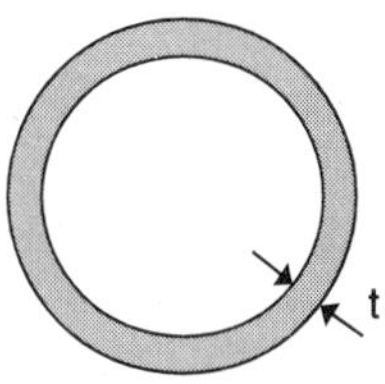

그림 6.28 얇은 벽 섹션

2차 단면 모멘트는 다음과 같이 주어집니다.

$$I = \frac{\pi}{64}[d^4 - (d - 2t)^4] = \frac{\pi}{64}\left[d^4 - \left\{d^4\left(1 - \frac{2t}{d}\right)^4\right\}\right]$$

$$for$$

$$t << d$$

$$I = \frac{\pi}{64}\left[d^4 - d^4\left(1 - \frac{8t}{d}\right)\right] = \frac{\pi}{64}\left[d^4 - d^4 + \frac{8t}{d}.d^4\right] = \frac{\pi}{8}d^3t$$

형상 계수는 소성 모멘트와 탄성 모멘트의 비율로 다음과 같이 주어집니다.

$$\text{형상 계수: } \frac{Z_p}{Z_e} = \frac{d^2t}{\frac{\pi}{4}d^2t} = \left(\frac{4}{\pi}\right) \tag{6.67}$$

예제문제 :

외경이 1.524m이고 두께가 63.5mm인 말뚝의 경우 소성 모멘트(M_P)과 일차 항복 모멘트(M_Y)을 구합니다. 항복 강도는 500MPa입니다. (σ_y=500 MPa)

$$\text{파일 직경(내부)} = \left(1.524 - \frac{2 \times 63.5}{1000}\right) = 1.398 \text{ m}$$

$$M_p = \left(\frac{1.524^3}{6} - \frac{1.398^3}{6}\right) m^3 \times 500 \text{ MPa} = 67.2 \text{ MN.m}$$

$$\text{형상 계수} = \left(\frac{M_p}{M_E}\right) = \left(\frac{4}{\pi}\right)$$

$$M_Y = \frac{M_P}{\frac{4}{\pi}} = \frac{67.2}{1.27}\text{MNm} = 52.9 \text{ MNm}$$

표 6.24는 풍력 터빈의 11개 현장 사례 기록에 대한 M_P 및 M_Y을 제공합니다. 한 가지 주의할 점이 있습니다. 이러한 모노파일은 매우 높은 모멘트를 갖습니다. 즉 말뚝을 둘러싼 지반이 파괴될 수 있는 모멘트입니다. 모노파일은 지반이 먼저 붕괴되기 훨씬 전에 플라스틱 힌지(구조적 붕괴)를 형성하여 붕괴될 가능성이 높습니다.

표 6.24 11개 풍력 발전소의 모노파일의 소성 모멘트 및 항복 모멘트 값

풍력 발전소	Blyth	켄티시 플랫 I	배로우 II	타넷 III	벨윈드 IV	버보 뱅크	월니 I	건 플릿 샌드	혼스레브	런던 어레이 1	런던 어레이 2
지름(m)	3.5	4.3	4.75	4.7	5	4.7	6	5	4	5.7	4.7
W_T(m)	0.050	0.045	0.060	0.065	0.050	0.075	0.080	0.050	0.050	0.075	0.065
M_Y	163.6	224.8	363.3	384.0	338.2	440.2	771.3	338.2	214.8	652.9	384.0
M_P	211.3	289.2	468.5	495.8	434.9	569.6	995.4	434.9	277.0	842.5	495.8

참고: 항복 응력은 355MPa로, W_T는 모노파일 두께를 의미합니다.

예제 6.11 스파형 부유식 풍력 터빈

여기에 제시된 작업 사례는 기본적으로 스코틀랜드 피터헤드에 가까운 하이윈드 파일럿 공원을 모방한 것입니다. 5개의 6MW 터빈이 스파 부이 플랫폼에 계획되어 있으며, 석션 케이슨 앵커와 다음 설계 데이터를 활용합니다(Statoil 2015)(표 6.25 참조). 다음 섹션에서는 바람과 파도 하중을 계산합니다.

풍하중

표 6.25의 매개 변수를 기반으로 한 장기 와이블 분포는 50년 및 1년 재현주기의 10분 평균 풍속을 다음과 같이 제공합니다.

$$U_{10,50\,yr} = 35.7\left[\frac{m}{s}\right] \quad U_{10,1\,yr} = 28.6\left[\frac{m}{s}\right]$$

EOG 풍속은 다음과 같이 계산됩니다.

$$u_{EOG} = 7.6\left[\frac{m}{s}\right]$$

정격 풍속에서 EOG로 인한 풍하중은 다음과 같습니다 .

$$F_{u,EOG} = 2.9[MN]$$

50년 극한 풍속에서 셧다운 구조물에 가해지는 풍하중은 다음과 같습니다.

$$F_{u,U50} = 0.72[MN]$$

이 중 타워 항력과 로터 항력 구성 요소는 다음과 같습니다.

$$F_{DT} = 0.18[MN] \; F_{DT,50yr} = 0.54[MN]$$

정격 풍속에서 타워에 가해지는 항력은 $F_{DT,U_R} = 0.02[MN]$ 입니다.

파도 및 해류 하중

이러한 하중은 표 6.25에 명시된 대로 스파를 세 부분으로 나누어 계산합니다. 하단 58m는 직경 14.4m로 모델링하고, 15m의 긴 원뿔형 섹션은 평균 직경 11.95m로 모델링하며, 상단 섹션은 직경 9.5m로 모델링합니다. 항력 하중 계산의 경우 D_D=11.33m, 관성 하중 계산의 경우 D_I=12.89m 입니다.

표 6.25 부유식 해상풍력 터빈 및 현장의 매개변수

매개변수	기호	값	단위
터빈 매개변수			
로터 직경	D	154	m
정격 풍속	U_R	12	m/s
로터-나셀 어셈블리의 질량	m_{RNA}	403	tons
타워의 질량	m_T	626	tons
타워의 추력계수	C_{DT}	0.5	[-]
타워 바닥 지름	D_b	6.5	m
타워 상단 직경	D_t	4.1	m
해발 허브 높이	z_{hub}	100	m
스파 및 계류 매개변수			
스파 직경	D_S	14.4/9.5[a)]	m
스파 드래프트(해수면 아래 깊이)	B	85	m
밸러스트의 질량	m_B	8000	tons
스파 부표의 질량	m_S	1700-2500	tons
해수면 아래 부력의 중심	z_B	50	m
계류 반경	r_m	600-1200	m
계류 체인의 단위 중량	μ_C	200-550	kg/m
계류 케이블의 질량	m_C	120-660	tons
바람 매개 변수			
현장의 평균 풍속		8	m/s
와이블 분포 모양 매개변수	s	1.8	[-]
바람 프로필 지수	γ	1/7	[-]
적분 길이 스케일	L_k	340.2	m
난기류 강도	I_{15}	20	%
파도 매개변수			
수심	S	95-120	m
유의 파고	H_S	10	m
피크 파도 기간	T_S	11.2	s
바닷물의 밀도	ρ_w	1030	kg/m^3
지반 매개변수			
지반 유형		보통 모래	
모래 위에서의 계류 체인 마찰	μ	0.25	[-]
내부 마찰 각도	ϕ'	30	deg
수중 단위 중량	γ'	9	kN/m^3

a) 스파의 아래쪽 58m의 지름은 14.4m이고, 그 다음 15m의 원뿔형 섹션이 있으며, 위쪽 섹션의 지름은 9.5m입니다.

50년 EWH의 최대 항력은 다음과 같습니다.

$$F_{D,max,50yr} = 3.56[\text{MN}]$$

50년 관성 하중의 최대값은

$$F_{I,max,50yr} = 20.04[\text{MN}]$$

피크 하중은 서로 다른 시점에 발생하므로 50년 극한 파도 하중은 다음과 같이 간주됩니다.

$$F_{w,50yr} \approx 20.1\ [\text{MN}]$$

1년 EWH 시나리오의 경우 항력과 관성 하중의 최대값은 다음과 같이 계산됩니다.

$$F_{D,max,1yr} = 2.2[\text{MN}]\ F_{I,max,50yr} = 16.67[\text{MN}]$$

그러면 총 파도 하중은 다음과 같습니다.

$$F_{w,1yr} \approx 16.7\ [\text{MN}]$$

현재 하중은 다음과 같이 계산됩니다.

$$F_C = \frac{1}{2}\rho_w D_P C_{DP} v_C^2 B \approx 2.32[\text{MN}]$$

앵커 하중 조합

바람과 파도의 복합 작용에 따른 하중을 고려해야 합니다. 두 가지 하중 조합 (E-1)과 (E-2)는 다음과 같이 계산됩니다.

$$F_{E\text{-}1} = 20.1+0.72+2.32 \approx 23.1\ [\text{MN}]$$

$$F_{E\text{-}2} = 16.7+2.9+2.32 \approx 21.9[\text{MN}]$$

예상대로 파도 하중이 지배적이며, 50년 EWH와 50년 극한 평균 풍속을 조합한 시나리오는 ULS 하중을 생성합니다. 이 하중은 앵커에 작용하는 하중이 계류 라인의 매달린 부분의 무게, 계류 라인의 수평 부분(터치 다운 존)의 마찰, 지반에서 역 현수부 모양의 포러너에 대한 지반 반응 및 포러너의 무게에 의해 감소하므로 앵커 설계 시 보수적으로 고려된다는 점에 유의해야 합니다. 수직 하중은 스파의 표면 고도가 가장 높은 순간에 작용하며, 수평 하중은 관성 하중에 의해 지배되며, 이는 표면 높이가 평균 수위에 있을 때 가장 높습니다. 따라서 극한 하중은 위에서 계산한 대로 수평 하중으로 간주됩니다.

앵커 크기 조정

이 섹션에서는 석션 케이슨 앵커를 가정하여 간단한 앵커 크기 조정 과정을 수행합니다. 케이슨의 직경 D와 매립 깊이 L은 주어진 지반 프로파일에 대한 케이슨의 지지력을 결정하는 두 가지 주요 독립적인 파라미터입니다. 이 섹션에서는 점성토와 사질토 모두에 대한 공식을 제공합니다.

하이윈드(Hywind) 현장의 해저 지반 최상층은 느슨한 모래에서 보통 정도의 모래가 지배적입니다. 앵커 매설 범위 내의 해저 지반은 간헐적으로 모래층이 있는 연약한 점토가 주를 이룹니다. 작업 예에서는 세 가지 지반 유형을 고려합니다.

(1) 깊이에 따라 일정한 비배수 전단 강도를 가진 점성토, 평균값 s_u = 30 kPa 사용.

(2) 깊이에 따라 선형적으로 비배수 전단 강도가 증가하는 점성토, s_{u0} = 15 kPa $\frac{ds_u}{dz}$=2 kPa/m

(3) 내부 마찰각이 ϕ = 30인 느슨/보통의 사질토, 유효단위중량 γ' = 9 [kN/m³].

석션 케이슨의 지지력(holding capacity) 은 일반적으로 앵커의 수평 및 수직 하중 구성요소에 따라 엔벨로프(envelope) 측면에서 결정됩니다. Randolph와 Gourvenec (2011)와 Supachawarote 등 (2004)에 따라 엔벨로프는 다음과 같이 정의됩니다.

$$FP = \left(\frac{H_u}{H_m}\right)^a + \left(\frac{V_u}{V_m}\right)^b < 1 \tag{6.69}$$

여기서, $a = \frac{L}{D} + 0.5 \;\; b = \frac{L}{3D} + 4.5$

Senders와 Kay (2002)의 다른 공식은 a와 b를 k=3 으로 대체합니다. 식 (6.69)에서 H_m 수평 지지력 V_m 은 수직 지지력입니다. 반면에 H_u와 V_u는 적용된 하중입니다. FP는 파괴 기준이며 최대값은 1 (제한 조건)이 될 수 있습니다.

점토의 석션 케이슨 지지력

점성토의 수평 지지력 H_m는 Randolph와 Gourvenec (2011)에 따라 다음과 같이 주어집니다.

$$H_m = LD_e N_p \overline{s}_u \tag{6.70}$$

여기서, L : 케이슨의 관통 깊이

D_e : 외부 케이슨 직경

N_p : 횡방향 지지력 계수 (Randolph와 Gourvenec (2011)따르면 L/D_e에 약간 의존하는것으로 나타났습니다. 대략적인 값은 표 6.26에 나와 있습니다.

$\overline{s}_u$ 케이슨의 매립 길이에 대한 평균 비배수 전단강도

표 6.26 다양한 강도 프로파일을 가진 점성토의 횡방향 지지력 계수

N_p	깊이에 선형적으로 증가하는 s_u	깊이에 따라 일정한 s_u
수평 평행이동	~10.5	~10
머드라인에서의 수평 하중	~2.5	~4

수직 지지력에 대한 세 가지 공식은 세 가지 파괴 모드를 나타냅니다.

1) 수동 석션 및 역방향 선단 지지력 존재
2) 수동 석션 없음 , 케이슨 풀아웃 only
3) [수동 석션, 케이슨 및 지반 플러그 풀아웃(내부 지반 플러그 파괴)]없음

그림 6.29에는 세 가지 고장 모드가 표시되어 있으며, 공식은 다음과 같습니다.

V_{m1} = 케이슨의 침하중량 + 외부 마찰 + 역 선단 지지력

V_{m2} = 케이슨의 침하중량 + 외부 마찰 + 내부 마찰

V_{m3} = 케이슨의 침하 중량 + 외부 마찰 + 지반 플러그의 중량

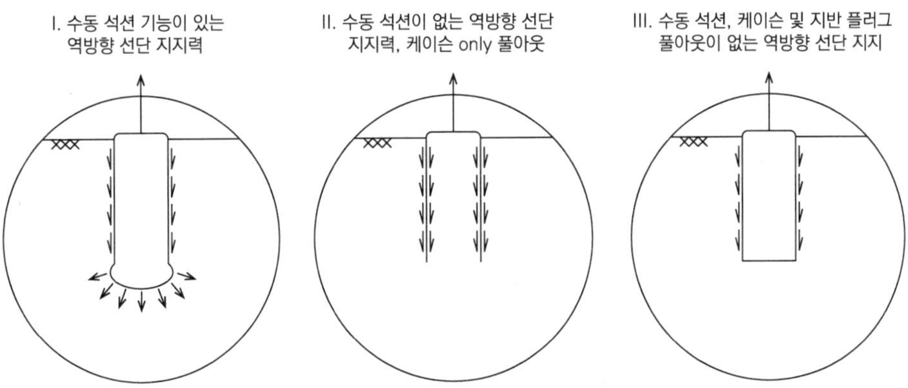

그림 6.29 석션 케이슨의 풀아웃 파괴 모드

Randolph와 Gourvenec (2011)의 공식을 사용하면 아래와 같습니다.

$$V_{m1} = W' + A_{se}\,\alpha_e\,\overline{s}_u + N_c s_u A_e$$

$$V_{m2} = W' + A_{se}\,\alpha_e\,\overline{s}_u + A_{si}\,\alpha_i\,\overline{s}_u$$

$$V_{m3} = W' + A_{se}\,\alpha_e\,\overline{s}_u + W_{plug}'$$

여기서, A_{se} : 외부 샤프트 표면적 ≈ $D_e\pi \times L$.

A_{si} : 내부 샤프트 표면적 ≈ $D_i\pi \times L$.

A_e : 외부 단면적 = $D_e^2\pi/4$.

α_e : 강철과 지반 사이의 외부 샤프트 마찰 계수

α_i : 강철과 지반 사이의 내부 샤프트 마찰 계수

N_c : 역 선단 지지력 계수(~9)

s_u : 대표 비배수 전단강도(케이슨 팁 레벨에서)

$\bar{s}_u$: 평균 비배수 전단강도(근입깊에 대한)

W' : 수중 케이슨 무게

W_{plug}' : 지반 플러그 유효 단위중량

사질토의 선석 케이슨 지지력

사질토의 수평 지지력은 다음과 같이 계산할 수 있습니다.

$$H_{m,sand} = -LQ_{av} = 0.5\, A_b\, N_q\, \gamma'\, L^2$$

여기서 평균 지반 강도는 Miedema 등 (2007)에 따라 아래와 같이 결정될 수 있습니다.

$$LQ_{av} = D_e N_q \int_0^L \gamma' z dz = \frac{1}{2} D_e N_q \gamma' L^2$$

여기서, γ' : 흙의 수중 단위중량

N_q : 지지력 계수, DNV 선급 주석 30.4 (DNV 1992)에 따라 다음과 같이 계산됩니다.

$$N_q = e^{\pi \tan\phi} \tan^2\left(45^\circ + \frac{\phi}{2}\right)$$

여기서, ϕ은 흙의 내부 마찰 각

Houlsby 등 (2005a,b)에 따라 응력 강화의 효과를 설명하는 사질토의 수직 지지력은 아래과 같습니다.

$$V_{m,sand} = W' + \gamma' Z_e^2 y\left(\frac{h}{Z_e}\right)(K\tan\delta)_e(\pi D_e) + \gamma' Z_i^2 y\left(\frac{h}{Z_i}\right)(K\tan\delta)_i(\pi D_i) \quad (6.71)$$

여기서,

$$y(x) = e^{-x} - 1 + x$$

K : 토압계수 ($\sigma_H = K\sigma_V'$)

δ : 지반과 케이슨 사이의 마찰각

e : 케이슨 외부 둘레

i : 케이슨 내부 둘레

Z $= D/[4K \tan\delta]$

γ' : 흙의 수중단위 중량

N_q : 지지력 계수

머드라인에서 앵커로 하중 전이

앵커에 가해지는 실제 하중은 역 현수선의 하중 감소를 고려하여 구합니다. 이는 하중의 크기뿐만 아니라 하중이 가해지는 각도도 앵커의 역 현수선 형상을 통해 변화하기 때문에 중요합니다. 앵커 하중 재하점(padeye) 장력 T_a와 각도 θ_a는 Randolph와 Neubecker (1995)에 따라 두 방정식을 동시에 풀어서 결정할 수 있습니다. (용어의 정의는 그림 6.30 참조)

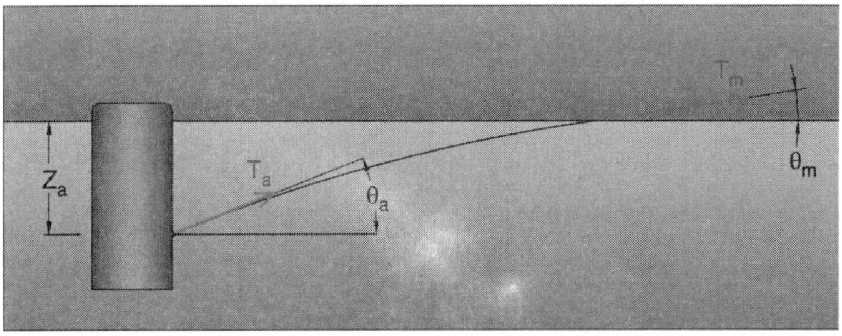

그림 6.30 앵커 라인의 하중

$$\frac{T_a}{2}(\theta_a^2 - \theta_m^2) = z_a Q_{av}$$
$$\frac{T_m}{T_a} = e^{\mu(\theta_a - \theta_m)} \qquad (6.72)$$

여기서, T_a : 앵커 하중 재하점의 장력

T_m : 머드라인에서 장력

θ_a : 앵커 Padeye에서 수평에 대한 장력의 각도

θ_m : 머드라인에서 수평에 대한 장력의 각도

z_a : 머드라인 아래 앵커 padeye 깊이

μ : 포러너(체인, 로프 또는 와이어)와 지반 사이의 마찰 계수

Q_{av} : 머드라인과 padeye 사이의 평균 지반 지지력

점성토의 평균 지반 지지력은 다음과 같이 결정할 수 있습니다.

$$z_a Q_{av} = A_b N_c \int_0^{z_a} s_u(z) dz$$

여기서, A_b : 포러너의 유효 단위 지지력 면적(로포 또는 와이어의 적경과 같으며 체인의 경우는 바 직경의 2.5–2.6 배)

N_c : 지지력 계수(DNVGL-RP-E301 Design와 installation of fluke anchors (DNV GL 2017) 에 따라 9-14 사이)

$s_u(z)$: 깊이에 따른 비배수 전단강도 분포

사질토의 경우, 평균 지반 지지력은 Miedema 등(2007)에 따라 다음과 같이 계산됩니다.

$$z_a Q_{av} = A_b N_c \int_0^{z_a} \gamma' z dz$$

필요 케이슨 치수

플로팅 플랫폼 형태로 고정하는 석션 케이슨의 필요한 치수는 극한 하중과 앞서 제시한 방정식을 사용하여 계산합니다. 케이슨 치수는 비배수 전단 강도(s_u)가 일정한 점토, 선형적으로 증가하는 s_u를 가진 점토, 보통의 조밀한 모래 등 세 가지 토양 유형에 대해 결정됩니다. 앵커 padeye는 머드라인 아래 z_a 깊이에 배치됩니다. 이 깊이는 강체 회전보다는 앵커의 수평 이동으로 인해 지반 지지력이 발현되도록 모멘트 균형에 따라 결정됩니다. (Randolph와 Gourvenec(2011) 와 와 그림 6.31을 참조하십시오.)

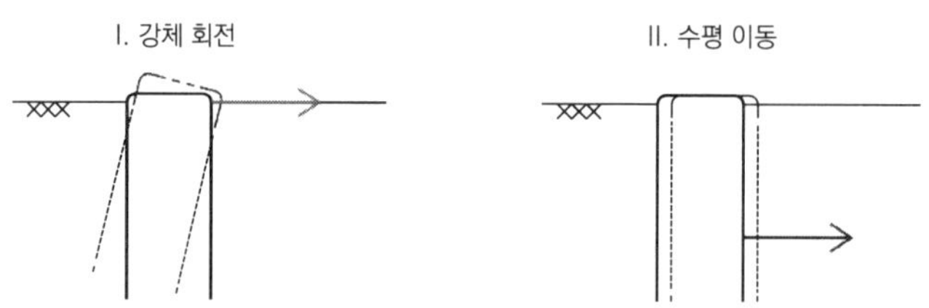

그림 6.31 수평 하중을 받는 케이슨의 파과 모드

머드라인에서부터 선형적으로 강도가 증가하는 모래의 경우 이 깊이는 $z_a/L = 2/3$ 입니다. 점토의 경우 이 값은 약 $z_a = 1/2$와 $z_a = 2/3$ 사이에서 변화합니다. 분석을 위해 길이 대 직경 비율 L/D 의 여러 값이 선택되고 각각에 대해 필요한 매개변수가 결정됩니다. 다음과 같은 방법으로 수행할 수 있습니다.

1. 케이슨 직경 초기 값 D_0 이 선택됩니다.

2. 케이슨의 매립 깊이는 선택한 길이 대 직경 비율에 따라 계산됩니다.
3. Padeye 깊이는 위에서 설명한 모멘트 밸런스에서 근입 길이의 일부로 계산됩니다.
4. Padeye 장력 T_a와 포러너 각도 θ_a는 지반 데이터, Padeye 깊이 및 위에 제시된 공식을 사용하여 계산합니다.
5. 수평 및 수직 힘 성분은 T_a 및 θ_a에서 계산합니다.
6. 벽 두께는 70의 벽 두께 대 직경 비율을 사용하여 간단하게 추정합니다. 민감도 연구에 따르면 이는 내부 마찰과 무게를 계산하는 데 사용되는 케이슨의 내부 직경에만 영향을 미치기 때문에 매우 제한적인 영향을 미치는 것으로 나타났습니다. 값을 70에서 40 또는 100으로 변경하면 필요한 케이슨 직경은 0.1m 미만으로 변경됩니다.
7. 케이슨의 무게와 수평 및 수직 지지력이 계산됩니다.
8. 방정식 (6.69)가 파괴 기준으로 사용됩니다.
9. 이 과정은 파괴 기준을 만족하는 가장 작은 지름을 찾을 때까지 반복됩니다.

표 6.27은 상수 s_u를 갖는 연약 점토에 대한 분석 결과를 제시합니다. 다른 경우에도 유사하게 수행할 수 있습니다. 독자들은 Arany와 Bhattacharya (2018)를 참고하시기 바랍니다. 길이 대 지름 비율이 3.2인 경우 결정된 치수는 다음과 같습니다. 비배수 전단 강도가 일정한 연약 점토의 경우 $s_u = 30$ kPa 계산된 직경은 Hywind의 실제 크기($D = 5$m, $L = 16$m)와 동일합니다. 연약 점토의 경우 비배수 전단 강도 프로파일은 $s_u(z) = 15$ kPa + 2 kPa/m·z 이며, 치수는 ($D = 5.25$m, $L = 16.8$m)로 결정됩니다. 보통 모래의 경우 치수는 ($D = 6.9$m, $L = 22.1$m)로 더 높습니다. 이 치수는 실제 앵커와 매우 유사하지만 하중 계수를 적용하면 이 방법에 따라 필요한 치수가 증가합니다.

표 6.27 다양한 길이 대 직경 비율에 대한 최소 케이슨 치수 - 깊이와 함께 일정한 s_u를 갖는 연약 점토

케이슨의 길이 대 직경 비율	L_c/D_e	3.2	2	2.5	3	3.5	4
L/D에 필요한 최소 케이슨 직경[m]	D_{min}	5.00	6.35	5.65	5.20	4.80	4.50
해당 길이 [m]	L_{min}	16.0	12.7	14.1	15.6	16.8	18.0
벽 두께 [m]	t_w	0.05	0.063	0.056	0.052	0.048	0.045
지반의 평균 전단 강도 [kPa]	s_{avg}	30.0	30.0	30.0	30.0	30.0	30.0
케이슨 끝 부분의 지반 전단 강도 [kPa]	s_u	30.0	30.0	30.0	30.0	30.0	30.0
케이슨의 침수 무게 [kN]	W_c	893	1183	1032	927	849	788
지반 플러그의 침수 무게 [kN]	W_p	2697	3422	3054	2785	2579	2416
외부 샤프트 마찰 [kN]	F_e	4878	4889	4881	4878	4879	4883
내부 샤프트 마찰 [kN]	F_i	4781	4791	4784	4781	4781	4786
역방향 선단 지지력 [kN]	F_{reb}	4104	6581	5257	4378	3753	3287

최대 수직 하중 - 모드 I [kN]	V_I	9875	12 654	11 170	10 183	9481	8959
최대 수직 하중 - 모드 II [kN]	V_{II}	10 552	10 864	10 697	10 586	10 509	10 457
최대 수직 하중 - 모드 III [kN]	V_{III}	8468	9495	8967	8590	8307	8087
최대 수직 하중 지지력 [kN]	V_{max}	8468	9495	8967	8590	8307	8087
최대 수평 하중 지지력 [kN]	H_{max}	21 500	21 548	21 514	21 500	21 503	21 523
앵커 Padeye 깊이	z_a	7.98	6.32	7.06	7.73	8.35	8.93
Padeye 위치 [%]	r_z	0.500	0.500	0.500	0.500	0.500	0.500
Padeye 각도 [deg]	ϑ_a	14.79	13.11	13.88	14.54	15.13	15.67
Padeye 의 장력(가변) [kN]	T_a	21 657	21 816	21 743	21 680	21 624	21 574
앵커의 수평 하중 [kN]	H_a	20 940	21 248	21 109	20 985	20 874	20 772
앵커에 가해지는 수직 하중 [kN]	V_a	5527	4947	5214	5443	5645	5826
수평 하중 확인 지수 [-]	a	3.7	2.5	3	3.5	4	4.5
수직 하중 확인 지수 [-]	b	5.57	5.17	5.33	5.50	5.67	5.83
수평적 활용 [-]	V_a/V_{max}	0.653	0.521	0.581	0.634	0.68	0.72
수직적 활용 [-]	H_a/H_{max}	0.974	0.986	0.981	0.976	0.971	0.965

부록

DESIGN OF FOUNDATIONS FOR OFFSHORE WIND TURBINES

부록 A

가변 단면적의 캔틸레버 보의 고유 주파수

이 부록의 목적은 단일 기둥 지지 풍력 터빈의 고유 주파수 추정 이론적 기반을 제공하는 것입니다. 또한 제5장(5.4.1절 및 5.8절 참조)과 Arany 등(2015a, b, 2016, 2017)의 논문을 참고하시기 바랍니다. 캔틸레버 보의 운동은 단일 자유도 질량-스프링 시스템(single degree of freedom mass-spring system)으로 설명될 수 있습니다. 이 시스템의 자유 진동은 다음과 같이 주어집니다.

$$m\ddot{x}(t) + kx(t) = 0 \tag{A.1}$$

조화 진동을 가정하면 다음과 같은 방정식을 얻을 수 있습니다:

$$-m\omega^2 + k = 0 \text{ with } k = \frac{3EI}{L_T^3} \text{ 와 } m = m_{RNA} + \frac{33}{140}m'_{tower} \tag{A.2}$$

그리고 각 주파수로부터 헤르츠 주파수는 쉽게 구할 수 있습니다:

$$\omega = \sqrt{\frac{k}{m}} \rightarrow f_1 = \frac{1}{2\pi}\sqrt{\frac{k}{m}} \tag{A.3}$$

하부 구조물의 유연성은 고유 주파수가 수심에 따라 달라진다는 것을 나타내며, 즉 머드라인 위의 모노파일과 트랜지션 피스의 유연성을 의미합니다. 단순화를 위해 제5장에서 사용된 모델은 모노파일의 휨 강성이 수심 전체에 걸쳐 타워의 하단까지 계속된다고 가정합니다. 그림 A.1을 참조하십시오.

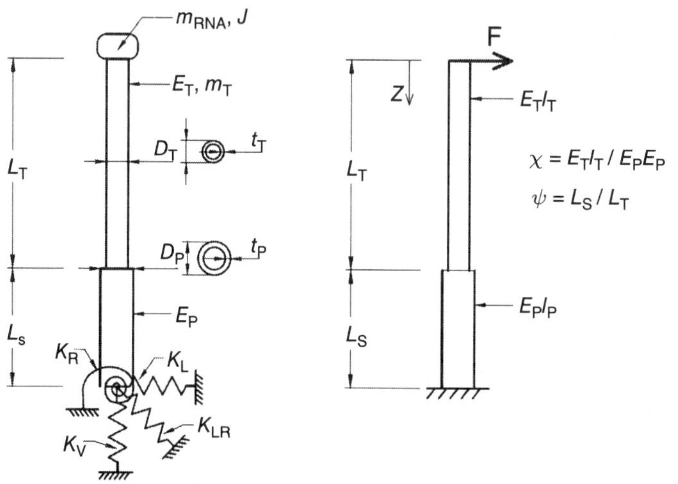

그림 A.1 가변 단면 형상의 캔틸레버 빔

휨 강성 비율: $\chi = \dfrac{E_T I_T}{E_P I_P}$ (A.4)

플랫폼/타워 길이 비율 : $\psi = \dfrac{L_S}{L_T}$ (A.5)

카스티글리아노(Castigliano)의 선형 탄성 단일 자유도 구조물에 대한 두 번째 정리는 다음과 같이 표현될 수 있습니다.

$$q = \frac{\partial U}{\partial Q}$$

여기서, U는 변형 에너지, q는 일반화된 변위, 그리고 Q는 일반화된 힘입니다. 특정 문제에 대해 이 정리는 허브에 작용하는 수평력 F로 인해 발생하는 상단 헤드 변형(허브에서의 총 변형 $w(0)$)을 계산하는 데 사용할 수 있습니다.

$$\begin{aligned} w(0) = \frac{\partial U}{\partial F} &= \frac{\partial}{\partial F}\int_0^{L_T+L_S}\frac{[M(z)]^2}{2EI(z)}dz = \frac{\partial}{\partial F}\int_0^{L_T}\frac{F^2z^2}{2E_TI_T}dz + \frac{\partial}{\partial F}\int_{L_T}^{L_T+L_S}\frac{F^2z^2}{2E_PI_P}dz \\ &= \left[\frac{Fz^3}{3E_TI_T}\right]_0^{L_T} + \left[\frac{Fz^3}{3E_PI_P}\right]_{L_T}^{L_T+L_S} = \frac{FL_T^3}{3E_TI_T} + \frac{F(L_T+L_S)^3}{3E_PI_P} - \frac{FL_T^3}{3E_PI_P} \end{aligned}$$

(A.6)

여기서, 수평력 F에 의해 구조물에 발생하는 모멘트 분포는 다음과 같이 주어집니다.

$$M(z) = Fz \tag{A.7}$$

단일 자유도 시스템의 강성은 다음과 같이 주어집니다.

$$\begin{aligned} k = \frac{F}{w(0)} &= \frac{1}{\frac{L_T^3}{3E_TI_T} + \frac{(L_T+L_S)^3}{3E_PI_P} - \frac{L_T^3}{3E_PI_P}} = \frac{3E_TI_T}{L_T^3 + (L_T^3 + 3L_T^2L_S + 3L_TL_S^2 + L_S^3)\chi - L_T^3\chi} \\ &= \frac{3E_TI_T}{L_T^3(1+(1+\psi)^3\chi - \chi)} \end{aligned} \tag{A.8}$$

이로부터 고유 주파수는 다음과 같이 계산됩니다.

$$f_{FB} = \frac{1}{2\pi}\sqrt{\frac{k}{m}} \tag{A.9}$$

여기서, m은 단일 자유도 시스템의 일반화된 질량입니다. 강성은 다음과 같이 표현될 수 있습니다.

$$k = \frac{1}{1 + (1 + \psi)^3 \chi - \chi} k_T \tag{A.10}$$

여기서, k_T는 하부구조물을 제외한 타워의 강성으로 아래와 같이 표현됩니다.

$$k = \frac{3E_T I_T}{L_T^3}$$

타워-하부구조 시스템 (기초 강성 제외)의 고정 기반 고유 주파수는 휨 강성 비율 χ과 플랫폼/타워 길이 비율 ψ을 사용하여 다음과 같이 주어집니다.

$$f_{FB} = \sqrt{\frac{1}{1 + (1 + \psi)^3 \chi - \chi}} f_{FB,T} \tag{A.11}$$

부록 B

오일러-베르누이 빔 방정식

독자들은 Adhikari와 Bhattacharya (2010), Bhattacharya와 Adhikari (2012), 그리고 Arany 등 (2015a, b, 2016, 2017)을 참고하여 포괄적인 이해를 얻을 수 있습니다. 기본 내용은 여기에서 제공됩니다. 축 방향 힘이 작용하는 빔에 대한 Euler-Bernoulli 빔 모델을 사용한 운동 방정식은 아래와 같습니다.

$$\frac{\partial^2}{\partial z^2}\left(EI(z)\frac{\partial^2 w(z,t)}{\partial z^2}\right)+\mu(z)\frac{\partial^2 w(z,t)}{\partial t^2}+\frac{\partial}{\partial z}\left(P^*\frac{\partial w(z,t)}{\partial z}\right)=p(z,t) \tag{B.1}$$

여기서, $EI(z)$ 는 축 방향 좌표 z에 따른 휨 강성 분포, $\mu(z)$ 는 단위 길이당 질량분포, P^*는 타워 상부 질량과 타워의 자체중량으로 인해 작용하는 축 방향 힘, $p(z, t)$는 빔의 진동, $w(z, t)$는 변형 프로파일을 나타냅니다.

축 방향 힘, 휨 강성 및 길이당 질량에 대해 일정한 등가 값을 사용하고, 변수 분리법 $w(z, t) = W(z)\cdot e^{iwt}$를 통해 빔의 자유 조화 진동을 고려하면, 표 B.1의 무차원 매개변수와 무차원 축 방향 좌표 $\xi=z/L$을 사용하여 방정식을 다음과 같이 단순화할 수 있습니다:

$$W'''' + \nu W'' - \Omega^2 W = 0 \tag{B.2}$$

여기서, $\nu = P^* L_T^2/EI_\nu$는 무차원 축력, 그리고 $\Omega = \omega/c_0 = \omega\sqrt{E_T I_T/m_T L^3}$는 무차원 각 주파수를 나타냅니다.

위에서 정의된 무차원 수를 사용하여, 타워의 바닥 부분(ξ=0)에 대한 경계 조건을 다음과 같이 표현할 수 있습니다:

$$W'''(0) + (\nu + \eta_{LR})W'(0) + \eta_L W(0) = 0 \tag{B.3}$$

$$W''(0) - \eta_R W'(0) + \eta_{LR} W(0) = 0 \tag{B.4}$$

그리고 타워 상단에서는(ξ=1):

$$W'''(1) + \nu W'(1) + \alpha\Omega^2 W(1) = 0 \tag{B.5}$$

$$W''(1) - \beta\Omega^2 W'(1) = 0 \tag{B.6}$$

경계 조건에 사용된 매개변수는 표 A.1에 정의되어 있습니다. 운동 방정식의 특성 방정식은 다음과 같이 표현될 수 있습니다.

$$\lambda^4 + \nu\lambda^2 - \Omega^2 = 0 \text{ or } \tilde{z}^2 + \nu\tilde{z} - \Omega^2 = 0 \ \text{ with with } \tilde{z} = \lambda^2 \tag{B.7}$$

그리고

$$\tilde{z}_{1,2} = \frac{-\nu \pm \sqrt{\nu^2 + 4\Omega^2}}{2} = -\frac{\nu}{2} - \sqrt{\left(\frac{\nu}{2}\right)^2 + \Omega^2}, -\frac{\nu}{2} + \sqrt{\left(\frac{\nu}{2}\right)^2 + \Omega^2}$$

네가지 해는 다음과 같습니다.

$$r_1 = i\sqrt{\tilde{z}_1} \qquad r_2 = -i\sqrt{\tilde{z}_1} \qquad r_3 = \sqrt{\tilde{z}_2} \qquad r_4 = -\sqrt{\tilde{z}_2} \tag{B.8}$$

해당 해는 다음과 같은 형태로 제공됩니다.

$$W(\xi) = C_1 e^{r_1\xi} + C_2 e^{r_2\xi} + C_3 e^{r_3\xi} + C_4 e^{r_4\xi} \tag{B.9}$$

오일러 항등식을 사용하여 아래와 같이 변환될 수 있습니다.

$$W(\xi) = P_1\cos(\lambda_1\xi) + P_2\sin(\lambda_1\xi) + P_3\cosh(\lambda_2\xi) + P_4\sinh(\lambda_2\xi) \tag{B.10}$$

여기서,

$$\lambda_1 = \sqrt{|\tilde{z}_1|} \text{와 } \lambda_2 = \sqrt{|\tilde{z}_2|} \tag{B.11}$$

이 형태의 해를 경계 조건에 대입하면, 행렬 형태로 표현된 네 개의 방정식을 얻게 됩니다.

$$\boldsymbol{M} \cdot \boldsymbol{p} = \underline{0} \tag{B.12}$$

여기서,

$$\boldsymbol{p}^T = [\boldsymbol{P_1} \quad \boldsymbol{P_2} \quad \boldsymbol{P_3} \quad \boldsymbol{P_4}] \tag{B.13}$$

그리고

$$\boldsymbol{M} = \left[\begin{matrix} \eta_L & \lambda_1^3 + (\nu + \eta_{LR})\lambda_1 \\ \lambda_1^2 - \eta_{LR} & -\eta_R\lambda_1 \\ (\lambda_1^3 + \nu\lambda_1)\sinh(\lambda_1) + \alpha\Omega^2\cosh(\lambda_1) & (\lambda_1^3 + \nu\lambda_1)\cosh(\lambda_1) + \alpha\Omega^2\sinh(\lambda_1) \\ \lambda_1^2\cosh(\lambda_1) - \beta\Omega^2\lambda_1\sinh(\lambda_1) & \lambda_1^2\sinh(\lambda_1) - \beta\Omega^2\lambda_1\cosh(\lambda_1) \end{matrix} \right.$$

$$
\begin{array}{cc}
\eta_L & -\lambda_2^3 + (\nu + \eta_{LR})\lambda_2 \\
-\lambda_2^2 - \eta_{LR} & -\eta_R \lambda_2 \\
(\lambda_2^3 - \nu\lambda_2)\sin(\lambda_2) + \alpha\Omega^2\cos(\lambda_2) & (-\lambda_2^3 + \nu\lambda_2)\cos(\lambda_2) + \alpha\Omega^2\sin(\lambda_2) \\
-\lambda_2^2\cos(\lambda_2) + \beta\Omega^2\lambda_2\sin(\lambda_2) & -\lambda_2^2\sin(\lambda_2) - \beta\Omega^2\lambda_2\cos(\lambda_2)
\end{array}
\Bigg] \qquad \text{(B.14)}
$$

이 방정식의 비자명 해(nontrivial solutions)를 찾으면 다음과 같은 결과를 얻습니다.

$$det(M) = 0 \qquad \text{(B.15)}$$

이를 통해 무차원 각 주파수 Ω를 구할 수 있으며, 그로부터 고유 주파수를 계산할 수 있습니다.

$$f_1 = \frac{\omega}{2\pi} = \Omega c_0 = \Omega\sqrt{\frac{m_T L_T^3}{EI_\eta}} \qquad \text{(B16)}$$

해결해야 할 방정식은 초월적 방정식이기 때문에 해는 수치적으로만 구할 수 있습니다.

표 B.1 무차원 매개변수

무차원 그룹	공식	무차원 그룹	공식
무차원 측면 강성	$\eta_L = \frac{K_L L_T^3}{EI_\eta}$	무차원 축력	$\nu = \frac{P^* L_T^2}{EI_\nu}$
무차원 회전 강성	$\eta_R = \frac{K_R L_T}{EI_\eta}$	질량 비율	$\alpha = \frac{m_{RNA}}{m_T}$
무차원 교차 강성	$\eta_{LR} = \frac{K_{LR} L_T^2}{EI_\eta}$	무차원 회전 관성	$\beta = \frac{J}{\mu L^2}$

K_L, K_R, K_{LR} 는 각각 기초의 측면, 회전, 교차 강성을 나타냅니다; EI_η는 테이퍼형 타워의 등가 휨 강성입니다; L_T는 타워 바닥에서 부터 허브 높이 입니다; P^*는 수정된 축력이며, m_{RNA}는 로터-나셀 어셈블의 질량입니다; m_T는 타워의 질량입니다. J는 상부질량의 회전 관성입니다; μ는 타워의 단위길이당 등가 질량입니다.

부록 C

타워 이상화 (Tower Idealisation)

해상풍력 터빈의 타워는 바닥에서 꼭대기로 갈수록 직경이 줄어드는 테이퍼형 타워입니다. 일반적으로 타워의 벽 두께도 높이 따라 감소합니다. 그러나 일부 소형 및 중형 터빈은 일정한 벽 두께를 유지합니다. 이 책에서 제시된 공식(제5장 – 5.4.2절 및 5.8절)은 이 타워 형태를 등가적인 일정한 직경과 일정한 벽 두께를 가진 타워로 대체합니다. 평균 타워 직경은 동일한 타워 벽 두께 t_T와 함께 사용됩니다.

$$D_T = \frac{D_b + D_t}{2} \tag{C.1}$$

주의할 점은 타워의 벽 두께 범위에서 평균 벽 두께를 계산하거나 상하부 벽 두께의 평균을 사용하여 평균 벽 두께를 결정할 경우, 이상화된 타워 기하학으로부터 계산된 타워 질량은 실제 타워의 질량 m_T과 동일하지 않을 수 있습니다.

$$m'_T = D_T \pi t_T \rho_T L_T \tag{C.2}$$

타워 벽 두께에 대한 정보가 없는 경우, 실제 타워의 질량을 유지하도록 등가 두께를 선택할 수 있습니다. 즉,

$$t_T = \frac{m_T}{L_T D_T \pi \rho_T} \tag{C.3}$$

무차원 강성 매개변수는 타워의 길이 L_T와 타워의 휨 강성 $E_T I_T$로 정규화 됩니다. 이러한 무차원 강성 매개변수를 계산할 때, 타워 상단에서 타워에 수직으로 작용하는 힘으로 인해 발생하는 타워 상단의 변형이 등가 상수 직경 타워와 테이퍼형 타워에서 동일하도록 등가 휨 강성이 계산됩니다.

이 유도 과정은 여기에서 설명됩니다.

$$D_b = qD_t \tag{C.4}$$

구조물 전체에 걸쳐 직경이 변합니다.

$$D(z) = \frac{D_t}{L_T}[L_T + (q-1)z] \tag{C.5}$$

z=0 가 타워 최상단에 위치하며, 아래로 갈수록 양의 값을 가집니다. 단면 2차 모멘트는 다음과 같이 주어집니다.

$$I_T(z) = \frac{1}{8}\pi D_T^3(z)t_T = \frac{1}{8}\pi \frac{D_t^3}{L_T^3} t_T[L_T + (q-1)z]^3 = I_t(1+az)^3 \tag{C.6}$$

여기서,

$$a = \frac{q-1}{L_T} \tag{C.7}$$

모멘트 곡률 관계식은 다음과 같이 표현됩니다.

$$E_T I_T \frac{d^2 w}{dz^2} = Fz \tag{C.8}$$

여기서 F는 허브에서의 수평력이며, 다음과 같이 표현할 수 있습니다.

$$E_T I_t (1+az)^3 \frac{d^2 w}{dz^2} = Fz \tag{C.9}$$

그리고 그로부터 w는 적분을 통해 아래와 같이 구해집니다.

$$\frac{d^2 w}{dz^2} = \frac{Fz}{E_T I_t (1+az)^3} \tag{C.10}$$

$$\frac{dw}{dz} = \frac{F}{E_T I_t a^2}\left[\frac{1}{2(1+az)^2} - \frac{1}{1+az}\right] + C_1 \tag{C.11}$$

$$w = \frac{F}{E_T I_t a^2}\left[-\frac{1}{2a(1+az)^2} - \frac{ln(1+az)}{a}\right] + C_1 z + C_2 \tag{C.12}$$

경계 조건은 상수를 계산하는 데 사용됩니다.

$$z = L_T, \frac{dw}{dz} = 0\ C_1 = \frac{F}{E_T I_t a^2}\left[\frac{1}{1+aL_T} - \frac{1}{2(1+aL)^2}\right] \tag{C.13}$$

$$z = L_T, w = 0\ C_2 = \frac{F}{E_T I_t a^2}\left[\frac{ln(1+aL_T)}{a} + \frac{1}{2a(1+aL_T)} - \frac{L_T}{1+aL_T} + \frac{L_T}{2(1+aL_T)^2}\right] \tag{C.14}$$

기둥 끝의 변형은 변형 방정식에 z=0 을 대입하여 구합니다.

$$w_{free} = \frac{H}{E_T I_b a^2}\left[\frac{ln(1+aL_T)}{a} + \frac{1}{2a(1+aL_T)} - \frac{L_T}{1+aL_T} + \frac{L_T}{2(1+aL_T)^2} - \frac{1}{2a}\right] \tag{C.15}$$

$$w_{free} = \frac{FL^3}{E_T I_t}\left[\frac{q^2(2\,ln\,q - 3) + 4q - 1}{2q^2(q-1)^3}\right] \tag{C.16}$$

강도는 다음과 같이 주어집니다.

$$k = \frac{E_T I_b}{L_T^3}\left[\frac{2q^2(q-1)^3}{q^2(2\,ln\,q-3)+4q-1}\right] \tag{C.17}$$

검증: 일정 직경의 캔틸레버 빔에 대해:

$$lim_{q\to 1}\left[\frac{2q^2(q-1)^3}{q^2(2\,ln\,q-3)+4q-1}\right]=3 \tag{C.18}$$

이 책에서는 다음과 같은 표기가 사용됩니다:

$$E_T I_t = EI_t$$

부록D

기초의 수직 강성 추정 가이드라인

문헌에서 기초의 수직 강성을 추정하는 방법:

기초 종류	출처	공식 및 응용
직접기초	Poulos 와Davis (1974) Spence (1968)	균질한 탄성 반구 표면에 설치된 원형 강성 기초 $k_v = \frac{2G_s D}{1 - V_s}$ 푸팅 바닥의 거칠기를 고려하여 전단 응력을 완전히 전달할 수 있도록 하기 위해 Spence(1968)는 다음과 같이 제안했습니다; $k_v = \frac{2G_s D \ln(3 - 4V_s)}{1 - 2V_s}$ 이 분석적 해법의 결과는 V_s 값이 낮은 경우 강성 값이 최대 10% 증가함을 보여주었습니다.
	Gazetas (1983) DNV (2014)	반구 위의 지층에 대한 원형 기초 $k_v = \frac{2G_s D}{1 - V_s}\left(1 + 1.28\frac{D}{2H}\right)$
얕은 매립 기초	Gazetas (1991) DNV (2014)	암반위의 균질한 지층에 묻힌 원형 강성 기초로 기계식 관성 하중을 위해 개발되었습니다. 유효범위는 $L/D < 1$ 입니다. $k_v = \frac{2G_s D}{1 - V_s}\left(1 + 1.28\frac{D}{2H}\right)\left(1 + \frac{L}{D}\right)\left[1 + \left(0.85 - \frac{0.28L}{0.5D}\right)\left(\frac{L}{H - L}\right)\right]$
	Wolf (1988)	선형 탄성 반구에 매립된 일반적인 프리즘형 기초 $k_v = \frac{2G_s b}{1 - V_s}\left(3.1\left(\frac{l}{b}\right)^{0.75} + 1.6\right)\left(1 + \left(0.25 + 0.25\frac{b}{l}\right)\left(\frac{e}{b}\right)^{0.8}\right)$ 여기서 $2l$, $2b$ 는 외접 사각형의 베이스 치수와 e 는 매립깊이 입니다.
깊은 기초	Fleming 등 (1992)	주면 마찰력만 고려한 매립 말뚝 $k_v = \frac{2\pi L G_s}{\varsigma}$ 여기서 $3 < \varsigma < 5$
	Shama 와 El Naggar (2015)	고속도로 교량의 지진 설계에 대한 축방향 하중을 받는 단일 말뚝 $k_v = \frac{1.25 E_p A}{L}$

참고: K_v는 기초의 수직 강성, G_s는 지반의 전단 탄성계수, V_s는 푸아송 비, D는 직경, L 은 매설 깊이, H는 지층의 두께, E_p는 말뚝의 탄성계수입니다.

실제 적용 시 t-z 분석 또는 교정된 유한 요소 분석(FEA)을 수행하여 말뚝의 축 방향 강성을 구할 수 있습니다.

부록E

파일의 측면 강성 K_L

강성 공식에 대한 문헌 검토는 표 5.3 및 5.4에 제시되어 있습니다. 예를 들어, K_L의 최신 공식(Shadlou와 Bhattacharya 2016)은 표 E.1에 제시되어 있습니다. Shadlou와 Bhattacharya(2016)의 공식은 말뚝의 선단 지지력뿐만 아니라 말뚝의 주면 마찰력도 고려합니다. 이는 전통적인 *p-y* 공식과 대비되며, 전통적인 *p-y* 공식에서는 압축 저항(즉, 수직 말뚝-토양 상호작용)만 고려됩니다.

균질한 지반은 깊이에 따라 일정한 강성을 갖는 지반으로, 과압밀 점토 등이 해당됩니다. 반면, 정규 압밀 점토(또는 'Gibson 토양')에는 선형 프로파일이 일반적이며, 사질토에서는 포물선 거동을 적용할 수 있습니다.

표 E.1 파일의 측면 강성

지반 프로파일	강성 말뚝 (rigid pile) $\frac{K_L}{DE_{SO}f(\upsilon_s)}$	유연 말뚝 (flexible pile)
균질한 (Homogeneous)	$3.2\left(\frac{L}{D}\right)^{0.62}$	$1.45\left(\frac{E_P}{E_{SO}}\right)^{0.186} f_{(vs)}E_{SO}D_P$
포물선(Parabolic)	$2.65\left(\frac{L}{D}\right)^{1.07}$	$1.015\left(\frac{E_P}{E_{SO}}\right)^{0.27} f_{(vs)}E_{SO}D_P$
선형 (Linear)	$2.35\left(\frac{L}{D}\right)^{1.53}$	$0.79\left(\frac{E_P}{E_{SO}}\right)^{0.34} f_{(vs)}E_{SO}D_P$

L: 말뚝의 매설 깊이; D: 말뚝의 직경; E_{SO}: 1배 직경 깊이에서의 지반 탄성계수; E_p: 말뚝의 등가 탄성계수; ν_s: 지반의 푸아송 비; $f_{(\nu_s)} = 1 + |\nu_s - 0.25|$

유로코드 8(제5부)는 유연 말뚝의 강성도 값을 제공합니다. 표 5.3에 제시된 공식을 선택할 때는 전문가의 판단이 필요합니다.

반면, 최신 *p-y* 곡선을 사용하여 비선형 윙클러 기초 모델에 대한 빔 분석을 수행함으로써 말뚝 두부 강성 값을 얻을 수 있습니다. *p-y* 분석을 말뚝 두부 강성 값으로 변환하는 방법은 제6장 6.2절과 6.3절의 예제에서 제공됩니다.

부록F

석션 케이슨의 측면 강성 K_L

스커트 기초 (K_L, K_R,와 K_{LR})의 설계 공식은 3가지 지반 유형에 대해 표 5.5 및 5.6(제5장)에 표시되어 있습니다. 예를 들어, 표 F.1은 Jalbi 등(2018)의 K_L값을 보여줍니다. 강성 석션 케이슨의 측면 강성은 다음 공식을 사용하여 추정할 수 있습니다.

표 F.1 석션 케이슨의 측면 강성 ($0.5 < L/D < 2$)

지반 프로파일	강성 석션 케이슨 $\dfrac{K_L}{DE_{SO}f(v_s)}$
균질한 (Homogeneous)	$2.91\left(\frac{L}{D}\right)^{0.56}$
포물선 (Parabolic)	$2.7\left(\frac{L}{D}\right)^{0.96}$
선형 (Linear)	$2.53\left(\frac{L}{D}\right)^{1.33}$

$f(v_s) = 1.1 \times \left(0.096\left(\frac{L}{D}\right) + 0.6\right) v_s^2 - 0.7v_s + 1.06$

참고문헌

4C Offshore Limited (2016) Offshore Wind Turbine Database. In: http://4COffshore.com web page. http://www.4coffshore.com/windfarms/turbines.aspx. Accessed 19 Mar 2015

Abed Y, Bouzid DA., Bhattacharya S, Aissa M. (2016): Static impedance functions for monopiles supporting offshore wind turbines in nonhomogeneous soils – emphasis on soil/monopile interface characteristics. *Earthquakesand Structures;* 10, No. 5 1143–1179.10.12989/eas.2016.10.5.1143

Achmus M, Abdel-Rahman K. (2005). Finite Element Modelling of Horizontally Loaded Monopile Foundations for Offshore Wind Energy Converters in Germany. Proc, Int Symp Front Offshore Geotech ISFOG 2005:391–6. doi:10.1201/NOE0415390637.ch38

Achmus M, Kuo Y-S, Abdel-Rahman K (2009) Behavior of monopile foundations under cyclic lateral load. *Computersand Geotechnics* 36:725–735. doi: 10.1016/j.compgeo.2008.12.003

Adedipe, O., Brennan, F. & Kolios, A. 2016. Review of corrosion fatigue in offshore structures: present statusand challenges in the offshore wind sector. *Renewable Energyand Sustainable Energy Reviews*, 61, 141–154.

Adhikari S, Bhattacharya S. (2011): Vibrations of wind-turbines considering soil-structure interaction. *Windand Structures – An International Journal;* 14: 85–112.

Adhikari S, Bhattacharya S. (2012): Dynamic analysis of wind turbine towers on flexible foundations. *Shockand Vibration;* 19: 37–56

Aissa M, Bouzid DA., Bhattacharya S. (2017): Monopile head stiffness for servicibility limit state calculations in assessing the natural frequency of offshore wind turbines. *International Journal of Geotechnical Engineering,* (6): 1–17. doi:10.1080/19386362.2016.1270794Pages 267-283

Aldridge, T.M. Carrington,and N.R. Kee (2005: "Propagation of pile tip damage during installation", pp 823–827 in *Frontiers in Offshore Geotechnics ISFOG 2005*, Gourvenec S.and Cassidy M. (eds), Taylor & Francis Group, London0415 39063 X

American Petroleum Institute. Recommended Practice for Planning, Designingand Constructing Fixed Offshore Platforms – Working Stress Design. API Recommended Practice 2A-WSD (RP 2A-WSD), 2000, 21st edition.

API (2005) Recommended Practice for Planning, Designingand Constructing Fixed Offshore Platforms—Working Stress Design. 68–71.

API (2007). Recommended Practice for Planning, Designingand Constructing Fixed Offshore Platforms – Working Stress Design. API Recommenced Practice, 2A-WSD (RP 2A-WSD)

Arany, L., Bhattacharya, S., Macdonald, J., Hogan, S.J. (2014a): Simplified critical bending moment spectra of offshore wind turbine support structures, Wind Energy 10.1002/we.1812

Arany L, Bhattacharya S, Hogan SJ, Macdonald J (2014b) Dynamic soil-structure interaction issues of offshore wind turbines. Proc. 9th Int. Conf. Struct. Dyn. EURODYN 2014. pp 3611–3618

Arany L, Bhattacharya S, Macdonald J, Hogan SJ. (2015a): Simplified critical mudline bending moment spectra of offshore wind turbine support structures. *Wind Energy;* 18:2171–97. 10.1002/we.1812.

Arany L, Bhattacharya S, Adhikari S, Hogan SJ, Macdonald JHG. (2015b): An analytical model to predict the natural frequency of offshore wind turbines on three-spring flexible foundations using two different beam models. *Soil Dynamicsand Earthquake Engineering;* 74:40–5. doi:10.1016/j.soildyn.2015.03.007.

Arany L, Bhattacharya S, Macdonald JHG, Hogan SJ. (2016): Closed form solution of Eigen frequency of monopile supported offshore wind turbines in deeper waters incorporating stiffness of substructureand SSI. *Soil Dynamicsand Earthquake Engineering;* 83: 18–32. . ISSN: 0267-7261, doi:10.1016/j.soildyn.2015.12.011.

Arany L, Bhattacharya S, Macdonald J, Hogan SJ. (2017): Design of monopiles for offshore wind turbines in 10 steps. *Soil Dynamicsand Earthquake Engineering;* 92:126–52. 10.1016/j.soildyn.2016.09.024

Ashour, M., Norris, G. (2000). Modeling lateral soil-pile response based on soil pile interaction. *Journal of Geotechnicaland Geoenvironmental Engineering,* 126(5):420–428.

ASTM (2005) E1049–85 Standard Practices for Cycle Counting in Fatigue Analysis.

Axelsson, G. "Long-term set-up of driven piles in sand", PhD thesis; Royal Institute of Technology, Stockholm, 2000.

Ayyar, S., Jansson, J. & Sorensen, R. 2014. Cathodic protection design for offshore wind turbine foundations. *Materials Performance,* 53, 26–29.

Barber ES (1953) Discussion to paper by S. M. Gleser. ASTM Spec Tech Publ 154:96–99.

Bhattacharya, S (2014b) Challenges in design of foundations for offshore wind turbines, *IET Journal, Engineering & Technology Reference,* 9 pp. DOI: 10.1049/etr.2014.0041 , ISSN: 2056-4007

Bhattacharya S. (2017): Chapter 12: Civil engineering aspects of a wind farmand wind turbine structures. *Wind Energy Engineering: A Handbook for Onshoreand Offshore Wind Turbines* Hardcover ISBN:9780128094518; Elsevier

Bhattacharya S, Adhikari S. (2011): Experimental validation of soil–structure interaction of offshore wind turbines. *Soil Dynamicsand Earthquake Engineering;* 31(5–6): 805–816.

S. Bhattacharya, T.M. Carringtonand T.R. Aldridge (2005): "Buckling considerations in pile design", pp 815–821 in *Frontiers in Offshore Geotechnics ISFOG 2005*, Gourvenec S.and Cassidy M. (eds), Taylor & Francis Group, London.

S. Bhattacharya, T.M. Carringtonand T.R. Aldridge (2006): "Design of FPSO piles against Storm Loading", OTC 17861

Bhattacharya S, Lombardi D, Muir Wood D M (2011). Similitude relationships for physical modelling of monopile-supported offshore wind turbines. *International Journal of Physical Modelling in Geotechnics;* 11(2): 58–68.

Bhattacharya, S., Cox, J. A., Lombardi, D. & Muir Wood, D. (2012): Dynamics of offshore wind turbines on two types of foundations. *Proceedings of the Institution of Civil Engineers: Geotechnical Engineering,* 166**,** 159–169. doi:10.1680/geng.11.00015

Bhattacharya S, Cox J, Lombardi D, Muir Wood D (2013a). Dynamics of offshore wind turbines supported on two foundations. *Geotechnical Engineering: Proceedings of the ICE* 166(2): 159–169. 10.1680/geng.11.00015

Bhattacharya S, Nikitas N, Garnsey J, Alexander N. A, Cox J, Lombardi D, Muir Wood D, Nash D.F.T. (2013b): Observed dynamic soil–structure interaction in scale testing of offshore wind turbine foundations. *Soil Dynamicsand Earthquake Engineering,* 54: 47–60.

Bhattacharya, S., Wang, L., Liu, J., & Hong, Y. (2017a). Civil engineering challenges associated with design of offshore wind turbines with special reference to China. *Chapter 13 of Wind Energy Engineering: A Handbook for Onshoreand Offshore Wind Turbines,* Academic Press (Elsevier), pp 243–273.

Black, A. 2015. Corrosion risksand mitigation strategies for offshore wind turbine foundations. *Materials Performance,* 54.

Blazquez, R., Lopez-Querol, S. 2006. Generalized densification law for dry sand subjected to dynamic loading. *Soil Dynamicsand Earthquake Engineering,* 26(9):888–898 10.1016/j.soildyn.2005.09.001

Bond A.J, Jardine, R.J,and Dalton, C.P. "Designand performance of the Imperial College Instrumented Pile", *ASTM Geotechnical Testing Journal,* 1992, 14, No 4, 413–425.

Bouzid D. A.; Bhattacharya, S;and S.R. Dash (2013b): Winkler Springs (p-y curves) for pile design from stress-strain of soils: FE assessment of scaling coefficients using the mobilized strength design concept, *Geomechanicsand Engineering,* 5, 5 379–399 10.12989/gae.2013.5.5.379

Bowles, JE. (1996). *Foundation Analysisand Design.* 5The McGraw-Hill Companies, Inc. New York.

Brennan F, Tavares I (2014) Fatigue design of offshore steel monopile wind substructures. *Inst Civ Eng* 167:1–7.

Breusers, H. N. C. & Raudkivi, A. J. 1991. *Scouring*, Rotterdam, A.A. Balkema.

Breusers, H. N. C., Nicollet, G. & Shen, H. W. 1977. Local scour around cylindrical piers. *Journal of Hydraulic Research,* 15, 211–252.

Broms BB (1964) Lateral resistance of pile in cohesionless soils. *Journal of the Soil Mechanicsand Foundations Division, ASCE* 90:123–156.

Budhu, M. (2011). *Soil Mechanicsand Foundations.* 3. Wiley.

Burton T, Jenkins N, Sharpe D, Bossanyi E (2001) *Wind Energy Handbook.* Wiley, Chichester, West Sussex, England.

Burton T, Sharpe D, Jenkins N, Bossanyi E. (2011a): *Wind Energy Handbook.* 2. Chichester, UK: Wiley.

Byrne BW, Houlsby GT. Foundations for offshore wind turbines. *Philosophical Transactions of the Royal Society of London, Series A: Mathematical, Physicaland Engineering Sciences* 2003;361:2909–30. doi:10.1098/rsta.2003.1286

Byrne BW, Houlsby GT, Leblanc C (2010) Response of stiff piles to random two-way lateral loading. Géotechnique 60:715–721. doi: 10.1680/geot.09.T.011

Byrne BW, Burd HJ, Houlsby GT, Gavin K (2015a) *New Design Methods for Large Diameter Piles under Lateral Loading for Offshore Wind Applications.* ISFOG

Byrne BW, Mcadam RA, Burd HJ, et al. (2015b) Field testing of large diameter piles under lateral loading for offshore wind applications. Proc XVI ECSMGE Geotech Eng Infrastruct Dev 1255–1260. doi: 10.1680.60678

Cambou B, Hicher PY. Elastoplastic modeling of soils: cyclic loading. *Constitutive Modeling of Soilsand Rocks* 2010:143–86. doi:10.1002/9780470611081.ch4.

Camp TR, Morris MJ, van Rooij R, et al. (2004) Design Methods for Offshore Wind Turbines at Exposed Sites (Final Report of the OWTES Project EU Joule III Project JOR3-CT98-0284). Bristol

Carter J. (2007) North Hoyle offshore wind farm: designand build. *Energy: Proceedings of the Institution of Civil Engineers EN1*; 21–29.

Carter J, Kulhawy F (1992) Analysis of laterally loaded shafts in rock. *Journal of Geotechnical Engineering* 118:839–855.

Carter, J.P., Randolph, M.F.and Wroth, C.P. Some aspects of the performance of openand closed ended piles", *Numerical Methods in Offshore Piling, ICE,* London, 1980, 165–170.

Chow, F.C. Investigation into the behaviour of displacement piles for offshore foundations, PhD thesis; University of London, Imperial College, 1996.

Cox J A, O'Loughlin CD, Cassidy M, et al. (2014) Centrifuge study on the cyclic performance of caissons in sand. *International Journal of Physical Modelling in Geotechnics* 14:99–115. doi: 10.1680/ijpmg.14.00016

Coyle, H.M. Bartoskewitz, R.Eand Lowery, L.L. Prediction of static bearing capacity from wave equation analysis, Offshore Technology Conference, 1970, Paper number OTC 1202.

Cuéllar P. Pile foundations for offshore wind turbines: numericaland experimental investigations on the behaviour under short-termand long-term cyclic loading. Thesis 2011a.

Cuéllar P (2011b) Pile foundations for offshore wind turbines: numericaland experimental investigations on the behaviour under short-termand long-term cyclic loading. Technischen Universität Berline

Cuéllar P, Georgi S, Baeßler M, Rücker W. On the quasi-static granular convective flowand sand densification around pile foundations under cyclic lateral loading. *Granular Matter* 2012; 14(1):11–25.

Cui L (2006) Developing a virtual test environment for granular materials using discrete element modelling. PhD. Thesis, University College Dublin, Ireland.

Cui L.and Bhattacharya S. (2016) Soil-monopile interactions for offshore wind turbine. *Engineeringand Computational Mechanics, Proceedings of the Institution of Civil Engineers.* 169: 171–182

Cui L, O'Sullivan Cand O'Neill S (2007) An analysis of the triaxial apparatus using a mixed boundary three-dimensional discrete element model. *Geotechnique* 57(10): 831–844.

Cundall Pand Strack O (1979) A discrete numerical model for granular assemblies. *Geotechnique* 29(1): 47–65.

Damgaard M, Zania V, Andersen L., Ibsen LB (2014) Effects of soil–structure interaction on real time dynamic response of offshore wind turbines on monopiles. *Engineering Structures* 75:388–401. doi: 10.1016/j.engstruct.2014.06.006

Davisson MT (1970) Lateral Load Capacity of Piles. Highw Res Rec 104–112.

Davisson MT, Salley JR (1970) Model study of laterally loaded piles. *Journal of the Soil Mechanicsand Foundations Division* 96:1605–1627.

Debnath, K. & Chaudhiri, S. 2009. Laboratory experiments on local scour around cylinder for clayand clay-sand mixture beds. *Engineering Geology*, 111, 51–61.

DNV (2005) DNV-RP-C203- Fatigue design of offshore steel structures. Recomm Pract DNV-RPC203 126.

Design of Offshore Wind Turbine Structures, October 2010a, Offshore Standard DNV-OS-J101

DNV (2010b) Recommended Practice DNV-RP-C205 - Environmental conditionsand environmental loads.

DNV (2014) Offshore Standard DNV-OS-J101 Design of Offshore Wind Turbine Structures. Høvik, Norway

DNV (Det Norske Veritas) 2002 *Guidelines for Design of Wind Turbines,* 2 DNV, London, UK.

Durning, P.J., Rennie, I.A., Thompson, J.Mand Ruckstuhl, E.J. Installing a piled foundation in hard, over-consolidated North Sea clay for the Heather platform, 1978, Proceedings of European Offshore Petroleum Conference, London, Vol. 1, pp 375–382.

European Committee for Standardization (2003) Eurocode 8: Design of Structures for earthquake resistance - Part 5: Foundations, retaining structuresand geotechnical aspects.

European Committee for Standardization (CEN) (2004): EN 1998-5:2004 - Eurocode 8: Design of structures for earthquake resistance, Part 5: Foundations, retaining structuresand geotechnical aspects

Forehand, P.W.and Reese, J.L. Prediction of pile capacity by wave equation, *Journal of Soil Mechanicsand Foundation Engineering, ASCE*, 1964a. No SM2, pp 1–25

Forehand, P.W.and Reese, J.L. (1964b):"Prediction of pile capacity by wave equation; *Journal of ASCE.*

Frohboese P, Schmuck C (2010) Thrust coefficients used for estimation of wake effects for fatigue load calculation. Eur. Wind Energy Conf. 2010, Warsaw, Pol. pp 1–10

Gazetas G (1984) Seismic response of end-bearing single piles. *International Journal of Soil Dynamicsand Earthquake Engineering* 3:82–93. doi: 10.1016/0261-7277(84)90003-2

Gibson, G.C.and Coyle, H.M. Soil damping constants related to common soil properties in sandand clays, Research report 125-1, Texas Transportation Institute, September 1968.

Goble G.G., Rausche F., Likins G. & Associates Inc. GRLWEAP manual, 2003.

Guang-Yu, Z. Wave equation Application for piles in soft ground, Proceedings of the 3rd International Conference of Stress-Wave theory to piles, Ottawa, Ontario, Canada, 1988, pp 831–836.

Guo Z, Yu L, Wang L, Bhattacharya S, Nikitas G, Xing Y. (2015): Model tests on the long-term dynamic performance of offshore wind turbines founded on monopiles in sand. *ASME Journal of Offshore Mechanicsand Arctic Engineering;* , Paper No: OMAE-14-1142137(4). doi:10.1115/1.4030682

Hald T, Mørch C, Jensen L, et al. (2009) Revisiting monopile design using p-y curves Results from full scale measurements on Horns Rev. Eur. Wind Energy Conf.

Hamming RW. Digital filters (Prentice-Hall signal processing series). 1977.

Hansteen, O.E. (1980), "Dynamic performance' Shell Brent B Instrumentation Project, Seminar, London 1979, Proceedings, London, Society for Underwater Technology, pp. 89- Also pub!. in: Norwegian Geotechnical Institute, Publication, 137

Hearn E. Finite Element Analysis of an Offshore Wind Turbine Monopile. Master's Thesis, Dep Civ Environ Eng Tufts Univ Medford, MA 2009. 10.1061/41095(365)188.

Hettler A (1981) Verschiebungen starrer und elastischer Gründungskörper in Sand bei monotoner und zyklischer Belastung. Univ. Fridericiana, Karlsruhe

Higgins W, Basu D (2011) Fourier finite element analysis of laterally loaded piles in elastic media - Internal Geotechnical Report 2011–1. Storrs, Connecticut

Hjorth, P. 1975. *Studies on the Nature of Local Scour,* Lund, Sweden, Institute of Technology, Dept. of Water Resources Engineering.

Hoffmans, G. J. C. M. & Verheij, H. J. 1997. Scour Manual, Rotterdam, A.A. Balkema.

Hu WH, Thöns S, Said S, Rücker W. (2014) : Resonance phenomenon in a wind turbine system under operational conditions; Proceedings of the 9th International Conference on Structural Dynamics, EURODYN 2014, Porto, Portugal, 30 June - 2 July 2014,A. Cunha, E. Caetano, P. Ribeiro, G. Müller (eds.)

Huang, S. Application of Dynamic Measurements on long H-Pile driven into soft ground in Shanghai. Proceedings of the 3rd International Conference of Stress-Wave theory to piles, Ottawa, Ontario, Canada, 1988, pp 635–643.

Idriss, I.M.,and Boulanger, R.W. (2008). *Soil Liquefactions during Earthquakes*. Earthquake Engineering Research Institute (EERI). Oakland, California, USA.

IEC (2005) International Standard IEC-61400-1 Wind Turbines - Part 1: Design requirements, Third Edition. 2005:

IEC (2009a) International Standard IEC 61400-3 Wind turbines - Part 3: Design requirements for offshore wind turbines, 1.0 ed. International Electrotechnical Commission (IEC)

IEC (2009b) International Standard IEC-61400-1 Amendment 1 - Wind turbines - Part 1: Design requirements, 3rd Edition.

Iida, K. (1938) The velocity of elastic waves in sand, *Bulletin of Earthquake Research Institute, University of Tokyo,* Vol. 16, pp. 131–145.

Imai, T.and Tonouchi, K. (1982): Correlation of N value with S-wave velocity, Proc., 2nd European Symposium on Penetration Testing, Amsterdam, pp. 67–72

Ishihara, K. (1996). *Soil Behaviour in Earthquake Geotechnics.* Oxford Science Publication. Clarendon Press, Oxford

Itasca (2008). PFC2D manual 4.0.

Jalbi S, Shadlou M, Bhattacharya S. (2017): Chapter 16: Practical method to estimate foundation stiffness for design of offshore wind turbines. *Wind Energy Engineering: A Handbook for Onshoreand Offshore Wind Turbines* Hardcover ISBN:9780128094518; Elsevier

Jardine, R. Chow, F., Overy, R.and Standing, J. *ICP Design Methods for Driven Piles in Sandsand Clays,* 2005 Imperial College Press, London.

Jardine RJ, Yang ZX, Foray P, Zhu B. Interpretation of stress measurements made around closed-ended displacement piles in sand. *Géotechnique* 2013;63:613–27. doi:10.1680/geot.9.P.138.

L. Junfeng, C. Fengbo, Q. Liming, X. Hongwen, G. Hu, Y. Xiaosheng, T. Wenqian, W. Weiquan, L. Xiuqin, L. Ang, 2012, China wind energy outlook. Greenpeace, GWECand Chinese Wind Power Association

Kallehave D, Thilsted CL (2012) Modification of the API p-y Formulation of Initial Stiffness of Sand. Offshore Site Investig. Geotech. Integr. Geotechnol. - Present Futur.

Kitazawa, G., Kitayama, K., Suzuki, K., Ohkawa, H.and Ohsaki, Y. (1959): Tokyo ground map, Gihodo

Klinkvort RT, Leth CT, Hededal O (2010) Centrifuge modelling of a laterally cyclic loaded pile. 7th Int Conf Phys Model Geotech 959–964.

Kramer, S. L. (1996). Geotechnical Earthquake Engineering. Prentice-Hall Civil Engineeringand Engineering Mechanics Series, Upper Saddle River, NJ: Prentice Hall.

Kucharczyk P, Rizos A., Münstermann S, Bleck W (2012) Estimation of the endurance fatigue limit for structural steel in load increasing tests at low temperature. Fatigue & Fracture of Engineering Materials & Structures 35:628–637. doi: 10.1111/j.1460-2695.2011.01656.x

Kühn M (1997) Soft or stiff: A fundamental question for designers of offshore wind energy converters. Proc. Eur. Wind Energy Conf. EWEC '97

Kuo Y-S, Achmus M, Abdel-Rahman K (2012) Minimum embedded length of cyclic horizontally loaded monopiles. *Journal of Geotechnicaland Geoenvironmental Engineering* 138:357–363. doi: 10.1061/(ASCE)GT.1943-5606.0000602

Leblanc, C (2009): “Design of Offshore Wind Turbine Support Structures - Selected topics in the field of geotechnical engineering,” Aalborg University, Denmark, 2009.

Leblanc C, Houlsby GT, Byrne BW (2010) Response of stiff piles in sand to long-term cyclic lateral loading. *Géotechnique* 60:79–90. doi: 10.1680/geot.7.00196

Lesny, K., Wiemann, J. (2005). Design aspects of monopiles in German Offshore Wind Farms. *Frontiers in Offshore Geotechnics,* ISFOG:383–389. Editors: Susan Gourvenec, Mark Cassidy

Li Z, Haigh SK, Bolton MD (2010) Centrifuge modelling of mono-pile under cyclic lateral loads. 7th Int Conf Phys Model Geotech 2:Vol 2 pg 965–970.

Lin S-S, Liao J-C (1999) Permanent strains of piles in sand due to cyclic lateral loads. *Journal of Geotechnicaland Geoenvironmental Engineering* 125:798–802.

Lin, C., Bennett, C., Han, J. & Parsons, R. L. 2010. Scour effects on the response of laterally loaded piles considering stress history of sand. *Computersand Geotechnics* 37, 1008–1014.

Lin, C., Han, J., Bennett, C. & Parsons, R. L. 2014. Behaviour of laterally loaded piles under scour conditions considering the stress history of undrained soft clay. *Journal of Geotechnicaland Geoenvironmental Engineering,* Vol 140, Issue 6. https://doi.org/10.1061/(ASCE)GT.1943-5606.0001111

Lindoe Offshore Renewables Center (2011) Offshore Wind Farm Knowledge Base. In: lorc.dk web page. http://www.lorc.dk/knowledge. Accessed 19 Mar 2015

Little RL, Briaud J-L (1988) Full scale cyclic lateral load tests on six single piles in sand (No. TAMU-RR-5640). College Station, Texas

Germanischer Lloyd (2005) Guideline for the certification of offshore wind turbines. Uetersen, Germany

Lombardi D, Bhattacharya S, Muir Wood D. (2013): Dynamic soil-structure interaction of monopile supported wind turbines in cohesive soil. *Soil Dynamicsand Earthquake Engineering;* 49: 165–180. 10.1016/j.soildyn.2013.01.015

Long JH, Vanneste G (1994) Effects of cyclic lateral loads on piles in sand. Journal of *Geotechnical Engineering* 120:225–244.

Long, J.H., Kerrigan, J.A., Wysockey, M.H. Measured time effects for axial capacity of driven piling, *Journal of the Transportation Research Board,* 1999, no 1663, , paper number 99-1183.

Matlock, H. (1970). Correlations of design of laterally loaded piles in soft clay. In Proceedings of the II Annual Offshore Technology Conference, Houston, Texas (OTC 1204):577-594

Matlock H, Foo SHC, Bryant LM (1978) Simulation of lateral pile behavior under earthquake motion. Proc. ASCE Spec. Conf. Earthq. Engrg. Soil Dyn. American Society of Civil Engineers, 19–21 June, Pasadena, California, pp 600–619

Matsuishi M, Endo T (1968) Fatigue of metals subjected to varying stress. Japan Soc. Mech. Eng.

Matutano, C., Negro, V., López-Gutiérrez, J. S. & Esteban, M. D. 2013. Scour predictionand scour protections in offshore wind farms. *Renewable Energy,* 57, 358–365.

May, R. W. P., Ackers, J. C. & Kirby, A. M. 2002. Manual on scour at bridgesand other hydraulic structures, London, Ciria.

Mayne, PW,and GJ Rix (1993). G_{max}-qc relationships for clays, *Geotechnical Testing Journal,* 16(1):54–60.

McClelland, B., Focht, J.A. (1958). Soil modulus for laterally loaded piles. *Transactions of the American Society of Civil Engineers,* 123(2954):1049–1086.

Melville, B. W. & Colema, S. E. 2000. *Bridge Scour,* Highlands Ranch, CO, Water Resources Publications.

Melville, B. W. & Sutherland, A. J. 1988. Design method for local scour at bridge piers. *Journal of Hydraulic Engineering,* 114.

Meyerhof, G. G. (1957): Discussion, Proc. 4th Int. Conf. on Soil Mechanicsand Foundation Engineering, Vol. 3, p. 110

Mindlin Rand Deresiewicz H (1953) Elastic spheres in contact under varying oblique forces. *ASME Journal of Applied Mechanics* 20: 327–344.

Miner MA (1945) Cumulative damage in fatigue. Am Soc Mech Eng –(ASME) *Journal of Applied Mechanics* 12:159–164.

Morison JR, Johnson JW, Schaaf SA (1950) The force exerted by surface waves on piles. *Journal of Petroleum Technology* 2:149–154. doi: 10.2118/950149-G

den Boon, J. H., Sutherland, J., Whitehous, R. J. S., Scoulsby, R., Stam, C. J. M., Verhoeven, K., Høgedal, M. & Hald, T. Scour Behaviourand Scour Protection for Monopile Foundations of Offshore Wind Turbines. Proceedings for the European Wind Energy Conference, 2004.

Nikitas, G, Vimalan, Nand Bhattacharya, S (2016) An innovative cyclic loading device to study long term performance of offshore wind turbines, *Journal of Soil Dynamicsand Earthquake Engineering,* 82 154–160

Nikitas G, Arany L, Aingaran S, Vimalan J, Bhattacharya S. (2017): Predicting long term performance of offshore wind turbines using cyclic simple shear apparatus. *Soil Dynamicsand Earthquake Engineering;* 92: 678–683

O'Neill MW, Murchinson JM (1983) An Evaluation of p-y Relationships in Sands.

O'Sullivan C, Cui Land O'Neil S (2008) Discrete element analysis of the response of granular materials during cyclic loading. *Soilsand Foundations,* 48(4): 511–530.

Parry, R.H.G (1978): "A study of pile capacity for the Heather platform", European offshore petroleum conferenceand Exhibition (EUR 49), 24-27th October, London.

Parsons, J.D. Piling difficulties in the New York area, *Journal of Soil mechanicsand Foundation Engineering, ASCE*, 1966 92(1), pp 43–64.

Pender MJ (1993) Aseismic pile foundation design analysis. *Bulletin of the New Zealand National Society for Earthquake Engineering* 26:49–161.

Poulos H, Davis E (1980) *Pile Foundation Analysisand Design.* Rainbow-Bridge Book Co.

Prakash S (1962) *Behaviour of Pile Groups Subjected to Lateral Loads.* University of Illinois at Urbana-Champaign

Randolph MF (1981) The response of flexible piles to lateral loading. *Géotechnique* 31:247–259.

Randolph M, Gourvenec MRS (2011) Offshore Geotechnical Engineering. Text book CRC Press Published April 16, 2017, Reference - 530 Pages,ISBN 9781138074729

Reese CL, Van Impe FW. (2001). *Single Pilesand Pile Groups under Lateral Loading* 2 CRC Press/ Balkema.

Reese LC, Cox WR, Koop FD (1974) Analysis of Laterally Loaded Piles in Sand. Pap. No. 2080, Sixth Annu. Offshore Technol. Conf.

Reese LC, Cox WR, Koop FD (1975) Field Testingand Analysis of Laterally Loaded Piles in Stiff Clay. Seventh Annu. Offshore Technol. Conf.

Richardson, E. V. & Davis, S. R. 1995. Evaluating Scour at Bridges, Hydraulic Engineering Circular no.18 (HEC-18). Washington DC, USA: Federal Highway Administration.

Rix, GJand Stokoe, KHII. "Correlation of initial tangent modulusand cone penetration resistance," Proc, 1 st International Symposium on Calibration Chamber Testing/ ISOCCT1, Postdam, New York, A.-B. Huang, ed., 351–362, 1991.

Sa'don NM, Pender MJ, Abdul Karim AR, Orense R. Pile head cyclic lateral loading of single pile. *Geotechnicaland Geological Engineering* 2014;32:1053–64. doi:10.1007/s10706-014-9780-5.

Schmertmann, J.H. The mechanical ageing of soils", *Journal of Geotechnical Engineering, ASCE*, 1991, 117, No 9, 1289–1329.

Seed, H.B. (1979). Soil liquefactionand cyclic mobility evaluation for level ground during earthquakes. *Journal of Geotechnical Engineering, ASCE*, pp 201–255.

Seed, H. B., Tokimatsu, K., Harder, L. F.,and Chung, R. M. (1985). Influence of SPT procedures in soil liquefaction resistance evaluations. *Journal of Geotechnical Engineering, ASCE,* 111, 12 1425–1445.

Shadlou M, Bhattacharya S. (2014): Dynamic stiffness of pile in a layered elastic continuum. *Geotechnique*; 64(4): 303–319.

Shadlou M, Bhattacharya S. (2016): Dynamic stiffness of monopiles supporting offshore wind turbine generators. *Soil Dynamicsand Earthquake Engineering;* 88: 15–32. 10.1016/j.soildyn.2016.04.002

Siemens Wind Turbine SWT-3.6-120 Design Specification Document, 2015, http://www.siemens.com/energy

Skov R.and Denver, H. Time dependence of bearing capacity of piles, Proceedings of the 3rd International Conf. App. Stress-wave Theory to piles, Ottawa, 1988, pp 879–888.

Smith, E.A.L. Pile-driving analysis by the wave equation, *Journal of the Soil Mechanicsand Foundation Division, ASCE* Volume 86, 1960, pp 35–61, No SM4

de Sonneiveille, B., Rudolph, D. & Raaijmakers, T. Scour Reduction by Collars Around Monopiles. International Conference on Scour Erosion, 2010 San Francisco, California.

Stroescu, I.-E., Frigaard, P. & Fejeskov, M. 2016. Scour development around bucket foundations. *International Journal of Offshoreand Polar Engineering,* 26, 57–64.

Stroud MA (1988). The standard penetration test – its applicationand interpretation. Proceedings of the Geotechnology Conference, Penetration Testing in the UK, ICE, Birmingham, 29-49.

Sumer, B. M. & Fredsøe, J. 2001. Scour around pile in combined wavesand current. *Journal of Hydraulic Engineering, 127*, 403–411.

Sumer, B. M. & Fredsøe, J. 2002. *Mechanics of Scour in the Marine Environment.* World Scientific Press.

Sumer, B. M. & Nielsen, A. W. 2013. Sinking failure of scour protection at wind turbine foundation. Energy, 166. Proceedings of the Institution of Civil Engineers *Energy* 166 November 2013 Issue EN4 Pages 170-188 http://dx.doi.org/10.1680/ener.12.00006

Sumer, B. M., Fredsøe, J. & Christiansen, N. 1992. Scour around vertical pile in waves. *Journal of Waterway, Port, Coastal,and Ocean Engineering,* 118, 15–31.

Sumer, B. M., Peterson, T. U., Locatelli, L. & Fredsøe, J. 2013. Backfilling of a scour hile around a pile in wavesand current. *Journal of Waterway, Port, Coastal,and Ocean Engineering,* 139, 9–23.

Sun, Xiaojing, Diangui Huang,and Guoqing Wu. "The current state of offshore wind energy technology development." *Energy* 41.1 (2012): 298-312.

Svinkin, M. Discussion on set-upand relaxation in glacial sand, *Journal of Geotechnical Engineering, ASCE,* 122, 1996, pp 319–321. 4.

Swane IC, Poulos H (1982) A theoretical study of the cyclic shakedown of laterally loaded piles. Sydney

Taylor, G.I. (1938) The Spectrum of Turbulence. Proceedings of the Royal Society of London, A164, 476-490. http://dx.doi.org/10.1098/rspa.1938.0032

Te Kamp. Cone Penetration testsand piled foundations, Second Fugro-Cesco CPT Symposium, 1977, pp 119–132, Holland.

Terzaghi, K. (1955a). Evaluation of coefficients of subgrade modulus. *Geotechnique*, 5 :297–326.

Terzaghi K (1955b) Evaluation of coefficient of subgrade reaction. *Geotechnique* London 5:41–50.

Terzaghi, K.and Peck, R. B. (1948): *Soil Mechanics in Engineering Practice,* Wiley, 566pp.

Ting, F. C. K., Briaud, J.-L., Chen, H. C., Gudavalli, R., Perugu, S. & Wei, G. 2001. Flume tests for scour in clay at circular piers. *Journal of Hydraulic Engineering,* 127, 969–978.

Towhata, I. (2008). *Geotechnical Earthquake Engineering.* Springer-Verlag Berlin Heidelberg.

Verdure L, Garnier J, Levacher D (2003) Lateral cyclic loading of single piles in sand. *International Journal of Physical Modelling in Geotechnics* 3:17–28.

Wei-Hua Hu, Sebastian Thöns, Samir Said, Werner Rücker (2014) : Resonance phenomenon in a wind turbine system under operational conditions; Proceedings of the 9th International Conference on Structural Dynamics, EURODYN 2014, Porto, Portugal, 30 June - 2 July 2014,A. Cunha, E. Caetano, P. Ribeiro, G. Müller (eds.); ISSN: 2311-9020; ISBN: 978-972-752-165-4

Whitehouse, R. J. S. 2004. Marine Scour at At Large Foundations. Second International Conference on Scourand Erosion (ICSE-2). Singapore.

Whitehouse, R. J. S., Harris, J. M., Sutherland, J. & Rees, J. 2011. The nature of scour developmentand scour protection at offshore windfarm foundations. *Marine Pollution Bulletin,* 62, 73–88.

Whittle, A.Jand Sutabutr, T (1991): “Prediction of pile set-up in clay”, *Transportation Research Record* 1663, Paper number 99-1152, pp 33–40.

Whittle, A.Jand Sutabutr, T. Prediction of pile set-up in clay, 1999, *Transportation Research Record* 1663, Paper number 99-1152, pp 33–40.

Wichtmann T. Explicit accumulation model for non-cohesive soils under cyclic loading. Inst Für Grundbau Und Bodenmechanik 2005; PhD:274

Wichtmann, T., Niemunis, A., Triantafyllidis, Th. (2005). Strain accumulation in sand due to cyclic loading: drained triaxial tests. *Soil Dynamicsand Earthquake Engineering,* 25(12):967–979 10.1016/j.soildyn.2005.02.022

Williams MO (2008) Wave mapping in UK waters. Yarmouth, Isle of Wight

Winkler, E. (1867a). Die Lehre von der Elasticitaet und Festigkeit mit besonderer Rucksicht auf ihre Anwen- dung in der Technik fur polytechnische Shulen, Bauakademien, Ingenieure,

Maschinenbauer, Architek- ten, etc. Verlag von H. Domenicus, Prag.

Winkler E (1867b) Die Lehre Von der Elasticitaet und Festigkeit. H. Dominicus, Prag

Yang, N.C. Relaxation of piles in sandand inorganic silt, *Journal of Soil Mechanicsand Foundation Engineering Division ASCE*, 1970, 96, 2, pp 395–409

Yang M, Ge B, Li W, Zhu B. Dimension effect on P-y model used for design of laterally loaded piles. *Procedia Engineering* 2016;143:598–606. doi:10.1016/j.proeng.2016.06.079.

York, D.L., Brusey, W.G, Clemente, F.M,and Law, S.K (1994): "Set-upand relaxation in glacial sand", *Journal of Geotechnical Engineering, ASCE*, Vol 120, No 9, pp 1498–1513

Yoshida, N. (2015). *Seismic Ground Response Analysis.* Tohoku Gakuin University, Japan.

Yu L, Wang L, Guo Z, Bhattacharya S, Nikitas G, Li L, Xing Y. (2015): Long-term dynamic behavior of monopile supported offshore wind turbines in sand. *Theoreticaland Applied Mechanics Letters;* 5(2): 80–84.

Zaaijer MB (2006) Foundation modelling to assess dynamic behaviour of offshore wind turbines. *Applied Ocean Research* 28:45–57. doi: 10.1016/j.apor.2006.03.004

Zania V (2014) Natural vibration frequencyand damping of slender structures founded on monopiles. *Soil Dynamicsand Earthquake Engineering* 59:8–20. doi: 10.1016/j.soildyn.2014.01.007

Zanke, U. C., Hsu, T.-W., Roland, A., Link, O. & Diab, R. 2011. Equilibrium scour depths around piles in noncohesive sediments under currentsand waves. *Coastal Engineering,* 58, 986–991.

Zdravkovic L, Taborda DMG, Potts DM, et al. (2015) Numerical modelling of large diameter piles under lateral loading for offshore wind applications. In: Vaughan Meyer (ed) *Frontiers in Offshore Geotechnics III*. Taylor & Francis Group, London, pp 759–764

Zhu, X.-C. & Yan, G. 2009. Anti-corrosion protection strategies for support structuresand foundations of wind turbines of offshore wind farms. 2009 International Conference on Sustainable Power Generationand Supply. Nanjing, China: IEEE.

Zhu B, Byrne B, Houlsby G (2012) Long-term lateral cyclic response of suction caisson foundations in sand. *Journal of Geotechnicaland Geoenvironmental Engineering* 73–83. doi: 10.1061/(ASCE)GT.1943-5606.0000738.

해상풍력 터빈 기초 설계 정가 30,000원

저자 : 수바모이 바타차르야
역자 : 조형래

발행인 : 임정대
발행처 : 도서출판 구미서관

발행 : 2025년 10월 1일

등록 : 1979년 6월 29일 No.9-6호

주소 : 서울시 마포구 신촌로2길 5-15
전화 : 02-333-1101
팩스 : 02-335-2201
http://www.goomibook.com

ISBN 979-11-6257-326-6 (93530)

저자와의 협의 하에 인지를 생략합니다.
파본이나 잘못된 책은 교환하여 드립니다.

복제불허